全国高职高专规划教材

市政工程施工技术

阮皓轶　彭　怡　主　编

任友昌　程永伟　副主编

中国环境出版集团·北京

图书在版编目（CIP）数据

市政工程施工技术/阮皓轶，彭怡主编. —北京：中国环境出版集团，2016.9（2023.7 重印）

全国高职高专规划教材

ISBN 978-7-5111-2860-7

Ⅰ. ①市… Ⅱ. ①阮…②彭… Ⅲ. ①市政工程—工程施工—高等职业教育—教材 Ⅳ. ①TU99

中国版本图书馆 CIP 数据核字（2016）第 156809 号

出版人　武德凯
责任编辑　黄晓燕　陈雪云
责任校对　尹　芳
封面设计　宋　瑞

出版发行　中国环境出版集团
（100062　北京市东城区广渠门内大街 16 号）
网　　址：http://www.cesp.com.cn
电子邮箱：bjgl@cesp.com.cn
联系电话：010-67112765（编辑管理部）
010-67112735（第一分社）
发行热线：010-67125803，010-67113405（传真）

印　　刷　北京市联华印刷厂
经　　销　各地新华书店
版　　次　2017 年 8 月第 1 版
印　　次　2023 年 7 月第 2 次印刷
开　　本　787×960　1/16
印　　张　24.25
字　　数　500 千字
定　　价　56.00 元

《市政工程施工技术》
编写人员

主　编　阮皓铁　彭　怡

副主编　任友昌　程永伟

参　编　潘　洁　武彦生　马　竹　高　雄

前　言

《市政工程施工技术》是市政工程技术等专业的重要课程。《市政工程施工技术》教材是与相关设计、施工、运行管理单位的专家合作编写的一本内容全面、技术实用、符合高等职业教育改革方向的专业教材，本教材针对高等职业教育的特点和多年来积累的教学经验，充分吸收了近年来市政工程建设中的先进技术和施工方法，其内容基本上概括了现阶段我国在市政工程施工中常见的综合性的施工技术。全书以市政工程施工项目作业过程为主线编排教学内容，阐述市政工程施工的基本方法和施工技术要点，培养学生的实际动手能力。从土石方工程施工、市政道路工程施工、市政管道工程施工、给排水设备和构筑物施工、管道及设备的防腐保温和维护五个方面阐述了市政工程施工的作业方法。教材优化了知识结构，突出了能力培养和技能训练的职业教育特点，学生通过本课程的学习后，能完成市政工程施工及管理任务。

本书由阮皓轶、彭怡主编，任友昌、程永伟副主编。参加编写的人员还有武彦生、潘洁、马竹、高雄。

各项目的编写分工如下：项目一由任友昌、马竹编写，项目二由程永伟、武彦生编写，项目三由彭怡编写，项目四由阮皓轶、高雄编写，项目五由潘洁编写，前言和教材附录由阮皓轶编写；全书由阮皓轶统稿。

本教材在编写过程中得到了有关单位和领导的支持，提出了许多宝贵意见和建议，同时，编者还参考了有关文献资料，从主要参考书目和文献中采用了很多素材和文字材料，本书编者对这些著作的作者们表示诚挚的感谢！还得到了中国环境科学出版社的大力支持，在此表示衷心的感谢。

限于编者的水平和经验的不足，书中难免存在缺点和欠妥之处，恳请读者批评指正。

编者

2016年3月

前 言

[illegible]

目 录

项目一　土石方工程及地基处理

项目概述

土石方工程是市政工程其他分部工程施工的先行和基础；该项目是在了解土的性质和分类基础上，进行场地平整的计算、沟槽开挖的计算，对沟槽的支撑、土方的回填和地基处理，以及土石方工程中的排水处理方面的学习。

学习目标

了解土石方施工的特点，掌握场地平整和沟槽基坑开挖的土方量计算，掌握土方回填和地基处理的要求，能恰当地选择排水方式和工程机械设备。

任务一　土的性质与分类

一、土的组成

土是由岩石风化生成的松散沉积物，是由矿物颗粒（固相）、水（液相）和空气（气相）组成的三相体系，如图 1-1（a）所示。

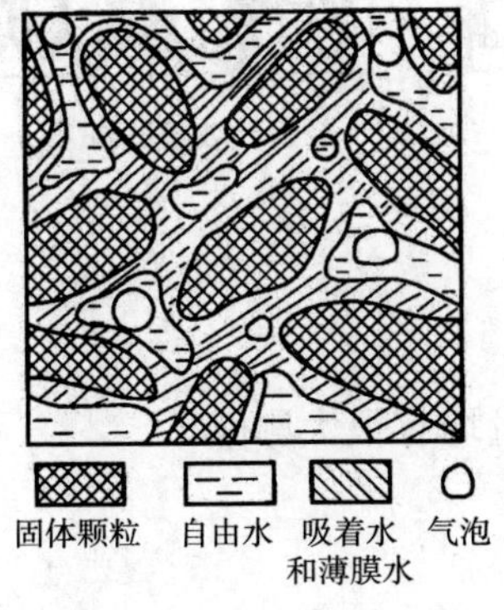

（a）土的组成

质量　体积

m_a　气　V_a

m_w　水　V_w　V_v　V

m_s　土粒　V_s

V—土样的体积；V_s—土样中固体颗粒的体积；
V_v—土样中孔隙的体积；V_w—土样中水的体积；
V_a—土样中气体的体积；m_a—土样中气体的质量；
m_s—土样中固体颗粒的质量；m_w—土样中水的质量。

（b）土的三相图

图 1-1　土的组成及三相图

矿物颗粒构成土的骨架，空气和水填充骨架间的空隙，这就是土的三相组成。土的三相组成比例，反映了土的物理状态，如干燥、稍湿或很湿、密实、稍密实或松散。这些最基本的物理性质指标，对评价土石方工程的性质、进行土的工程分类具有重要的意义。

土的三相物质是混合分布的，取一土样将其三相的各部分集合起来，如图 1-1（b）所示，图中各指标定义：

m_s——土中固体颗粒的质量；

m_w——土中水的质量；

m_a——土中气的质量（$m_a \approx 0$）；

m——土的质量，$m=m_s+m_w$，

V_s——土中固体颗粒的体积；

V_w——土中水的体积；

V_a——土中气的体积；

V——土的体积，$V=V_s+V_w+V_a$。

土的结构主要是指土体中土粒的排列与连接。土的结构有单粒结构、蜂窝结构和绒絮结构，如图 1-2 所示。

具有单粒结构的土是由砂粒等粗土组成，土粒排列越密实，土的强度越大。具有蜂窝结构的土是由粉粒串联而成，存在着大量的空隙，结构不稳定。绒絮结构与蜂窝结构类似，所以研究土的结构对工程施工是非常重要的。

（a）单粒结构

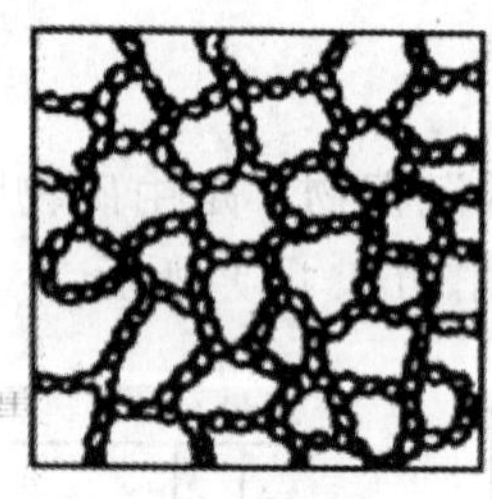
（b）蜂窝结构

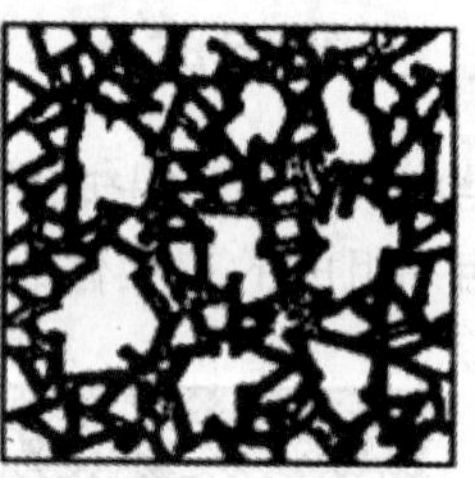
（c）绒絮结构

图 1-2　土的结构

二、土的性质

土的性质对土石方稳定性、施工方法及工程量均有很大影响。

（一）土的物理性质

1. 土的质量密度和重力密度

天然状态单位体积土的质量称为土的质量密度，简称土的密度，用符号 ρ 表示。天然状态单位体积土所受的重力称为土的重力密度，简称土的重度，用符号 γ 表示。

$$\rho=m/V$$

$$\gamma=G/V=m \cdot g/V=\rho \cdot g$$

式中，m——土的质量，t；

V——土的体积，m^3；

G——土的重力，kN；

g——重力加速度，m/s^2。

天然状态下土的密度值变化较大，通常砂土 $\rho=1.6 \sim 2.0\ t/m^3$，黏性土和粉砂 $1.8 \sim 2.0 t/m^3$，通常砂土 $\gamma=16 \sim 20\ kN/m^3$，黏性土和砂土 $\gamma=18 \sim 20\ kN/m^3$。

2. 土粒相对密度

土粒单位体积的质量与同体积的 4°C 时纯水的质量相比，称为土粒相对密度，用符号 d_s 表示。土粒相对密度见表 1-1。

$$d_s=m_s/V_s \cdot 1/\rho_w$$

式中，ρ_w——4°C 时水的单位体积质量为 1 000 kg/m^3。

表 1-1　土粒相对密度参考值

土的类别	砂土	粉土	黏性土	
			粉质黏土	黏土
土粒相对密度	2.65 ～ 2.69	2.70 ～ 2.71	2.72 ～ 2.73	2.73 ～ 2.74

3. 土的含水量

土中水的质量与土颗粒质量之比的百分数称为土的含水量，用符号 w 表示。

$$\omega=m_w/m_s \times 100\%$$

含水量是表示土的湿度的一个指标。天然土的含水量变化范围很大。含水量小，土较干；反之土很湿或饱和。

土的含水量与土方边坡的稳定性及回填土的质量有直接关系。各类土都存在一个最佳含水量，当土的含水量处于最佳时，回填土的密实度最大。

4. 土的干密度和干重度

土的单位体积内颗粒的质量称为土的干密度，用符号 ρ_d 表示；土的单位体积内颗粒所受重力称为土的干重度，用符号 γ_d 表示。

$$\rho_d=m_s/V$$

$$\gamma_d=G_s/V=m_s \cdot g/V=\rho_d \cdot g$$

式中，G_s——土颗粒所受的重力，kN。

一般土的干密度为 $1.3 \sim 1.8 t/m^3$，土的干密度愈大，表明土愈密实，工程上常用这一指标控制回填土的质量。

5. 土的孔隙比与孔隙率

土中孔隙体积与颗粒体积相比称为孔隙比，用符号 e 表示；土中孔隙体积与土的体积之比的百分数称为土的孔隙率，用符号 n 表示。

$$e=V_v/V_s$$

$$n=V_v/V \times 100\%$$

孔隙比是表示土的密实程度的一个重要指标。一般来说，$e < 0.6$ 的土是密实的，土的压缩性小；$e > 1.0$ 的土是疏松的，土的压缩性高。

6. 土的饱和重度与土的有效重度

土中孔隙完全被水充满时土的重度称为饱和重度，用符号 γ_{sat} 表示；地下水位以下的土受到水的浮力作用，扣除水的浮力和单位体积上所受的重力称为土的有效重度，用符号 γ' 表示。

$$\gamma_{sat} = (G_s + V_w - y_v) / V$$

$$\gamma' = (G_s - V_w \cdot V_s) / V$$

$$\text{或 } \gamma' = \gamma_{sat} - \gamma_w$$

式中，γ_w——水的重度，kN/m^3；$\gamma_w = \rho_w \cdot g$

土的饱和重度一般为 18 ～ 23kN/m^3。

7. 土的饱和度

土中水的体积与孔隙体积之比的百分数称为土的饱和度，用符号 S_r 表示。

$$S_r = V_w / V_v \times 100\%$$

根据饱和度 S_r 的数值可把细砂、粉末等土分为稍湿、很湿和饱和三种湿度状态，见表 1-2。

表 1-2 砂土湿度状态划分

湿度	稍湿	很湿	饱和
饱和度 S_r（%）	$S_r \leqslant 50$	$50 < S_r \leqslant 80$	$S_r > 80$

（二）土的力学性质

1. 土的压缩性指标

土在外界压力作用下体积会缩小。由于土中水和土颗粒几乎是不能被压缩的，因此，土的压缩主要是孔隙体积的减少。土的压缩性指标通常用压缩系数来表示，其值可以根据原状土的压缩试验确定。

压缩系数计算见下式：

$$a = \frac{e_1 - e_2}{p_1 - p_2}$$

式中，a——土的压缩系数，MPa；

p_1——相对应于 e_1 时的固结压力，MPa；

p_2——相对应于 e_2 时的固结压力，MPa；

e_1——相对应于 p_1 时的孔隙比；

e_2——相对应于 p_2 时的孔隙比。

评价地基土的压缩性，一般是按 p_1=100kPa 和 p_2=200kPa 时求出的压缩系数

$a_{1\text{-}2}$ 来评价，其评价标准为：$a_{1\text{-}2} < 0.1$ 为低压缩性土；$0.1 \leqslant a_{1\text{-}2} < 0.5$ 为中压缩性土；$a_{1\text{-}2} \geqslant 0.5$ 为高压缩性土。

地基土压缩性和建筑物荷载的大小，将会直接影响地基沉降量的大小，因此，一般应选择低压缩性土作为地基，而高压缩性土则需经过处理后，才能作为地基。

2. 土的抗剪强度

土的抗剪强度是指土在外力作用下抵抗剪切破坏的极限强度。土的抗剪强度可以用室内直剪、原位直剪、三轴剪切试验、十字板剪切试验、野外标准贯入、静力触探、动力触探等试验方法进行测定。它是评价地基承载力、边坡稳定性、计算土压力的重要指标。

（1）抗剪强度计算

土的抗剪强度可按下列式子计算：

对于砂土：$\tau_f = \sigma \mathrm{tg}\varphi$

对于黏性土：$\tau_f = \sigma \mathrm{tg}\varphi + c$

式中，τ_f——土的抗剪强度，kPa；

σ——剪切面上的法向应力，kPa；

φ——土的内摩擦角，（°）；

c——土的黏聚力，kPa。

（2）土的内摩擦角 φ 和黏聚力 c 的确定。土的内摩擦角 φ 和黏聚力 c 是反映土的抗剪强度大小的两个重要指标。其大小可以在剪切试验后，直接用比例尺在坐标纸上绘出，如图 1-3 所示。

砂土的内摩擦角一般是随土的粒度变细而变小；砾砂、粗砂、中砂的 φ 值为 32° ～ 40°；细砂、粉砂的 φ 值为 28° ～ 36°；砂土的黏聚力 c 很小，可以忽略不计。

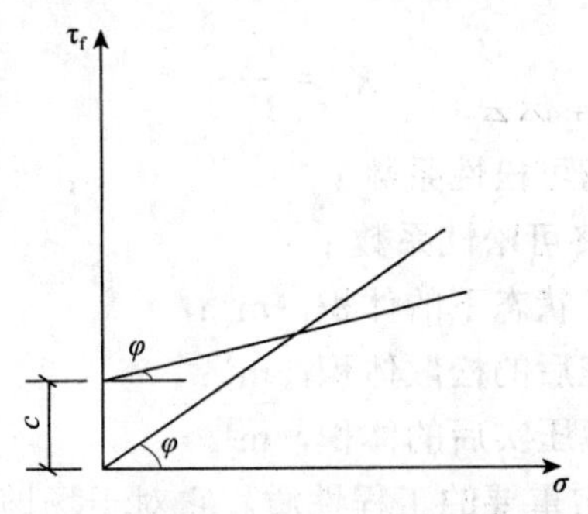

图 1-3　抗剪强度与法向应力的关系

黏性土的内摩擦角 φ 的变化范围为 0° ～ 36°，而黏聚力一般为 10 ～ 100kPa，坚硬黏土其值更高。

完全松散的土自由地堆放在地面上，土堆的斜坡与地面构成的夹角，称为自然倾斜角。为此要保证土壁稳定，必须有一定边坡，边坡以 1 : n 表示，如图 1-4 所示。

$$N=a/h$$

式中，n——边坡率；

a——边坡的水平投影长度；

h——边坡的高度。

含水量大的土，土颗粒间产生润滑作用，使土颗粒间的内摩擦力或黏聚力减弱，土的抗剪强度降低，土的稳定性减弱，因此，应留有较缓的边坡。当沟槽上荷载较大时，土体会在压力作用下产生滑移，因此，边坡也要缓或采用支撑加固。

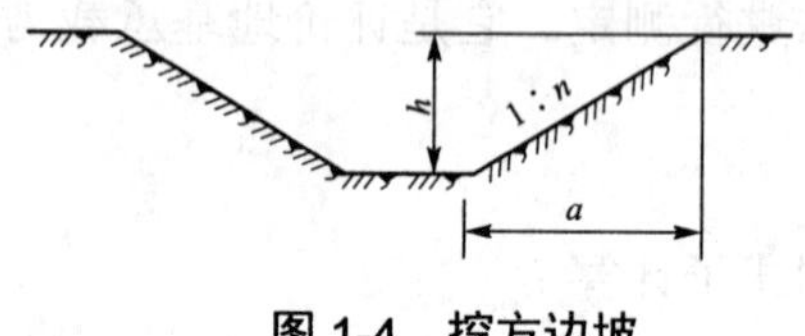

图 1-4　挖方边坡

（三）土的工程性质

1. 土的可松性

自然状态下的土，经过开挖以后，其体积因松散而增加，后虽经回填压实，仍不能恢复到原体积，这种性质称为土的可松性。

土的可松性是用可松性系数来表示的。自然状态土经开挖后的松散体积与原自然状态下的体积之比，称为最初可松性系数 K_s；土经回填压实后的体积与原自然状态下的体积之比，称为最终可松性系数 K_s'。它们的求法如下面两式：

$$K_s=\frac{V_2}{V_1}$$

$$K_s'=\frac{V_3}{V_1}$$

式中，K_s——土的最初可松性系数；

K_s'——土的最终可松性系数；

V_1——土在自然状态下的体积，m^3；

V_2——土经开挖后的松散体积，m^3；

V_3——土经回填压实后的体积，m^3。

土的可松性是一个非常重要的工程性质。它对于场地平整、土方调配、土方的开挖、运输和回填，以及土方挖掘机械和运输机械的数量、斗容量的确定，都有很大影响。例如土方开挖后的运输，要考虑土的最初可松性系数 K_s；借土回填时，就需要考虑土的最终可松性系数 K_s'。下面举一个实例。

【例 1-1】某土方工程需回填 100 m^3 土，而现场已无土回填，必须另外取土，所选回填土的最初可松性系数 K_s=1.2，最终可松性系数 K_s'=1.05，问需取多少土？

【解】已知需回填的土方量（即回填压实后的体积）为 V_3=100 m^3，

且：K_s=1.2，K_s'=1.05

则：需开挖土自然状态下的体积$V_1=\dfrac{V_3}{K_s'}=\dfrac{100\text{m}^3}{1.05}=95.24\text{m}^3$

开挖后需运输的土体积$V_2=V_1\times K_s=95.24\text{m}^3\times1.2=114.29\text{m}^3$

另外，在土方工程中，也正是因为土的可松性存在，土经开挖后，土壤的结构遭到破坏，地基的抗剪能力有所下降，所以，一般情况下不允许用回填土做地基。

各类土的可松性系数参考值见表 1-3。

表 1-3　各类土的可松性系数参考值

土的类别	土的可松性	
	K_s	K_s'
一类土（种植土除外）	1.08 ～ 1.17	1.01 ～ 1.03
一类土（种植土、泥炭）	1.20 ～ 1.30	1.03 ～ 1.04
二类土	1.14 ～ 1.28	1.02 ～ 1.05
三类土	1.24 ～ 1.30	1.04 ～ 1.07
四类土（泥灰岩、蛋白石除外）	1.26 ～ 1.32	1.06 ～ 1.09
四类土（泥灰岩、蛋白石）	1.33 ～ 1.37	1.11 ～ 1.15
五～七类土	1.30 ～ 1.45	1.10 ～ 1.20
八类土	1.45 ～ 1.50	1.20 ～ 1.30

2. 土的渗透性

土体孔隙中的自由水在重力作用下会透过土体而运动，这种土体被水透过的性质称为土的渗透性。土的渗透性以渗透系数 K 来表示土透水性的大小，其物理意义是当水力坡度等于 1 时的渗透系数，一般通过室内渗透试验或现场抽水或压水试验确定。土渗透系数的大小对土方工程中施工降水与排水的影响较大，施工时应加以注意。

渗透系数 K 按下列公式计算：$K=\dfrac{Q}{AI}=\dfrac{u}{I}$

式中，K——渗透系数，cm/s 或 m/d；

Q——单位时间内渗透通过的水量，cm^3/s 或 cm^3/d；

A——通过水量的总横断面积，cm^2 或 m^2；

u——渗透水流的速度，cm/s 或 m/d；

I——水力坡度（高水位 h_1 与低水位 h_2 之差与渗透距离 s 的比值）；

$$I=\frac{h_1-h_2}{s}=\frac{h}{s}$$

土的渗透系数参考值见表 1-4。

表 1-4　土的渗透系数 K 参考值

名称	渗透系数 K/(m/d)	名称	渗透系数 K/(m/d)
黏土	< 0.005	中砂	5.0 ~ 20
粉质黏土	0.005 ~ 0.1	均值中砂	25 ~ 50
粉土	0.1 ~ 0.5	粗砂	20 ~ 50
黄土	0.25 ~ 0.5	圆砾	50 ~ 100
粉砂	0.5 ~ 0.1	卵石	100 ~ 500
细砂	1.0 ~ 5.0	无填充物卵石	500 ~ 1 000

（四）土的分类

1. 地基土的分类

根据现行《建筑地基基础设计规范》（GB 50007—2002）标准规定，将承受建筑荷载的地基土划分为岩石、碎石土、砂土、粉土、黏性土和人工填土等几种。

（1）岩石的分类。岩石为颗粒间的牢固连接，呈整体或具有节理裂隙的岩体。作为建筑物地基，除应确定岩石的地质名称外，尚应按坚硬程度和完整程度划分。

岩石的坚硬程度可根据岩块的饱和单轴抗压强度 f_{rk} 的大小来划分，表 1-5 将其划分为坚硬岩、较硬岩、较软岩、软岩和极软岩。岩石的风化程度可分为未风化、微风化、中风化、强风化和全风化。

表 1-5　岩石坚硬程度的划分

坚硬程度类别	坚硬岩	较硬岩	较软岩	软岩	极软岩
饱和单轴抗压强度标准值 f_{rk}/MPa	$f_{rk} > 60$	$60 \geqslant f_{rk} > 30$	$30 \geqslant f_{rk} > 15$	$15 \geqslant f_{rk} > 15$	$f_{rk} \leqslant 5$

岩体的完整程度可按表 1-6 划分为完整、较完整、较破碎、破碎和极破碎。

表 1-6　岩体完整程度的划分

完整程度等级	完整	较完整	较破碎	破碎	极破碎
完整性指数	> 0.75	0.75 ~ 0.55	0.55 ~ 0.35	0.35 ~ 0.15	< 0.15

注：完整性指数为岩体纵波波速与岩块纵波波速之比的平方。选定岩体、岩块测定波速时应有代表性。

（2）碎石土的分类。粒径大于 2mm 的颗粒含量（质量分数）超过全重 50% 的土称为碎石土。碎石土可根据粒径分组含量和颗粒形状划分为漂石、块石、卵石、碎石、圆砾和角砾，详见表 1-7。

表 1-7　碎石土的分类

分类名称	颗粒形状	
漂石	圆形及亚圆形为主	粒径大于 200 mm 的颗粒含量超过全重 50%
块石	棱角形为主	
卵石	圆形及亚圆形为主	粒径大于 200 mm 的颗粒含量超过全重 50%
碎石	棱角形为主	
圆砾	圆形及亚圆形为主	粒径大于 200 mm 的颗粒含量超过全重 50%
角砾	棱角形为主	

注：分类时应根据粒径组含量栏从上到下以最先符合者确定。

（3）砂土的分类。根据粒径的大小不同，砂土可分为五类，详见表 1-8。

（4）黏性土的分类。可根据塑性指数 I_p 划分：黏性土为塑性指数 $I_p > 10$ 的土；塑性指数 $I_p > 17$ 的土为砂土；$10 < I_p \leqslant 17$ 的土为粉质黏土。

（5）粉土。指介于砂土与黏性土之间，其塑性指数 $I_p \leqslant 10$，且粒径大于 0.075 mm 的颗粒含量不超过全重 50% 的土。

表 1-8　砂土分类

分类名称	颗粒级配
砾砂	粒径大于 2 mm 的颗粒含量占全重 25% ～ 50%
粗砂	粒径大于 0.5 mm 的颗粒含量占全重 50%
中砂	粒径大于 0.25 mm 的颗粒含量占全重 50%
细砂	粒径大于 0.075 mm 的颗粒含量占全重 85%
粉砂	粒径大于 0.075 mm 的颗粒含量占全重 50%

注：砂土定名时，应根据其粒径分组由大到小以最先符合者确定。

（6）人工填土。根据其组成和成因的不同，可分为素填土、压实填土、杂填土和冲填土。

素填土是由碎石土、砂土、粉土、黏性土等组成的填土。经过压实或夯实的素填土为压实填土。杂填土是指含有建筑垃圾、工业废料和生活垃圾等杂物的填土。冲填土是由水力冲填泥沙形成的填土。

2. 土的工程分类

土的工程分类是按照土的开挖难易程度划分的。我国现行劳动定额和预算定额将土分为八类，其中前面四类为土，后面四类为石，详见表 1-9。

表 1-9　土的工程分类

土的分类	包括的内容	坚实系数 f	密度 /（t/m^3）	开挖工具及方法
一类土（松软土）	砂、粉土、冲击砂土层、种植土、淤泥（泥炭）	0.5 ～ 0.6	0.6 ～ 1.5	用锹、锄头挖掘
二类土（普通土）	粉质黏土，潮湿的黄土，夹有碎石、卵石的砂，种植土，粉土，填筑土	0.6 ～ 0.8	1.1 ～ 1.6	用锹、锄头挖掘，少许用镐翻松
三类土（坚土）	软黏土及中等密实黏土，重粉质黏土，砾石土，干黄土及夹有卵石、碎石的黄土，粉质黏土，压实的填筑土	0.8 ～ 1.0	1.75 ～ 1.9	主要用镐，少许用锹、锄头挖掘，部分用撬棒
四类土（沙砾坚土）	坚硬密实的黏性土或黄土，含碎石、卵石的黏性土或黄土，天然级配砂石，软泥灰岩	1.0 ～ 1.5	1.9	先用镐，撬棒，后用锹挖掘，部分用楔子及大锤
五类土（软石）	硬质黏土、中密的页岩、泥灰岩、白垩土、胶结不紧的砾岩、软的石灰岩	1.5 ～ 4.0	1.1 ～ 2.7	用镐或撬棒、大锤挖掘，部分使用爆破方法
六类土（次坚石）	泥岩、砂岩、砾岩、坚实的页岩、泥灰岩、密实的石灰岩、风化花岗岩、片麻岩	4.0 ～ 10.0	2.2 ～ 2.9	用爆破方法开挖，部分用镐
七类土（坚石）	大理石，辉绿岩，玢岩，粗、中粒花岗岩，坚实的白云岩、砂岩，砾岩、片麻岩、石灰岩，微风化安山岩，玄武岩	10.0 ～ 18.0	2.5 ～ 3.1	用爆破方法开挖
八类土（特坚石）	安山岩、玄武岩、花岗片麻岩、坚实的细粒花岗岩、闪长岩、石英岩、辉长岩、辉绿岩、玢岩、角闪岩	18.0 ～ 25.0 以上	2.7 ～ 3.3	用爆破方法开挖

（五）土的现场鉴别方法

1. 碎石土、砂土的现场鉴别方法

碎石土、砂土的现场鉴别方法见表 1-10。碎石土密实度野外鉴别方法见表 1-11。

表 1-10　碎石土、砂土的现场鉴别方法

类别	土的名称	观察颗粒粗细	干燥时的状态及强度	潮湿时用手拍击状态	黏着程度
碎石土	卵（碎）石	一半以上颗粒超过 20 mm	颗粒完全分散	表面无变化	无黏着感觉
	圆（角）砾	一半以上颗粒超过 2 mm（小高粱粒大小）	颗粒完全分散	表面无变化	无黏着感觉
砂土	砾砂	有 1/4 以上的颗粒超过 2 mm（小高粱粒大小）	颗粒完全分散	表面无变化	无黏着感觉

类别	土的名称	观察颗粒粗细	干燥时的状态及强度	潮湿时用手拍击状态	黏着程度
砂土	粗砂	有一半以上的颗粒超过0.5 mm（细小米粒大小）	颗粒完全分散，但有个别的胶结在一起	表面无变化	无黏着感觉
	中砂	有一半以上的颗粒超过0.25 mm（白菜籽粒大小）	颗粒基本分散，局部胶结，但一碰即散	表面偶有水印	无黏着感觉
	细砂	大部分颗粒与粗豆米粉（＞0.074 mm）近似	颗粒大部分分散，少量胶结，部分稍加碰撞即散	表面有水印（翻浆）	偶有轻微黏着感觉
	粉砂	大部分颗粒与大小米粉近似	颗粒少部分分散，大部分胶结，稍加压力可分散	表面有显著的翻浆现象	有轻微黏着感觉

表 1-11　碎石土密实度野外鉴别方法

密实度	骨架和充填物	可挖性	可钻性
密实	骨架颗粒含量大于总重的70%，呈交错排列，连续接触	锹镐挖掘困难，用撬棍方能松动，井壁一般较稳定	钻进困难，冲击钻探时，钻杆、吊锤跳动剧烈，孔壁较稳定
中密	骨架颗粒含量等于总重的60%～70%，呈交错排列，大部分接触	锹镐挖掘困难，井壁有掉块现象，从井壁取出大颗粒处，能保持颗粒凹面形状	钻进较困难，冲击钻探时，钻杆、吊锤跳动不剧烈，孔壁有坍塌现象
稍密	骨架颗粒含量等于总重的55%～60%，排列混乱，大部分不接触	锹可以挖掘，井壁易坍塌，从井壁取出大颗粒后，砂土立即坍落	钻进较容易，冲击钻探时，钻杆稍有跳动，孔壁易坍塌
松散	骨架颗粒含量小于总重的55%，排列十分混乱，绝大部分不接触	锹易挖掘，井壁极易坍塌	钻进很容易，冲击钻探时，钻杆无跳动，孔壁极易坍塌

注：表中%，均指该类物质的质量分数，下同。

2. 黏性土的现场鉴别方法

黏性土的现场鉴别方法见表 1-12。黏性土和粉土的稠度鉴别方法见表 1-13。黏性土的潮湿程度鉴别方法见表 1-14。新近沉积黏性土的现场鉴别方法见表 1-15。

表 1-12　黏性土的现场鉴别方法

土的名称	潮湿时用刀切	湿土用手捻摸时的感觉	土的状态		湿土捻条情况
			干土	湿土	
黏土	切面光滑，有黏刀阻力	有滑腻感，感觉不到有砂粒，水分较大，很黏手	土块坚硬，用锤才能打碎	易黏着物体，干燥后不易剥去	塑性大，能搓成直径小于0.5mm的长条（长度不短于手掌），手持一端不易断裂

土的名称	潮湿时用刀切	湿土用手捻摸时的感觉	土的状态		湿土捻条情况
			干土	湿土	
粉质黏土	稍有光滑面，切面平整	稍有滑腻感，有黏滞感，感觉到有少量砂粒	土块用手捏或抛扔时易碎	不易黏着物体，干燥后一碰就掉	塑性小，能搓成直径为2～3mm的短条
粉土	无光滑面，切面稍粗糙	有轻微黏滞感或无黏滞感，感觉到有较多砂粒、粗糙	土块用手捏或抛扔时易碎	不易黏着物体，干燥后一碰就掉	塑性小，能搓成直径为2～3mm的短条
砂土	无光滑面，切面粗糙	无黏滞感，感觉到全是砂粒、粗糙	松散	不能黏着物体	无塑性，不能搓成土条

表1-13　黏性土和粉土的稠度鉴别方法

稠度状态	特别特征
坚硬	人工小钻钻探时很费力，几乎钻不进去，钻头取出的土样用手捏不动，加力不能使土变形，只能碎裂
硬塑	人工小钻钻探时较费力，钻头取出的土样用手捏时，只有用较大的力才略有变形并即碎裂松散
可塑	钻头取出的土样，手指用力不大就能按入土中，土可捏成各种形状
软塑	可以把土捏成各种形状，手指按入土中毫不费力，钻头取出的土样还能成形
流塑	钻进很容易，钻头不易取出土样，取出的土已不能成型，放在手中也不易成块

表1-14　黏性土的潮湿程度鉴别方法

土的潮湿程度	鉴别方法
稍湿的	经过扰动的土不易捏成团，易碎成粉末，放在手中不湿手，但感觉凉，而且感觉是很湿的
很湿的	经过扰动的土能捏成各种形状，放在手中会湿手，在土面上滴水能慢慢渗入土中
饱和的	滴水不能渗入土中，可以看出孔隙中的水发亮

表1-15　新近沉积黏性土的现场鉴别方法

沉积环境	颜色	结构性	含有物
河漫滩和山前洪、冲积扇（锥）的表层，故河道，已填塞的湖、塘、沟谷、河道泛滥区	颜色较深而暗，呈褐、暗黄或灰色，含有机物较多的带灰黑色	结构性差，用手扰动原状土时极易变软，塑性较低的土还有振动析水现象	在完整的沉积黏性土剖面中，无原生的粒状结核体，但可能含有圆形及亚圆形的钙质结核体（如姜结石）或贝壳等，在城镇附近可能含有少量碎砖、陶片或朽木等人类活动的遗物

3. 人工填土、淤泥、黄土、泥炭的现场鉴别方法

人工填土、淤泥、黄土、泥炭（腐殖土）的现场鉴别方法见表 1-16。

表 1-16　人工填土、淤泥、黄土、泥炭的现场鉴别方法

土的名称	观察颜色	夹杂物质	形状（构造）	浸入水中的现象	湿土搓条情况	干燥后强度
人工填土	无固定颜色	砖瓦碎块、垃圾、炉灰等	夹杂物显露于外，构造无规律	大部分在水中变为稀软泥炭，其余部分为碎瓦、炉渣	一般能搓成直径 3mm 土条，但易断，遇有杂质甚多时，就不能搓条	干燥后部分杂质脱落，故无定型，稍微施加压力即行破碎
淤泥	灰黑色有臭味	池沼中有半腐朽的细小动植物遗体，如草根、小螺壳等	经仔细观察，可以发现有夹杂物，其构造常呈层状，但有时不明显	外观无明显变化，在水面出现气泡	一般淤泥质土接近于粉土，故能搓成直径 3mm 土条（长至少 30mm）容易断裂	干燥后体积显著收缩，强度不大，锤击时呈粉末状，用手指能捻碎
黄土	黄褐两色的混合色	有白色粉末出现在文理之中	夹杂物清晰显见，构造上有垂直大孔（肉眼可见）	即行崩散而分成散的颗粒聚团，在水面上出现很多白色液体	搓条情况与正常的粉质黏土类似	一般黄土相当于粉质黏土，干燥后的强度很高，手指不易捻碎
泥炭	深灰或黑色	有半腐朽的动植物遗体，其含量（质量分数）超过 60%	夹杂物有时可见。构造无规律	极易崩碎，变为稀软淤泥，其余部分为植物根、动物残体渣，悬浮于水中	一般能搓成直径为 1 ～ 3mm 土条，但残渣甚多时，仅能搓成直径 3mm 以上的土条	干燥后大量收缩，部分杂质脱落，故有时无定型

任务二　场地平整

一、场地平整及土方量计算

场地平整就是将天然地面改为工程上所要求的设计平面。场地设计平面通常由设计单位在总图竖向设计中确定，由设计平面的标高和天然地面的标高差，可以得到场地各点的施工高度（填挖高度），由此可以计算场地平整的土方量。其计算步骤如下：

（1）划分方格网。根据已有地形图（一般 1/500 的地形图）划分成若干个方格网，

其边长为 10m×10m、20m×20m 或 40m×40m。

（2）计算施工高度。根据方格网，将自然地面标高与设计地面标高分别标注在方格网角点的右上角和右下角，自然地面标高与设计地面标高差值，即各角点的施工高度，将其填在方格网的左上角，挖方为 (+)，填方为 (–)。

（3）计算零点位置。在一个方格网内同时有填方或挖方时，要先算出方格网边的零点位置，并标注在方格网上。将零点连线就得到零线，它是填方区和挖方区的分界线，在此线上各点施工高度等于零。零点位置可按下式计算（图 1-5）。

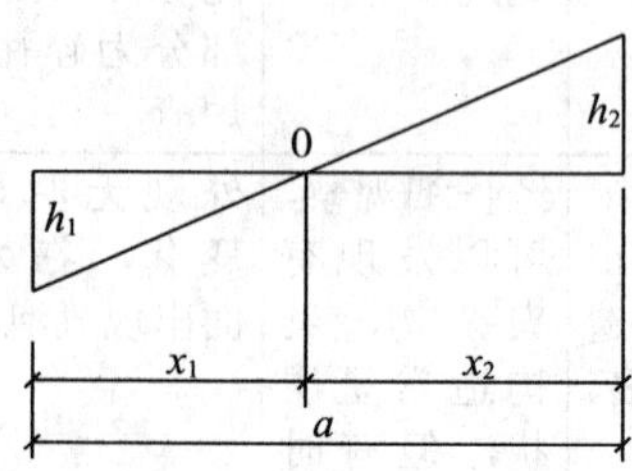

图 1-5　零点位置

$$X_1 = a \times h_1 / (h_1 + h_2)$$
$$X_2 = a \times h_2 / (h_1 + h_2)$$

式中，X_1、X_2——角点至零点的距离，m；

h_1、h_2——相邻两角的施工高度，m，计算时均采用绝对值；

a——方格网的边长，m。

（4）计算方格土方工程量。方格土方工程量计算公式，参见表 1-17。

表 1-17　常用方格网点计算公式

项目	图式	计算公式
一点填方或挖方（三角形）	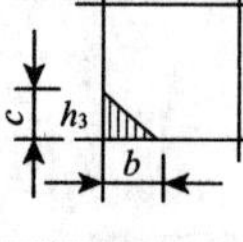 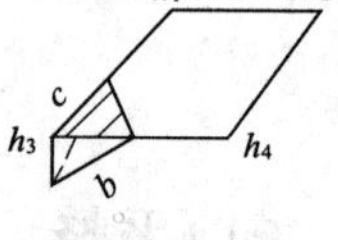	$V=\frac{1}{2}bc\frac{\sum h}{3}=\frac{bch_3}{6}$ 当 $b=c=a$ 时，$V=\frac{a^2h_3}{6}$
二点填方或挖方（梯形）	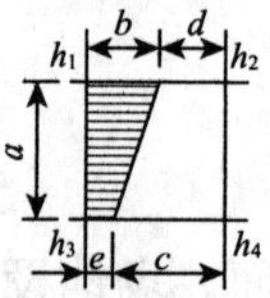 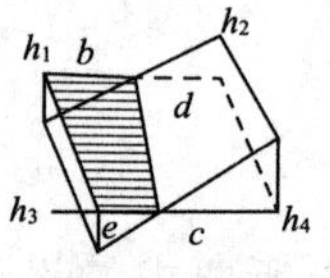	$V_-=\frac{b+c}{a}\cdot a\cdot\frac{\sum h}{4}=\frac{a}{8}(b+c)(h_1+h_3)$ $V_+=\frac{d+e}{2}\cdot a\cdot\frac{\sum h}{4}=\frac{a}{8}(d+e)(h_2+h_4)$
三点填方或挖方（五角形）	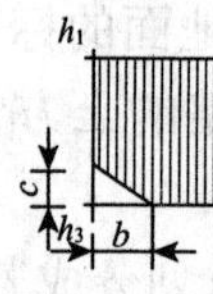 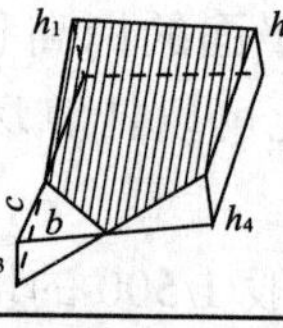	$V_-=\frac{1}{2}bc\cdot\frac{\sum h}{3}=\frac{bch_3}{6}$ $V_+=\left(a^2-\frac{bc}{2}\right)\frac{\sum h}{5}=\left(a^2-\frac{bc}{2}\right)\frac{h_1+h_2+h_4}{5}$

项目	图式	计算公式
四点填方或挖方（正方形）	h_1 h_2 h_3 h_4	$V_+=\frac{a^2}{4}\sum h=\frac{a^2}{4}(h_1+h_2+h_3+h_4)$

（5）将计算的各方格土方工程列表汇总，分别求出总的挖方工程量和填方工程量。

二、土方调配

土方工程量计算完成后，即可进行土方的调配工作。土方调配，就是对挖土的利用、堆弃和填方三者之间关系进行综合协调处理的过程。一个好的土方调配方案，应该是使土方运输量或费用达到最小，而且又能方便施工。为使土方调配工作做到更好应掌握如下原则：

（1）力求使挖方与填方基本平衡和就近调配，使挖方与运距的乘积之和尽可能为最小，亦即使土方运输和费用最小。

（2）考虑近期施工与后期利用相结合的原则；考虑分区与全场相结合的原则；还应尽可能与大型地下建筑物的施工相结合，使土方运输无对流和乱流的现象。

（3）合理选择恰当的调配方向、运输路线，使土方机械和运输车辆的功率能得到充分发挥。

（4）土质好的土使用在回填质量要求高的地区。

总之，土方的调配必须根据现场的具体情况、有关资料、进度要求、质量要求、施工方法与运输方法，综合考虑，进行技术经济比较，选择最佳的调配方案。为了更直观地反映场地调配的方向及运输量，一般应绘制土方调配图表，其编制程序如下：

（1）划分调配区。在场地平面图上先画出挖、填方区的分界线；根据地形及地理条件，可在挖方区和填方区适当地分别画出若干调配区。

（2）计算各调配区的土方工程量，标在图上。

（3）求出每对调配区之间的平均运距。平均运距即挖方区土方重心至填方区土方重心的距离。

（4）进行土方调配。采用线性规划中的“表上作业法”进行。

（5）画出土方调配图，如图 1-6 所示。

（6）列出土方工程量平衡表，见表 1-18。

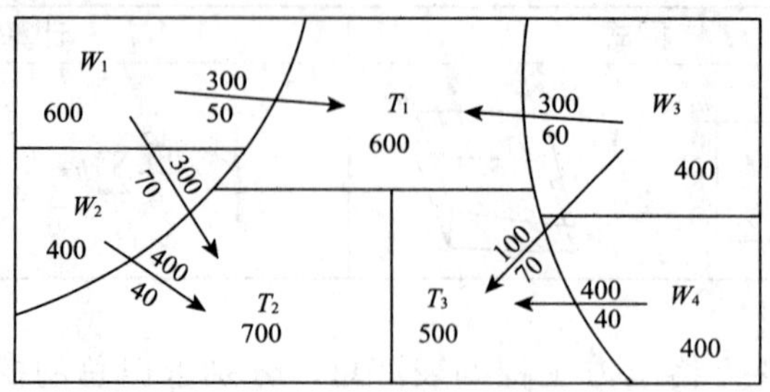

图 1-6 土方调配

注：箭头上面的数字表示土方量（m^3）、箭头下面的数字表示运距（m）；W 为挖方区；T 为填方区。

表 1-18 土方量调配平衡

挖方区编码	挖方数量 /m^3	填方区编号、填方数量 /m^3			
		T_1	T_2	T_3	合计
		600	700	500	1 800
W_1	600	300	300		
W_2	400		400		
W_3	400	300		100	
W_4	400			400	
合计	1 800				

注：表中右上角小方格内的数字为平均运距。

【例题 1-2】某给水厂场地开挖的土方规划方格网，如图 1-7 所示。方格边长 a=20m，方格角点右上角标注为地面标高，右下角标注为设计标高，单位均以 m 计，试计算其土方量。

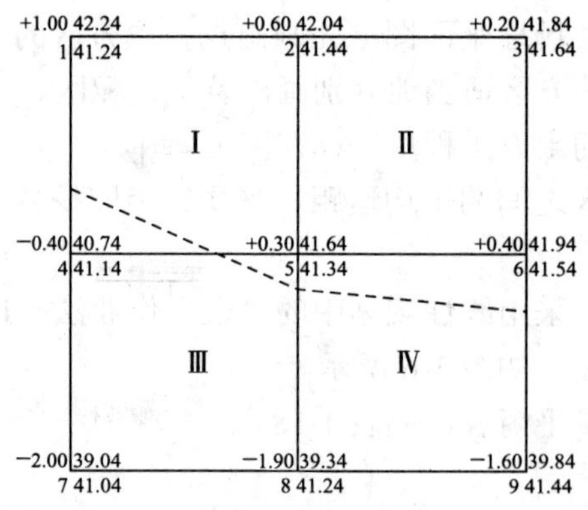

图 1-7 土方规划方格

【解】

（1）计算各角点施工高度

施工高度 = 地面标高 – 设计标高

如 1 点，施工高度 =42.24–41.24=+1.0，其他计算如上，标在角点的左上角（+）为挖方，（–）为填方。

（2）计算零点位置，确定零点线位置

在方格网中任一边的两端点的施工高度符号不同时，在这条边上肯定存在着零点。

如 1—4 边上的零点计算，零点距角点 4 的距离：

$$x_4=［h_4/（h_4+h_1）］\cdot a=［0.4/（0.4+1.0）］\times 20=5.71\text{m}$$

4—5 边上零点距角点 5 的距离：

$$x_5=［h_5/（h_4+h_5）］\cdot a=［0.3/（0.3+0.4）］\times 20=8.57\text{m}$$

5—8 边上零点距角点 8 的距离：

$$x_8=［h_8/（h_5+h_8）］\cdot a=［1.9/（0.3+1.9）］\times 20=17.27\text{m}$$

6—9 边上零点距角点 6 的距离：

$$x_6=［h_6/（h_6+h_9）］\cdot a=［0.4/（0.4+1.6）］\times 20=4.0\text{m}$$

将各零点连接成线，即可确定零点线位置，如图虚线所示。

（3）计算方格土方量，计算公式

按方格网底面积图形计算方格土方量，方格网 I 的土方量：

$V_{\text{I}(-)}$=（1/6）$b\cdot c\cdot h_4$=（1/6）×5.71×（20–8.57）×0.4=4.35m^3

$V_{\text{I}(+)}$=（a^2–bc/2）·（$h_1+h_2+h_5$）/5

= ［20^2–1/2×5.71（20–8.57）］×（1.0+0.6+0.3）/5

=139.6m^3

方格网 II 的土方量：

$V_{\text{II}(+)}$=a^2/4（$h_2+h_3+h_5+h_4$）=20^2×（0.6+0.2+0.3+0.4）/4=150m^3

同理，方格网III的土方量：

$$V_{\text{III}(+)}=1.17\text{m}^3$$

$$V_{\text{III}(-)}=256.28\text{m}^3$$

方格网IV的土方量：

$$V_{\text{IV}(+)}=17.67\text{m}^3$$

$$V_{\text{IV}(-)}=291.11\text{m}^3$$

（4）土方量汇总

方格网总挖方量 $V_{(+)}=V_{\text{I}(+)}+V_{\text{II}(+)}+V_{\text{III}(+)}+V_{\text{IV}(+)}$

$$=139.60+150+1.17+17.67$$

$$=308.44\text{m}^3$$

方格网总填方量 $V_{(-)}=V_{\mathrm{I}(-)}+V_{\mathrm{II}(-)}+V_{\mathrm{III}(-)}+V_{\mathrm{IV}(-)}$

$$=4.35+0+256.28+291.11=551.74\mathrm{m}^3$$

三、场地土方施工

场地土方施工由土方开挖、运输、填筑等施工过程组成。

（一）场地土方开挖与运输

场地土方开挖与运输通常采用人工、半机械化、机械化和爆破等方法，目前主要采用机械化施工法。下面介绍几种常用的施工机械。

1. 推土机

推土机是土方工程施工时的主要机械之一，是在拖拉机上安装推土板等工作装置的机械。

推土机施工特点是：构造简单，操作灵活，运输方便，所需工作面较小，功率较大，行驶速度快，易于转移，可爬30°左右的缓坡。

目前我国生产的推土机有：红旗 100、T-120、T-180、黄河 220、T-240、T-240 和T-320等。推土板有钢丝绳操纵和用油操纵两种。油压操纵的T-180型推土机外形，如图 1-8 所示。

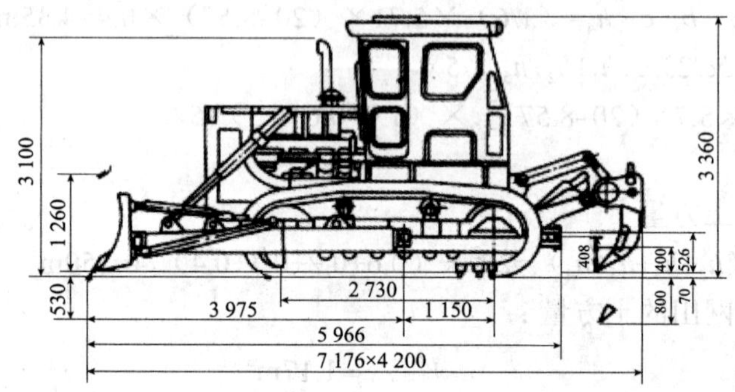

图 1-8　T-180 型推土机外形

推土机多用于场地清理和平整，在其后面可安装置，以破松硬土和冻土，还可以牵引其他无动力土方施工机械，可以推挖一～三类土，经济运距在 100m 以内，效率最高时运距为 60m。

推土机的生产效率主要取决于推土刀推移土的体积及切土、推土、回程等工作循环时间，所以缩短推土时间和减少土的损失是提高推土效率的主要影响因素。施工时可采用下坡推土（图 1-9)、并列推土（图 1-10）和利用前次推土的槽型推土（图 1-11）等方法。

图 1-9　下坡推土

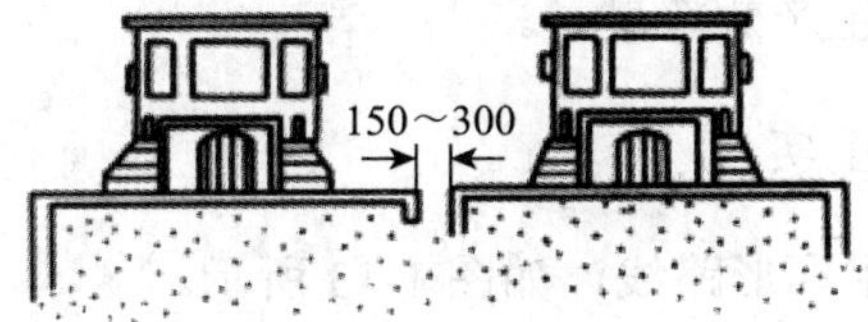

图 1-10　并列推土

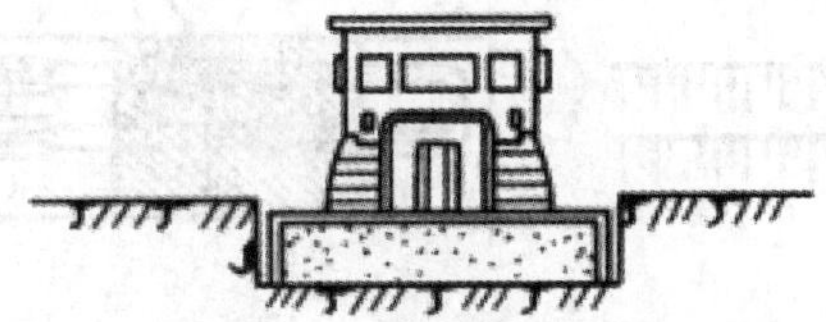

图 1-11　槽型推土

2. 铲运机

铲运机是一种能综合完成土方施工工序的机械，在场地土方施工中广泛采用。铲运机有拖式铲运机［图 1-12（a）］和自行式铲运机［图 1-12（b）］两种。常用铲运机铲斗容量一般为 3 ～ 12m³。

（a）拖式铲运机

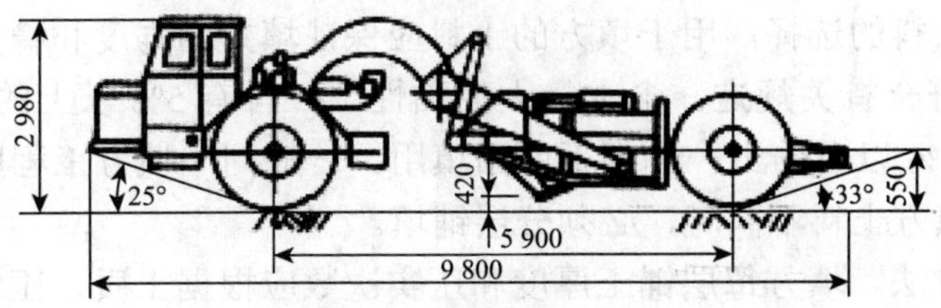

（b）自行式铲运机

图 1-12　铲运机外形

铲运机操纵简单灵活，行驶速度快，生产率高，且运转费用低。宜用于场地地形起伏不大，坡度在 20° 以内，土的天然含水量不超过 27% 的大面积场地平整。当铲运三～四类较坚硬土时，宜先与松土机配合，以减少机械磨损，提高施工效率。

自行式铲运机适用于运距在 800 ～ 3 500m 的大型土方工程施工，运距在 800 ～ 1 500m 范围内的生产效率最高。

（二）场地填方与压实

场地平整施工常采用环形路线，如图 1-13 所示。

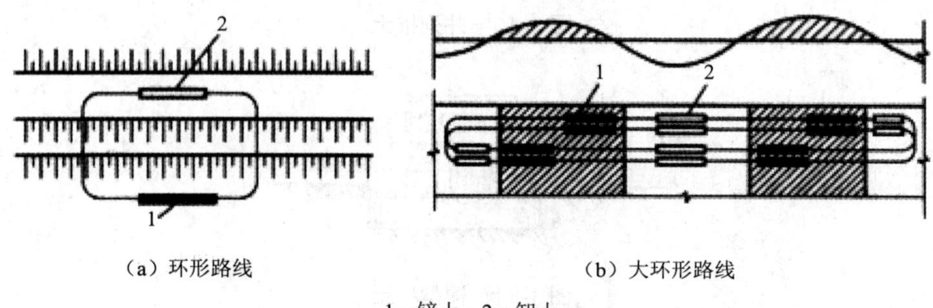

（a）环形路线　　（b）大环形路线

1—铲土；2—卸土

图 1-13　铲运机环形路线作业

1. 填方的质量要求

在场地土方填筑工程中，只有严格遵守施工验收规范，正确选择填料和填筑方法，才能保证填土的强度和稳定性。

（1）填方施工前基底处理。根据填方的重要性及填土厚度确定天然地基是否需要处理。当填方厚度在 1.0 ～ 1.5m 以上时可以不处理；当在建筑物和构筑物地面以下或填方厚度小于 0.5m 的填方，应清除基底的草皮和垃圾；当在地面坡度不大于 1/10 的平坦地上填方时，可不清除基底上草皮；当在地面坡度大于 1/5 的山坡上填方时，应将基底挖成阶梯形，阶宽不小于 1m；当在水田、池塘或含水量较大的松软地段填方时，应根据实际情况采取适当措施处理，如排水疏干、全部挖土、抛块石等。

（2）填方土料的选择。用于填方的土料应保证填方的强度和稳定性。土质、天然含水量等应符合有关规定。含水量大的黏性土、含有 5% 以上的水溶性硫酸土、有机质含量在 8% 以上的土一般都不做回填用。一般同一填方工程应尽量采用同一类土填筑，若填方土料不同时，必须分层铺填。

（3）填筑方法。填方每层铺土厚度和压实次数应根据土质、压实系数和机械性能来确定，按表 1-19 选用。填方施工应接近水平地分层填土、压实和测定压实后土的干密度，检验其压实系数和压实范围符合设计要求后，才能填筑上层。分段填筑时，每层接缝处应做成斜坡形，碾迹重叠 0.5 ～ 1.0m。上下层错缝距离不应小于 1.0m。

表 1-19　填方每层的铺土厚度和压实次数

压实机具	每层铺土厚度 / mm	每层压实次数 / 次	压实机具	每层铺土厚度 / mm	每层压实次数 / 次
平碾	200 ～ 300	6 ～ 8	蛙式打夯机	200 ～ 250	3 ～ 4
羊足碾	200 ～ 350	8 ～ 16	人工打夯	不大于 200	3 ～ 4

注：人工打夯时，土块粒径不应大于 5cm。

（4）填方的质量。填土必须具有一定的密实度，填土密实度以设计规定的控制干密度 ρ_d 作为检查标准。

土的最大干密度一般在试验室由击实试验确定，再根据规范规定的压实系数，即可算出填土的近似干密度 ρ_d 的值。在填土施工时，土的实际干密度大于或等于 ρ_d 时，则符合质量要求。

土的实际干密度可用“环刀法”测定。其取样组数：基坑回填每 20 ～ 50m^2 取样一组；基槽、管沟回填每层长度 20 ～ 50m 取样一组；室内填土每层按 100 ～ 500m^2 取样一组；场地平整填土每层按 400 ～ 900m^2 取样一组，取样部位应在每层压实后的下半部。试样取出后称出土的自然密度并测出含水量，然后用下式计算土的实际密度 ρ_0。

$$\rho_0=\rho/(1+0.01\omega)$$

式中，ρ——土的自然密度，kg/m^3；

ω——土的天然含水量。

2. 填方压实的影响因素

填方压实质量与许多因素有关，其中主要影响因素为：压实功、土的含水量及每层铺土厚度。

（1）压实功的影响。压实机械在土上施加功，土的密度增加，但土的密度大小并不与机械施加功成正比。土的密度与机械所耗功的关系如图 1-14 所示。当土的含水量一定，在开始压实时，土的密度急剧增加，待到接近土的最大密度时，压实功虽然增加许多，而土的密度则没有变化，因此，在实际施工中应选择合适的压实机械和压实遍数。

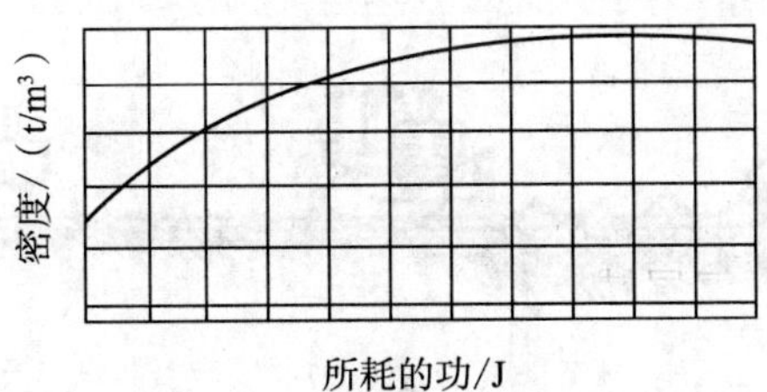

图 1-14　土的密度与压实功的关系示意

（2）含水量的影响。在同一压实功条件下，填土的含水量对压实质量有直接影响，较干燥的土不易压实，较湿的土也不易压实。当土的含水量最佳时，土经压实后的密度最大，压实系数最高。各种土的最佳含水量和最大干密度见表 1-20。工地简单检验方法一般是用手握成团，落地开花为宜。实际施工中，为保证土的最佳含水量，当土过湿时，应翻松晒干，当土过干时，则应洒水湿润。

表 1-20　土的最佳含水量和最大干密度

项目	土的种类	变动范围		项目	土的种类	变动范围	
		最佳含水量 /%（重量比）	最大干密度 /（g/cm³）			最佳含水量 /%（重量比）	最大干密度 /（g/cm³）
1	砂土	8 ～ 12	1.80 ～ 1.88	3	粉质黏土	12 ～ 15	1.85 ～ 1.95
2	黏土	10 ～ 23	1.58 ～ 1.70	4	粉土	16 ～ 22	1.61 ～ 1.80

注：①表中土的最大密度应根据现场实际达到的数字为准。②一般性的回填可不作此项测定。

（3）铺土厚度的影响。土在压实功的作用下地基应力是随深度增加而减少的。而压实机械的作用深度与压实机械、土的性质和含水量等有关。要保证压实土层各点的密实度都满足要求，铺土厚度应小于压实机械压土时的作用深度。但是铺土过厚，要压很多遍才能达到规定的密实度；铺土过薄，则也要增加机械的总压实遍数，所以铺土厚度应能使土方达到规定的密实度，而机械功耗费最少，这一铺土厚度称为最优铺土厚度。按表 1-20 选用。

在进行大规模场地平整时，可根据现场具体情况和地形条件、工程量大小、工期等要求，合理组织机械化施工。如采用铲运机、挖土机及推土机开挖土方；用松土机松土、装载机装土、自卸汽车运土；用推土机平整土壤；用碾压机械进行压实，如图 1-15 所示。

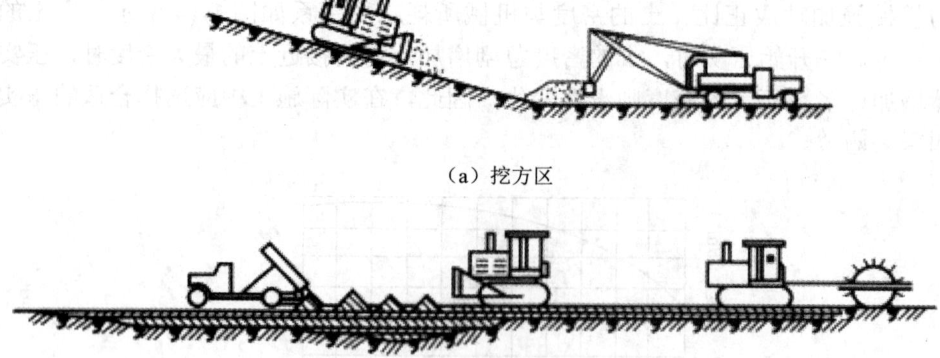

（a）挖方区

（b）填方区

图 1-15　场地平整综合机械化施工

组织机械化施工，应使各个机械或各机组的生产协调一致，并将施工区划分为若干施工段进行流水作业。

任务三　沟槽及基坑的土方施工

一、沟槽断面

常用的沟槽断面形式有直槽、梯形槽、混合槽和联合槽等，如图 1-16 所示。

正确地选择沟槽断面形式，可以为管道施工创造良好的施工作业条件。在保证工程质量和施工安全的前提下，减少土方开挖量，降低工程造价，加快施工速度。要合理选择沟槽断面形式，应综合考虑土的种类、地下水情况、管道断面尺寸、埋深和施工环境等因素。

沟槽底宽由下式确定，如图 1-17 所示。

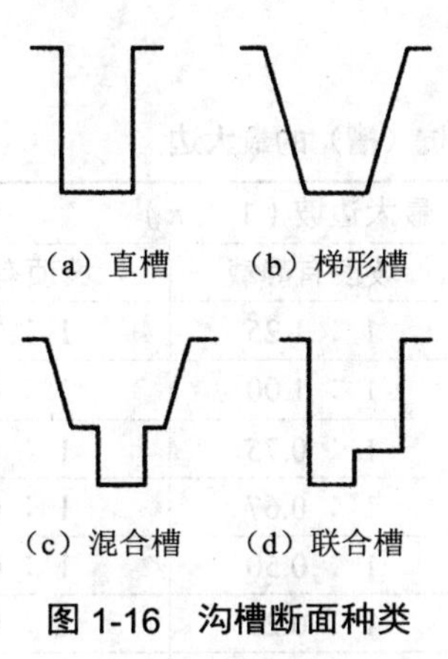

图 1-16　沟槽断面种类

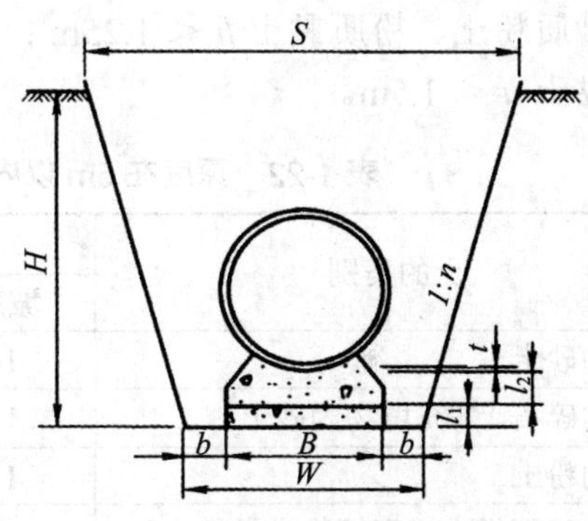

t—管壁厚度；l_2—管座厚度；l_1—基础厚度

图 1-17　沟槽底宽和挖深

$$W=B+2b$$

式中，W——沟槽底宽，m；

B——基础结构宽度，m；

b——工作面宽度，m。

沟槽上口的宽度由下式计算：

$$S=W+2nH$$

式中，S——沟槽上口的宽度，m；

n——沟槽槽壁边坡率；

H——沟槽开挖深度，m。

工作面宽度 b 决定于管道断面尺寸和施工方法，每侧工作面宽度参见表 1-21。

表 1-21 沟槽底部每侧工作面宽度

管道结构宽度 / mm	沟槽底部每侧工作面宽度		管道结构宽度 / mm	沟槽底部每侧工作面宽度	
	非金属管道	金属管道或砖沟		非金属管道	金属管道或砖沟
200 ～ 500	400	300	1 100 ～ 1 500	600	600
600 ～ 1 000	500	400	1 600 ～ 2 500	800	800

注：① 管道结构宽度无管座时，按管道外皮计；有管座时，按管座外皮计；砖砌或混凝土管沟按管沟外皮计；

② 沟底需设排水沟时，工作面应适当增加；

③ 有外防水的砖沟或混凝土沟，每侧工作面宽度宜取 800mm。

沟槽开挖深度按管道设计纵断面确定。

当采用梯形槽时，其边坡的选定，应按土的类别并符合表 1-22 的规定。不需支撑的直槽边坡一般采用 1 ∶ 0.05。当槽深 h 不超过下列数值可开挖直槽并不需要支撑。

砂土、沙砾土 $h < 1.0$m；

砂质粉土、粉质黏土 $h < 1.25$m；

黏土 $h < 1.5$m。

表 1-22 深度在 5m 以内的沟槽、基坑（槽）的最大边

土的类别	最大边坡（1 ∶ n）		
	坡顶无荷载	坡顶有静载	坡顶有动载
中密的砂土	1 ∶ 1.00	1 ∶ 1.25	1 ∶ 1.50
中密的碎石土（充填物为砂土）	1 ∶ 0.75	1 ∶ 1.00	1 ∶ 1.25
硬塑的粉土	1 ∶ 0.67	1 ∶ 0.75	1 ∶ 1.00
中密的碎石类土（充填物为黏性土）	1 ∶ 0.50	1 ∶ 0.67	1 ∶ 0.75
硬塑的粉质黏土、黏土	1 ∶ 0.33	1 ∶ 0.50	1 ∶ 0.67
老黄土	1 ∶ 0.10	1 ∶ 0.25	1 ∶ 0.33
软土（经井点降水后）	1 ∶ 1.00	—	—

二、沟槽及土方量计算

（一）沟槽土方量计算

沟槽土方量计算通常采用平均法，由于管径的变化、地面起伏的变化，为了更准确地计算土方量，应沿长度方向分段计算，如图 1-18 所示。

其计算公式：

$$V_1 = 1/2 \times (F_1 + F_2) \times L_1$$

式中，V_1——各计算段的土方量，m^3；

L_1——各计算段的沟槽长度，m；

F_1、F_2——各计算段两端断面面积，m^2。

将各计算段土方量相加即得总土方量。

（二）基坑土方量计算

基坑土方量可按立体几何中柱体体积公式计算，如图 1-19 所示。

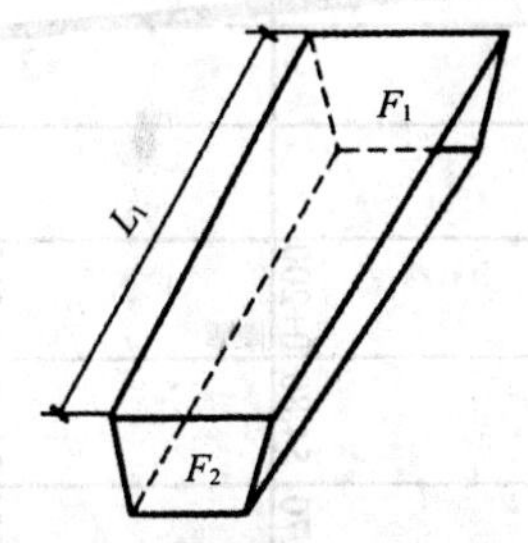

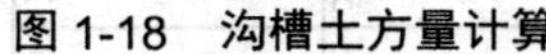

图 1-18　沟槽土方量计算

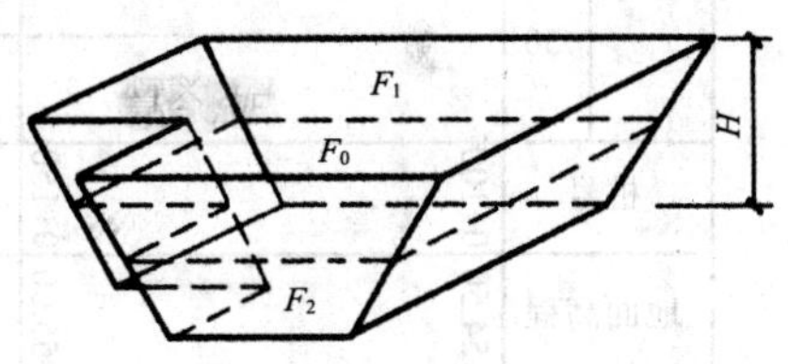

图 1-19　基坑土方量计算

其计算公式为：

$$V = H/6\left(F_1 + 4F_0 + F_2\right)$$

式中，V——基坑土方量，m^3；

H——基坑深度，m；

F_1、F_2——基坑上、底面面积，m^2；

F_0——基坑中断面面积，m^2。

【例题 1-3】已知某一给水管线纵断面图设计如图 1-20 所示，土质为黏土，无地下水，采用人工开槽法施工，其开槽边通常采用 1 ∶ 0.25，工作面宽度 $b = 0.4$，计算土方量。

【解】根据管线纵断面图，可以看出地形是起伏变化的。为此将沟槽按桩号 $0+100$ 至 $0+150$, $0+150$ 至 $0+200$, $0+200$ 至 $0+225$，分三段计算。

（1）各断面面积计算

① 0+100 处断面面积：

沟槽底宽 $W = B + 2b = 0.6 + 2\times 0.4 = 1.4\text{m}$

沟槽上口宽度 $S = W + 2nH_1 = 1.4 + 2\times 0.25\times 2.3 = 2.55\text{m}$

沟槽断面面积 $F_1=1/2(S+W)\times H_1=1/2(2.55+1.4)\times 2.30=4.54\text{m}^2$

② 0+150 处断面面积：

沟槽底宽 $W = B + 2b = 0.6 + 2\times 0.4 = 1.4\text{m}$

沟槽上口宽度 $S = W + 2nH_2 = 1.4 + 2\times 0.25\times 3.05 = 2.925\text{m}$

沟槽断面面积 $F_2=1/2(S+W)\times H_2=1/2(2.925+1.4)\times 3.05=6.596\text{m}^2$

③ 0+200 处断面面积：

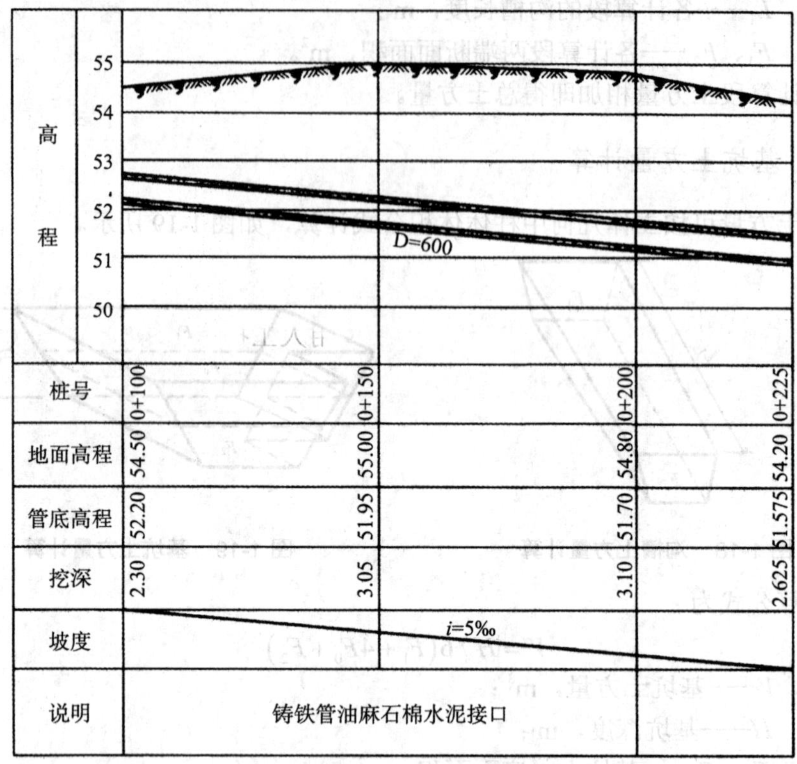

图 1-20 管线纵断面

沟槽底宽 $W=B+2b=0.6+2\times0.4=1.4\text{m}$

沟槽上口宽度 $S=W+2nH_3=1.4+2\times0.25\times3.10=2.95\text{m}$

沟槽断面面积 $F_3=1/2(S+W)\times H_3=1/2(2.95+1.4)\times3.10=6.74\text{m}^2$

④ 0+225 处断面面积：

沟槽底宽 $W=B+2b=0.6+2\times0.4=1.4\text{m}$

沟槽上口宽度 $S=W+2nH_4=1.4+2\times0.25\times2.625=2.71\text{m}$

沟槽断面面积 $F_4=1/2(S+W)\times H_4=1/2(2.71+1.4)\times2.625=5.39\text{m}^2$

（2）沟槽土方量计算

①桩号 0+100 至 0+150 段的土方量：

$V_1=1/2(F_1+F_2)\cdot L_1=1/2(4.54+6.596)\times(150-100)=278.4\text{m}^3$

②桩号 0+150 至 0+200 段的土方量：

$V_2=1/2(F_2+F_3)\cdot L_2=1/2(6.596+6.74)\times(200-150)=333.4\text{m}^3$

③桩号 0+200 至 0+225 段的土方量：

$V_3=1/2(F_3+F_4)\cdot L_3=1/2(6.74+5.39)\times(225-200)=151.62\text{m}^3$

故沟槽总土方量 $V=\sum V_i=V_1+V_2+V_3=278.4+333.4+151.62=763.42\text{m}^3$。

三、沟槽及基坑的土方开挖

（一）土方开挖的一般原则

（1）合理确定开挖顺序。保证土方开挖的顺利进行，应结合现场的水文、地质条件，合理确定开挖顺序。如相邻沟槽和基坑开挖时，应遵循先深后浅或同时进行的施工顺序。

（2）土方开挖不得超挖，减小对地基土的扰动。采用机械挖土时，可在设计标高以上留 20cm 土层不挖，待人工清理。即使采用人工挖土也不得超挖。如果挖好后不能及时进行下一工序时，可在基底标高以上留 150cm 土层不挖，待下一工序开始前再挖除。

（3）开挖时应保证沟槽槽壁稳定，一般槽边上缘至弃土坡脚的距离应不小于 0.8 ～ 1.5m，堆土高度不应超过 1.5m。

（4）采用机械开挖沟槽时，应由专人负责掌握挖槽断面尺寸和标高。施工机械离槽边上缘应有一定的安全距离。

（5）软土、膨胀土地区开挖土方或进入季节性施工时，应遵照有关规定。

（二）开挖方法

土方开挖方法分为人工开挖和机械开挖两种方法。为了减轻繁重的体力劳动，加快施工速度，提高劳动生产率，应尽量采用机械开挖。

沟槽、基坑开挖常用的施工机械有单斗挖土机和多斗挖土机两个种类。

1. 单斗挖土机

单斗挖土机在沟槽或基坑开挖施工中应用广泛，种类很多。按其工作装置不同，分为正铲、反铲、拉铲和抓铲等。按其操纵机构的不同，分为机械式和液压式两类，如图 1-21 所示。目前，多采用的是液压式挖土机，它的特点是能够比较准确地控制挖土深度。

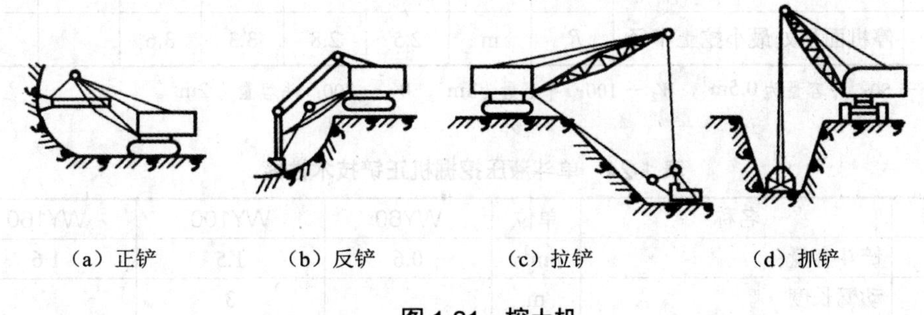

（a）正铲　　（b）反铲　　（c）拉铲　　（d）抓铲

图 1-21　挖土机

（1）正铲挖土机。它适用于开挖停机面以上的一～三类土，一般与自卸汽车配合完成整个挖运任务。可用于开挖高度大于 2.0m 的大开进基坑及土丘。其特点是：开挖时土斗前进向上，强制切土，挖掘力大，生产率高。其外形如图 1-22 所示。

正铲挖土机技术性能见表 1-23 和表 1-24。

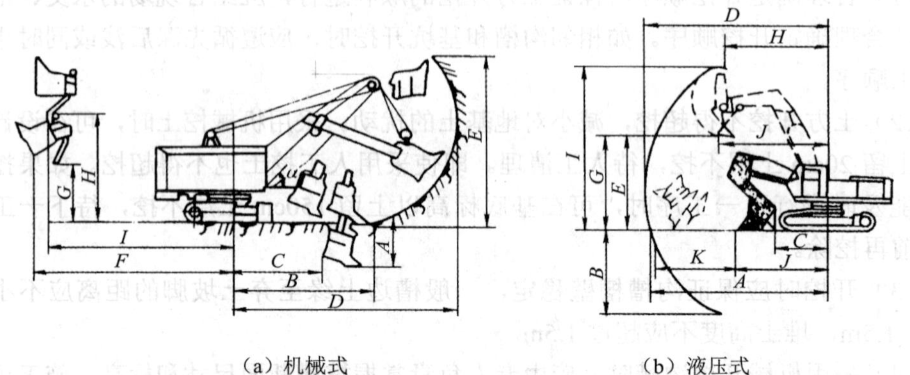

（a）机械式　　（b）液压式

图 1-22　正铲挖土机外形

表 1-23　正铲挖土机技术性能

项次	工作项目	符号	单位	W_1-50		W_2-100		W_3-200	
1	动臂倾角	á		45°	60°	45°	60°	45°	60°
2	最大挖土高度	H_1	m	6.5	7.9	8.0	9.0	9.0	10.0
3	最大挖土半径	R	m	7.8	7.2	9.8	9.0	11.5	10.8
4	最大卸土高度	H_2	m	4.5	5.6	5.5	6.8	6.0	7.0
5	最大卸土高度时卸土半径	R_2	m	6.5	5.4	8.0	7.0	10.2	8.5
6	最大卸土半径	R_3	m	7.1	6.5	8.7	8.0	10.8	9.6
7	最大卸土半径时卸土高度	H_3	m	2.7	3.0	3.3	3.7	3.75	4.7
8	停机面积处最大挖土半径	R_1	m	4.7	4.35	6.4	5.7	7.4	6.25
9	停机面积处最小挖土半径	R_1'	m	2.5	2.8	3.3	3.6		

注：W_1-50：斗容量为 $0.5m^3$，W_2-100：斗容量为 $1m^3$，W_3-200：斗容量为 $2m^3$。

表 1-24　单斗液压挖掘机正铲技术性能

符号	名称	单位	WY60	WY100	WY160
	铲斗容量	m^3	0.6	1.5	1.6
	动臂长度	m		3	
	斗柄长度	m		2.7	

符号	名称	单位	WY60	WY100	WY160
A	停机面上最大挖掘半径	m	7.6	7.7	7.7
B	最大挖掘深度	m	4.36	2.9	3.2
C	停机面上最小挖掘半径	m			2.3
D	最大挖掘半径	m	7.78	7.9	8.05
E	最大挖掘半径时挖掘高度	m	1.7	1.8	2
F	最大卸载高度时卸载半径	m	4.77	4.5	4.6
G	最大卸载高度	m	4.05	2.5	5.7
H	最大挖掘高度时挖掘半径	m	6.16	5.7	5
I	最大挖掘高度	m	6.34	7.0	8.1
J	停机面上最小装载半径	m	2.2	4.7	4.2
K	停机面上最大水平装载行程	m	5.4	3.0	3.6

正铲挖土机挖土方式有两种，正向工作面挖土和侧向工作面挖土。

开挖基坑一般采用正向工作面挖土，方便汽车倒车、装土和运土，如图 1-23（b）所示。

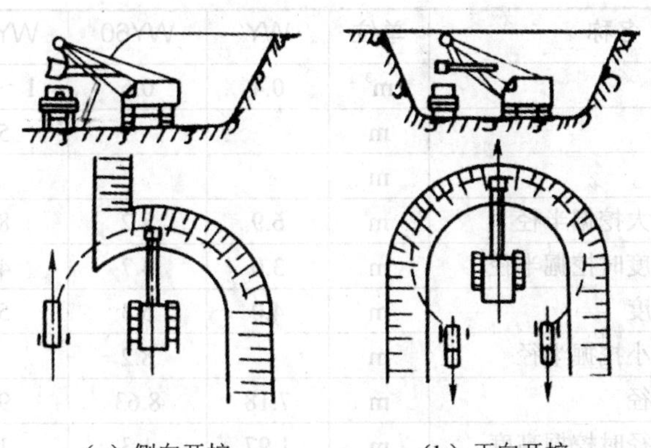

（a）侧向开挖　　（b）正向开挖

图 1-23　正铲挖土机开挖方式

开挖土丘一般采用侧向工作面挖土，挖土机回转卸土的角度小，且避免汽车的倒车和转弯多的缺点，如图 1-23（a）所示。

（2）反铲挖土机。反铲挖土机开挖停机面以下的一～三类土方，其机身和装土都在地面上操作，受地下水的影响较小。

它适用于开挖沟槽和深度不大的基坑。其外形如图 1-24 所示。

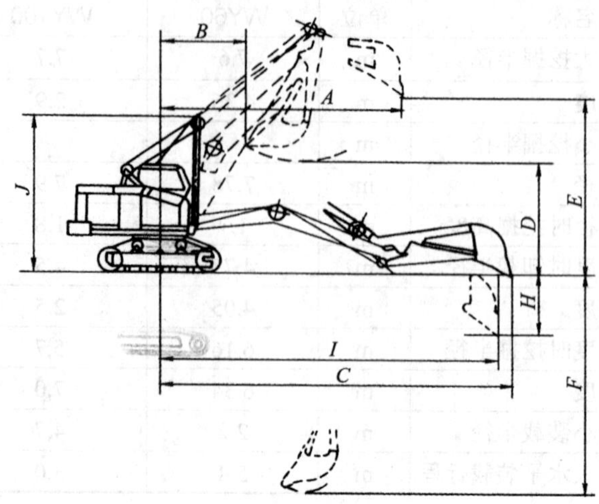

图 1-24 反铲挖土机和外形

反铲挖土机的技术性能见表 1-25。

表 1-25 单斗液压挖掘机反铲技术性能

符号	名称	单位	WY	WY60	WY100	WY160
	铲斗容量	m^3	0.4	0.6	1 ～ 1.2	1.6
	动臂长度	m			5.3	
	斗柄长度	m			2	2
A	停机面上最大挖掘半径	m	6.9	8.2	8.7	9.8
B	最大挖掘深度时挖掘半径	m	3.0	4.7	4.0	4.5
C	最大挖掘深度	m	4.0	5.3	5.7	6.1
D	停机面上最小挖掘半径	m		8.2		3.3
E	最大挖掘半径	m	7.18	8.63	9.0	10.6
F	最大挖掘半径时挖掘高度	m	1.97	1.3	1.8	2
G	最大卸载高度时卸载半径	m	5.267	5.1	4.7	5.4
H	最大卸载高度	m	3.8	4.48	5.4	5.83
I	最大挖掘高度时挖掘半径	m	6.367	7.35	6.7	7.8
J	最大挖掘高度	m	5.1	6.025	7.6	8.1

反铲挖土机挖土方法通常采用沟端开挖或沟侧开挖两种，如图 1-25 所示。后者挖土的宽度与深度小于前者，但弃土距沟边较远。

（3）拉铲挖土机。它适用于开挖停机面以下的一～三类土或水中开挖，主要开挖较深较大的沟槽、基坑。其工效低。外形如图 1-26 所示。

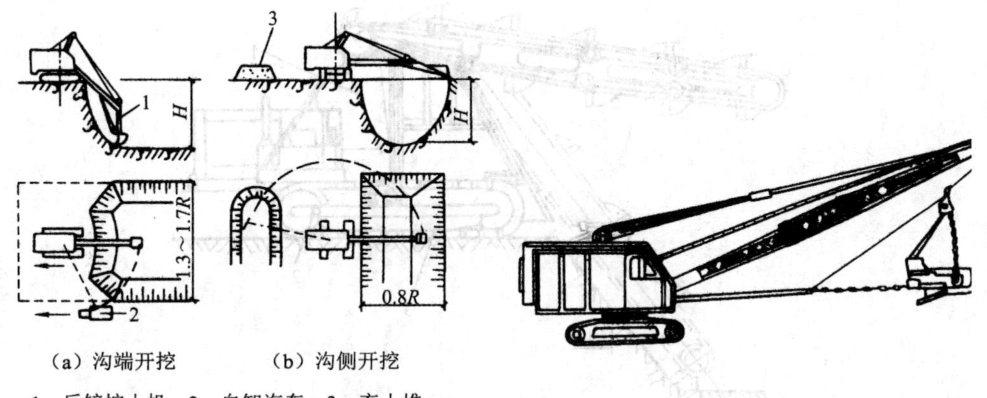

（a）沟端开挖　（b）沟侧开挖

1—反铲挖土机；2—自卸汽车；3—弃土堆

图 1-25　反铲挖土机开挖方式　图 1-26　拉铲挖土机外形

（4）抓铲挖土机。它适用于开挖停机面以下一～三类土，主要用于开挖面积较小、深度较大的基坑及开挖水中的淤泥或疏通旧有渠道等。其外形如图 1-27 所示。

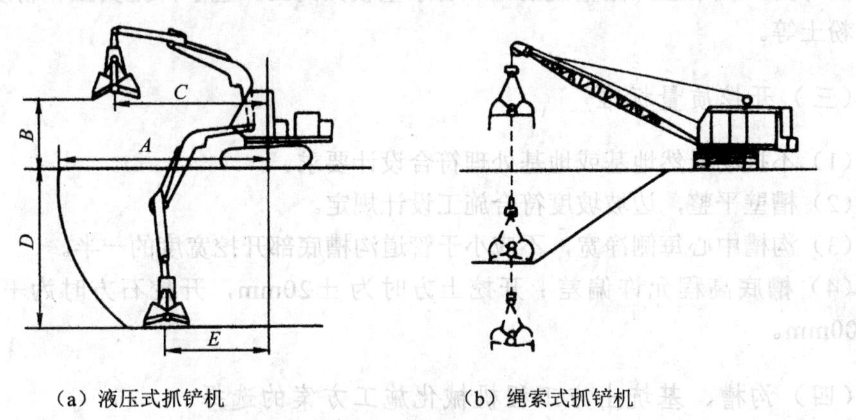

（a）液压式抓铲机　（b）绳索式抓铲机

A—最大挖土半径；B—卸土高度；C—卸土半径；
D—最大挖土深度；E—最大挖土深度时的挖土半径

图 1-27　抓铲挖土机

2. 多斗挖土机

多斗挖土机种类：按工作装置分，有链斗式和轮斗式两种；按卸土方法分，有装卸土皮带运输器和未装卸土皮带运输器两种。

多斗挖土机由工作装置、行走装置和动力操纵及传动装置等部分组成，如图 1-28 所示。

多斗挖土机与单斗挖土机相比，其优点为挖土作业是连续的，生产效率较高；沟槽断面整齐；开挖单位土方量所消耗的能量低；在挖土的同时能将土自动地卸在沟槽一侧。

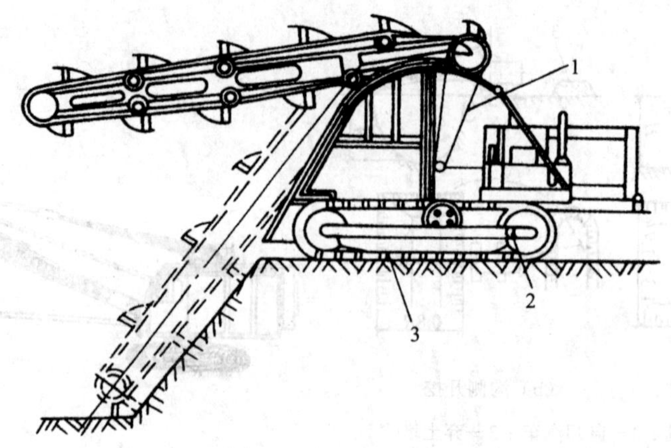

1—传动装置；2—工作装置；3—行走装置

图 1-28 多斗挖土机

多斗挖土机不宜开挖坚硬的土和含水量较大的土。宜于开挖黄土、粉质黏土和砂质粉土等。

（三）开挖质量标准

（1）不扰动天然地基或地基处理符合设计要求。

（2）槽壁平整，边坡坡度符合施工设计规定。

（3）沟槽中心每侧净宽，不应小于管道沟槽底部开挖宽度的一半。

（4）槽底高程允许偏差：开挖土方时为 ±20mm，开挖石方时为＋ 20mm，－ 200mm。

（四）沟槽、基坑土方工程机械化施工方案的选择

大型工程的土方工程施工中应合理地选择机械，使各种机械在施工中配合协调，充分发挥机械效率，保证工程质量、加快施工进度、降低工程成本。因此，在施工前要经过经济和技术分析比较，制定出合理的施工方案，用于指导施工。

1. 制定施工方案的依据

（1）工程类型及规模；

（2）施工现场的工程及水文地质情况；

（3）现有机械设备条件；

（4）工期要求。

2. 施工方案的选择

在大型管沟、基坑施工中，可根据管沟、基坑深度、土质、地下水及土方量等情况，结合现有机械设备的性能、适合条件，采取不同的施工方法。

开挖沟槽常优先考虑采用挖沟机，以保证施工质量，加快施工进度。也可以用反向挖土机挖土，根据管沟情况，采取沟端开挖或沟侧开挖。

大型基坑施工可以采用正铲挖土机挖土，自卸汽车运土；当基坑有地下水时，可先用正铲挖土机开挖地下水位以上的土，再用反向铲或拉铲或抓铲开挖地下水位以下的土。

采用机械挖土时，为了不使地基土遭到破坏，管沟或基坑底部应留 20 ～ 30cm 厚土层，由人工清理整平。

3. 挖沟机的生产率计算

挖沟机的生产率为：

$$Q = 0.06 \cdot n \cdot q \cdot K_c \cdot 1/K_s \cdot K \cdot K_h$$

式中，Q——挖沟机的生产率，m^3/h；

n——土斗每分钟挖掘次数；

q——土斗容量，L；

K_c——土的充盈系数；

K_s——土的可松性系数；

K——土的开挖难易程度系数；

K_h——时间利用系数。

在一定的土质条件下，提高挖沟机的生产率的主要途径是加快开挖时的行驶速度。但应考虑皮带运输器的运送能力是否及时将土方卸出。

4. 单斗挖土机与自卸汽车配套计算

（1）单斗挖土机生产率计算

单斗挖土机生产率计算式为：

$$Q = 60 \cdot n \cdot q \cdot K_1 \cdot K_2$$

式中，Q——单斗挖土机每小时挖土量，m^3/h；

n——每分钟工作循环次数；

q——土斗容量，m^3；

K_1——土的影响系数。按土的等级确定：Ⅰ级土约为 1.0；Ⅱ级土约为 0.95；Ⅲ级土约为 0.8；Ⅳ级土约为 0.55；

K_2——工作时间利用系数，侧向装土时，为 0.68 ～ 0.72；侧向推土时，为 0.78 ～ 0.88。

（2）挖土机数量确定

根据土方量大小和工期，可确定挖土机数量：

$$N = Q/(Q_d \cdot T \cdot C \cdot K_B)\text{（台）}$$

式中，N——挖土机数量，台班；

Q——土方量，m^3；

Q_d——挖土机生产率，m^3/台班；

T——工期，工作日；

C——每天工作班数；

K_B——时间利用系数，一般为 0.75 ～ 0.95。

若挖土机数量已定，工期可按下式计算：

$$T = Q/N\cdot(Q_d\cdot C\cdot K_B)\text{（工作日）}$$

（3）车配套计算

自卸汽车装载容量 Q_1，一般宜为挖土机容量的 3 ～ 5 倍。

自卸汽车的数量 N_1，应保证挖土机连续工作，可按下式计算：

$$N_1 = T_1/t_1\text{（台）}$$

式中，T_1——自卸汽车每一工作循环延缓时间，min；

$$T_1 = t_1 + 2L/V_c + t_2 + t_3$$

t_1——自卸汽车第 n 次装车时间，min，$t_1=nt$;

n——自卸汽车第 n 次装土次数，

$$n=Q_1\cdot K_S/q\cdot K_C\cdot \rho$$

t——挖土机每次作业循环的延续时间，如国产 W1-100 型正向铲挖土机为 25 ～ 40s；

q——挖土机斗容量，m^3；

K_C——土斗充盈系数，取 0.8 ～ 1.1；

K_S——土的最初可松性系数；

ρ——土的重力密度，一般取 17kN/m^3；

L——运距，m；

V_c——重车与空车的平均速度，m/min，一般取 300 ～ 500m/min（20 ～ 30km/h）；

t_2——卸车时间，一般为 1min；

t_3——操纵时间（包括停放待装，等车，让车等），一般取 2 ～ 3min。

任务四　沟槽及基坑支撑

一、支撑的目的及要求

支撑的目的就是为防止施工过程中土壁坍塌，创造安全的施工环境。

支撑是一种临时性挡土结构，一般情况下，当土质较差、地下水位较高、沟槽和基坑较深而又必须挖成直槽时均应支设支撑。支设支撑既可减少挖方量和施工占地面积，又可保证施工安全，但增加了材料消耗，有时还影响后续工序操作。

支撑结构应满足下列要求：

（1）牢固可靠，支撑材料的质地和尺寸合格。

（2）在保证安全可靠的前提下，尽可能节约材料，采用工具式钢支撑。

（3）方便支设和拆除，不影响后续工序的操作。

二、支撑的种类及其适用条件

在施工中应根据土质、地下水情况、沟槽或基坑深度、开挖方法、地面荷载等因素确定是否支设支撑。

支撑的形式分为水平支撑、垂直支撑和板桩支撑，开挖较大基坑时还采用锚锭式支撑等几种。

水平支撑、垂直支撑由撑板、横梁或纵梁、横撑组成。

水平支撑的撑板水平设置，根据撑板之间有无间距又分为断续式水平支撑和连续式水平支撑或井字水平支撑三种。

垂直支撑的撑板垂直设置，各撑板间密接铺设，可在开槽过程中边开槽边支撑。在回填时可边回填边拔出撑板。

（一）断续式水平支撑

断续式水平支撑的组成，如图 1-29 所示，适用于土质较好的、地下含水量较小的黏性土及挖土深度小于 3.0m 的沟槽或基坑。

（二）连续式水平支撑

连续式水平支撑的组成，如图 1-30 所示。适用于土质较差及挖土深度在 3 ～ 5m 的沟槽或基坑。

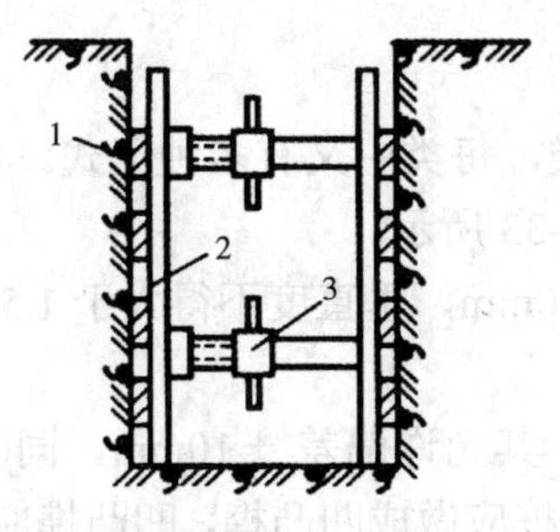

1—撑板；2—纵梁；3—横撑（工具式）

图 1-29　断续式水平支撑

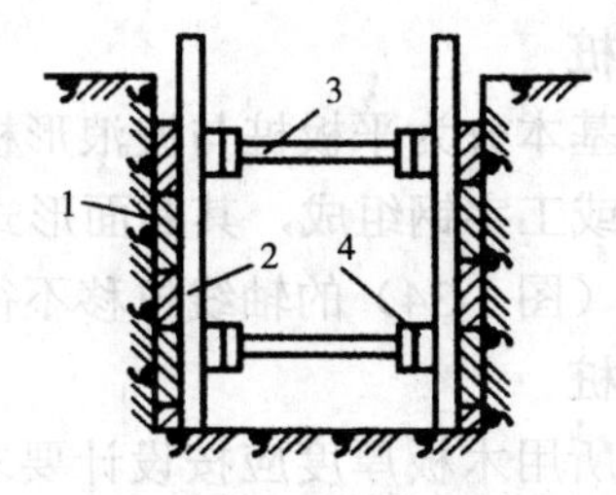

1—撑板；2—纵梁；3—横撑；4—木楔

图 1-30　连续式水平支撑

（三）井字支撑

井字支撑的组成，如图 1-31 所示。它是断续式水平支撑的特例。一般适用于沟槽的局部加固，如地面上有建筑或有其他管线距沟槽较近。

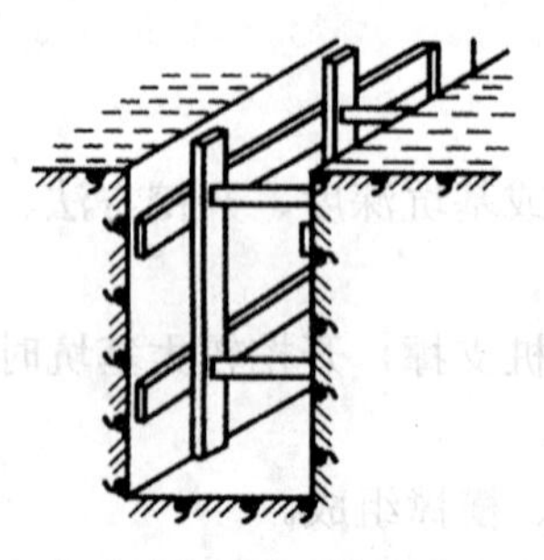
图 1-31　井字支撑

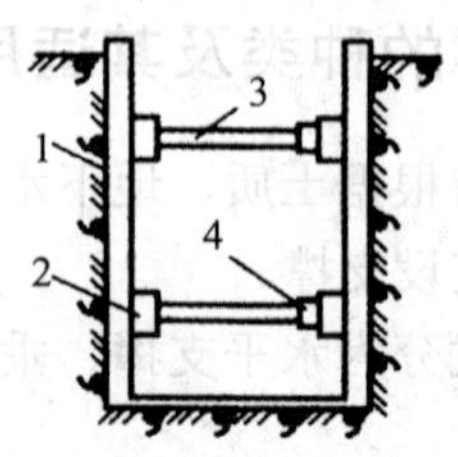

1—撑板；2—横梁；3—横撑；4—木楔

图 1-32　垂直支撑

（四）垂直支撑

垂直支撑的组成，如图 1-32 所示。它适用于土质较差、有地下水并且挖土深度较大时采用。这种方法支撑和拆撑，操作时较为安全。

（五）板桩撑

板桩撑分为钢板桩、木板桩和钢筋混凝土桩等数种。

板桩撑是在沟槽土方开挖前就将板桩打入槽底以下一定深度。其优点是：土方开挖及后续工序不受影响，施工条件良好。

板桩撑用于沟槽挖深较大、地下水丰富、有流沙现象或砂性饱和土层及采用一般支撑法不能解决时。

1. 钢板桩

钢板桩基本分为平板桩与波浪形板桩两类，每类中又有多种形式。目前常用钢板桩为槽钢或工字钢组成，其断面形式如图 1-33 所示。

钢板桩（图 1-34）的轴线位移不得大于 50mm，垂直度不得大于 1.5%。

2. 木板桩

木板桩所用木板厚度应按设计要求制作，其允许偏差 ±10mm，同时要校核其强度。为了保证板桩的整体性和水密性，木板桩应做成凹凸榫，凹凸榫应相互吻合，平整光滑。

木板桩虽然打入土中一定深度，尚需要辅以横梁和横撑，如图 1-35 所示。

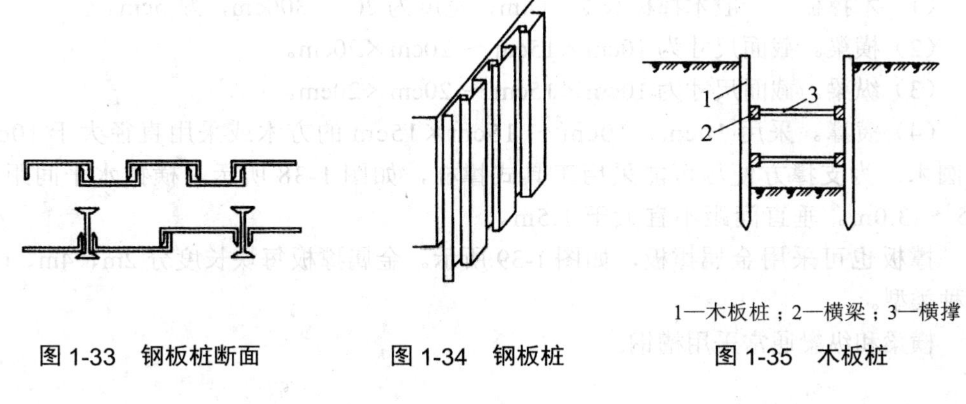

1—木板桩；2—横梁；3—横撑

图 1-33　钢板桩断面　　图 1-34　钢板桩　　图 1-35　木板桩

（六）锚碇式支撑

支撑法适用于宽度较窄、深度较浅的沟槽。锚碇法适用于面积大、深度大的基坑。

在开挖较大基坑或使用机械挖土，而不能安装撑杠时，可改用锚碇式支撑，如图 1-36 所示。

锚桩必须设置在土的破坏范围以外，挡土板水平钉在柱桩的内侧，柱桩一端打入土内，上端用拉杆与锚桩拉紧，挡土板内侧回填土。

在开挖较大基坑，当有部分地段下部放坡不足时，可以采用短桩横隔板支撑或临时挡土墙支撑，以加固土壁，如图 1-37 所示。

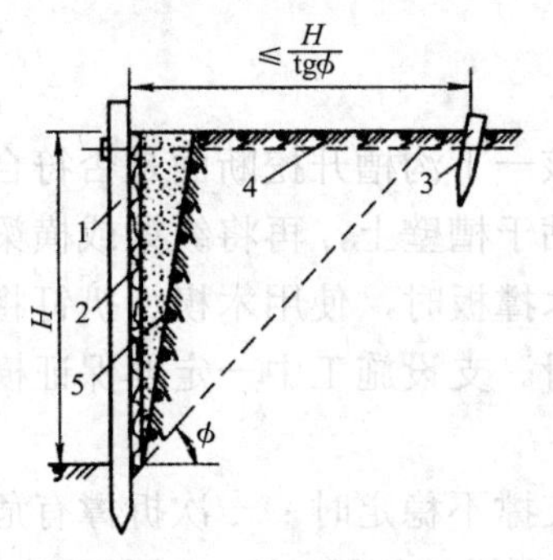

1—柱桩；2—挡土板；3—锚桩；4—拉杆
5—回填土；φ—土的内摩擦角

图 1-36　锚碇式支撑

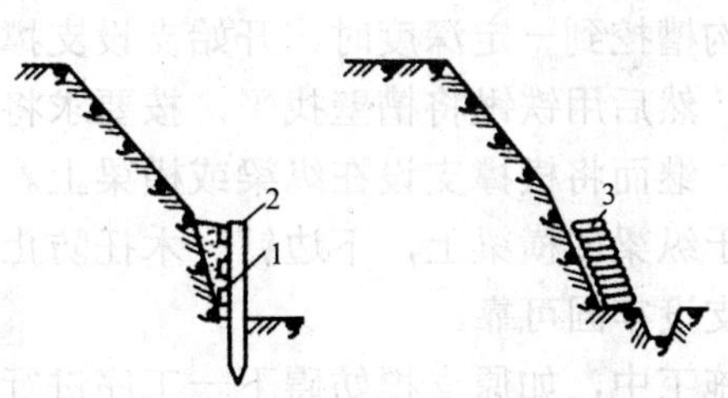

（a）短桩横隔板支撑　　（b）临时挡土墙
1—短桩；2—横隔板；3—装土草袋

图 1-37　加固土壁措施

三、支撑的材料要求

支撑的材料的尺寸应满足设计的要求。一般取决于现场已有材料的规格，施工时常根据经验确定。

（1）木撑板。一般木撑板长 2 ～ 4m，宽度为 20 ～ 300cm，厚 5cm。

（2）横梁。截面尺寸为 10cm×15cm ～ 20cm×20cm。

（3）纵梁。截面尺寸为 10cm×15cm ～ 20cm×20cm。

（4）横撑。采用 10cm×10cm ～ 15cm×15cm 的方木或采用直径大于 10cm 的圆木。为支撑方便尽可能采用工具式撑杠，如图 1-38 所示。横撑水平间距宜 1.5 ～ 3.0m。垂直间距不宜大于 1.5m。

撑板也可采用金属撑板，如图 1-39 所示。金属撑板每块长度分 2m、4m、6m 几种类型。

横梁和纵梁通常采用槽钢。

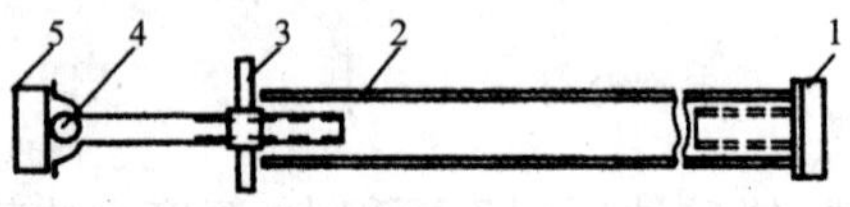

1—撑头板；2—圆套管；3—带柄螺母；4—球铰；5—撑头板

图 1-38 工具式撑杠

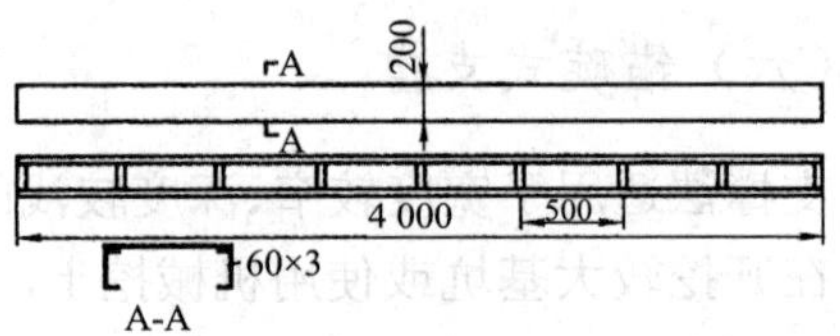

图 1-39 金属撑板（单位：mm）

四、支撑的支设和拆除

（一）水平支撑和垂直支撑的支设

沟槽挖到一定深度时，开始支设支撑，先校核一下沟槽开挖断面是否符合要求宽度，然后用铁锹将槽壁找平，按要求将撑板紧贴于槽壁上，再将纵梁或横梁紧贴撑板，继而将横撑支设在纵梁或横梁上。若采用木撑板时，使用木楔、扒钉将撑板固定于纵梁或横梁上，下边钉一木托防止横撑下滑。支设施工中一定要保证横平竖直，支设牢固可靠。

施工中，如原支撑妨碍下一工序进行时；原支撑不稳定时；一次拆撑有危险时或因其他原因必须重新安设支撑时，需要更换纵梁和横撑位置，这一过程称为倒撑，倒撑操作应特别注意安全，必须先制定好安全措施。

（二）板桩撑的支设

主要介绍钢板桩的施工过程，板桩施工要正确选择打桩方式、打桩机械和流水段划分，保证打入后的板桩有足够的刚度，且板桩墙面平直，对封闭式板桩墙要封闭合拢。

打桩方式，通常采用单独打入法、双层围囹插桩法和分段复打法三种。

打桩机具设备，主要包括桩锤、桩架及动力装置三部分。

桩锤——其作用是对桩施加冲击力，将桩打入土中。

桩架——其作用是支持桩身和将桩锤吊到打桩位置，引导桩的方向，保证桩键按要求方向冲击。

动力装置——包括启动桩锤的动力设施。

1. 桩锤的选择

桩锤的类型应根据工程性质、桩的种类、密集程度、动力及机械供应和现场情况等条件来选择。

桩锤有落锤、单动汽锤、双动汽锤、柴油打桩锤、振动桩锤等。

根据施工经验，双动汽锤、柴油打桩锤更适用于打设钢板桩。

2. 桩架的选择

桩架的选择应考虑桩锤的类型、桩的长度和施工条件等因素。

桩架的形式很多，常用有下列几种。

（1）滚筒式桩架。行走靠两根钢滚筒垫上滚动，优点是结构比较简单，制作容易，如图 1-40 所示。

（2）多功能桩架。多功能桩架的机动性和适应性很强，适用于各种预制桩及灌注桩施工，如图 1-41 所示。

（3）履带式桩架。移动方便，比多功能桩架灵活，适用于各种预制桩和灌注桩施工，如图 1-42 所示。钢板桩打设的工艺过程为：钢板桩矫正→安装围囹支架→钢板桩打设→轴线修正和封闭合拢。

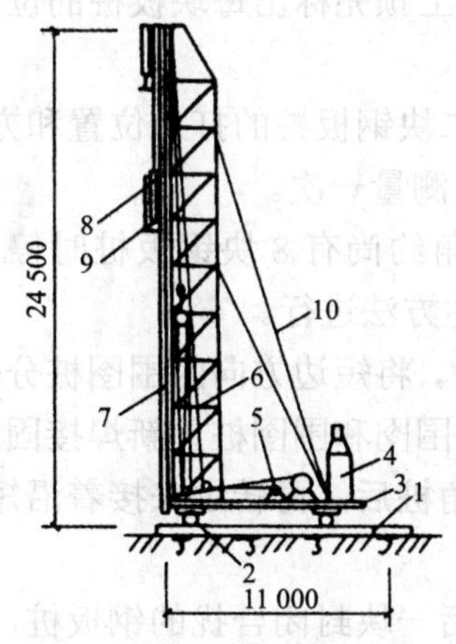

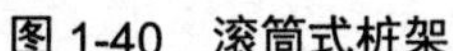

1—枕木；2—滚筒；3—底座；
4—锅炉；5—卷扬机；6—桩架；
7—龙门；8—蒸汽锤；9—桩帽；
10—缆绳

图 1-40　滚筒式桩架

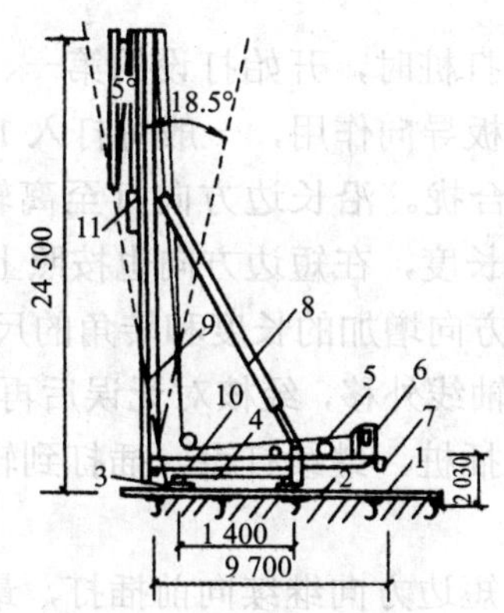

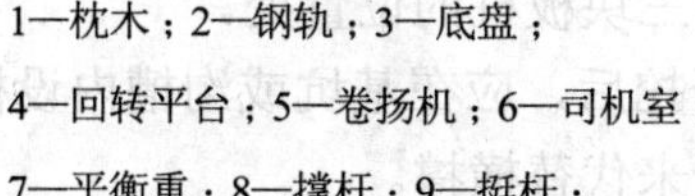

1—枕木；2—钢轨；3—底盘；
4—回转平台；5—卷扬机；6—司机室；
7—平衡重；8—撑杆；9—挺杆；
10—水平调整装置；11 —桩锤与桩帽

图 1-41　多功能桩架

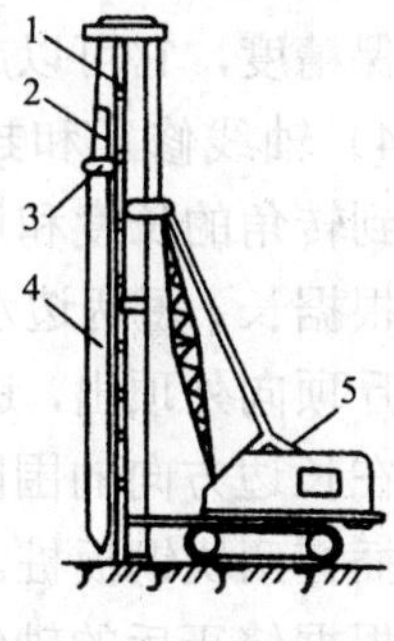

1—导柱；2—桩锤；
3—桩帽；4—桩；
5—吊车

图 1-42　履带式桩架

1）钢板桩矫正。对所有要打设的钢板桩进行修整矫正。保证钢板桩的外形平直。

2）安装围囹支架。围囹支架的作用是保证钢板桩垂直打入和打入后的钢板桩墙面平直，围囹支架由围囹组成的，其形式平面上有单面围囹和双面围囹之分，高度上有单层、双层和多层之分，如图1-43、图1-44所示。围囹支架多为钢制，必须牢固，尺寸要准确。围囹支架每次安装的长度视具体情况而定，最好能周转使用，以节约钢材。

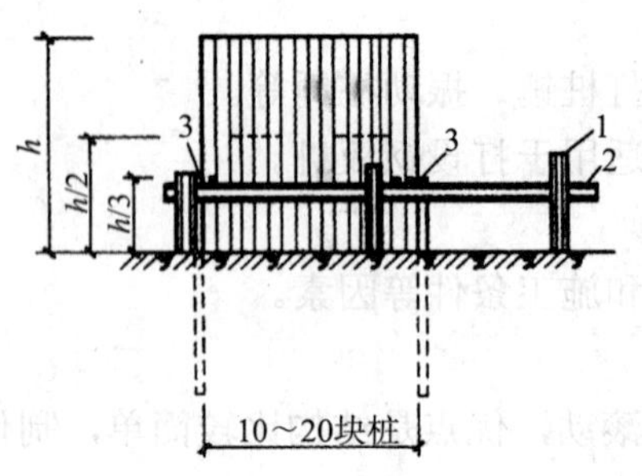

1—围囹桩；2—围囹；3—两端先打入的定位桩

图1-43 围囹

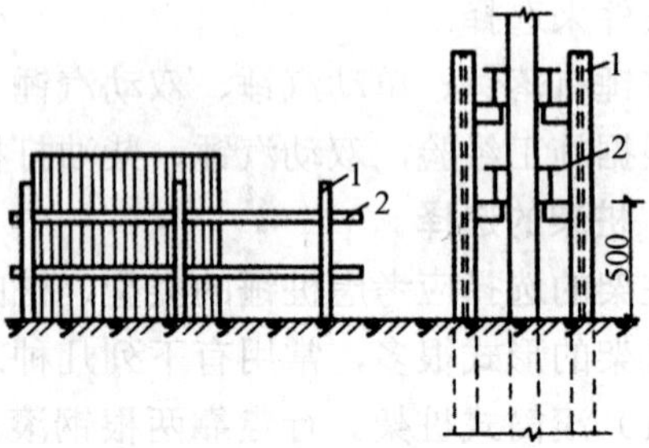

1—围囹桩；2—围囹

图1-44 围囹

3）钢板桩打设。先用吊车将钢板桩吊至插桩点处进行插桩，插桩时锁口要对准，每插入一块即套上桩帽轻轻加以锤击。在打桩过程中，为保证钢板桩的垂直度，用两台经纬仪在两个方向加以控制，为防止锁口中心线平面位移，可在打桩进行方向的钢板桩锁口处设卡板，阻止板桩位移。同时在围囹上预先标出每块板桩的位置，以便随时检查矫正。

钢板桩分几次打入，打桩时，开始打设的第一、二块钢板桩的打入位置和方向要确保精度，它可以起样板导向作用，一般每打入1m测量一次。

4）轴线修正和封闭合拢。沿长边方向打至离转角约尚有8块钢板桩时停止，量出到转角的长度和增加长度，在短边方向也按照上述方法进行。

根据长、短两边水平方向增加的长度和转角的尺寸，将短边方向的围囹桩分开，用千斤顶向外顶出，进行轴线外移，经核对无误后再将围囹和围囹桩重新焊接固定。

在长边方向的围囹内插桩，继续打设，插打到转角桩后，再转过来接着沿短边方向插打两块钢板桩。

根据修正后的轴线沿短边方向继续向前插打，最后一块封闭合拢的钢板桩，设在短边方向从端部算起的三块板桩的位置处。

当钢板桩内的土方开挖后，应在基坑或沟槽内设横撑，若基坑特别大或不允许设横撑时，则可设置锚杆来代替横撑。

（三）支撑的拆除

沟槽或基坑内的施工过程全部完成后，应将支撑拆除，拆除时必须边回填土边拆除，拆除时必须注意安全，继续排除地下水，避免材料的损耗。

水平支撑拆除时，先松动最下一层的横撑，抽出最下一层撑板，然后回填土，回填完毕后再拆除上一层撑板，依次将撑板全部拆除，最后将纵梁拔出。

垂直支撑拆除时，先松动最下一层的横撑，拆除最下一层的横梁，然后回填土。回填完毕后，再拆除上一层横梁，依次将横梁拆除。最后拔出撑板或板桩，垂直撑板或板桩一般采用导链或吊车拔出。

任务五　施工降排水

在市政施工过程中，特别是在基坑开挖和沟槽施工时，会遇到大量的地表水和地下水，如不及时排除，就有可能造成土壁塌方、施工条件恶化；水浸入地基，还会影响地基的承载力。因此，在施工过程中，施工排水是一个非常重要的环节。施工排水又可分为地表水的排除和降低地下水位两个方面。

一、地表水的排除

场地开挖常会遇到地表滞水的大量渗入，造成场地浸水，破坏边坡稳定，影响施工正常、安全地进行，因此必须做好现场场地的排水、截水、疏水、排洪等工作，做到有组织排水，并尽可能减少雨季施工工作量。在施工时，一般应注意以下几点：

（1）在现场应根据实际情况，修设临时或永久性排水沟、防洪沟或挡水堤。山坡地段应在坡顶或坡脚设环形防洪沟或截水沟，以拦截附近坡面的雨水、潜水。防止排入施工区域；在可能滑坡的地段，应在该地段外设置多边环形截水沟，以拦截附近的地表水。为节省费用，现场内外原有自然排水系统应尽可能保留或适当加以整修、疏导、改造，为己所用。在有条件时，尽可能利用正式工程排水系统为施工服务，先修建正式工程主干排水设施和管网，以方便排除地面滞水和基坑井点抽出的地下水。

（2）基坑开挖过程中，应在地表流水的上游一侧设排水沟、散水沟或截水挡土堤，防止地表水流入基坑。在低洼地段挖基坑时，可利用挖出土沿四周或迎水一侧、二侧筑 0.5 ～ 0.8m 高的土堤截水。在现场周围地段应根据实际情况，修设临时或永久性排水沟、防洪沟或挡水堤；山坡地段应在坡顶或坡脚设环形防洪沟或截水沟，以拦截附近坡面的来水、潜水排入施工区域内。在可能滑坡的地段，应在该地段外设置多边环形截水沟，以拦截附近的地表水。现场内外原有自然排水系统应尽可能保留或适当加以整修、疏导、改造或根据需要增设。

（3）施工现场道路两侧应设排水沟。支道两侧设小排水沟，一般排水沟断面尺寸不小于 500mm ×500mm，沟底坡度为 2% ～ 8%。基坑开挖过程中，应在地表流水的上游一侧设排水沟、散水沟或截水挡土堤，防止地表水流入基坑；在低洼地段挖基坑时，可利用挖出土沿四周或迎水一侧、二侧筑 0.5 ～ 0.8m 高的土提截水。

（4）在有条件时，先修建正式工程主干排水设施和管网，以方便排除地面滞水和基坑井点抽出的地下水。施工现场道路两侧应设排水沟。支道两侧设小排水沟，一般排水沟断面尺寸不小于 500mm ×500mm，沟底坡度为 2% ～ 8%。

（5）当存在大面积地表水时，可采取在施工范围区段内挖深排水沟，工程范围内再设纵横排水支沟，将水流疏干，再在低洼地段设集水、排水设施，将水排走。

（6）湿陷性黄土地区，应防止基坑受水浸泡，造成地基下陷，现场必须设置临时或永久性的排洪防水设施，以防基坑受水浸泡，造成地基下陷。现场的贮水构筑物、灰池、防洪沟、排水沟等均应有防止漏水措施，并与建筑物保持一定的安全距离。安全距离：一般在非自重湿陷性黄土地区应不小于 12m，在自重湿陷性黄土地区不小于 20m；搅拌站设置离建筑物应不小于 10m，建筑物的四周，非自重湿陷性黄土地区在 15m 以内，对自重湿陷性黄土地区在 25m 以内不应设有集水井。材料设备的堆放，不得阻碍雨水排泄。需要浇水的建筑材料，宜堆放在距基坑 5m 以外，并严防水流入基坑内。

二、地下水位的降低

在基坑（槽）开挖过程中，经常会遇到地下水问题。由于地下水的存在，土方开挖困难，边坡容易塌方，而且会导致地基被水浸泡，扰动地基土，造成工程竣工后建筑物的不均匀沉降，甚至使建筑物开裂或破坏。因此，基坑槽开挖施工中，应根据工程地质和地下水文情况，采取措施有效地降低地下水位，以保证工程质量和工程的顺利进行。

开挖基坑槽时降低地下水位的方法很多，一般可分为集水井降水法（又称明排水）和井点降水法两大类，其中以集水井降水法为施工中应用最为广泛、简单、经济的方法，各种井点降水主要应用于大面积深基坑降水。

（一）集水井降水法

1. 集水井降水法（明排水）

（1）集水井

集水井降水法，其做法是在开挖基坑的一侧、两侧或四侧，或在基坑中部设置排水明(边)沟，在四角或每隔 20 ～ 30m 处设一集水井，使地下水流汇集于集水井内，再用水泵将地下水排出基坑外，如图 1-45 所示。

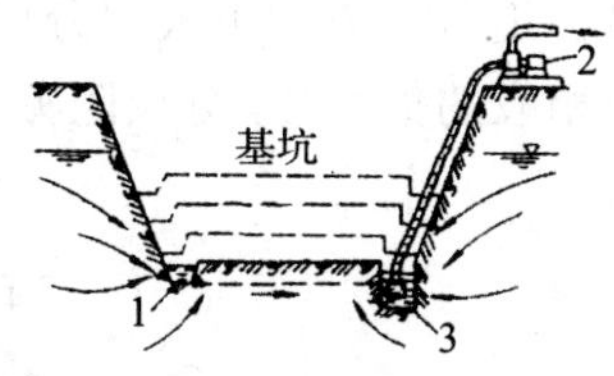

1—排水沟；2—水渠；3—集水井

图 1-45　集水井降水法

集水井截面为（0.6m × 0.6m）～（0.8m×0.8m）；井壁用木方、木板支撑加固。基底以下井底应填以 200mm 厚碎石或卵石，水泵抽水龙头应包以滤网，防止泥沙进入水泵。抽水应连续进行，直至基础施工完毕，回填土后才停止。

（2）明沟

排水沟深度应始终保持比挖土面低 0.4 ～ 0.5m；集水井应比排水沟低 0.5 ～ 1.0m，或深于抽水泵进水阀的高度以上，并随基坑的挖深而加深，保持水流畅通，使地下水位低于开挖基坑底 0.5m。

一侧排水沟应设在地下水的上游。一般小面积基坑排水沟深 0.3 ～ 0.6m，底宽应不小于 0.2 ～ 0.3m，水沟的边坡为 1 ∶ 1 ～ 1.5，沟底设有 0.2% ～ 0.5% 的纵坡。较大面积基坑排水，常用水沟截面，尺寸可参考表 1-26。

本方法施工方便，设备简单，降水费用低，管理维护较易，应用最多。适用于土质情况较好，地下水不多，一般基础及中等面积基础群和建（构）筑物基坑（槽、沟）的排水。

表 1-26　基坑（槽）排水沟常用截面

图示	基坑面积 / m²	截面符号	粉质黏土			黏土		
			地下水位以下的深度 /m					
			4	4 ～ 8	8 ～ 12	4	4 ～ 8	8 ～ 12
300 ～ 500	5 000 以下	a	0.5	0.7	0.9	0.4	0.5	0.6
		b	0.5	0.7	0.9	0.4	0.5	0.6
		c	0.3	0.3	0.9	0.2	0.3	0.3
a c b c	5 000 ～ 10 000	a	0.8	1.0	1.2	0.5	0.7	0.9
		b	0.8	1.0	1.2	0.5	0.7	0.9
		c	0.3	0.4	0.4	0.3	0.3	0.3
	10 000 以上	a	1.0	1.2	1.5	0.6	0.8	1.0
		b	1.0	1.2	1.5	0.6	0.8	1.0
		c	0.4	0.4	0.5	0.3	0.3	0.4

2. 分层明沟排水

（1）当基坑开挖土层由多种土组成，其中部夹有透水性强的砂类土时，为避免上层地下水冲刷基坑下部边坡，造成塌方，可采用分层明沟排水的方法，即：在基坑边坡上设置 2 ～ 3 层明沟及相应的集水井，分层阻截并排除上部土层中的地下水，如图 1-46 所示。

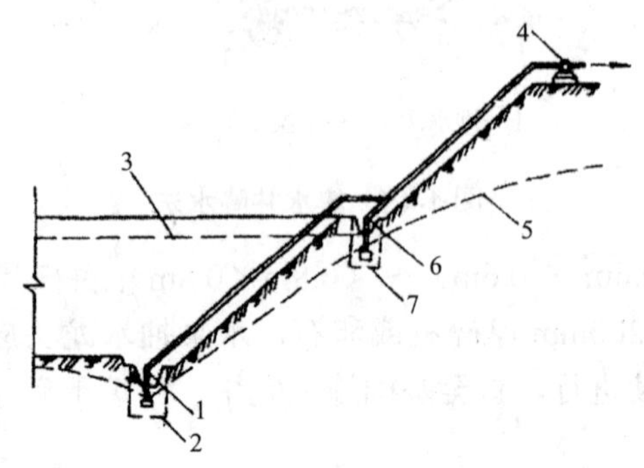

1—底层排水沟；2—底层集水井；3—原地下水位；4—水泵；
5—降低后地下水位；6—二层排水沟；7—粗铁丝保护网

图 1-46 分层明沟排水法

（2）排水沟与集水井的设置，应注意防止上层排水沟的地下水溢流向下层排水沟，冲坏、掏空下部边坡，造成塌方。

本法可保持基坑边坡稳定，减少边坡高度，适用于深度较大、地下水位较高，且上部有透水性强的土层的建筑物基坑排水。

3. 深层明沟排水

当基坑相连，土层渗水量和排水面积较大时，可采取深层明沟排水的办法。为减少设置排水沟的复杂性，可在基坑外距基坑边 6 ～ 30m 或基坑内深基础部位开挖一条纵长深的明排水沟作为主沟，使地下水均通过深沟自行流入下水道或集水井，再用泵排到施工场地外。基坑的其他部位，设置支沟与主沟相连，将地下水引至主沟排走。

4. 暗沟排水

在场地狭窄、地下水很大的情况下，设置明沟比较困难，可在基础底板四周设置暗沟（又称盲沟）排水。挖土时先挖排水沟，随挖随加深，形成连通基坑内外的暗沟排水系统，以控制地下水位，挖至基础底板标高后做成暗沟。

暗沟的底宽一般为 300 ～ 500mm，深 500 ～ 700mm。沟底采用混凝土找坡，坡度不小于 0.5%；沟内用卵石外裹中粗砂填满，以保持地下水渗流通畅；沟上，基础垫层底铺油毡隔离。

5. 基坑（槽）排水计算

（1）基坑涌水量计算

地下水渗入基坑的涌水量与土的种类、渗透系数、水头大小、坑底面积等有关。

可通过抽水试验确定或实践经验估算，或按大小井法计算。

流入基坑的涌水量 Q（m³/d）为从四周坑壁和坑底流入的水量之和，一般按下式计算：

$$Q=\frac{1.366KS(2H-S)}{\lg R-\lg r_0}+\frac{6.28KSr_0}{1.57+\frac{r_0}{m_0}(1+1.185\lg\frac{R}{4m_s})}$$

式中，K——土的渗透系数（m/d），可按表 1-4 查用；当含水层为非均质土时，应采用各分层土的渗透系数加权平均值，即：

$$K=\frac{\sum K_i h_i}{h_i}$$

式中，K_i——各层土的渗透系数，m/d；

h_i——各层土的厚度，m；

S——抽水时坑内水位下降值，m；

H——抽水前坑底以上的水位高度，m；

R——抽水影响半径，m（可按表 1-27 选用）；

m_0——从坑底到下卧不透水层的距离，m。

r_0——假想半径，m，矩形基坑按其长、短边的比值不大于 10，可视为一个圆形大井，其假想半径可按下式估算：

$$r_0=\eta\frac{a+b}{4}$$

式中，a、b——矩形基坑边长，m；

η——系数，可按表 1-28 查得查用。

表 1-27 抽水影响半径 R 值

土的各类	极细砂	细砂	中砂	粗砂	极粗砂	小砾石	中砾石	大砾石
粒径 /mm	0.05 ～ 0.1	0.1 ～ 0.25	0.25 ～ 0.5	0.5 ～ 1.0	1.0 ～ 2.0	2.0 ～ 3.0	3.0 ～ 5.0	5.0 ～ 10.0
所占质量 /%	＜ 70	＞ 70	＞ 50	＞ 50	＞ 50	—	—	—
R/mm	0.025 ～ 0.050	0.050 ～ 0.100	0.100 ～ 0.200	0.200 ～ 0.400	0.400 ～ 0.500	0.500 ～ 0.600	0.600 ～ 1.500	1.500 ～ 3.000

表 1-28 系数 η 值

b/a	0	0.20	0.40	0.60	0.80	1.00
η	1.00	1.12	1.14	1.16	1.18	1.18

在选择水泵考虑水泵流常时，因最初涌水量较稳定，涌水量大，按上式计算出的涌水量应增加 10% ～ 20%。

（2）需用水泵的功率计算

水泵所需功率 P（kW）按下式（推导式）计算：

$$P=\frac{K_1QH}{75\eta_1\eta_2}$$

式中，K_1——安全系数，一般取 2；

Q——基坑的涌水量，m³/d；

H——包括扬水、吸水及各种阻力所造成的水头损失在内的总高度，m；

η_1——水泵效率，一般取 0.4 ～ 0.5；

η_2——动力机械效率，取 0.75 ～ 0.85。

求得 P 即可选择水泵类型。需用水泵流量，亦可通过试验求得，一般的集水井，设置口径 75 ～ 100mm 的水泵即可。

6. 排水机具的选用

在基坑施工中，排水用的水泵主要有离心泵、潜水泵和软轴水泵等。选用水泵时，一般取水泵的排水量为基坑涌水量的 1.5 ～ 2 倍。当基坑涌水量 Q < 20 m³/d 时，可用隔膜式泵或潜水泵；当基坑涌水量 Q =20 ～ 60 m³/d，可用隔膜式泵、离心泵或潜水泵；当基坑涌水量 Q < 60 m³/d，多用离心泵。

（二）井点降水法

在地下水丰富的土层中开挖基坑时，如采用一般的集水井排水方法，经常会出现严重的翻浆、冒泥、流沙现象，不仅使基坑无法挖深，而且还会造成大量本土流失、边坡失稳或附近地面塌陷，严重时还会影响邻近建筑物的安全。在这种情况下，一般应采用人工降低地下水位的方法施工，即井点降水法。

常用的各种井点降水方法，是在基坑开挖前，沿基坑的四周或一侧、二侧埋设一定数量深于坑底的井点滤水管或管井，以总管连接或直接与抽水设备连接从中抽水，使地下水位降落到基坑底 0.5 ～ 1.0m 以下，以便在无水干燥的条件下开挖土方和进行基础施工，避免大量涌水、冒泥、翻浆；在粉细砂、粉土地层中开挖基坑时，采用井点法降低地下水位，可防止流沙现象的发生；此外，井点降水还可大大改善施工操作条件，提高工效，加快工程进度。但井点降水设备一次性投资较高，运转费用较大，施工中应合理地选择和布置井点降水设备，并适当地安排工期，以减少作业时间，降低排水费用。

井点降水方法有轻型井点、喷射井点、电渗井点、管井井点、深井井点、无砂混凝土管井点以及小沉井井点等。可根据土的种类、透水层位及厚度、土层的渗透系数、水的补给源、井点布置形式、要求降水深度、工程特点、场地及设备条件以及施工技术水平等情况，做出技术经济和节能比较后确定，选用一种或两种，或井点与明排综合使用。表 1-29 为各种井点适用的土层渗透系数和降水深度情况，可供选用参考。

表 1-29　各种井点的适用范围

项次	井点类别	土层渗透系数 /（m/d）	降低水位深度 /m
1	单层轻型井点	0.5 ～ 50	3 ～ 6
2	多层轻型井点	0.5 ～ 50^{-5}	6 ～ 12
3	喷射井点	0.1 ～ 2	8 ～ 20
4	电渗井点	＜ 0.1	宜配合其他形式降水使用
5	深井井点	5 ～ 250	＞ 10
6	管井井点	20 ～ 200	3 ～ 5

1. 轻型井点

（1）特点及适用范围

轻型井点是在基坑的四周或一侧埋设直径较细的井点管，沉入深入基坑底的含水层内，井点管的上端通过弯管与集水总管连接，集水总管再与真空泵和离心泵相连。启动抽水设备，地下水便在真空泵吸力的作用下，经滤水管进入井点管和集水总管，排除空气后，由离心泵的排水管排出，使地下水位降到基坑底以下（图 1-47）。该方法的优点是机具简单、使用灵活、装拆方便，降水效果好，可防止流沙现象发生。提高边坡稳定性，费用较低等；但需配置一套井点设备。适于渗透系数为 0.10^{-2} ～ 150^{-5}cm/d 的土层，特别适于在土层中含有大量的细砂和粉砂等情况下使用。

（2）主要机具设备

轻型井点系统主要机具设备由井点管、连接管、集水总管及抽水设备等组成。

1）井点管采用直径 38 ～ 55mrn 的钢管（或镀锌钢管），长度 5 ～ 7m，管下端配有派管和管尖，其构造如图 1-48 所示。滤管直径常与井点管相同。长度不小于含水层厚度的 2/3，一般为 0.9 ～ 1.7m。管壁上有梅花形钻，钻直径为 10 ～ 18mm 的孔，管壁外包两层滤网，内层为细滤网，采用 30 ～ 50 孔 /cm² 网眼的黄铜丝布、生丝布或尼龙丝布；外层为粗滤网，采用 3 ～ 10 孔 /cm² 网眼的铁丝布或尼龙丝布或棕树皮。为避免滤孔淤塞，在管壁与滤网间用铁丝绕成螺旋状隔开，滤网外面再围一层 8 号粗铁丝保护层。滤管下端放一个锥形的铸铁头，井点管的上端用弯管与总管相连。

2）连接管与集水总管。连接管用塑料透明管、橡胶管或钢管制成，直径为 38 ～ 55mm，每个连接管均宜装设阀门，以便检修井点。集水总管一般用直径为 75 ～ 100mm 的钢管分节连接，每节长 4m，一般每隔 0.8 ～ 1.6m 设一个连接井点管的接头。

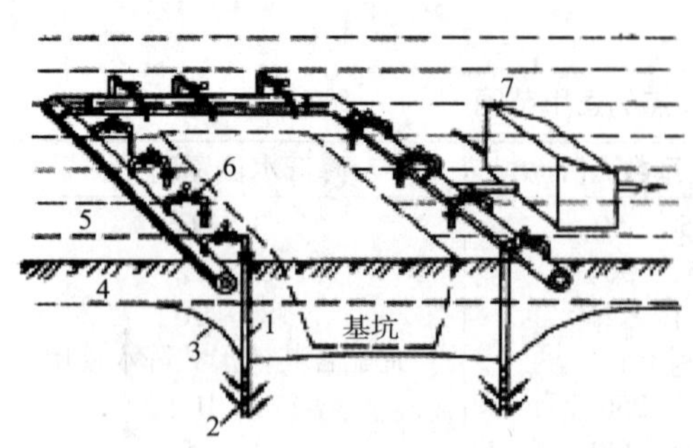

1—井点管；2—滤管；3—降低后的地下水位线；
4—原地下水位线；5—集水总管；6—弯连管；
7—水泵房

图 1-47 轻型井点降水全貌

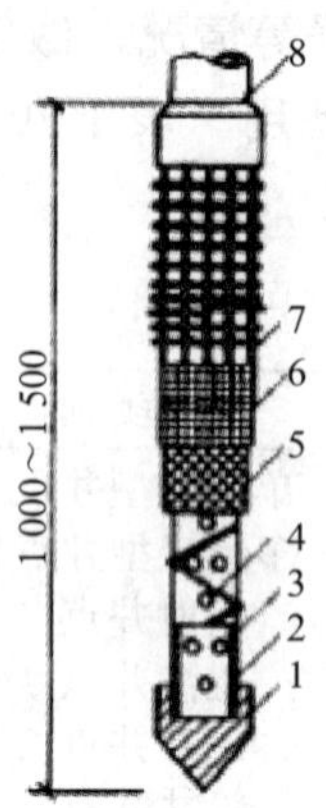

1—铸铁头；2—钢管；3—滤孔；
4—缠绕的塑料管；5—细滤网；6—粗滤网；
7—粗铁丝保护网；8—井点管

图 1-48 滤管构造

3）抽水设备。轻型井点根据抽水机组类型不同，分为真空泵轻型井点、射流泵轻型井点和隔膜泵轻型井点三种，以其中前面两种井点应用最普遍。

真空泵轻型井点由一台真空泵、三台（一台备用）离心式泵和一台气水分离器组成一套抽水机组（图 1-49）。这种设备形成真空度高（67 ～ 80MPa），带井点数多（60 ～ 70 根），降水深度较大（5.5 ～ 6.0m）；但设备较复杂，易出故障，维修管理困难，耗电量大，适于重要的较大规模的工程降水。

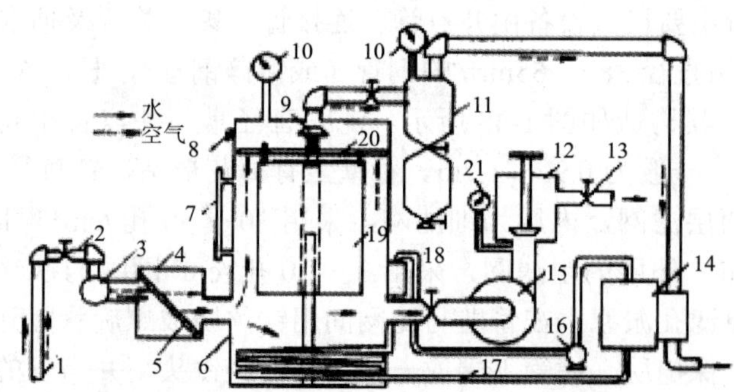

1—井点管；2—弯连管；3—总管；4—过滤管；5—过滤网；6—水气分离器；
7—水位表；8—真空调节阀；9—阀门；10—真空表；11—副水气分离器；12—压力箱；
13—出水箱；14—真空泵；15—离心泵；16—冷却泵；17—冷却水管；18—冷却水箱；
19—浮筒；20—挡水布；21—压力表

图 1-49 真空泵轻型井点设备

射流泵轻型井点设备由离心泵、射流泵（射流器）、水箱等组成，如图 1-50 所示，系由高压水泵供给工作水，经射流泵后产生真空，引射地下水流。其设备构造简单，易于加工制造，效率较高，降水深度较大（可达 9m），操作维修方便，经久耐用，耗能少，费用低，应用趋广，是一种有发展前途的降水设备。

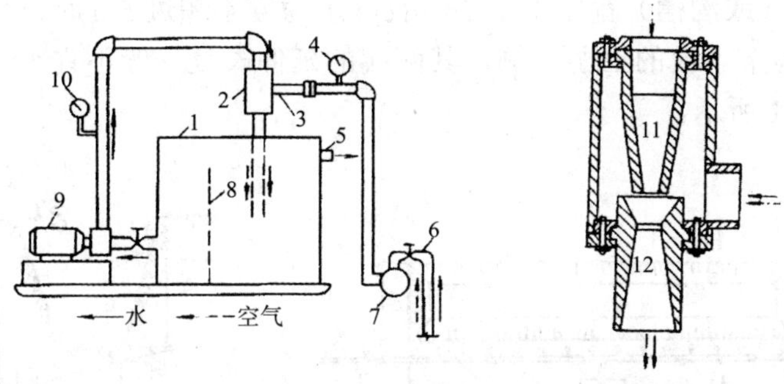

（a）总图　　（b）射流泵倒面图

1—循环水箱；2—射流泵；3—进水管；4—真空表；5—泄水口；6—井点管；7—总管；8—隔板；9—离心泵；10—压力表；11—喷嘴；12—喉管

图 1-50　射流泵轻型井点设备

隔膜泵轻型井点分为真空型、压力型和真空压力型三种，前两者由真空泵、隔膜泵、气液分离器等组成；真空压力型隔膜泵则兼有前两者特性，可一机代三机，其技术性能见表 1-30，其设备也较简单，易于操作维修，耗能较少，费用较低，但形成真空度低（56 ～ 64MPa），所带井点较少（20 ～ 30 根），降水深度为 4.7 ～ 5.1m，适于降水深度不大的一般性工程采用。

表 1-30　400mm 真空压力型隔膜泵技术性能

型号	隔膜数量 / 根	隔膜频率 /（次 /min）	隔膜行程 / mm	电动机功率 / kW	真空度 / kPa	压力 / MPa	工作流量 /（m^3/h）
ϕ400mm	2	58	90	3.0	93.3 ～ 100	0.1 ～ 0.2	10

三种轻型井点配用功率、井点根数和总管长度参见表 1-31。

表 1-31　各种轻型井点配用功率、井点根数和总管长度

轻型井点类别	配用功率 /kW	井点根数 / 根	总管长度 /m
真空泵轻型井点	18.5 ～ 22.0	80 ～ 100	96 ～ 120
射流泵轻型井点	7.5	30 ～ 50	40 ～ 60
隔膜泵轻型井点	3.0	50	60

2. 井点布置

（1）平面布置

井点的平面布置应根据基坑平面形状及其大小、地质和水文情况、工程性质、降水深度等而定。

1）当基坑（或沟槽）宽度小于 6m，且降水深度不超过 5m 时，可采用单排井点，将井点布置在地下水流的上游一侧，其两端的延伸长度一般不宜小于基坑（槽）的宽度，如图 1-51 所示。

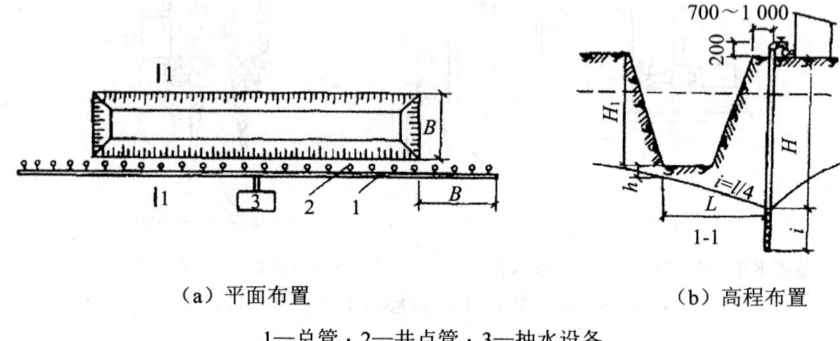

（a）平面布置　　（b）高程布置

1—总管；2—井点管；3—抽水设备

图 1-51　单排井点布置

2）当基坑宽度大于 6m，或土质不良，渗透系数较大时，宜采用双排井点。

3）当基坑面积较大时，宜采用环行井点布置（图 1-52）；有时为了施工方便，挖土运输设备出入道可不封闭，留在地下水下游方向。井点管距离基坑壁不应小于 1.0 ～ 1.5m，间距一般为 0.8 ～ 1.6m。靠近河流处与总管四角部位，井点应适当加密。

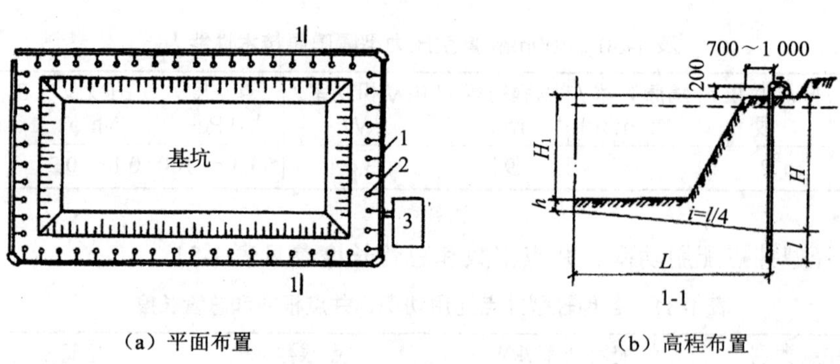

（a）平面布置　　（b）高程布置

1—总管；2—井点管；3—抽水设备

图 1-52　环行井点布置

（2）高程布置

1）集水总管标高应尽量接近地下水位线并沿抽水水流方向有 0.25% ～ 0.5% 的上仰坡度，水泵轴心与总管齐平。井点管的埋置深度应根据降水深度及储水层所在位置决定，但滤水管必须埋入含水层内，并且比基坑（槽）底深 0.9 ～ 1.2m。

2）轻型井点的降水深度一般不大于 6m，因此，井点的埋置深度应加以注意。井点的埋置深度 H 可按下式计算：

$$H \geqslant H_1 + h + I_i L + l_1$$

式中，H——井点管的埋置深度，m；

H_1——井点管埋设面至基坑底面的距离，m；

h—基坑中央最深挖掘面至降水曲线最高点的安全距离，m，一般为 0.5 ～ 1.0m，人工开挖取下限，机械开挖取上限；

L——井点管中心至基坑中心的短边距离，m；

I_i——降水曲线坡度，与土层渗透系数、地下水流量等因素有关，根据扬水试验和工程实测确定：对环状或双排井点可取 1/10 ～ 1/15；对单排线状井点可取 1/4；环状降水取 1/8 ～ 1/10；

l_1——滤管长度，m。

井点露出地面高度，一般取 0.2 ～ 0.3m。

H 计算出后，为了安全，一般再增加 1/2 滤管长度。井点管的滤水管不宜埋入渗透系数极小的土层。在特殊情况下，当基坑底面处在渗透系数很小的土层时，水位可降到基坑底面标高以上最低的一层。

3）真空泵由于考虑水头损失，一般降低地下水深度只有 5.5 ～ 6m。当一级轻垫井点不能满足降水深度要求时，可采用明沟排水与井点相结合的方法，将总管安装在原有地下水位线以下，或采用二级轻型井点排水（降水深度可达 7 ～ 10m），即先挖去第一级井点排干的土，然后再在坑内布置埋设第二级井点（图 1-53），以增加降水深度。抽水设备宜布置在地下水的上游，并设在总管的中部。

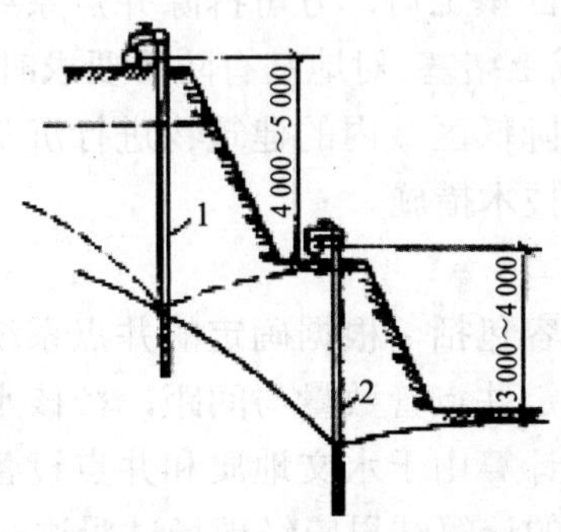

1—第一层井点管；2—第二层井点管

图 1-53　二级轻型井点降水

一套抽水设备的总管长度一般不大于 100 ～ 120m，当主管过长时，可采用多套抽水设备；井点系统可以分段，各段长度应大致相等，宜在拐角处分段，以减少弯头数量，提高抽吸的力；分段宜设阀门，以免管内水流紊乱，影响降水效果。

3. 井点施工工艺程序

放线定位→铺设总管→冲孔→安装井点管、填沙砾滤料、上部填黏土密封→用弯连管将井点管与总管接通，安装抽水设备与总管连通→安装集水箱和排水管→开动真空泵排气、再开动离心水泵抽水→侧里观测井中地下水位变化。

4. 井点管埋设

井点管埋设方法，可根据土质情况、场地和施工条件，选择适用的成孔机具和方法。常用的井点借成孔方法有水冲法、射水法、套管法、食套管水冲法等。其工艺方法基本都是用高压水冲刷土体，用冲管扰动土体助冲，将土层冲成圆孔后埋设井点管，只是冲客构造有所不同。

所有井点管在地固以下 0.5 ～ 1.0m 的深度内，用黏土填实，以防止漏气。井点管埋设完毕。应接通总管与抽水设备，接头要严密，并进行试抽水，检查有无漏气、堵塞等情况，出水是否正常，如有异常情况，应检修好方可使用。

5. 井点管使用

井点管使用时，应保证连续不断地抽水，并备用双电源，以防断电。一般在抽水 3 ～ 5d 后水位降落漏斗基本趋于稳定。正常出水规律是“先大后小，先混后清”。如不上水，或水一直较混，或出现清后又混等情况，应立即检查纠正。真空度是判断井点系统良好与否的尺度，应经常观测。一般应不低于 55.3 ～ 66.7kPa。如真空度不够，通常是管路漏气所致，应及时修好。井点管淤塞，可通过听管内水流声，手扶管壁感到振动，夏冬季时期手摸管子冷热、潮干等简便方法进行检查。如井点管淤塞太多，严重影响降水效果时，应逐个用高压水反冲洗井点管或拔出井点管重新埋设。

地下构筑物竣工并进行回填土后，方可拆除井点系统，拔出可借助于倒链或杠杆式起重机，所留孔洞用砂或土堵塞。对地基有防渗要求时，地面下 2m 应用黏土填实。

井点降水时，应对水位降低区域内的建筑物进行沉陷观测，发现沉陷或水平位移过大时，应及时采取防护技术措施。

6. 轻型井点计算

轻型井点计算的主要内容包括：根据确定的井点系统的平面和竖向布置图，计算井点系统涌水量，计算确定井点管数量与间距，校核水位降低数值，选择抽水设备和井点管的布置等。井点计算由于水文地质和井点设备等多种因素的影响计算的结果只是近似的，重要工程的计算结果应经现场试验进行修正。

（1）涌水量计算

井点系统涌水量是以法国水利学家裘布依的水井理论为依据的。水井根据其井底是否达到不通水层分为完整井和非完整井；井底达到不通水层的称为完整井，井底达不到不透水层的称为非完整井。根据地下水有无压力又分为：布置在两层不透水层之间充满水的含水层内、地下水有一定压力的称为承压井；凡水井布置在无压力的含水层内的，称为无压井。其中以无压完整井的理论较为完善，应用较普遍。

1）无压完整井井点（即环形井点系统）涌水量计算［图 1-54（a）］。无压完整井涌水量可用下式计算：

$$Q = 1.366K\frac{(2H - s)\cdot s}{\lg R - \lg x_0}$$

式中，Q——井点系统总涌水量，m^3/d；

K——渗透系数，m/d；

H——含水层厚度，m；

s——水位降低值，m；

R——抽水影响半径，m；

x_0——基坑假想半径，m。

2）无压非完整井井点系统涌水量计算［图 1-54（b）］。为了简化计算，仍可采用上式，但式中 H 应换成有效带深度 H_0，H_0 系经验数值，可由表 1-32 查得。

表 1-32　H_0 值

$S'/(S'+1)$	0.2	0.3	0.5	0.8
H_0	$1.3(S'+1)$	$1.5(S'+1)$	$1.7(S'+1)$	$1.85(S'+1)$

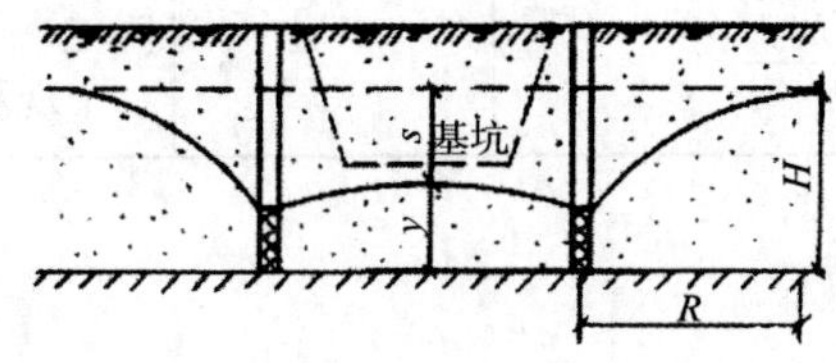

（a）无压完整井

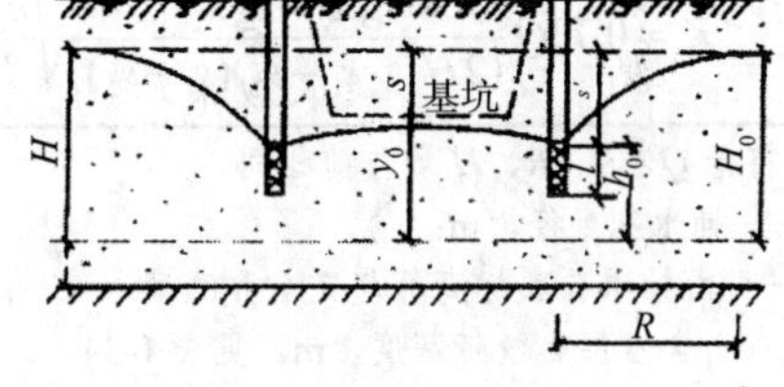

（b）无压非完整井

图 1-54　无压完整井与无压非完整井涌水量计算

3）x_0、R、K 值计算。计算涌水量时，需要预先确定 x_0、R、K 值。

①基坑假想半径 x_0 的计算（又称引用半径）。对矩形基坑，其长度与宽度之比不大于 5 时，可将不规则平面形状化成一个假想半径为 x_0 的圆井进行计算：

$$x_0 = \sqrt{\frac{A}{\pi}}$$

式中，A——基坑的平面面积，m^2。

π——圆周率，取 3.14。

②渗透系数 K 的确定。渗透系数 K 值确定是否准确，对计算结果影响很大，一

般可根据地质报告提供的数值或参考表 1-4 所列的 K 值，也可按表 1-33 所列公式计算。

③抽水影响半径 R 的计算。抽水影响半径 R，一般做现场井点抽水试验确定。井点系统抽水后地下水受到影响而形成降落曲线，降落曲线稳定时的影响半径即为计算用的抽水影响半径 R，可按下式计算：

$$R=1.95s\sqrt{HK}$$

式中，s、H、K、R 符号意义均与前相同。

表 1-33　渗透系数 K 值计算公式

计算公式	使用条件	
$K=0.73Q\dfrac{\lg R-\lg r}{H_2-h_2}=0.73Q\dfrac{\lg R-\lg r}{(2H-s)s}$	无压完整井	无观测孔
$K=0.73Q\dfrac{\lg x_1-\lg r}{y_1^2-h^2}=0.73Q\dfrac{\lg x_1-\lg r}{(2H-s-s_1)(s-s_1)}$	无压完整井	一个观测孔
$K=0.73Q\dfrac{\lg x_2-\lg x_1}{y_2^2-y_1^2}=0.73Q\dfrac{\lg x_2-\lg x_1}{(2H-s_1-s_2)(s_1-s_2)}$	无压完整井	二个观测孔
$K=0.73Q\dfrac{\lg R-\lg r}{H_a^2-h_a^2}$	无压非完整井	无观测孔
$K=0.73Q\dfrac{\lg R-\lg r}{H_a^2-h_a^2}\cdot\sqrt{\dfrac{h_a}{l}}\cdot\sqrt{\dfrac{h_a}{2h_a-l}}$	无压非完整井	观测孔、井壁进水，非淹没过滤管
$K=0.73Q\dfrac{\lg x_2-\lg x_1}{(2H_a-s_1-s_2)(s_1-s_2)}\cdot\sqrt{\dfrac{h_a}{l}}\cdot\sqrt[4]{\dfrac{h_a}{2h_a-l}}$	无压非完整井	同上，但有二个观测孔

注：表中符号 Q、K、R、H 均与前相同。

式中，r——抽水孔半径，m；

h——由抽水孔底标高算起完全井的动水位，m；

H_α——含水层有效带深度，m，见表 1-34；

h_α——含水层有效带底部算起至抽水稳定后的高度（$h_\alpha=H_\alpha-s$），m；

l——过滤管进水部分长度，m；

x_1，x_2——第一个、第二个观测孔距抽水井的距离，m；

y_1，y_2——第一个、第二个观测孔的水位，m。

s_1，s_2——第一个、第二个观测孔的水位降落值，m。

表 1-34　不同降深时的有效带深度

水位降低	有效带的深度 M_a（H_a）	备注
s=0.2（s+l） s=0.3（s+l） s=0.5（s+l） s=0.8（s+l）	M_a（H_a）=1.3（s+l） M_a（H_a）=1.5（s+l） M_a（H_a）=1.7（s+l） M_a（H_a）=1.85（s+l） M_a（H_a）=2.0（s+l）	s——水位降低值，m l——过滤器进水部分的长度，m M_a（H_a）——承压力（潜水）有效带深度，m

（2）确定井点管数量与间距

1）井点管需要根数计算。井点管需要根数 n 可按下式计算：

$$n = m\frac{Q}{q}$$

式中，q——单根井点管出水量，m^3/d，按下式求得：

$$q = 65\pi d l^3 \sqrt{K}$$

式中，d——滤管直径，m；

l——滤管长度，m；

K——渗透系数，m/d；

m——井点备用系数，考虑堵塞等因素，一般取 m=1.1。

2）井点管间距计算。可根据井点系统布置方式按下式计算：

$$D = \frac{2(L+B)}{n-1}$$

式中，L、B——分别为矩形井点系统的长度和宽度，m。

求出的管距应大于 15d（如井点管太密，会影响抽水效果），并应符合总管接头的间距（0.8m、1.2m、1.6m）。

（3）水位降低效值校核

井点管数与间距确定后，可按下式校核所采用的布置方式是否能将地下水位降低到规定的标高，即 h 是否小于规定数值：

$$h = \sqrt{H^2 - \frac{Q}{1.366k}\left[\lg R - \frac{1}{n}\lg(x_1 x_2 \cdots x_n)\right]}$$

式中，h——滤管外壁处或坑底任意点的动水位高度，m，对完整井算至井底，对非完整井算至有效带深度；

x_1，x_2，…，x_n——所核算的滤管外壁或坑底任意点至各井点管的水平距离，m。

（4）抽水设备的确定

一般按涌水量、渗透系数、井点管数量与间距、降水深度及需用水泵功率等综合数据来选定水泵的型号（包括流量、扬程、吸程等）。

轻型井点系统计算示例：

【例 1-4】某工程地下室基坑平面尺寸如图 1-55 所示。基坑宽 10m、长 19m、深 4.1m，挖土边坡为 1 ∶ 0.5。根据地质勘察资料，该地面下 0.6m 为杂填土，此层下面有 6.7m 的细砂层，再往下为不透水层的黏性土。

现用轻型井点设备人工降低地下水位，然后用机械开挖土方。试对该轻型井点系统进行设计。

【解】（1）井点系统的布置

该基坑平面尺寸为14m×23m，可以布置成环状井点，井点管离边坡0.8m。要求降水深度，s=4.5m － 1.00m + 0.50m=4.00m，故用一级轻型井点系统即可满足要求，总管和井点布置在同一水平面上。

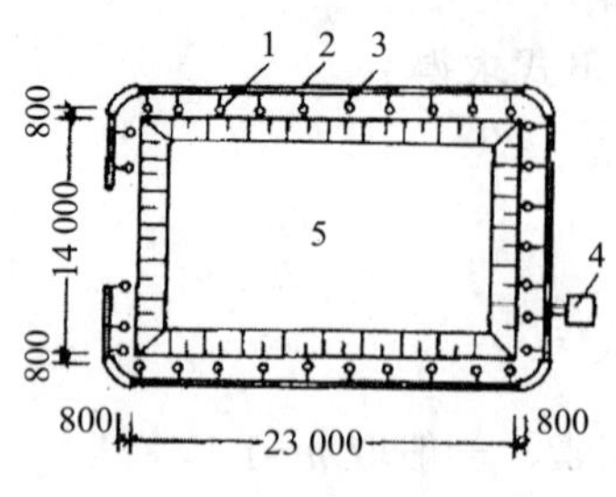

（a）井点平面布置

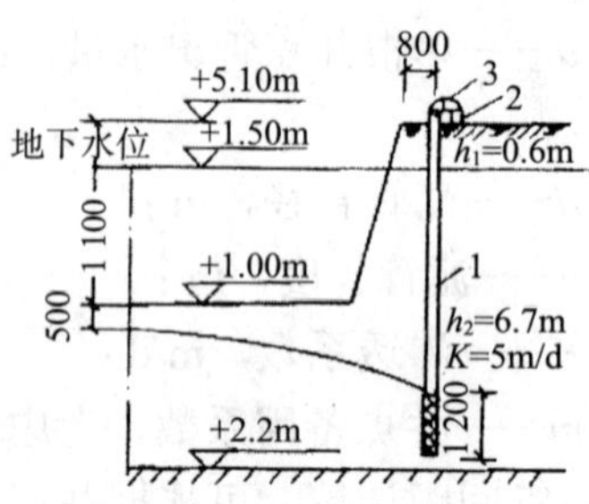

（b）高程布置

1—井点管；2—集水总管；3—弯连管；4—抽水设备；5—基坑

图1-55　轻型井点布置计算实例

由于井点系统布置处于下面一层不透水黏土层的深度为0.6+6.7=7.3m，现有井点管长度为7.2m（井管长6m、滤管长1.2m），故滤管底距离不透水黏土层只差0.1m，可按无压完整井进行设计和计算。

（2）基坑涌水量计算

含水层厚度：H=4.5m+2.2m=6.7m

降水深度：s=4.5m － 1.00m+ 0.50m= 4.00m

土的渗透系数：根据地质勘察资料，该细砂层渗透系数K=5m/d；

基坑假想半径：由于该基坑长宽比不大于5，所以可简化为一个假想半径为x_0的圆井进行计算：

$$x_0=\sqrt{\frac{A}{\pi}}=\sqrt{\frac{(14\,\text{m}+0.8\,\text{m}\times 2)(23\,\text{m}+0.8\,\text{m}\times 2)}{3.14}}=11\,\text{m}$$

抽水影响半径：$R=1.95\text{s}\sqrt{HK}=1.95\times 4\text{m}\sqrt{6.7\,\text{m}\times 5\,\text{m/d}}=45.1\,\text{m}$

基坑涌水量计算：

$$Q=1.366K\frac{(2H-s)s}{\lg R-\lg x_0}=1.366\times 5\text{m/d}\frac{(2\times 6.7\text{m}-4\text{m})\times 4\,\text{m}}{\lg 45.1-\lg 11}=419\text{m}^3/\text{d}$$

（3）计算井点管数量和间距

单井出水量：

$$q=65\pi d\cdot l^3\sqrt{k}=65\times 3.14\times 0.05\text{m}\times(1.2)^3\text{m}^3\sqrt{5}\text{m/d}=20.9\text{m}^3/\text{d}$$

井点管数量：$n=m\dfrac{Q}{q}=1.1\times\dfrac{419\,\text{m}^3/\text{d}}{39.4\text{m}^3/\text{d}}=22$根

在基坑四角处井点管应加密，如考虑每个角加2根井管，则采用的井点管数量为：

22 根 +8 根 =30 根

井点管间距平均为：$D=\frac{2(L+B)}{n-1}=\frac{2\times(24.6\,\mathrm{m}+15.6\,\mathrm{m})}{30-1}=2.77\mathrm{m}$，取 2.4m。

布置时，为了机械挖土开行路线宜布置成端部开口（即留 3 根井点管距离）。因此实际需要井点管数量为：

$$n=\frac{2\times(24.6\mathrm{m}+15.6\mathrm{m})}{2.4\mathrm{m}}-3\approx 31\text{根}$$

（三）喷射井点

喷射井点降水是在井点管内部装设特制的喷射器，用高压水泵或空气压缩机通过井点管中的内管向喷射器输入高压水（喷水井点）或压缩空气（喷气井点）形成水气射流，将地下水经井点外管与内管之间的间隙抽出排走。本法设备较简单，排水深度大，其一层降水深度可达 8 ～ 20m，比多层轻型井点降水设备少，基坑土方开挖量少，施工快，费用低。适于基坑开挖较深、降水深度大于 6m、土渗透系数为 3 ～ 50m/d 的砂土或渗透系数为 0.1 ～ 3m/d 的粉砂、淤泥质土、粉质黏土中使用。

1. 井点设备

喷射井点根据其工作时使用的喷射介质的不同，分为喷水井点和喷气井点两种。其主要设备由喷射井管、高压水泵（或空气压缩机）和管路系统组成。

（1）喷射井管（图 1-56）

喷射井管分内管和外管两部分，内管下端装有喷射器，并与滤管相接。喷射器由喷嘴、混合室、扩散室等组成。工作时，用高压水泵（或空气压缩机）把压力 0.7 ～ 0.8MPa（0.4 ～ 0.7MPa）的水经过总管分别压入井点管中，使水经过内外管之间的环形空隙进入喷射器。由于喷嘴处截面突然缩小，喷射出的流速突然增大，高压水流高速进入混合室，使混合室内压力降低，形成瞬时

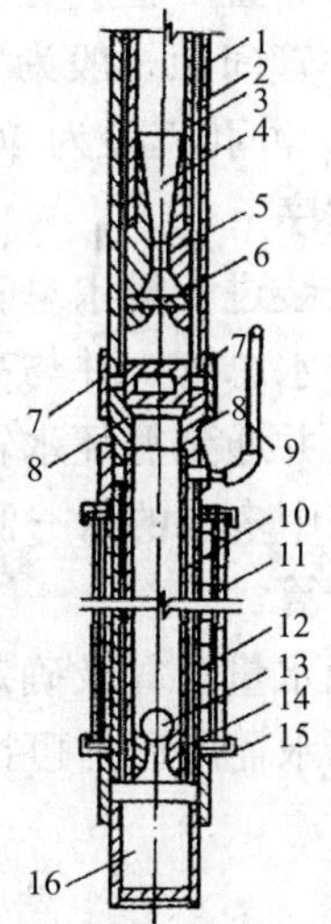

1—外管；2—内管；3—喷射器；4—扩散管；5—混合管；6—喷嘴；7—缩节；8—连接座；9—真空测定管；10—滤管芯管；11—滤管有孔套管；12—滤管外缠绕网及保护网；13—逆止球阀；14—逆止阀座；15—护套；16—沉泥管

图 1-56 喷射井点管构造

真空。在真空吸力作用下，地下水经过滤管被吸收到混合室，与混合室的高压水流混合，流入扩散室中。由于扩散室的截面顺着水流方向逐渐扩大，水流速度相应减少，而水的压力却又逐渐增高，因而压迫地下水沿着井管上升流到循环水箱。其中一部分水用低压水排走，另一部分重新用高压水泵压入井点管作为高压工作水使用。如此循环作业，将地下水不断从井点管中抽走，使地下水逐渐下降，达到设计要求的降水深度。

（2）高压水泵

用 6SH6 型或 150S78 型高压水泵（流量为 14 ～ 150m^3/h，扬程 78m）或多级高压水泵（流量为 50 ～ 80m^3/h，压力为 0.7 ～ 0.8MPa）1 ～ 2 台，每台可带动 25 ～ 30 根喷射井点管。

（3）循环水箱

钢板制，尺寸为 2.5m × 1.45m ×1.2m。

（4）管路系统

管路系统包括进水、排水总管（直径为 150mm，每套长 60m）接头、阀门、水表、溢流管、调压阀等管件、零件及仪表。

2. 井点布置

喷射井点管的布置与井点管的埋设方法和要求与轻型井点基本相同。基坑面积较大时，采用环形布置；基坑宽度小于 10m，采用单排线型布置；大于 100m 时作双排布置。喷射井管间距一般为 2×3.5m；采用环形布置，进出口（道路）处的井点间距为 5 ～ 7m。冲孔直径为 400 ～ 600m，深度比滤管底深 1 m 以上。

3. 施工工艺程序

设置泵房，安装进、排水总管→水冲法或钻孔法成井→安装喷射井点管、填滤料→接通进水、排水总管，并与高压水泵或空气压缩机接通→将各井点管的外管管口与排水管接通，并通到循环水箱→起动高压水泵或空气压缩机抽取地下水→用离心泵排除循环水箱中多余的水→测量观测井中地下水位。

4. 喷射井点计算

喷射井点的涌水量计算及确定井点管数量与间距、抽水设备等均与轻型井点计算相同。水泵工作水需用压力可按下式计算：

$$P=\frac{P_0}{a}$$

式中，P——水泵工作水头压力，m；

P_0——扬水高度，m，即水箱至井管底部的总高度；

a——扬水高度与喷嘴前面工作水头之比（如何取值），一般取 0.2。

混合室直径一般取 14mm，喷嘴直径一般取 6.5mm。

（四）电渗井点

在饱和黏性土中，特别是在淤泥和淤泥质黏土中，由于土的渗透系数很小（小于 0.1 m/d），使用重力或真空作用的一般轻型井点降水，效果很差，此时宜采用电渗井点排水，后者是利用黏性土中的电渗现象和电泳特性，使黏性土空隙中的水流动加快，起到一定的疏干作用，从而使软土地基排水效率得到提高。本法一般与轻型井点或喷射井点结合使用，除有与一般井点相同的优点（如设备简单、施工方便、效果显著等）外，还可用于渗透系数很小（0.1 ～ 0.002m/d）的黏土和淤泥中，效果良好。同时与电渗一起产生的电泳作用，能使阳极周围土体加密，并可防止黏土颗粒淤塞井点管的过滤网，保证井点正常抽水；另外，比轻型井点增加的费用少（平均每立方米土方增加电渗费 0.5 ～ 1.0 元）。

1. 井点设备及布置

电渗排水是利用井点管（轻型井点或喷射井点管）本身作阴极，沿基坑（槽、沟）外围布置；用钢管（直径 50 ～ 70mm）或钢筋（直径 25mm 以上）作阳极，埋设在井点管环圈内侧 1.25m 处，外露在地面上 20 ～ 40cm，其入土深度应比井点管深 50cm，以保证水位能降到所要求的深度。阴阳极本身的间距，采用轻型井点作阳极一般为 0.8 ～ 1.0m；采用喷射井点时为 1.2 ～ 1.5m，并呈平行交错排列，阴阳极的数量宜相等，必要时阳极数量可多于阴极数量，阴、阳极分别用 BX 型钢芯橡胶线或扁钢、钢筋等连成通路，并分别接到直流发电机的相应电极上，一般常用功率为 9.6 ～ 55kW 的直流电焊机代替直流发电机使用。

2. 井点埋设与使用

（1）电渗井点埋设程序一般是先埋设轻型井点或喷射井点管。预留出布置电渗井点阴极的位置，待轻型井点降水不能满足降水要求时，再埋设电渗阴极，以改善降水性能。

（2）电渗井点阴极埋设与轻型井点、喷射井点相同，阳极埋设可用 75mm 旋叶式电钻钻孔埋设，钻进时加水或高压空气循环排泥，阳极就位后，利用下一钻孔排出泥浆倒灌填孔，使阳极与土接触良好，减少电阻，有利于电渗。如深度不大，也可用锤击方法打入。钢筋埋设须垂直，严禁与相邻阴极相碰，以免造成短路，损坏设备。

（3）使用时工作电压不宜大于 60V，土中通电的电流密度宜为 0.5 ～ 1.0A/m^2。为防止大量电流从土表面通过，降低电渗效果，并减少电耗，应在不需要电渗的上层（如渗透系数较大的土层）的阳极表面涂二层沥青绝缘；地面应采取措施使之干燥；并将地面以上部分的阳极和阴极间的金属或其他导电物处理干净，有条件时也可涂上一层沥青绝缘，以提高电渗效果。

（4）电渗降水时，为清除由于电解作用产生的气体聚集在电极附近及表面，而使土体电阻加大，电能消耗增加，应采用间歇通电方式，即通电24h后，停电2～3h，再起电。

（五）管井井点

管井井点由滤水井管、吸水管和抽水机械等组成（图1-57）。管井井点设备较为简单，排水量大，降水较深，较轻型井点具有更大的降水效果，可代替多组轻型井点作用，且水泵设在地面，易于维护。管井井点适于渗透系数较大，地下水丰富的土层、砂层或用明沟排水法易造成土粒大量流失，引起边坡塌方及用轻型井点难以满足要求的情况下使用。但管井属于重力排水范畴，吸程高度受到一定限制，要求渗透系数较大（20～200m/d），降水深度仅为3～5m。

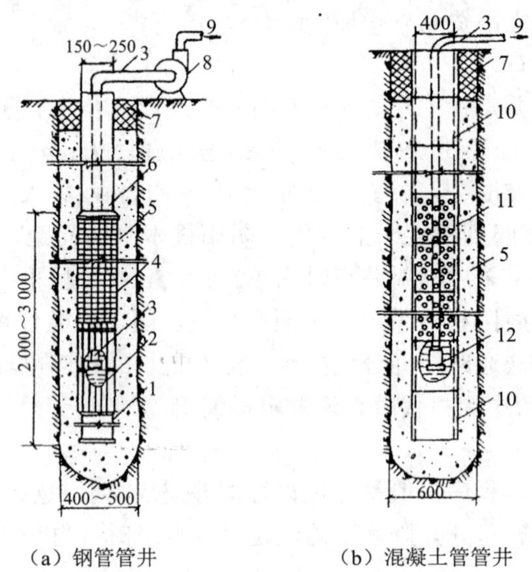

（a）钢管管井　　（b）混凝土管管井

1—沉砂管；2—钢筋焊接骨架；3—吸水管；4—滤网；5—小砾石过滤层；6—管身；7—黏土封口；8—离心泵；9—出水管；10—混凝土实管；11—混凝土过滤管；12—潜水泵

图1-57　管井井点

1. 井点构造与设备

（1）滤水井管

下部滤水井管过滤部分用钢筋焊接骨架，外包孔眼为1～2mm的滤网，长2～3m，上部井管部分用直径200mm以上的钢管、塑料管或混凝土管，或用竹、木制成的管。

（2）吸水管

用直径50～100mm的钢管或橡胶管，插入滤水井管内，其底端应沉到管井吸水时的最低水位以下，并装逆止阀，上端装设带法兰盘的短钢管一节。

（3）水泵

采用 BA 型或 B 型、流量为 10 ～ 25m ³ /h 的离心式水泵。每个井管装置一台，当水泵排水量大于单孔滤水井涌水量时，可另加设集水总管将相邻的相应数量的吸水管连成一体，共用一台水泵。

2. 管井的布置

采取沿基坑外围四周呈环形布置或沿基坑（或沟槽）两侧或单侧呈直线形布置，井中心距基坑（槽）边缘的距离，依据所用钻机的钻孔方法而定，当用冲击钻时为 0.5 ～ 1.5m；当用钻孔法成孔时不小于 3m。管井埋设的深度和距离，根据需降水面积和深度及含水层的渗透系数而定，最大埋深可达 10m，间距 10 ～ 15m。

3. 管井的设置

管井埋设可采用泥浆护壁冲击钻成孔或泥浆护壁钻孔方法成孔。钻孔底部应比滤水井管深 200mm 以上。井管下沉前应清洗滤井，冲除沉渣，可灌入稀泥浆用吸水泵抽出置换，或用空气压缩机洗井法将泥渣清出井外，并保持滤网的畅通，然后下管。滤水井管应置于孔中心，下端用圆木堵塞管口，井管与孔壁之间用 3 ～ 15mm 砾石填充作过滤层，地面下 0.5m 内用黏土填充夯实。

水泵的设置标高根据要求的降水深度和所选用的水泵最大真空吸水高度而定，一般为 5 ～ 7m，当吸程不够时，可将水泵设在基坑内。

4. 管井的使用管理

管井使用时，应经试抽水，检查出水是否正常，有无淤塞等现象，如情况异常，应检修好后方可转入正常使用。抽水过程中应经常对抽水设备的电动机、传动机械、电流、电压等进行检查，并对井内水位下降和流量进行观测和记录。井管使用完毕，井管可用人字桅杆借助钢丝绳、倒链、纹磨或卷扬机将井管徐徐拔出，将滤水井管洗去泥沙后贮存备用，所留孔洞用沙砾填实，上部 50cm 处用黏性土填充夯实。

（六）深井井点

深井井点降水是在深基坑的周围埋置深于基底的井管，通过设置在井管内的潜水电泵将地下水抽出，使地下水位低于坑底。本法的优点是排水量大，降水深（＞ 15m），不受吸程限制，排水效果好；井距大，对平面布置的干扰小；可用于各种情况，不受土层限制；成孔（打井）用人工或机械均可，较易于解决；井点制作、降水设备及操作工艺、维护均较简单，施工速度快；如果井点管采用钢管、塑料管，可以整根拔出重复使用；单位降水费用较轻型井点低（80 ～ 120 元 m^2）；但一次性投资大，成孔质量要求严格，降水完毕，井管拔出较困难。该法适于渗透系数较大（10 ～ 250m/d），土质为砂类土，地下水丰富，降水深，面积大，时间长的情况。降水深可达 50m 以内，在有流沙的地区和重复挖填土方地区使用，效果尤佳。

1. 井点系统设备由深井井管和潜水泵等组成

（1）井管

由滤水管、吸水管和沉砂管三部分组成，可用钢管、塑料管或混凝土管制成，管径一般为 300 ～ 357mm，内径宜大于潜水泵外径 50mm。

1）滤水管　在降水过程中，含水层中的水通过该管滤网将土砂颗粒过滤在外边，使清水流入管内。滤水管的长度取决于含水层的厚度、透水层的渗透速度及降水速度的快慢，一般为 3 ～ 9m。通常在钢管上分三段轴条（或开孔），在轴条（或开孔）后的管壁上 φ6mm 的垫筋，要求顺直，与管壁用定位焊固定，在垫筋外螺旋形缠绕 12 号铁丝，间距 1mm，与垫筋用锡焊焊牢，或外包 10 孔 /cm^2 和 41 孔 /cm^2 镀锌铁丝网各两层或尼龙网。上下管之间用对接焊连接。

当土质较好、深度在 15m 内时，也可采用外径 380 ～ 600mm、壁厚 50 ～ 60mm、长 1.2 ～ 1.5m 的无砂混凝土管作滤水管，或在外再包棕树皮两层作滤网。

2）吸水管　连接浊水管。起到挡土、贮水作用，采用与滤水管相同直径的钢管制成。

3）沉砂管　在降水过程中，对通过的极少量砂料起沉淀作用，一般采用与滤水管同直径的钢管，下端用钢板封底。

（2）水泵

用 QY-25 型或 QW-25M、QW40-25 型潜水泵，或 QJ50-52 型浸油或潜水泵或深井泵。每井一台，并带吸水铸铁管或胶管，配上一个控制井内水位的自动开关，在井口安装 75mm 阀门以便调节流量的大小、阀门用夹板固定。每个基坑井点群应有 2 台备用泵。

（3）集水井

用 φ325 ～ φ500mm 钢管或混凝土管，并设 3‰的坡度，与附近下水道接通。

2. 深井布置

深井井点一般沿工程基坑周围，离边坡上缘 0.5 ～ 1.5m，呈环形布置；当基坑宽度较窄，也可设在一侧，呈直线形布置；面积不大的独立的深基坑，亦可采取点式布置。井点宜深入透水层 6 ～ 9m，通常还应比所需降水的深度深 6 ～ 8m，间距一般相当于埋设深度，在 10 ～ 30m，基坑开挖深 8m 以内，井距为 10 ～ 15m；8m 以上，井距为 15 ～ 20m。井点不宜设在正式工程上，但可利用少量设护壁的人工挖孔桩孔作临时降水深井用。在一个基坑布置的井点，应尽可能多地为附近工程基坑降水所利用，上部二节也尽可能地回收利用。

3. 深井井点埋设与使用

（1）深井井点一般施工工艺程序是：井点测量定位→挖井口、安护筒→钻孔就位→钻孔→回填井底砂垫层→吊放井管、回填井管与孔壁间的沙砾过滤层→洗井→井管内下设水泵、安装抽水控制电路→试抽水、降水井正常工作→降水完毕拔井管→封井。

（2）成孔可根据土质条件和孔深要求，采用冲击钻钻孔（CZ-22 或 CZ20 型）、回转钻钻孔、潜水电钻钻孔，用泥浆护壁，孔口设置护筒，以防孔口塌方，并在一侧设排泥沟、泥浆坑。孔径应较井管直径每边大 150 ～ 250mm。钻孔深度，当不设沉砂管时，应比抽水期内可能沉积的高度适当加深。成孔后应立即安装井管，以防塌孔。

（3）深井井管沉放前应清孔，一般用压缩空气洗井或用吊筒反复上下取出泥渣洗井，或用压缩空气（压力为 0.8MPa、排气量为 $12m^3/min$）与潜水泵联合洗井。

（4）潜水泵在安装前，应对水泵本身和控制系统作一次全面细致的检查。深井内安设潜水电泵，可用绳索吊入滤水层部位，带吸水钢管的应用吊车放入，上部应与井管口固定。设置深井泵的电动机座应安设平稳，转向严禁逆转（宜有逆止阀），防止转动轴解体。潜水电动机、电缆及接头应有可靠的绝缘，每台泵应配置一个控制开关。主电源线路沿深井排水管路设置。安装完毕应进行试抽水，满足要求后使转入正常工作。

（5）井管使用完毕，用吊车或用三木塔借助钢丝绳、倒链，将井管口套紧徐徐拔出，滤水管拔出洗净后再用，拔出所留的孔洞用沙砾填充、捣实。

4. 使用注意事项

（1）井点使用时，基坑周围井点应对称、同时抽水，使水位差控制在要求限度内。

（2）靠近建筑物的深井，应使建筑物下的水位与附近水位之差保持不大于 1m，以免造成建筑物的不均匀沉降而出现裂缝。为此，要加强水位观测，当水位差过大时，应立即采取措施补救。

（3）井点供电系统应采用双线路，防止中途停电或发生其他故障，影响排水。必要时设置能满足施工要求的备用发电机组，以防止突然停电，造成水淹基坑。

（4）潜水泵在运行时应经常观测水位变化情况，检查电缆线是否与井壁相碰，以防磨损后水沿电缆芯渗入电动机内。同时，还须定期检查密封的可靠性，以保证正常运转。

（5）当基坑底部有不透水层时，为排除上层地下水，亦可采用砂井配合深井降水。砂井数量和深度根据现场地质水文情况而定，一般间距为 0.8 ～ 2.0m，深度至不透水层以下 1.0 ～ 1.5m，砂井用粒径 5 mm 粒料与粗砂各 50%（质量分数）混合填充而成，填至不透水层以上 2 ～ 3m 处为止。

砂井可采用高压水冲刷土体成孔；较深时可用钢丝吊水枪冲到预定深度，下层水及部分上层水通过深井抽水降至预定水位线，剩余土层水通过砂井渗入下层水中，从而达到较快降水的目的。但用本法要准确掌握地质构造情况，特别是不透水层的位置、厚度变化和走向。

（七）井点回灌技术

基坑开挖时，为保证挖掘部位地基土稳定，常用井点排水等方法降低地下水位。在降水的同时，由于挖掘部位地下水位的降低，其周围地区地下水位会随之下降，使土层中因失水而产生压密，因而经常会引起邻近建（构）筑物、管线的不均匀沉降或开裂。为了防止这一情况的发生，通常采用设置井点回灌的方法。

井点回灌是在井点降水的同时，将抽出的地下水（或工业水），通过回灌井点持续地再灌入地基土层内，使降水井点的影响半径不超过回灌井点的范围（图 1-58）。这样，回灌井点就以一道隔水帷幕，阻止回灌井点外侧的建筑物下的地下水流失，使地下水位基本保持不变，土层压力仍处于原始平衡状态，从而可有效地防止降水井点对周围建（构）筑物、地下管线的影响。

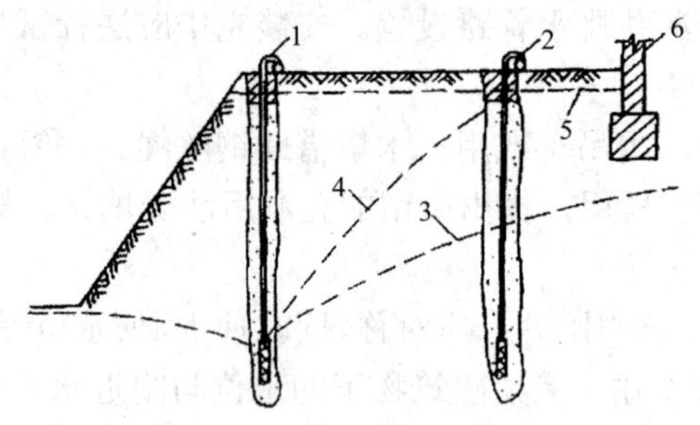

1—降水井点；2—回灌井点；3—降水曲线；4—回灌时降水曲线；5—原地下水位；6—邻近建筑物

图 1-58　回灌井点技术

本法适于在软弱土层中开挖基坑降水，但只有在对附近建（构）筑物不产生不均匀下沉和裂缝，或不影响附近设备正常生产的情况下方可采用。这种方法具有设备操作简单，效果好，费用低，可防止降水点周围地下水位的下降以及地基的固结沉降，保证建（构）筑物使用安全、生产正常进行，同时还可部分解决地下水抽出后的排放问题等优点，但需两套井点系统设备，管理较为复杂。

1. 回灌井点构造

回灌井点系统由水源、流量表、水箱、总管、回灌井管组成。其工作方式恰好与降水井点系统相反，将水灌入井点后，水从井点向周围土层渗透，在土层中形成一个和降水井点相反的倒转降落漏斗。回灌井点的设计主要考虑井点的配置以及计算每一灌水井点的灌水能力，准确地计算其影响范围。回灌井点的井管滤管部分宜从地下水位以上 0.5m 处开始一直到井管底部，其构造与降水井点管基本相同。为使注水形成一个有效的补给水幕，避免注水直接回到降水井点管，造成两井“相通”，两者间应保持一定的距离。回灌井点与降水井点间的距离应根据降水、回灌水位曲线和场地条件而定，一般不宜小于 5m。回灌井点的埋设深度，应按井点降水曲线、透水层的深度和土层渗透性来确定，以确保基坑施工安全和回灌效果，一般使两管距离：两管水平差 =1 ： 0.8 ～ 1 ： 0.9，并使注水管尽量靠近保护的建（构）筑物。

2. 施工要点

（1）回灌井点埋设方法及质量要求与降水井点相同。

（2）回灌水量应根据地下水位的变化及时调整。尽可能地保持抽灌平衡，既要防止灌水量过大，而渗入基坑影响施工，又要防止灌水量过少，使地下水位失控而影响回灌效果。为此，要在原有建（构）筑物上设置沉降观测点，进行精密水准测量。在基坑纵横轴线及原来建（构）筑物附近设置水位观测井，以测量地下水位标高，并设固定专人定时观测，做好记录，以便及时调整抽水量或灌水量，使原有建（构）筑物下的地下水位保持一定的深度，从而达到控制沉降的目的，避免裂缝的产生。

（3）回灌注水压力应大于 50kPa（0.5 个大气压）以上。为满足注水压力的要求，应设置高位水箱，其高度可根据回灌水量配置，一般采用将水箱架高的办法提高回灌水压力，靠水位差重力自流灌入土中。

（4）要做好回灌井点设置后的冲洗工作。冲洗方法一般是往回灌井点大量地注水后，迅速进行抽水，尽可能地加大地基内的水力梯度，这样既可除去地基内的细粒成分，又可提高其灌水能力。

（5）回灌水宜采用清水，以保持回灌水量。为此，必须经常检查灌入水的污浊度及水质情况，避免产生孔眼堵塞现象，同时也必须及时校核灌水压力及灌水量。当产生孔眼堵塞时，应立即进行井点冲洗。

（6）回灌井点必须在降水井点启动前或在降水的同时向土中灌水，且不得中断。当其中有一方因故停止工作时，另一方应停止工作，恢复工作亦应同时进行。

三、降水与排水的质量检验标准

降水系统施工完毕后，应试运转。如发现井管失效，应采取措施使其恢复正常，如无可能则应报废，另行设置新的井管。降水系统在运转过程中应随时检查观测孔中的水位。

降水与排水的质量检验标准应符合表 1-35 的规定。

表 1-35　降水与排水施工质量检验标准

序号	检查项目	允许值或允许偏差		检查方法
		单位	数值	
1	排水沟坡度	‰	1 ～ 2	目测：坑内不积水，沟内排水畅通
2	井管（点）垂直度	%	1	插管时目测
3	井管（点）间距（与设计相比）	mm	≤ 150	用钢尺量
4	井管（点）插入深度（与设计相比）	mm	≤ 200	水准仪

序号	检查项目	允许值或允许偏差		检查方法
		单位	数值	
5	过滤沙砾料填灌（与计算值相比）	mm	≤ 5	检查回填料用量
6	井点真空度：轻型井点 喷射井点	kPa kPa	＞ 60 ＞ 93	真空度表 真空度表
7	电渗井点阴阳极距离：轻型井点 喷射井点	mm mm	80 ～ 100 120 ～ 150	用钢尺量 用钢尺量

四、降水土方开挖与降水过程中特殊问题的处理

（一）流沙处理

当基坑（槽）开挖到地下水位 0.5m 以下，并采取集水坑排水时，坑（槽）底下面的土（多为砂土）产生流动状态随地下水一起涌进坑内，土边挖边冒，无法挖深的现象称为“流沙现象”。发生流沙时，土完全失去承载力，不但使施工条件恶化，而且流沙严重时，会引起基础边坡塌方，附近建筑物会因地基被掏空而下沉、倾斜，甚至倒塌。

1. 流沙形成原因

流沙形成原因主要是当坑外地下水位高于坑内抽水后的水位，地下水就会从坑外向坑内流动，形成水头差，我们称为动水压力；当动水压力等于或大于土颗粒的浸水松散密度，使土粒呈悬浮状态，失去稳定，随水从坑底或四周涌入坑内。另外由于土颗粒周围附着亲水胶体颗粒，饱和时胶体颗粒吸水膨胀，使土粒密度减小，因而在不大的水冲力下能悬浮流动。

饱和砂土在振动作用下，结构被破坏，使土颗粒悬浮于水中并随水流动。

2. 易产生流沙的条件

（1）水力坡度较大，流速大，当动水压力超过土粒浸水松散密度，使土粒悬浮时即会产生流沙。其临界水力坡度可按下式计算：

$$I=(\rho-1)(1-n)$$

式中，I——临界水力坡度；

ρ——土粒的密度；

n——土的孔隙率，以小数计。

（2）土层中有厚度大于 250mm 的粉砂土层；土的含水率（质量分数）大于 30% 以上或空隙率大于 43%；土的颗粒组成中黏土粒含量（质量分数）小于 10%，粉砂粒含量（质量分数）大于 75%。

（二）流沙处理的常用措施

流沙处理的目的是减小或平衡动水压力或使动水压力改变方向，使坑底土粒稳

定，不受水压干扰。

常用的处理措施方法有：

（1）枯水期施工法。土方开挖尽量安排在全年水位最低的季节施工，使基坑内动水压减小，从而预防和减轻流沙现象。

（2）水下挖土法。采取水下挖土（不抽水或少抽水），使坑内水压与坑外地下水压相平衡或缩小水头差，如沉井施工。

（3）人工降低地下水位。采用井点降水，使水位降至基坑底 0.5m 以下，改变动水压力的方向，使之朝下，坑底土面保持无水状态，从而有效制止流沙现象。

（4）打板桩。沿基坑外围四周打板桩，深入坑底下面一定深度，改变动水压力的方向，增加地下水从坑外流入坑内的渗流路线和渗水量，从而达到减小动水压力的目的。

（5）设止水帷幕法。采用深层搅拌桩、密排灌注桩、地下连续墙等方法，固结基坑周围粉砂层使之形成封闭的防渗帷幕；从而达到增加地下水从坑外流入坑内的渗流路线和渗水量，改变动水压力的方向，减小动水压力的目的。

（6）抢挖并抛大石块法。通过组织快速施工，使挖土速度超过冒砂的速度，在挖至设计标高后，立刻铺竹篾、芦席并抛大石块，以增加土的压重和减小动水压力，将流沙压住。此法只可解决局部或轻微的流沙。

任务六　土方回填

市政管道工程施工完毕并经检验合格应及时进行土方回填，以保证管道的正常位置，避免沟槽（基坑）坍塌，而且尽可能早日恢复地面交通。

回填施工包括返土、摊平、夯实、检查等施工过程。其中关键是夯实，应符合设计所规定的密实度要求。依据《给水排水管道工程施工及验收规范》（GB 50268—2008）要求，刚性管道回填土压实度见表 1-36，柔性管道回填土压实度见表 1-37。

表 1-36　刚性管道沟槽回填土压实度

序号	项目	最低压实度 /%		检查数量		检查方法
		重型击实标准	轻型击实标准	范围	点数	
1	石灰石类垫层	93	95	100m	每层每侧一组（每组 3 点）	用环刀法检查或采用现行国家标准《土工试验方法标准》（GB/T 50123）中其他方法

<table>
<tr><th rowspan="2">序号</th><th rowspan="2" colspan="3">项目</th><th colspan="2">最低压实度 /%</th><th colspan="2">检查数量</th><th rowspan="2">检查方法</th></tr>
<tr><th>重型击实标准</th><th>轻型击实标准</th><th>范围</th><th>点数</th></tr>
<tr><td rowspan="4">2</td><td rowspan="4">沟槽在路基范围外</td><td rowspan="2">胸腔部分</td><td>管侧</td><td>87</td><td>90</td><td rowspan="4">两井之间或 1 000m²</td><td rowspan="15">每层每侧一组（每组 3 点）</td><td rowspan="15">用环刀法检查或采用现行国家标准《土工试验方法标准》（GB/T 50123）中其他方法</td></tr>
<tr><td>管顶以上 500mm</td><td colspan="2">87±2（轻型）</td></tr>
<tr><td colspan="2">其余部分</td><td colspan="2">≥ 90（轻型）或按设计要求</td></tr>
<tr><td colspan="2">农田或绿地表层 500mm 范围内</td><td colspan="2">不宜压实，预留沉降量，表面整平</td></tr>
<tr><td rowspan="11">3</td><td rowspan="11">沟槽在路基范围内</td><td rowspan="2">胸腔部分</td><td>管侧</td><td>87</td><td>90</td><td rowspan="11">两井之间或 1 000m²</td></tr>
<tr><td>管顶以上 250mm</td><td colspan="2">87±2（轻型）</td></tr>
<tr><td rowspan="3">≤ 800</td><td>快速路及主干路</td><td>95</td><td>98</td></tr>
<tr><td>次干路</td><td>93</td><td>95</td></tr>
<tr><td>支路</td><td>90</td><td>92</td></tr>
<tr><td rowspan="3">800 ～ 1 500</td><td>快速路及主干路</td><td>93</td><td>95</td></tr>
<tr><td>次干路</td><td>90</td><td>92</td></tr>
<tr><td>支路</td><td>87</td><td>90</td></tr>
<tr><td rowspan="3">＞ 1 500</td><td>快速路及主干路</td><td>87</td><td>90</td></tr>
<tr><td>次干路</td><td>87</td><td>90</td></tr>
<tr><td>支路</td><td>87</td><td>90</td></tr>
</table>

注：表中重型击实标准的压实度和轻型击实标准的压实度，分别以相应的标准击实试验法求得的最大干密度为 100%。

表 1-37 柔性管道沟槽回填土压实度

<table>
<tr><th rowspan="2" colspan="2">槽内部位</th><th rowspan="2">压实度 /%</th><th rowspan="2">回填材料</th><th colspan="2">检查数量</th><th rowspan="2">检查方法</th></tr>
<tr><th>范围</th><th>点数</th></tr>
<tr><td rowspan="2">管道基础</td><td>管底基础</td><td></td><td rowspan="2">中、粗砂</td><td></td><td rowspan="6">每层每侧一组（每组 3 点）</td><td rowspan="6">用环刀法检查或采用现行国家标准《土工试验方法标准》（GB/T 50123）中其他方法</td></tr>
<tr><td>管道有效支撑范围</td><td>≥ 95</td><td>每 100m</td></tr>
<tr><td colspan="2">管道两侧</td><td>≥ 95</td><td rowspan="3">中、粗砂、碎石屑，最大粒径小于 40mm 的沙砾或符合要求的原土</td><td rowspan="4">两井之间或每 1 000m²</td></tr>
<tr><td colspan="2" rowspan="2">管顶以上 500mm</td><td>管道两侧</td></tr>
<tr><td>管道上部</td></tr>
<tr><td colspan="2">管顶 500 ～ 1 000mm</td><td>≥ 90</td><td>原土回填</td></tr>
</table>

注：回填土的压实度，除设计要求用重型击实标准外，其他皆以轻型击实标准试验获得最大干密度为 100%。

一、回填土方夯实方法

沟槽回填土夯实通常采用人工夯实和机械夯实两种方法。

管顶 50cm 以下部分返土的夯实，应采用轻夯，夯击力不应过大，防止损坏管壁与接口，可采用人工夯实。

管顶 50cm 以上部分返土的夯实，应采用机械夯实。常用的夯实机械有蛙式夯、内燃打夯机、履带式打夯机及轻型压路机等几种。

（一）蛙式夯

由夯头架、拖盘、电动机和传动减速机组成，如图 1-59 所示。该机具轻便、构造简单，目前广泛采用。

例如功率为 2.8kW 蛙式夯，在最佳含水量条件下，铺土厚 200cm，夯击 3 ～ 4 遍，压实系数可达 0.95 左右。

（二）内燃打夯机

又称“火力夯”，一般用来夯实沟槽、基坑、墙边墙角，同时返土方便。

（三）履带式打夯机

履带式打夯机，如图 1-60 所示。用履带起重机提升重锤，夯锤重 9.8 ～ 39.2kN，夯击高度为 1.5 ～ 5.0m。夯实土层的厚度可达 3m，它适用于沟槽上部夯实或大面积夯土工作。

（四）压路机

沟槽上层夯实，常采用轻型压路机，工作效率较高。碾压的重叠宽度不得小于 20cm。

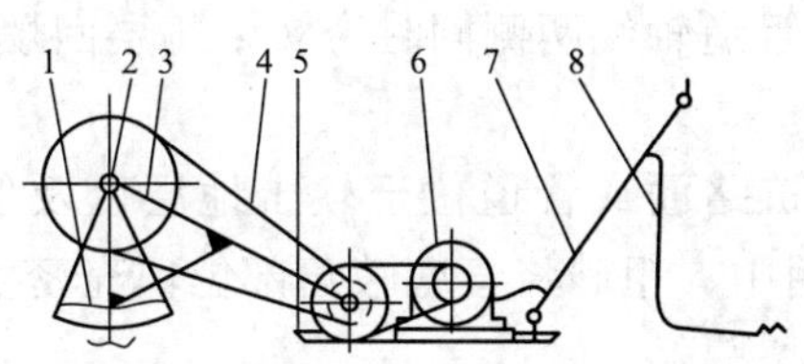

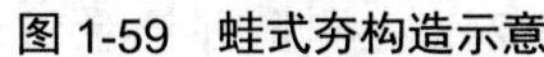
1—偏心块；2—前轴装置；3—夯头架；4—传动装置；
5—拖盘；6—电动机；7—操纵手柄；8—电器控制设备

图 1-59　蛙式夯构造示意

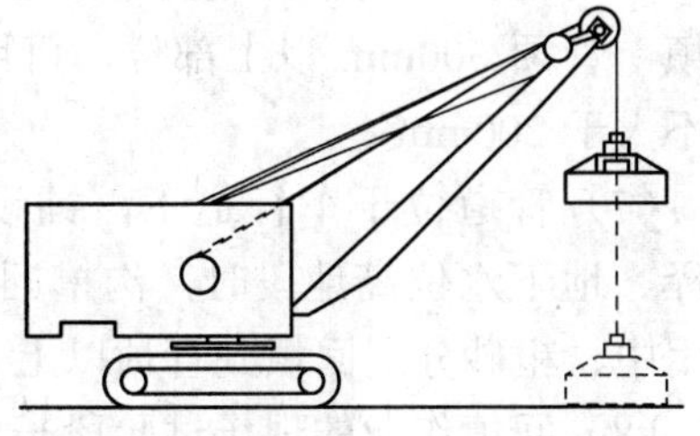

1-60　履带式打夯机

二、沟槽回填的压实作业要求

（一）刚性管道沟槽回填的压实作业的规定

（1）回填压实应逐层进行，且不得损伤管道；

（2）管道两侧和管顶以上 500mm 范围内胸腔夯实，应采用轻型压实机具，管道两侧压实面的高差不应超过 300mm；

（3）管道基础为土弧基础时，应填实管道支撑角范围内腋角部位；压实时，管道两侧应对称进行，且不得使管道位移或损伤；

（4）同一沟槽中有双排或多排管道的基础底面位于同一高程时，管道之间的回填压实应和管道与槽壁之间的回填压实对称进行；

（5）一沟槽中有双排或多排管道但基础底面的高程不同时，应先回填基础较低的沟槽；回填至较高基础底面高程后，再按上一款规定回填；

（6）分段回填压实时，相邻段的接口应呈台阶形，且不得漏夯；

（7）采用轻型压实设备时，应夯夯相连；采用压路机时，碾压的重叠宽度不得小于 200mm；

（8）采用压路机、振动压路机等压实机械压实时，其行驶速度不得超过 2km/h；

（9）接口工作坑回填时底部凹坑应先回填压实至管底，然后与沟槽同步回填。

（二）柔性管道沟槽回填作业的规定

（1）回填前，检查管道有无损伤或变形，有损伤的管道应修复或更换；

（2）管内径大于 800mm 的柔性管道，回填施工时应在管内设有竖向支撑；

（3）管基有效支承角范围应采用中粗砂填充密实，与管壁紧密接触，不得用土或其他材料填充；

（4）管道半径以下回填时应采取防止管道上浮、位移的措施；

（5）管道回填时间宜为一昼夜中气温最低时段，从管道两侧同时回填，同时夯实；

（6）沟槽回填从管底基础部位开始到管顶以上 500mm 范围内，必须采用人工回填；管顶 500mm 以上部位，可用机械从管道轴线两侧同时夯实；每层回填高度应不大于 200mm；

（7）管道位于车行道下，铺设后即修筑路面或管道位于软土地层以及低洼、沼泽、地下水位高地段时，沟槽回填宜先用中、粗砂将管底腋角部位填充密实后，再用中、粗砂分层回填到管顶以上 500mm；

（8）回填作业的现场试验段长度应为一个井段或不少于 50m，因工程因素变化改变回填方式时，应重新进行现场试验；

（9）柔性管道回填至设计高程时，应在 12 ～ 24h 内测量并记录管道变形率，管道变形率应符合设计要求；设计无要求时，钢管或球墨铸铁管道变形率应不超过 2%，化学建材管道变形率应不超过 3%；当超过时，应采取下列处理措施：

1）挖出回填材料至露出管径 85% 处，管道周围内应人工挖掘以避免损伤管壁；

2）挖出管节局部有损伤时，应进行修复或更换；

3）重新夯实管道底部的回填材料；

4）选用适合回填材料重新回填施工，直至设计高程；

5）重新检测管道变形率。

（10）钢管或球墨铸铁管道的变形率超过 3% 时，化学建材管道变形率超过 5% 时，应挖出管道，并会同设计单位研究处理。

三、土方回填的施工

沟槽回填前，应建立回填制度。根据不同的夯实机具、土质、密实度要求、夯击遍数、走夯形式等确定返土厚度和夯实后厚度。

沟槽回填前，管道基础混凝土强度和抹带水泥砂浆接口强度不应小于 5MPa，现浇混凝土管渠的强度达到设计规定；砖沟或管渠顶板应装好盖板。

沟槽回填顺序，应按沟槽排水方向由高向低分层进行。

还土一般用沟槽原土，槽底到管顶以上 50cm 范围内，不得含有机物、冻土以及大于 50mm 的砖、石等硬块，冬季回填时在此范围以外可均匀掺入冻土，其数量不得超过填土总体积的 15%，并且冻块尺寸不得超过 100mm。

回填时，槽内不得有积水，不得回填淤泥、腐殖土及有机质。

沟槽两侧应同时回填夯实，以防管道位移。回填土时不得将土直接砸在抹带接口和防腐绝缘层上。

夯实时，胸腔和管顶上 50cm 内，夯击力过大，将会使管壁和接口或管沟壁开裂，因此，应根据管道线管沟强度确定夯实方法，管道两侧和管顶以上 50cm 范围内，应采用轻夯压实，两侧压实面的高度不应超过 30cm。

每层土夯实后，应检测密实度。测定的方法有环刀法和贯入法两种。采用环刀法时，应确定取样的数目和地点。由于表面土常易夯碎，每个土样应在每层夯实土的中间部分切取。土样切取后，根据自然密度、含水量、干密度等数值，即可算出密实度。

回填应使槽上土面略呈拱形，以免日久因土沉陷而造成地面下凹。拱高，一般为槽宽的 1/20，常取 15cm。

任务七　地基处理

在工程上，无论是给水排水构筑物，还是给水排水管道，其荷载都作用于地基土上，导致地基土产生附加应力，附加应力引起地基土的沉降，沉降量取决于土的孔隙率和附加应力的大小。在荷载作用下，若同一高度的地基各点沉降量相同，这种沉降称为均匀沉降；反之，称为不均匀沉降。无论是均匀沉降，还是不均匀沉降都有一个容许范围值，称为极限均匀沉降量和最大不均匀沉降量。当沉降量在允许范围内，构筑物才能稳定安全，否则，结构就会失去稳定或遭到破坏。

地基在构筑物荷载作用下，不会因地基土产生的剪应力超过土的抗剪强度而导致地基和构筑物破坏的承载力称为地基容许承载力。因此，地基应同时满足容许沉降量和容许承载力的要求，如不满足时，则采取相应措施对地基土加固处理，地基处理的目的是：

（1）改善土的剪切性能，提高抗剪强度。

（2）降低软弱土的压缩性，减少基础的沉降或不均匀沉降。

（3）改善土的透水性，起着截水、防渗的作用。

（4）改善土的动力特性，防止砂土液化。

（5）改善特殊土的不良地基特性（主要是指消除或减少湿陷性和膨胀土的胀缩性等）。

地基处理的方法有换土垫层、碾压夯实、挤密振实、排水固结和注浆液加固五类。各类方法及其原理与作用，参见表 1-38。

表 1-38　地基处理方法分类

分类	处理方法	原理及作用	适用范围
换土垫层	素土垫层 砂垫层 碎石垫层	挖除浅层软土，用砂、石等强度较高的土料代替，以提高持力层土的承载力，减少部分沉降量；消除或部分消除土的湿陷性、胀缩性及防止土的冻胀作用；改善土的抗液化性能	适用于处理浅层软弱土地基、湿陷性黄土地基（只能用灰土垫层）、膨胀土地基、季节性冻土地基
挤密振实	砂桩挤密法 灰土桩挤密法 石灰桩挤密法 振冲法	通过挤密法或振动使深层土密实，并在振动挤压过程中，回填砂、石等材料，形成砂桩或碎石桩，与桩周土一起组成复合地基，从而提高地基承载力，减少沉降量	适用于处理砂土粉土或部分黏土颗粒含量不高的黏性土
碾压夯实	机械碾压法 振动压法 重锤夯实法 强夯法	通过机械压或夯击压实土的表层，强夯法则利用强大的夯击，能迫使深层土液化和动力固结而密实，从而提高地基的强度，减少部分沉降量，消除或部分消除黄土的湿陷性，改善土的抗液化性能	一般是用于砂土、含水量不高的黏性土及填土地基。强夯法应注意其振动对附近（约 30m 内）建筑物的影响
排水固结	堆载顶压法 砂井堆载顶压法 排水纸板法 井点降水顶压法	通过改善地基的排水条件和施加顶压荷载，加速地基的固结和强度增长，提高地基的强度和稳定性，并使基础沉降提前完成	适用于处理厚度较大的饱和软土 层，但需要具有顶压的荷载和时间，对于厚的泥炭层则要慎重对待
浆液加固	硅化法 旋喷法 碱液加固法 水泥灌浆法 深层搅拌法	通过注入水泥、化学浆液将土粒黏结；或通过化学作用机械拌和等方法，改善土的性质，提高地基承载力	适用于处理砂土、黏性土、粉土、湿陷性黄土等地基，特别是用于对已建成的工程地基事故处理

表 1-39　砂和砂石垫层的施工方法及每层铺筑厚度、最佳含水量

项次	捣实方法	每层铺设厚度 /mm	施工时的最佳含水量 /%	施工说明	备注
1	平振法	200 ~ 250	15 ~ 20	用平板式振捣器往复振捣（宜用功率较大者）	不宜用于细砂或含泥量较大的砂
2	插振法	振捣器插入深度	饱和	用插入式振捣器；插入间距可根据机械振幅大小决定；不应插至下卧黏性土层；插入振捣完毕后，所留的孔洞，应用砂填实	不宜用于细砂或含泥量较大的砂
3	水撼法	250	饱和	注水高度应超过每次铺筑面层；用钢叉摇撼捣实，插入点间距为 100mm；钢叉分四齿，齿的间距 8cm，长 300mm，木柄长 900mm	湿陷性黄土、膨胀土地区不得使用
4	夯实法	150 ~ 200	8 ~ 12	用木夯和机械夯；木夯重量 40kg，落距 0.4 ~ 0.5m；一夯压半夯，全面夯实	
5	碾压法	250 ~ 350	8 ~ 12	重量 6 ~ 10t 压路机往复碾压	适用于大面积砂垫层；不宜用于地下水位以下的砂垫层

表 1-40　灰土最大虚铺厚度

项次	夯实机具种类	重量 /kN	厚度 /mm	
1	木夯	0.049 ~ 0.098	150 ~ 200	
2	石夯	0.392 ~ 0.784	200 ~ 250	
3	蛙式打机		200 ~ 250	
4	压路机	58.86 ~ 98.1	200 ~ 300	

一、换土垫层

换土垫层是一种直接置换地基持力层软弱土的处理方法。施工时将基底下一定深度的软弱土层挖除，分层填回砂、石、灰土等材料，并加以夯实振密。换土垫层是一种较简易的浅层地基处理方法，在各地得到广泛应用。

（一）素土垫层

素土垫层一般适用于处理湿陷性黄土和杂填土地基。

素土垫层是先挖去基础下的部分土层或全部软弱土层，然后分层回填，分层夯

实素土而成。

软土地基土的垫层厚度，应根据垫层底部软弱土层的承载力决定，其厚度不应大于 3m。

素土垫层的土料，不得使用淤泥、耕土、冻土、垃圾、膨胀土以及有机物含量大于 8% 的土作为填料。土料含水量应控制在最佳含水量范围内，误差不得大于 ±2%。填料前应将基底的草皮、树根、淤泥、耕植土铲除，清除全部的软弱土层。施工时，应做好地面水或地下水的排除工作，填土应从最低部分开始进行，分层铺设，分层夯实。垫层施工完毕后，应立即进行下道工序施工，防止水浸、晒裂。

（二）砂和砂石垫层

砂和砂石垫层适用于处理在坑（槽）底有地下水或地基土的含水量较大的黏性土地基。

1. 材料要求

砂和砂石垫层所需材料，宜采用颗粒级配良好，质地坚硬的中砂、粗砂、砾石、卵石和碎石，也可采用细砂，宜掺入按设计规定数量的卵石或碎石。最大粒径不宜大于 50mm。

2. 施工要点

（1）施工前应验槽，坑（槽）内无积水，边坡稳定，槽底和两侧如有孔洞应先填实。同时将浮土清除。

（2）采用人工级配的砂石材料，按级配拌和均匀，再分层铺筑，分层捣实。

（3）垫层施工按表 1-39 选用，每铺好一层垫层，经压实系数检验合格后方可进行上一层施工。

（4）分段施工时，接槎处应做成斜坡，每层错开 0.5 ～ 1.0m，并应充分捣实。

（5）砂垫层和砂石垫层的底面宜铺设在同一标高上，如深度不同时，施工应按先深后浅的顺序进行，土面应挖成台阶或斜坡搭接，搭接处应注意捣实。

（三）灰土垫层

灰土垫层是用石灰和黏性土拌和均匀，然后分层夯实而成。适用于一般黏性土地基加固或挖深超过 15cm 时或地基扰动深度小于 1.0m 等，该种方法施工简单、取材方便、费用较低。灰土的含水量应适宜，以手紧握土料成团，两指轻捏能碎为宜。灰土应拌和均匀，颜色一致，拌好后应及时铺好夯实，避免未夯实的灰土受雨淋，铺土应分层进行，每层铺土厚度参照表 1-40、表 1-41 确定。垫层质量控制其压实系数不小于 0.93 ～ 0.95。

1. 材料要求

土料中含有有机质的量不宜超过规定值，土料应过筛，粒径不宜大于 15mm。

石灰应提前 1 ～ 2 天熟化，不含有生石灰块和过多水分。

灰土的配合比可按体积比，一般石灰：土为 2 ： 8 或 3 ： 7。

2. 施工要点

施工前应验槽，清除积水、淤泥，待干燥后再铺灰土。

3. 碾压与夯实

（1）机械碾压法。机械碾压法采用压路机、推土机、羊足碾或其他压实机械来压实松散土，常用于大面积填土的压实和杂填土地基的处理。

碾压的效果主要取决于压实机械的压实能量和被压实土的含水量。应根据具体的碾压机械的压实能量，控制碾压土的含水量，选择合适的铺土厚度和碾压遍数。最好是通过现场试验确定，在不具备试验的场合，可参照表 1-41 选用。

表 1-41　垫层的每层铺填厚度及压实遍数

施工设备	每层铺填厚度 /cm	每层压实遍数
平碾（8 ～ 12）	20 ～ 30	6 ～ 8
羊足碾（5 ～ 16）	20 ～ 35	8 ～ 16
蛙式夯（200kg）	20 ～ 25	3 ～ 4
振动碾（8 ～ 15）	60 ～ 130	6 ～ 8
振动压实机（2t，振动力 98kN）	120 ～ 150	10
插入式振动器	20 ～ 50	—
平板式振动器	15 ～ 25	—

（2）重锤夯实法。重锤夯实法是利用移动式起重机悬吊夯锤至一定高度后，自由下落，夯实地基。适用于地下水位 0.8m 以上稍湿的黏性土、砂土、湿陷性黄土、杂填土等地基加固。

夯锤形状宜采用截头圆锥体，如图 1-61 所示。

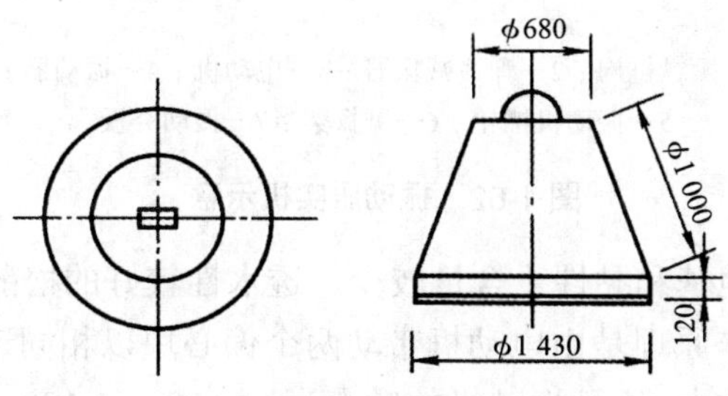

图 1-61　钢筋混凝土夯锤（单位：mm）

重锤采用钢筋混凝土块、铸铁块或铸钢块，锤重一般为 14.7 ～ 29.4kN，锤底直径一般为 1.13 ～ 1.15m。

起重机采用履带式起重机，起重机的起重量应不小于 1.5 ～ 3.0 倍的锤重。

重锤夯实施工前，应进行试夯，确定夯实制度，其内容包括锤重、夯锤底面直径、落点形式、落距及夯击遍数。

在起重能力允许的条件下，采用较重的夯锤、底面直径较大为宜。落距一般采用 2.5 ～ 4.5m。

还应使锤重与底面积的关系符合锤重在底面上的单位静压力为 1.5 ～ 2.0N/cm^2。

重锤夯击遍数应根据最后下沉量和总下沉量确定，最后下沉量是指重锤最后两击平均土面的沉降值，黏性土为 10 ～ 20mm，砂土为 5 ～ 10mm。

夯锤的落点形式及夯打顺序，条形坑（槽）采用一夯换一夯顺序进行。在一次循环中同一夯位应连夯两下，下一循环的夯位，应与前一循环错开 1/2 锤底直径；非条形基坑，一般采用先周边后中间的顺序。

夯实完毕后，应检查夯实质量，一般在地基上选点夯击检查最后下沉量，夯击检查点数，每一单独基础至少应有一点；沟槽每 30m^2 应有一点；整片地基每 100m^2 不得少于两点，检查后，如质量不合格，应进行补夯，直至合格为止。

（3）振动压实法。振动压实法是利用振动机振动压实浅层地基的一种方法，如图 1-62 所示。

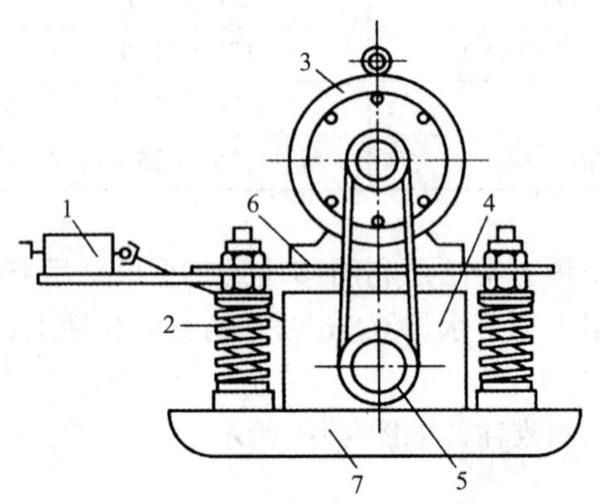

1—操纵机构；2—弹簧减振器；3—电动机；4—振动器；
5—振动机槽轮；6—减振架；7—振动夯板

图 1-62 振动压实机示意

适用于处理砂土地基和黏性土含量较少、透水性较好的松散杂填土地基。

振动压实机的工作原理是由电动机带动两个偏心块以相同速度、相反方向转动而产生很大的垂直振动力。这种振动机的频率为 11 660 ～ 1 180r/min，振幅为 3.5mm，自重 20 kN，振动力可达 50 ～ 1 000kN，并能通过操纵机使它能前后移动或转弯。

振动压实效果与填土成分、振动时间等因素有关，一般地说振动时间越长效果越好，但超过一定时间后，振动引起的下沉已基本稳定，再振也不能起到进一步的压实效果。因此，需要在施工前进行试振，以测出振动稳定下沉量与时间的关系。对于主要是由炉渣、碎砖、瓦块等组成的建筑垃圾，其振动时间约在 1min 以上。对于含炉灰等细颗粒填土，振动时间为 3 ～ 5mm，有效振实深度为 1.2 ～ 1.5m。

注意振动对周围建筑物的影响。一般情况下振源离建筑物的距离不应小于 3m。

二、挤密桩与振冲法

（一）挤密桩

挤密桩加固是在承压土层内，打入很多桩孔，在桩孔内灌入各种密实物，以挤密土层，减小土体孔隙率，增加土体强度。

挤密桩除了挤密土层加固土壤外，还起换土作用，在桩孔内以工程性质较好的土置换原来的弱土或饱和土，在含水黏土层内，砂桩还可作为排水井。挤密桩体与周围的原土组成复合地基，共同承受荷载。

根据桩孔内填料不同，有砂桩、土桩、灰土桩、砾石桩、混凝土桩之分。其中砂桩的施工过程有以下几点：

1. 一般要求

砂桩的直径一般为 220 ～ 320mm，最大可达 700mm。砂桩的加固效果与桩距有关，桩距较密时，土层各处加固效果较均匀。其间距为 1.8 ～ 4.0 倍桩直径。砂桩深度应达到压缩层下限处，或压缩层内的密实下卧层。砂桩布置宜采用梅花形，如图 1-63 所示。

2. 施工过程

（1）桩孔定位，按设计要求的位置准确确定桩位，并做上记号，其位置的允许偏差为桩直径。

（2）桩机设备就位，使桩管垂直吊在桩位的上方，如图 1-64 所示。

（3）打桩，通常采用振动沉桩机将工具管沉下，灌砂，拔管即成。振动力以 30 ～ 70 kN 为宜，砂桩施工顺序应从外围或两侧向中间进行，桩孔的垂直度偏差不应超过 1.5%。

（4）灌砂，砂子粒径以 0.3 ～ 3mm 为宜，含泥量不大于 5%，还应控制砂的含水量，一般为 7% ～ 9%。砂桩成孔后，应保证桩深满足设计要求，此时，将砂由上料斗投入工具管内，提起工具管，砂从舌门漏出，再将工具管放下，舌门关闭与砂子接触，此时，开动振动器将砂击实，往复进行，直至用砂填满桩孔。每次填砂厚度应根据振动力而定，保证填砂的干密度满足要求。其施工过程如图 1-65 所示。

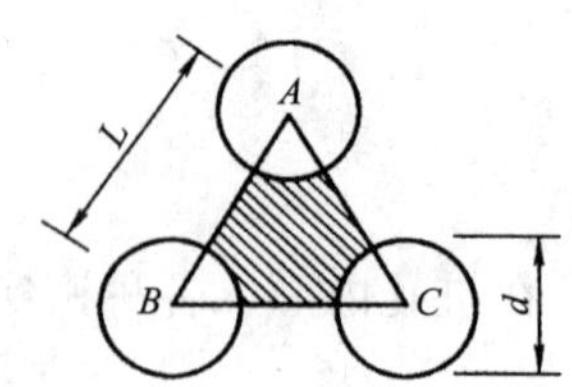

A、B、C—砂桩中心位置；
d—砂桩直径；L—砂桩间距

图 1-63　砂桩布置

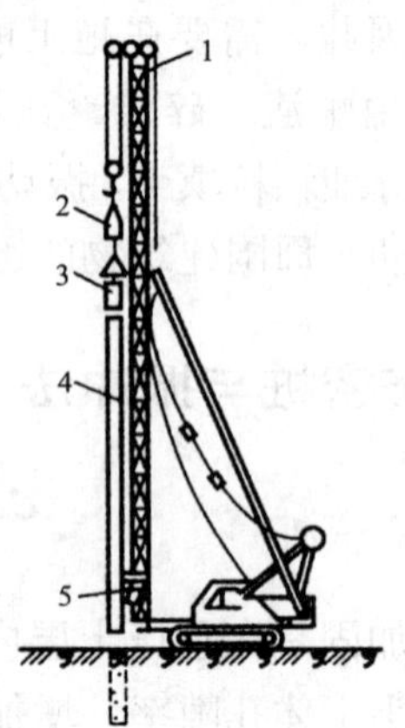

1—桩机导架；2—减振器；3—振动键；
4—工具式桩管；5—上料斗

图 1-64　振动砂桩机

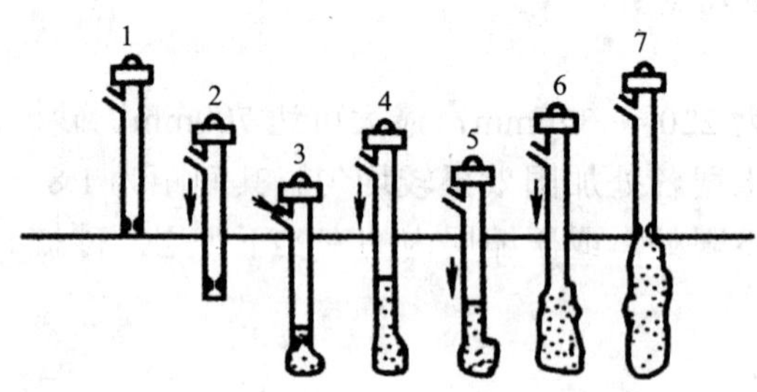

1—工具管就位；2—振动器振动，将工具管打入土中；3—工具管达到设计深度；4—投砂，拔出工具管；5—振动器打入工具管；6—再投砂，拔出工具管；7—重复操作，直到地面

图 1-65　砂桩施工过程

3. 桩孔灌砂量的计算

一般按下式计算：

$$g=\pi d^2 h\gamma(1+\omega\%)/4(1+e)$$

式中，g——桩孔灌砂量，kN；

d——桩孔直径，m；

h——桩长，m；

γ——砂的重力密度，kN/m^3；

e——桩孔中砂击实后孔隙比；

w——砂含水量。

也可以取桩管入土体积。实际灌砂量不得少于计算的 95%，否则，可在原位进行复打灌砂。

（二）振冲法

在砂土中，利用加水和振动可以使地基密实。振冲法就是根据这个原理而发展起来的一种方法。振冲法施工的主要设备是振冲器，如图 1-66 所示。它类似于插入式混凝土振捣器，由潜水电动机、偏心块和通水管三部分组成。振冲器由吊机就位后，同时启动电动机和射水泵，在高频振动和高压水流的联合作用下，振冲器下沉到预定深度，周围土体在压力水和振动作用下变密，此时地面出现一个陷口，往口内填砂一边喷水振动，一边填砂密实，逐段填料振密，逐段提升振冲器，直到地面，从而在地基中形成一根较大直径的密实的碎石桩体，一般称为振冲碎石桩。

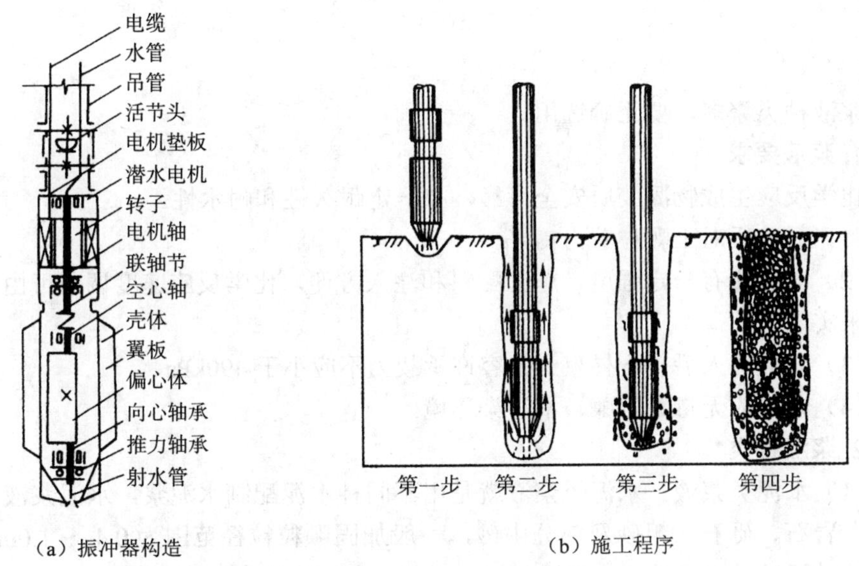

（a）振冲器构造　（b）施工程序

图 1-66　振冲法施工程序

从振冲法所起的作用来看，振冲法分为振冲转换和振冲密实两类。振冲置换法适用于处理不排水、抗剪强度不小于 20kPa 的黏性土、粉土、饱和黄土和人工填土等地基。它是在地基土中制造一群以石块、沙砾等材料组成的桩体，这些桩体与原地基土一起构成复合地基。而振动密实法适用于处理砂土、粉土等，它是利用振动和压力水使砂层发生液化，砂粒重新排列，孔隙减少，从而提高砂层的承载力和抗液化能力。

三、注浆加固

在软弱土层或饱和土层内，注入化学药剂，使之填塞孔隙，并发生化学反应，在颗粒间生成胶凝物质，固结土颗粒，称为注浆加固法。

注浆加固法可以提高地基容许承载力，降低土的孔隙比，降低土的渗透性，适合修建人工防水帷幕等各种用途，如图 1-67 所示。

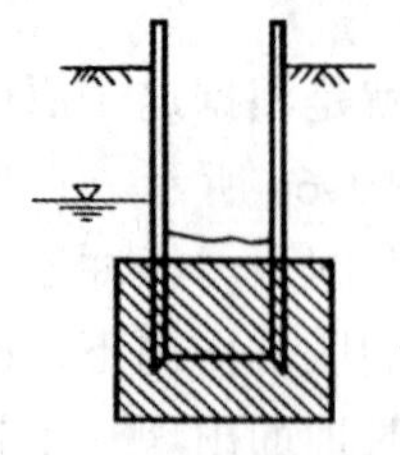

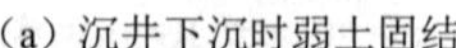

(a) 沉井下沉时弱土固结

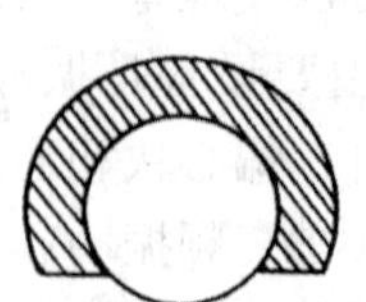

(b) 盾构掘进时弱土加固

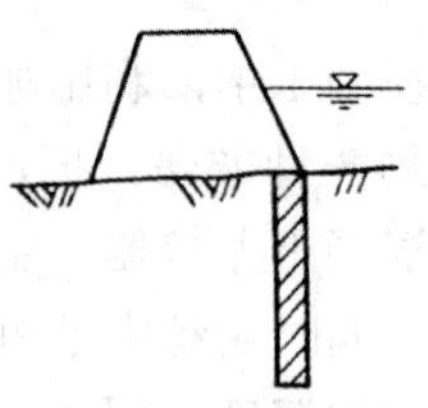

(c) 防水帷幕

图 1-67　注浆加固的各种用途

（一）浆液

浆液种类繁多，要正确选用。

1. 浆液要求

化学反应生成物凝胶质安全可靠，有一定耐久性和耐水性。

（1）凝胶质对土颗粒着力良好。

（2）凝胶质有一定强度，施工配料和注入方便，化学反应速度调节可由调节配合比来实现。

（3）浆液注入后，一昼夜土的容许承载力不应小于 490kPa。

（4）浆液应无毒、价廉、不污染环境。

2. 浆液种类

（1）水泥类浆液。水泥类浆液就是用不同种水泥配制水泥浆，水泥浆液可加固裂隙、岩石、砾石、粗砂及部分中砂，一般加固颗粒粒径范围为 0.4 ～ 1.0mm，水泥固结时间较长，当地下水流速超过 100m/d 时，不宜采用水泥浆加固。

水泥浆的水灰比，根据需要加固强度、土颗粒粒径和级配、渗透系数、注入压力、注管直径和布置间距等因素，结合现场试验确定，一般为 1 ∶ 1 ～ 1.5 ∶ 1。

为了提高水泥的凝固速度，改善可注性，提高土体早强强度，可掺入适量的早强剂、悬浮剂和填料等附加剂。

水泥浆液均为碱性，不宜用于强酸性土层。

（2）水玻璃类浆液。在水玻璃溶液中加进氯化钙、磷酸、铝酸钠等制成复合剂，可适应不同土质加固的需要。

对于不含盐类的沙砾、砂土、轻粉质黏土等，可用水玻璃加氯化钙双液加固。

对于粉砂土，可用水玻璃加磷酸溶液双液加固。也可以将水泥浆渗入水玻璃液作为速凝剂制成悬浊液，其配比（体积比）为：当水灰比大于 1 时，为 1 ∶ 0.4 ～ 1 ∶ 0.6；当水灰比小于 1 时，为 1 ∶ 0.6 ～ 1 ∶ 0.8。水灰比愈小，水玻璃浓度愈低，其固结时间愈短。水泥强度等级愈高，水灰比愈小，其固结后强度就愈高。

（3）聚氨酯注浆。分水溶性聚氨酯和非水溶性聚氨酯两类。注浆工程一般使用非水溶性聚氨酯，其黏度低，可灌性好，浆液遇水即反应成含水凝胶，故而可用于动水堵漏。其操作简便，不污染环境，耐久性亦好。非水溶性聚氨酯一般把主剂合成聚氨酯的低聚物（预聚体），使用前把预聚体和外掺剂配方配成浆液。

（4）丙烯酰胺类浆液。亦称 MG-646 化学浆液，它是以有机化合物丙烯酰胺为主剂，配合其他外加剂，以水溶液状态灌入地层中，发生聚合反应，形成具有弹性的不溶于水的聚合体，这是一种性能优良和用途广泛的注浆材料。但该浆液具有一定毒性，它对神经系统有毒，且对空气和地下水有污染作用。

水玻璃水泥浆也是一种用途广泛、使用效果良好的注浆材料。

（5）铬木素类溶液。铬木素类溶液是由亚硫酸盐纸浆液和重铬酸钠按一定的比例配制而成，适用于加固细砂和部分粉砂，加固土颗粒粒径 0.04 ～ 10mm，固结时间在几十秒至几十分之间固结体强度可达到 980kPa。

铬木素类液凝胶的化学稳定性较好，不溶于水、弱酸和弱碱，抗渗性也好，价格低，但是浆液有毒，应注意安全施工。

铬木素浆液为强酸性，不宜采用于强碱性土层。

（二）施工方法

通常采用的方法是旋喷法和注浆法，无论采用哪种方法，必须使浆液均匀分布在需要加固的土层中。

1. 旋喷法

旋喷法是利用钻机钻孔到预定深度。然后用高压泵将浆液通过钻杆端头的特殊喷嘴，以高压水平喷入土层，喷嘴在喷浆液时，一面缓慢旋转，一面徐徐提升，借高压浆液水平射流不断切削土层并与切削下来的土充分搅拌混合，在有效射程内，形成圆柱状凝固体。旋喷法施工工艺如图 1-68 所示。

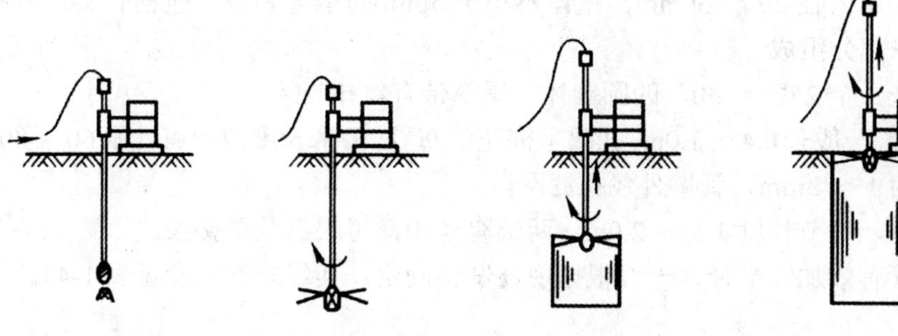

（a）钻孔至设计标高　（b）旋喷开始　（c）边旋喷边提升　（d）旋喷结束成桩

图 1-68　旋喷法施工工艺示意

旋喷法采用单管法、二重管法、三重管法。常用机具、设备参数见表1-42。

表1-42　旋喷法主要机具和参数

项目			单管法	二重管法	三重管法
参数	喷嘴孔径 /mm		ϕ2×3	ϕ2×3	ϕ2×3
	喷嘴个数		2	1 ～ 2	1 ～ 2
	旋转速度 /（r/min）		20	10	5 ～ 15
	提升速度 /（mm/min）		200 ～ 250	100	50 ～ 150
机具性能	高压泵	压力 /MPa	20 ～ 40	20 ～ 40	20 ～ 40
		流量 /（L/min）	60 ～ 120	60 ～ 120	60 ～ 120
	空压机	压力 /MPa 流量 /（L/min）	—	0.7 1 ～ 3	0.7 1 ～ 3
	泥浆泵	压力 /MPa 流量 /（L/min）	—	—	3 ～ 5 100 ～ 150
配比			按设计要求配比		

旋喷法施工要点：

（1）钻机定位要准确，保持垂直，倾斜度不得大于1.5%。检查各设备运转是否正常。

（2）单管法、二重管法可用旋喷管水射冲孔或用锤击振动等使喷管到达设计深度，然后再进行旋喷。三重管法须先由钻机钻孔，然后将三重管插至孔底，进行旋喷。

（3）旋喷开始时，先送高压水，再送浆液和压缩空气。在桩底部边旋转边喷射1min后，当达到预定的喷射压力及喷浆量后，再逐渐提升喷射管。旋喷中冒浆量应控制在10% ～ 25%。

（4）相互两桩旋喷间隔时间不小于48h，两桩间距应不小于1 ～ 2m。

（5）检查旋喷桩的质量及承载力。

2. 注浆法

注浆管用内径20 ～ 50mm，壁厚不小于5mm的钢管制成，包括管尖、有孔管和无孔管三部分组成。

管尖是一个25° ～ 30° 的圆锥体，尾部带有丝扣。

有孔管，一般长0.4～1.0m，孔眼呈梅花状布置，每米长度内应有孔眼60～80个，孔眼直径为1 ～ 3mm，管壁外包扎滤网。

无孔管，每节长度1.5 ～ 2.0m，两端有丝扣，可根据需要接长。

注浆管有效加固半径，一般根据现场试验确定，其经验数据参见表1-43。

表 1-43　有效加固半径

土的类型及加固方法	渗透系数	加固半径	土的类型及加固方法	渗透系数	加固半径
砂土双液加固法	2 ~ 10 10 ~ 20 20 ~ 50 50 ~ 80	0.3 ~ 0.4 0.4 ~ 0.6 0.6 ~ 0.8 0.8 ~ 1.0	湿陷性黄土单液加固法	0.1 ~ 0.3 0.3 ~ 0.5 0.5 ~ 1.0 1.0 ~ 2.0	0.3 ~ 0.4 0.4 ~ 0.6 0.6 ~ 0.9 0.9 ~ 1.0

3. 深层搅拌法

深层搅拌法是通过深层搅拌机将水泥、生石灰或其他化学物质（称固化剂）与软土颗粒相结合而硬结成具有足够强度、水稳性以及整体性的加固土。它改变了软土的性质，并满足强度和变形要求。在搅拌固化后，地基中形成柱状、墙状、格子状或块状的加固体，与地基构成复合地基。常用机械和施工程序如图 1-69 和图 1-70 所示。

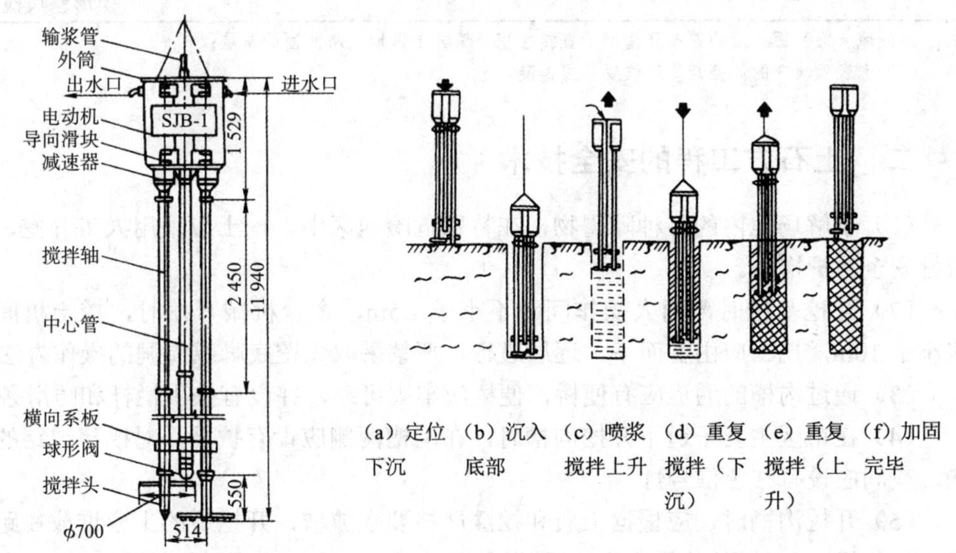

图 1-69　SJB － 1 型深层搅拌机　　图 1-70　深层搅拌法施工程序示意

任务八　土石方工程的质量要求及安全技术

一、土石方工程的质量要求

（1）沟槽（基坑）的基底的土质，必须符合设计要求，严禁扰动；

（2）土石方的基底处理，必须符合设计要求和施工规范的规定；

（3）填方时，应分层夯实，其控制干密度或压实系数应满足要求；

（4）土方工程外形尺寸的允许偏差及检验方法见表 1-44。

表 1-44　土方工程外形尺寸的允许偏差及检验方法

项次	项目	允许偏差 /mm					检验方法
		基坑、基槽、管沟	挖方、填方、场地平整		排水沟	地基（路）面层	
			人工施工	机械施工			
1	标高	+0 −50	±50	±100	+0 −50	+0 −50	用水准仪检查
2	长度、宽度（由设计中心线向两边量）	−0	−0	−0	+100 −0	—	用经纬仪、拉线和尺检查
3	边坡坡度	−0	−0	−0	−0	—	观察或用坡度尺检查
4	表面平整度	—	—	—	—	20	用 2m 靠尺和楔形塞尺检查

注：（1）地（路）面基层的偏差只适用于直接在挖、填方上做地（路）面的基层；
（2）本表项次 3 的偏差是指边坡坡度不应偏陡。

二、土石方工程的安全技术

（1）了解场地内的各种障碍物，在特殊危险地区中，挖土应采用人工开挖，并做好安全防护措施。

（2）开挖基槽时，两人操作间距不小于 2.5m，多台机械开挖时，挖土机间距应小于 10m，挖土应由上而下，逐层进行，严禁采取先挖底脚或掏洞的操作方法。

（3）通过沟槽的通道应有便桥，便桥应牢固可靠，并设有扶手栏杆和防滑条。

（4）在市区主要干道下开挖沟槽时，在沟槽两侧应设有护屏，对横穿道路的沟槽，夜间应设有红色信号灯。

（5）开挖沟槽时，应根据土质和挖深严格要求放坡，开挖后的土应堆放在距沟槽上口边缘 1.0m 以外，堆土高度不超过 1.5m。

（6）在较深的沟槽下作业时应戴安全帽，应设上下梯子。

（7）吊运土方时，吊用工具应完好牢固，起吊时下方严禁有人。

（8）当沟槽支设支撑后，严禁人员攀登，特别是雨后应加强检查。

（9）开挖沟槽时应随时注意土壁变化情况，如有裂纹或部分坍塌现象时，应及时采取措施。

（10）所需材料应堆放在距沟槽上口边缘 1.0m 以外的地方。

（11）沟槽回填土时，支撑的拆除应与回填配合进行，在保证安全的前提下，尽量节约材料。

（12）当土石方工程施工难度大时，要编制安全施工的技术措施，向施工人员进行技术交底，严格按施工操作规程进行。

思考题与习题

1. 土石方工程施工的特点是什么？

2. 什么是土的天然含水量？对土方施工有什么影响？

3. 如果将 400m^3 砂质粉土开挖运走，实际需运走的土是多少？如果需要回填 400m^3 砂质粉土，需要挖方的体积是多少（k_s=1.10，k_s=1.02）？

4. 工程上土如何分类？

5. 土方调配意义及其基本原则是什么？

6. 土方开挖常用哪几种机械？各有什么特点？

7. 试述影响填方压实的因素？怎样控制压实程度？

8. 沟槽断面有几种形式？选择断面形式应考虑哪些因素？

9. 各种支撑方法及适用条件是什么？

10. 沟槽土方回填的注意事项及质量要求？

11. 某给水厂场地土方规划调配方格网如图所示。方格右上角为设计标高，右下角为地面标高，单位以“m”计，试计算其土方数量。

12. 某处开挖（人工法）一段污水管道沟槽。长度 60m，土质为三类土，管材为 D=500mm。沟槽始端挖深为 3.5m，末端挖深 4m，试计算其土方量。

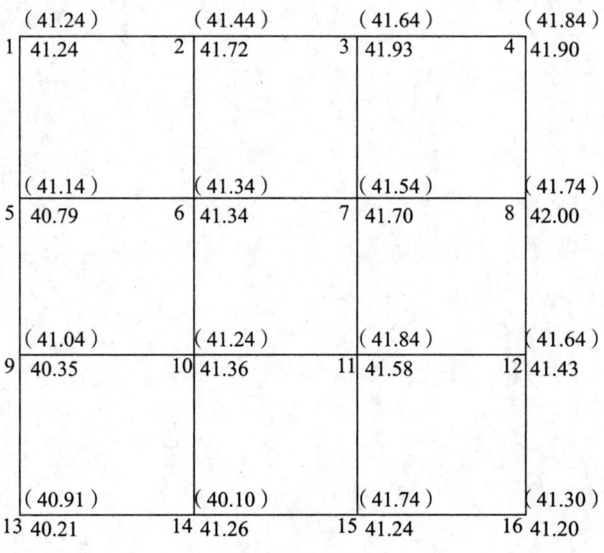

土方调配方格网

13. 明沟排水的组成和适用场合？

14. 绘图说明明沟排水沟开挖及形式？

15. 试述轻型井点组成及其适用场合？

16. 某地建造一地下式给水泵站，其平面尺寸为10m，宽为8m。基础底面高程15. 00m，天然地面高程为18.50m。地下水位高程为17.00m，土的渗透系数为6m/d，土质为二类土，拟用轻型井点降水，试进行轻型井点系统的布置与计算。

17. 叙述砂桩的施工过程。

18. 什么是注浆加固法？常用浆液种类及其适用条件是什么？

19. 绘图说明深层搅拌法施工程序。

项目二　市政道路施工

项目概述

本项目系统地介绍了路基施工技术、垫层及基层施工技术、沥青面层施工技术和水泥混凝土面层施工技术等基本概念、施工工艺以及质量要求。不仅掌握传统的施工工艺技术和方法，保证工程质量和施工安全的措施，还要了解一些新工艺、新技术。

学习目标

通过学习，使学生熟悉市政道路工程所需材料的基本性质，以及材料选择对施工方案和质量的影响，掌握市政工程各主要分部分项工程的施工工艺、施工方法及其基本原理；理解季节性施工的一般工艺原理和方法；同时，具有运用所学知识综合分析问题的能力，能针对不同的分部分项工程合理地选择施工顺序、施工方法的能力。

任务一　一般路基施工

一、路基准备工作的内容与要求

（一）路基施工的重要性

路基施工土石方工程量大、分布不均匀，不仅与路基工程相关的设施，如路基排水、防护与加固等相互制约，而且同道路工程的其他工程项目，如桥涵、隧道、路面及附属设施相互交错。因此，路基施工，在质量标准、技术操作、施工管理等方面具有特殊性，必须予以研究和不断改进，就整个道路工程的施工而言，路基施工往往是施工组织管理的关键。

（二）路基施工的基本方法

路基施工的基本方法，按其技术特点大致可分为：人工及简易机械化、综合机械化和爆破方法等。

（1）人力施工是传统方法，使用手工工具、劳动强度大、功效低、进度慢、工程质量也难以保证，但限于具体条件，短期内还必然存在并适用于地方道路和某些辅助性工作。

（2）机械化施工和综合机械化施工，是保证高等级公路施工质量和施工进度的重要条件，对于路基土石方工程来说，更具有迫切性。实践证明，单机作业的效率，比人力及简易机械施工要高得多，但需要大量人力与之配合。由于机械和人力的效率差距过大，难以协调配合，单机效率受到限制，势必造成停机待料，机械的生产率很低。如果对主机配以辅机，相互协调，共同形成主要工序的综合机械化作业，工效才能大大提高。

（3）水力机械化施工，也是机械化施工的方法之一，它是运用水泵、水枪等水力机械，喷射强力水流，冲散土层并流运至指定地点沉积，例如采集砂料或地基加固等。水利机械适用于电源和水源充足、挖掘比较松散的土质及地下钻孔等。对于沙砾填筑回填，还可起到密实作用（称为水夯法）。

（4）爆破法是石质路基开挖的基本方法，如果采用钻岩机钻孔与机械清理，也是岩石路基机施工的必备条件。

上述施工方法的选择，应根据工程性质、施工期限、现有条件等因素而定，而且应因地制宜和各种方法综合使用。可参见《市政道路工程电子教程》中路基工程机械化施工的内容。

（三）施工前的准备工作

施工单位的施工准备工作千头万绪，涉及面广，必须有计划、按步骤、分阶段进行，才能在较短的时间内为工程的开工创造必要的条件。准备工作的基本任务是了解施工的客观条件，根据工程的特点、进度要求，合理安排施工力量，从人力、物资、技术和施工组织等方面为工程施工创造一切必要条件。

1. 组织准备

组织准备包括建立健全施工组织机构和组建施工队伍。

（1）建立施工组织机构

我国与国际施工惯例接轨，工程建设已全部按照FIDIC合同条件进行施工与监理，因此，对一个施工单位来讲，主要是实行项目经理负责制，即项目经理全面负责的目标责任制。

（2）组建施工队伍

根据所承担的工程量的大小和工期要求，安排出总进度计划网络图，并进一步估算出全部工程用工工日数、平均日出工人数、施工高峰期日出工人数，以及技术工种、机械操作工种、普通工种等用工比例，选择能够适应其工程质量、工期进度要求的作业队伍，并与施工劳动作业单位签订劳务合同，实行合同管理。

考虑到所担负工程的具体情况，结合施工队伍施工特点、技术装备情况、技术熟练程度和施工能力，施工队伍应进行适当的培训，以满足工程施工的要求。

2. 物质准备

（1）机械及工具准备

根据工程需要、工程量大小及施工进度，配备足够数量且有效的施工机械、设备及工具。机械设备要配套选择，充分发挥机械设备的性能，要保证机械设备的正常操作使用。

（2）材料准备

1）编好材料预算，提出材料的需用量计划及加工计划。

2）根据施工平面图安排，落实材料的堆放和临时仓库设施。

3）组织材料的分批进场。当场地狭小时，要考虑场地的多次周转使用，按时间、地点使用场地。

4）组织材料的加工准备，尽可能地集中加工。

（3）安全防护准备

按照施工安全要求，切实做好防火、防爆工作，准备好各种安全防护和劳动防护用品，并要求全体人员严格遵守安全操作规程进行施工。

3. 技术准备

（1）熟悉设计文件

主要是领会文件精神，注意设计文件中所采用的各项技术指标，考虑其技术经济的合理性和施工的可能性。

（2）编制施工方案，进行施工组织设计

主要是编制施工进度图和概预算控制文件等。

（3）技术交底

1）熟悉和核对设计文件。设计文件是工程施工最重要的依据。组织技术人员熟悉和了解设计文件，是为了明确设计者的设计意图，掌握图样、资料的主要内容及有关的原始资料。

①各项计划的布置、安排是否符合国家的有关方针、政策和规定以及国家的整体布局；设计图样、技术资料是否齐全，有无错误和相互矛盾之处。

②设计文件所依据的水文、气象、岩土等资料是否准确、可靠、齐全。

③掌握整个工程的设计内容和技术条件，弄清设计规模、结构特点和形式。

④核对路线中线、主要控制点、转角点、水准点、三角点、基线等是否准确无误；重点地段的路基横断面是否合理；重要构造物的位置、结构形式、尺寸大小、孔径等是否恰当，能否采用更先进的技术或使用新材料。

⑤路线或构造物与农用、水利、航道、公路、铁路、电信、管道及其他建造物的互相干扰情况及其解决办法是否恰当，干扰可否避免，特别要注意解决好发生在历史文物纪念地、民族特殊习惯区域等的干扰问题。

⑥对地质不良地段采取的处理措施是否先进合理，对防止水土流失和保护环境

采取的措施是否恰当、有效。

⑦施工方法、材料分布、运输工具、道路条件等是否符合工程现场实际情况。

⑧临时便桥、便道、房屋、电力设施、电信设施、临时供水、场地布置等是否恰当。

⑨各项纪要、协议等文件是否齐全、完善。

⑩明确建设期限，包括分期、分批施工的工程期限要求。

现场核对时，如发现设计有错误或不合理之处，应提出修改意见报上级机关审批，待核准批复后进行现场测量、修改设计、补充图样等工作。

2）补充调查资料。进行现场补充调查是为优化和修改设计、编制实施性施工组织设计、因地制宜地布置施工场地等收集资料。调查的内容主要有工程地点的地形、地质、水文、气候条件；自采加工材料场储量；地方生产材料情况、施工期间可供利用的房屋数量；当地劳动力资源、工业生产加工能力、运输条件和运输工具；施工场地的水源、水质、电源以及生活物质供应状况；当地民俗风情、生活习惯等。

3）组织先遣人员进场。道路施工需要调用大量人工、材料和机具，施工先遣人员的任务，就是结合施工现场的实际情况具体落实施工队一旦进入工地后在生产、生活、环境等方面必须解决的问题，对施工中涉及其他部门的问题做好联系、协调工作，签订相应的会谈纪要、协议书或合同，同时还要及时与当地政府部门取得联系，积极争取地方政府对工程施工的支持。

4）编制实施性施工组织设计和施工预算。实施性施工组织设计是指导施工的重要技术文件。公路施工系野外作业，又是线性工程，各地自然地理状况和施工条件差异很大，不可能采用一种定型的、一成不变的施工方案和施工方法，每项工程的施工都需要通过深入细致的工作，分别确定施工方案和施工组织方法。因此，必须认真做好实施性施工组织设计，并编制相应的施工预算。

（4）施工测量

工程开工前，要对业主及设计单位提供的现场红线控制桩等进行现场复核，确认无误后才能使用。施工前的测量工作主要包括：

1）导线复测；

2）水准点复测与加密；

3）中线放样；

4）路基放样。

4. 场地准备

施工场地的准备一般由建设单位（业主）完成，或根据合同文件规定由建设单位配合施工单位准备。

（1）用地划界及拆迁建筑物

施工前，根据实际情况确定用地范围，进行公路用地测量，并绘制用地平面图及用地划界表，送交有关单位拆迁及办理占用土地手续。

（2）二级及二级以上公路路堤和填方高度小于 1m 的公路路堤，应将路堤基底范围内的树根全部挖除，并将坑穴填平夯实

填方高度大于 1m 的二级以下公路路堤，可保留树根，但树根不能露出地面。取土坑范围内的树根应全部挖除。对路幅范围内、取土坑的原地面表层腐殖土、表土、草皮等进行清理，填方地段还应按设计要求整平压实。清出的表层土宜充分利用。

（3）砍伐树木

在路基施工范围内，对妨碍视线、影响行车的树木、灌木丛，均应在施工前进行砍伐或移植清理。砍伐后的树木，应堆放在不妨碍施工和不影响农业生产的地方。

（4）场地排水

通常是根据现场情况，设置纵横排水沟，形成排水系统，将水引入附近河渠、低洼处排除。为节省工程量，避免返工浪费，所开的排水沟应按所设计的路基排水系统布置。

5. 铺筑试验路

对二级及二级以上公路路堤、填石路堤、土石路堤、特殊地段路堤、特殊填料路堤、拟采用新技术、新工艺、新材料的路堤应铺筑试验路。试验路段应选择在地质条件、断面形式等工程特点具有代表性的地段，路段长度不宜小于 100m。

路堤试验路段应包括以下内容：

（1）填料试验、检测报告等；

（2）压实工艺主要参数：机械组合，压实机械规格、松铺厚度、碾压次数、碾压速度，最佳含水量及碾压时含水量允许偏差等；

（3）过程质量控制方法、指标；

（4）质量评价指标、标准；

（5）优化后的施工组织方案及工艺；

（6）原始记录、过程记录；

（7）对施工设计图的修改建议等。

6. 临时工程

为了维护施工期间的场内外交通，保证机具、材料、人员和给养的运送，必须在开工前做到“四通一平”，通水、通电、通临时道路及电信设备，并应保持行驶安全。在施工过程中，如需阻断原有道路的交通时，应事先设置便道、便桥和必要的行车标志及灯光，以保证交通不受阻碍。完工时，应恢复受施工干扰的旧路与其他场地，并做好新旧路的连接工程。

二、填方路基施工

（一）施工特点

（1）由于路堤存在沉降和稳定问题，特别是高路堤可能发生的稳定性问题，要求其施工质量高，因此无论对基底的处理、填料的选择、排水措施、压实标准的控制等方面都要求比较高，从而保证路基的稳定性与耐久性。

（2）公路路堤，尤其是高等级公路，一般都比较高，所需土方量很大，因此一般应采用机械化作业，从基础的处理，填料的开挖、运送、摊铺、压实均采用一系列的机械进行施工。

（3）为尽量减少路堤沉降，提高路堤稳定性，必须广泛采用新材料、新的施工设备和新的检测手段，如采用粉煤灰材料填筑路堤，采用重型压实标准等。

（4）道路施工中必须做好环境保护和绿化工作，而这一点在路堤施工中是相当重要的，施工中存在的水土、植被地貌都不应由于施工而遭到破坏，填料不能有有害物质，防止环境受污染。

（二）基底处理

路堤，在天然地基上人为构筑的主体，一般都是利用当地土石做填料、按一定方案在原地面上填筑起来的。经验证明，为保证路堤的填筑质量、保证路堤具有足够的强度和稳定性，必须对基底的处理予以严格控制。

1. 清表处理

路堤基底是指路堤填料与原地面的接触部分。为使两者结合紧密，避免路堤沿基底发生滑动，防止因草皮、树根腐烂而引起路堤沉陷，应对原地表进行清表处理。

2. 开挖台阶

对于基底为坡面填方路堤，在荷载作用下，粒料极易失稳而沿坡面产生滑移，因此在施工前必须对基底坡面处理后方能填筑。经验表明，当坡度在 1 ∶ 10 ～ 1 ∶ 5 时，只需清除坡面上的树、草杂物后，将翻松的表层压实即可保证坡面的稳定。但当坡度在 1 ∶ 5 ～ 1 ∶ 2.5 时，应采取如图 2-1 所示的方法将坡面做成台阶形，一般台阶宽度不宜小于 2m，高度最小为 1.0m，而且台阶顶面应做成向堤内倾斜 3% ～ 5% 的坡度。如果基底坡面超过 1 ∶ 2.5 时，则应采用修护墙、护脚等措施对外坡脚进行特殊处理。

3. 临时排水、截水、永久性排水

（1）应做好施工期间临时排水总体规划建设，临时排水设施应与永久性排水设施综合考虑，并与工程影响范围内的自然水系统相协调。

（2）当路基稳定受到地下水影响时，应予拦截或排除，引地下水至路堤基础范围之外（图 2-2），再进行填方压实。

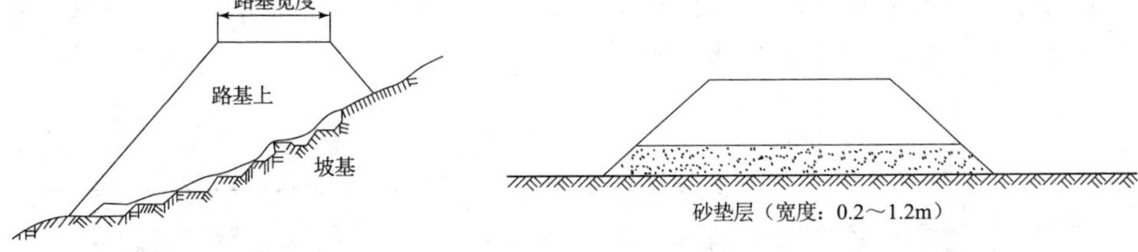

图 2-1　坡面基底的处理　　　　**图 2-2　砂垫层排水处理**

地基表层处理后，二级及二级以上公路路堤基底的压实度不小于 90%；三四级公路应不小于 85%。

（三）填料选择

（1）填方路基应优先选用级配较好的砾类土、砂类土等粗粒土作为填料，填料最大粒径应小于 150mm。

（2）泥炭、淤泥、冻土、强膨胀土、有机土及易溶盐超过允许含量的土等，不得直接用于填筑路基。冰冻地区的路床及浸水部分的路堤不应直接采用粉质土填筑。

（3）路床填料粒径应小于 100mm。当采用细粒土填筑时，公路路堤填料和城市道路填料最小强度应根据公路等级和城市道路等级不同而调整。

（4）液限大于 50%、塑性指数大于 26 的细粒土，不得直接作为路堤填料。

（5）浸水路堤应选用渗水性良好的材料填筑。当采用细砂、粉砂作填料时，应考虑振动液化的影响。

（6）膨胀岩石、易溶性岩石不宜直接用于路堤填筑，强风化石料、崩解性岩石和盐化岩石不能直接用于路堤填筑。

（7）填石的填料粒径应不大于 500mm，并不宜超过层厚的 2/3，不均匀系数宜为 15 ～ 20。路床底面以下 400mm 范围内，填料粒径应小于 150mm。

（四）土质路堤的填筑

1. 填筑方法

路堤基本填筑方法有分层填筑法、竖向填筑法和混合填筑法三种。分层填筑法又可分为水平分层和纵向分层填筑法两种。

（1）分层填筑法

路堤填筑必须考虑不同的土质与填筑厚度要求，从原地面逐层填起并分层压实，每层填土的厚度可按压实机具的有效压实深度和压实度确定。

水平分层填筑法在填筑时按照横断面全宽分成水平层次，逐层向上填筑。如原地面不平，应由最低处分层填起，每填筑一层经过压实后再填下一层，如图 2-3（a）所示。

纵向分层填筑法宜于用推土机从路堑取土填筑距离较短的路堤，依纵坡方向分层，逐层向上填筑，如图 2-3（b）所示。

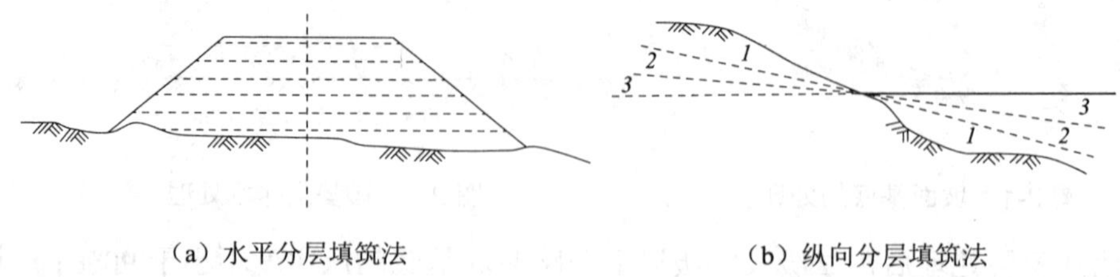

（a）水平分层填筑法　　　（b）纵向分层填筑法

注：图中数字为填筑顺序。

图 2-3　分层填筑法

（2）竖向填筑法

在深谷陡坡地段填筑路堤，无法自下而上分层填筑，可采用竖向填筑法。竖向填筑是指从路堤的一端或两端按横断面全部高度，逐步推进填筑，如图 2-4 所示。竖向填筑因填土过厚不易压实，施工时需采取下列措施：选用振动式或夯击式压实机械；选用沉陷量较小及粒径均匀的砂石材料；暂不铺筑较高级的路面，容许短期内自然沉落。

（3）混合填筑法

在深谷陡坡地段填筑路堤，尽量采用混合填筑法，如图 2-5 所示，即在路堤下层竖向填筑，上层水平分层填筑，使上部填土经分层压实获得需要的压实度。

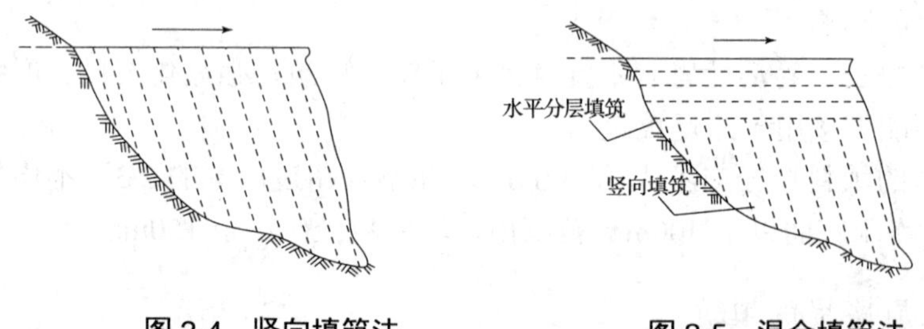

图 2-4　竖向填筑法　　　图 2-5　混合填筑法

2. 基本要求

（1）性质不同的填料，应水平分层、填筑，分层压实。同一水平层路基的全宽应采用同一种填料，不得混合填筑。每种填料的填筑层压实后的连续厚度不宜小于 500mm。填筑路床顶最后一层时，压实后的厚度应不小于 100mm。在填筑效果方面，使用不同的填料应采用适宜的施工工艺，不合理的施工工艺会造成路基出现不均匀沉降、水囊现象和不稳定的滑动面等病害。

（2）潮湿或冻融敏感性小的填料应填筑在路基上层。强度较小的填料应填筑在下层。在有地下水的路段或临水路基范围内，宜填筑透水性好的填料。

（3）在透水性不好的压实层上填筑透水性较好的填料前，应在其表面设 2% ～ 4%

的双向横坡，并采取相应的防水措施。不得在透水性较好的填料所填筑的路堤边坡上覆盖透水性不好的填料。

（4）每种填料的松铺厚度应通过试验确定，并考虑施工后削坡预留宽度。

（5）土质路基如按设计断面尺寸填筑，路基边缘部分的压实度很难达到规定要求，实际上等于缩小了路基断面，使路基质量受到影响，因此应适当增加碾压宽度，保证全断面的压实质量，保证每一填筑层压实后的宽度不小于设计宽度。

（6）路堤填筑时，应从最低处起分层填筑，逐层压实；当原地面纵坡大于 12% 或横坡陡于 1 ∶ 5 时，应按设计要求挖台阶，以保证填方土体的稳定。每级台阶高度可取压实机具一层压实厚度的整倍数。

（7）填方分几个作业段施工时，接头部分如不能交替填筑，则先填路段，应按 1 ∶ 1 坡度分层留台阶；如能交替填筑，则应分层相互交替搭接，搭接长度不小于 2m。

用不同土质填筑的正确与错误方案如图 2-6 所示。

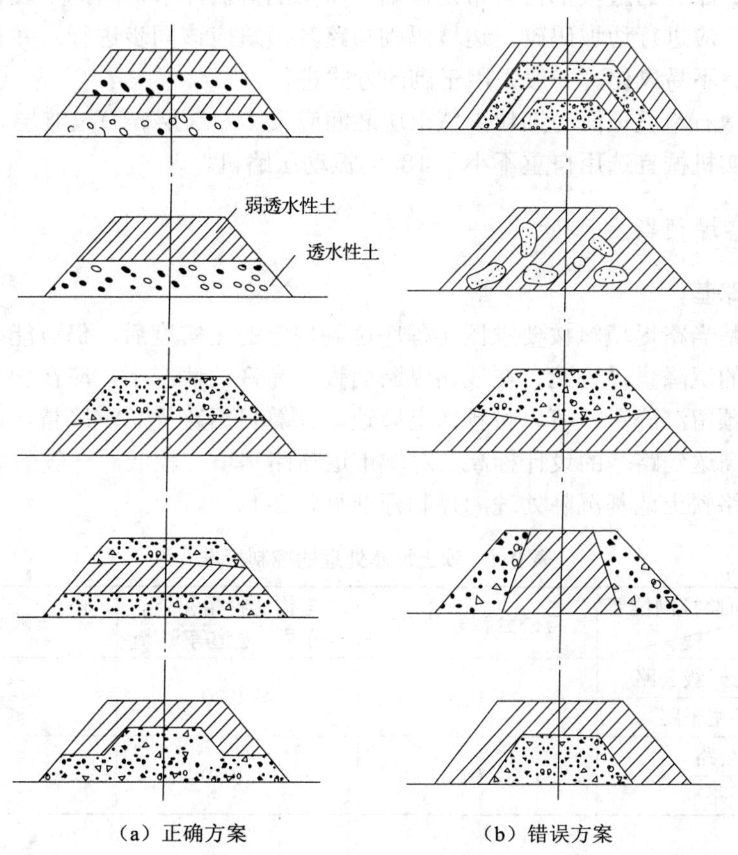

图 2-6　路堤分层填筑方法

（五）填石路堤的填筑

填石路堤的填筑方式有逐层填筑压实和倾填（含抛填）两种。抛填又可分为石块从岩面爆破后直接散落在准备填筑的路堤内，和用推土机将爆破后堆放在半路堑上的石块以及用自卸汽车从远处运来的爆破石块推入路堤两种情况。填石路堤填筑应符合以下规定。

（1）路堤施工前，应先修筑试验路段。确定满足孔隙率标准的松铺厚度、压实机械型号及组合、压实速度及压实遍数、沉降差等参数。

（2）二级及二级以上公路的填石路堤应分层填筑压实。二级以下砂石路面公路在陡峻山坡地段施工特别困难时，可采用倾填的方式将石料填筑于路堤下部，但在路床底面以下不小于 1.0m 范围内仍应分层填筑压实。

（3）岩性相差较大的填料应分层或分段填筑，严禁将软质石料与硬质石料混合使用。

（4）填石路堤的边坡部位常常是摊铺、压实的薄弱环节，因此中硬、硬质石料填筑路堤时，应进行边坡码砌。边坡码砌与路基填筑应该同步进行。并且所采用的石料应整齐、不易风化。一般采用干砌的方式进行。

（5）在填石路堤顶面与细粒土填土层之间应设 2 ～ 3 层碎石过渡层。

（6）压实机械宜选用自重不小于 18t 的振动压路机。

（六）路堤预留沉降量

1. 一般路基

一般路基当路堤填料按要求压实程序达到规定的压实度后，仍可能在路堤竣工后产生一定的沉降量，为此，在线路纵断面设计允许的情况下，应在施工中对填筑的路堤考虑预留沉降量，可以按预留沉降速率计算日后路堤总沉降量，以便使道路纵断面的标高达到路基的设计标高。对城市道路路基填方较低，一般酌情考虑。

城市道路软土地基沉降处理的控制标准见表 2-1。

表 2-1　软土地基处理的控制标准

沉降控制位置 道路等级	与桥台相邻处 /m	与构造物相邻处（涵洞、通道等）/m	一般路段 /m
高速公路、一级公路	≤ 0.10	≤ 0.20	≤ 0.30
快速路、主干路			≤ 0.25
二级公路	≤ 0.20	≤ 0.30	≤ 0.50
次干路			≤ 0.30

2. 特殊地基

对于软土、超软土、沼泽地带，路基除了首先进行排水和加固处理外，通常还应通过试验路段试铺，得到施工中地基固结的沉降速率，以便提出施工铺筑路基的周期和层厚。

三、挖方路基施工

（一）路堑施工特点和边坡类别

1. 挖方路基施工特点

由于挖方路堑是由天然地层构成的，天然地层在生成和演变的长期过程中，一般具有复杂的地质结构。处于地壳表层的挖方路堑边坡施工中受到自然和人为因素，包括水文、地质、气候、地貌、设计与施工方案等的影响，比路堤边坡更容易发生变形和破坏。

工程实践证明，路基出现的病害大多发生在路堑挖方地段上，诸如滑坡、崩坍、落石、路基翻浆等。路基大断面的开挖施工，破坏了原有山体的平衡，施工方案选择不合理，边坡太陡，废方堆弃太近，草皮栽种、护面铺砌及挡土墙施工不及时，排水不良等都会引起路堑边坡失稳、滑坍，严重时甚至影响整个工程进度，这是挖方路基施工中经常出现的问题。施工人员应从设计审查、施工方案选择、现场地质水文调查多方面把关，切实搞好挖方路基施工。

2. 挖方路基边坡类别

挖方边坡分类见表 2-2。

表 2-2　挖方边坡分类

分类依据	名称	简述	分类依据	名称	简述
岩性	土质边坡	由土构成	边坡高度	高边坡	岩石边坡高大于 30m 土质边坡高大于 20m
				中等边坡	岩石边坡高介于 8 ～ 30m 土质边坡高介于 6 ～ 20m
	岩石边坡	由岩石构成		低边坡	岩石边坡高大于 8m 土质边坡高大于 6m

（二）土质路堑施工

1. 施工方法

路堑开挖施工，除需考虑当地的地形条件、采用的机具等因素外，还需考虑土层的分布。在路堑开挖前，应做好现场伐树除根等清理和排水工作。如果移挖作填时，还应将表土单独掘弃，或按不同的土层分层挖掘，以满足路堤填筑的要求。路堑的开挖方法根据路堑高度、纵向长短及现场施工条件，可采用以下几种基本方法：

（1）横向挖掘法

1）单层横向全宽挖掘法

从开挖路堑的一端或两端按断面全宽一次性挖到设计高程，逐渐向纵深挖掘，挖出的土一般都是向两侧运送如图 2-7（a）所示。这种方法适用于挖掘深度小且较短的路堑。

2）多层横向全宽挖掘法

从开挖的一端或两端按横断面分层挖至设计高程，如图 2-7（b）所示。多层横向全宽挖法主要适用于开挖深而短的路堑。土质路堑的开挖可采用人工作业，也可选用机械作业。

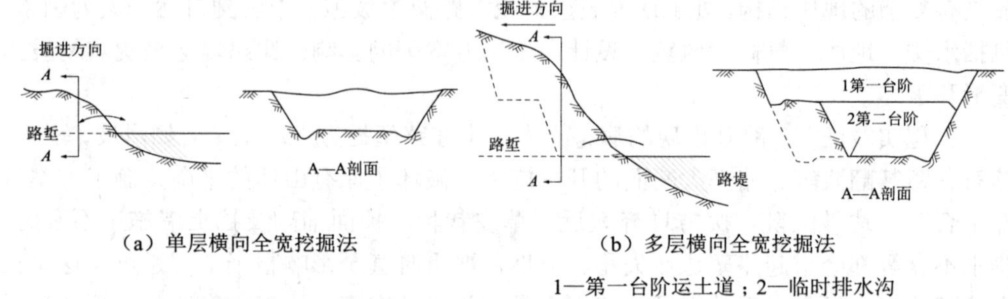

（a）单层横向全宽挖掘法　（b）多层横向全宽挖掘法

1—第一台阶运土道；2—临时排水沟

图 2-7　横向全宽挖掘法

（2）纵向挖掘法

1）分层纵挖法

沿路堑全宽，以深度不大的纵向分层进行挖掘，如图 2-8（a）所示，适用于较长的路堑开挖。

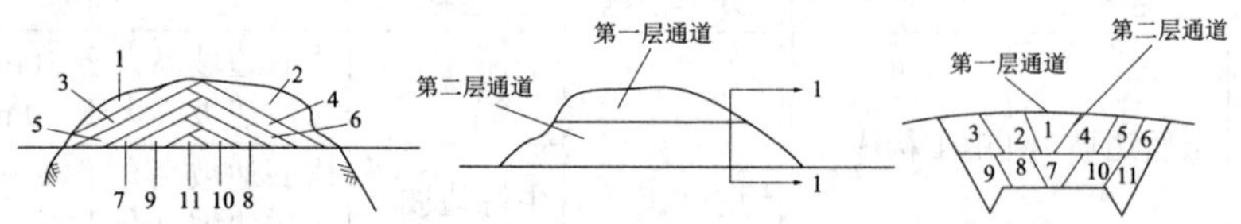

（a）分层纵挖法（图中数字为挖掘顺序）　（b）通道纵挖法（图中数字为拓宽顺序）

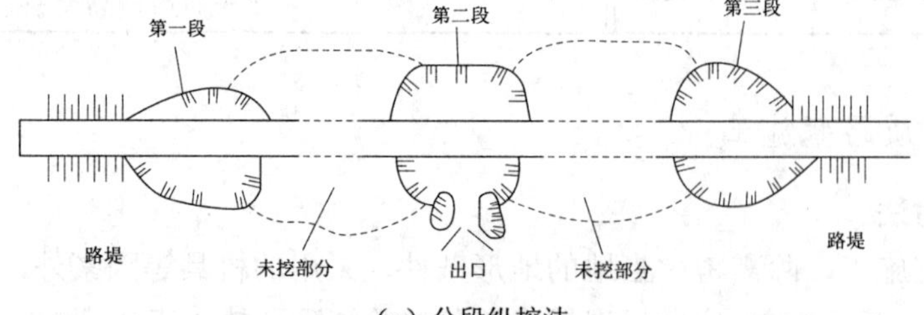

（c）分段纵挖法

图 2-8　纵向挖掘法

2）通道纵挖法

先沿路堑纵向挖掘一通道，然后将通道向两侧拓宽以扩大工作面，并利用该通道作为运土路线及场内排水的出路，如图 2-8（b）所示，该层通道拓宽至路堑边坡后，再开挖下层通道，如此向纵深开挖至路基高程。该法适用于较长、较深、两端地面纵坡较小之路堑开挖。

3）分段纵挖法

沿路堑纵向选择一个或几个适宜处，将较薄一侧堑壁横向挖穿，使路堑分成两段或数段，各段再纵向开挖，如图 2-8（c）所示。该法适用于路堑过长、弃土运距过远的傍山路堑，其一侧堑壁不厚的路堑开挖。土质路堑纵向挖掘，多采用机械化施工。

（3）*混合式挖掘法*

当路线纵向长度和挖深都很大时，为扩大工作面，可将多层横挖法和通道纵挖法综合使用。先沿路堑纵向挖通道，然后沿横向坡面挖掘，以增加开挖坡面，如图 2-9 所示。每一坡面的大小应能容纳一个施工小组或一台机械作业。

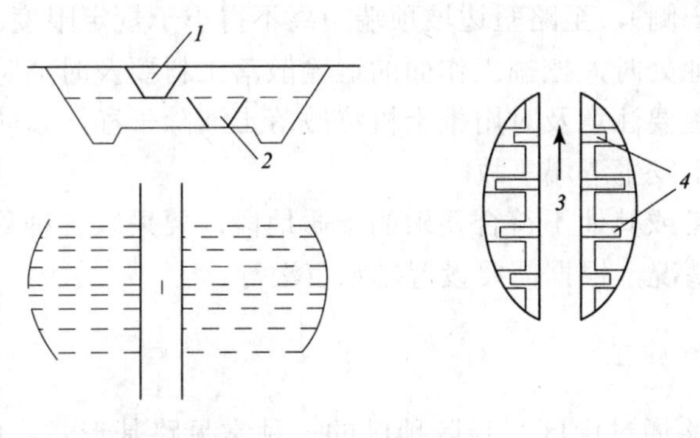

注：箭头表示运土与排水方向，数字表示工作面号数。

图 2-9　混合挖掘法

2. 注意事项

深挖掘中特别需要注意的问题是保证施工过程或竣工后的有效排水。一般应先开挖排水沟槽，并要求与永久性构造物相结合，并设法排除一切可能影响边坡稳定的地面水和地下水，为此，路堑开挖作业时应注意以下几点：

（1）由于水是造成路堑各种病害的主要原因，所以，不论采取何种开挖方法，均应保证开挖过程中及竣工后的有效排水，如图 2-10 所示，确保施工作业面不积水。开挖路堑时，要在路堑的线路方向保持一定的纵坡度，以利于排水和提高运输效率。

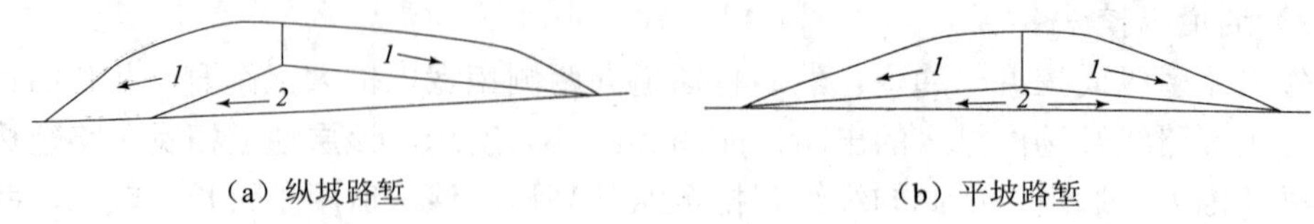

（a）纵坡路堑　　（b）平坡路堑

注：图中数字为开挖顺序。

图 2-10

（2）开挖时应按照横断面自上而下，依照设计边坡逐层进行，防止因开挖不当而引起边坡失稳崩塌。当开挖至零填、路堑路床部分后，应尽快进行路床施工，如不能及时进行，宜在设计路床顶标高以上预留至少 300mm 厚的保护层。

在地质不良拟设挡土墙的路堑中，路堑开挖应以分段挖掘，同时修筑挡土墙或其他防护设施的方法为宜，以保证安全。

（3）开挖过程中，应采取措施保证边坡稳定。开挖至边坡线前，应预留一定宽度，预留的宽度应保证刷坡过程中设计边坡线外的土层不受扰动。

（4）路堑弃土应按要求，整齐地堆在路基一侧或两侧，不得占用耕地。弃土堆内侧坡脚（靠路堑一侧），至路堑边坡顶端距离不得小于规定限度。

（5）弃土运往他处时，挖掘工作面的运输散落土料要及时清除，尤其是每个工作日作业结束时，更要注意及时用推土机将散落土清除干净，以防土遇雨积水，造成滑坡损害，以至于发生滑塌事故。

（6）松软土地带或其他不符合要求的土质地段，要采取各种稳定处理措施，并注意地下水的上升情况，根据需要设置排水盲沟等。

（三）石质路堑施工

石质路堑是道路通过山区与丘陵地区的一种常见路基形式，由于是开挖建造，结构物的整体稳定是路堑设计、施工的中心问题。地质条件（岩石的性质、地质构造、风化破碎程度及边坡高度等）对路基的稳定有决定性影响，设计前应对路线的工程地质条件、岩体特征（结构、产状、破碎程度）及公路等级、边坡高度和施工方法进行综合调查，制定切实可行的设计指标和施工方法。

路基边坡的形状，一般可分为直线、折线和台阶形三种。当挖方边坡较高时，可根据不同的土质、岩石性质和稳定要求开挖成折线式或台阶式边坡，边沟外侧应设置碎落台，其宽度不宜小于 1.0m；台阶式边坡中部应设置边坡平台，边坡平台的宽度不宜小于 2m。

边坡坡顶、坡面、坡脚和边坡中部平台应设置地表排水系统，当边坡有积水湿地、地下水渗出或地下水露头时，应根据实际情况设置地下渗沟、边坡渗沟或仰斜式排水孔，或在上游沿垂直地下水流向设置拦截地下水的排水隧洞等排导设施。

根据边坡稳定情况和周围环境确定边坡坡面防护形式，边坡防护应采取工程防护与植物防护相结合，稳定性差的边坡应设置综合支挡工程。条件许可时，宜优先采用有利于生态环境保护的防护措施。

当土质挖方边坡高度超过 20m、岩石挖方边坡高度超过 30m 以及不良地质地段路堑边坡，应按有关规定，进行路基高边坡个别处理设计。

对于岩土的破碎开挖，主要采用两种方法：一是松土机械作业法，二是爆破作业法。松土机械作业法是利用大型、整体式松土器，耙松岩土后由铲运机械装运。其特点是：作业过程比较简单，具有较高的作业效率。在国外高等级公路施工作业中被广泛采用。因此，对岩土的开挖，如果能用松土器破碎，建议使用该种方法。爆破作业法是利用炸药爆炸时所产生的热和高压，使岩石或周围的介质受到破坏或移位。其特点是施工进度快，并可减轻繁重的体力劳动，提高劳动生产率。但这种方法，毕竟是一种带有危险性的作业，需要有充分的爆破知识和必要的安全措施。

四、路基压实

（一）路基压实的意义

土基的压实程度对路基的强度和稳定性影响极大。未经压实的土质路基，在自然因素和行车荷载作用下，必然要产生较大的变形或破坏，这是由于未经压实的路基抵抗暴雨或水流冲刷的能力很低。与此相反，压实紧密的路基，强度提高，变形显著减小，可以避免大规模的破坏，稳定性得到明显改善。因此，土基的压实是路基施工极其重要的环节，是保证路基质量的关键。在实际操作中，压实度表示某一有限厚度的路面结构经碾压后的相对密实程度。

（二）影响压实的主要因素

1. 含水量对压实效果的影响

室内击实试验获得的含水量同干密度的关系如图 2-11 所示曲线 1，图中纵坐标为干密度，用其表征土的密实程度。在同等压实功下，土的干密度随着含水量增加而提高，这主要是由于水在土颗粒之间起润滑作用，使得土粒间摩阻力减小，外力施加后，孔隙减小，土粒挤紧，干密度提高。干密度至最大值后，若含水量继续增大，土粒孔隙为过多水分占据，而水一般不为外力所压缩，因而土的干密度随含水量增加反而降低。通常在一定击实条件下得到的干密度的最大值，称为最大干密度，与之相对应的含水量称为最佳含水量，见表 2-3。因此，在路基压实过程中，如能控制土地含水量为最佳含水量，就能获得最好的压实效果。

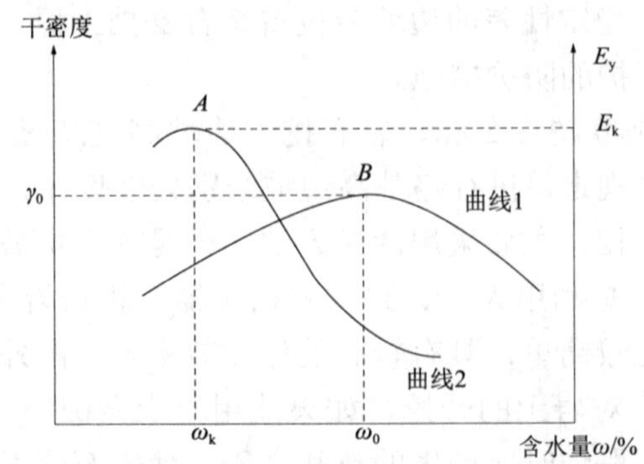

图 2-11 含水量与干密度、弹性模量关系曲线

表 2-3 各种土壤的最佳含水量和最大干密度

土壤类别	最佳含水量 / %	最大干密度 / (kg/cm³)	土壤类别	最佳含水量 / %	最大干密度 / (kg/cm³)
砂土	8 ～ 12	1.80 ～ 1.88	亚黏土	12 ～ 15	1.85 ～ 1.95
亚砂土	9 ～ 15	1.85 ～ 2.08	重亚黏土	16 ～ 20	1.67 ～ 1.79
粉土	16 ～ 22	1.61 ～ 1.80	黏土	19 ～ 23	1.58 ～ 1.70
粉质亚黏土	18 ～ 21	1.65 ～ 1.74			

如果以形变模量 E_y 代替 γ，如图 2-11 曲线 2 所示，它与含水量 ω 也有类似的驼峰曲线关系，而且最高点 A 的 E_k 及其相应之 ω_k 值，与 γ_0 及 ω_0 有别。土体湿度未达到最佳值之前，强度 E_k 已达最高值，而土中湿度的减少或增加，相应的 E_y 值随之有所降低。实践证明，控制最佳含水量 ω_0 压实土基，其强度和稳定性最好。

2. 土质对压实效果的影响

不同的土质，其压实效果不同。如图 2-12 所示，不同的土质具有不同的最佳含水量及最大干密度。

分散性（黏性）较高的土，其最佳含水量较高而最大干密度较低，这是由于土粒越细，比面积越大，土粒表面的水膜越多，加之黏土中含有亲水性较高的胶体物质所致。对砂土，由于其颗粒粗并且呈松散状，水分易于散失，故最佳含水量对其没有更多的实际意义。路基施工最好的土是砂性土，它们压实性好，容易施工，水稳性良好。

3. 压实功

土的压实效果与压实工具的类型、质量、速度和碾压次数有关。压实工具质量越大，速度越慢和压实次数越多，压实功就越大，最佳含水量则变小，最大干密度增大。试验证明，适宜的压实工具质量为 8 ～ 30t，碾压速度为 2 ～ 4km/h，压实次数为 4 ～ 6 次。

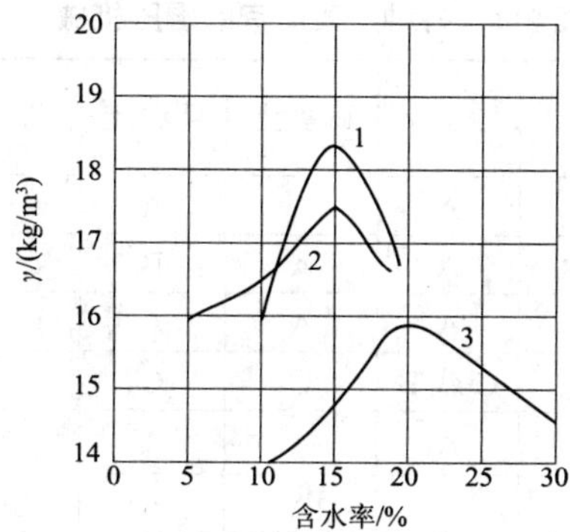

图 2-12 不同土质的压实曲线

4. 温度

温度升高，水分蒸发过快，影响水对土的润滑作用，使土含水量减小，土质松散而不易压实。温度在 0℃以下，水会结冰，严重影响土的压实，应停止施工。

所以路基压实施工中，控制最佳含水量是首要关键，在此前提下采取分层铺筑，控制有效土层厚度，均匀压实。

（三）路基压实标准

路基压实标准通常用压实度来表征，压实度是指路基路面施工质量检测的关键技术指标之一。压实度越高，密度越大，材料性能越好。土的压实度 K 是指现场压实后土的干密度 γ 与室内用重型压实标准仪测定的土的最大干密度 γ_{max} 的比值百分数：

$$K=\frac{\gamma}{\gamma_{max}}\times 100\%$$

式中，$\gamma=\dfrac{\gamma_{\omega}}{1+\dfrac{\omega}{100}}$；

γ_w——湿密度；

ω——现场土基实测含水量百分数。

由于车轮对路基作用的应力随深度而减小，因此对不同深度的土基的压实度要求也不同。

（四）压实机械的选用

根据工程施工的要求，正确地选择压路机种类、规格、压实作业参数及运行路线是保证压实品质和压实效率的前提条件。

碾压机械通常可分为静碾型、振碾型和夯实型，各有其适用场合。各种土质适宜的碾压机械配套可参考表 2-4。

表 2-4 各种土质适宜的碾压机械

土的类别 / 机械名称	细粒土	砂类土	砾类土	巨粒土	备注
6～8t 两轮光轮压路机	A	A	A	A	用于预压整平
12～18t 三轮光轮压路机	A	A	A	B	最常使用
20～50t 轮胎压路机	A	A	A	A	最常使用
羊足碾	A	C 或 B	C	C	粉、黏土质砂可用
振动压路机	B	A	A	A	最常使用
凸块式振动压路机	A	A	A	A	最宜用于含水量较高的细粒土
手扶式振动压路机	B	A	A	C	用于狭窄地点
振动平板夯	B	A	A	B 或 C	用于狭窄地点，机械质量 800kg 的可用于巨粒土
手扶式振动夯	A	A	A	B	用于狭窄地点
夯碾（板）	A	A	A	A	夯击影响深度最大
推土机、铲运机	A	A	A	A	仅用于摊平土层和预压

注：①表中符号：A 代表适用；B 代表适用无适当的机械时；C 代表不适用。

②自行式压路机宜用于一般路堤、路堑基底的换填等的压实，宜采用直线式进退运行。

③羊足碾（包括凸块式碾、条式碾）应有光轮压路机配合使用。

常有压实机械适应的松铺厚度如下：

羊足碾（6～8t） ≤ 0.50m

振动压路机（10～12t） ≤ 0.40m

压路机（8～12t） 0.20～0.25m

压路机（12～15t） 0.25～0.35m

（五）路基的压实施工

1. 压实前的准备工作

（1）根据路基土壤的特性和所要达到的压实度标准，正确地选择压路机的类型和压实功。

（2）根据压路机的压实功所能达到的最佳作用深度，确定最佳压实厚度。

（3）做试验路段或根据以往经验，测定最佳碾压遍数。

（4）测定土壤的最佳含水量，并使土壤的含水量控制在最佳含水量的 ±2% 范围之内。表 2-3 为各类土壤的最佳含水量可供参考，一般要现场试验确定。

土壤的含水量在施工现场由工程技术人员通过试验方法测定，并将测定的结果通知压路机驾驶员。施工人员也可以通过简易方法判断土壤的含水量。通常“手握成团，没有水痕，离地 1m，落地散开”，即说明土壤的含水量接近最佳含水量。另外，新挖土壤的含水量一般处于最佳值。

（5）严格控制松铺层厚度，压实前可自路中线向路两边作 2%～4% 的横坡并整平，根据松铺厚度，正确选择振动压路机的振频和振幅。

（6）压路机驾驶员应在作业前，检查和调控压路机各部位及作业参数，保证压路机正常的技术状况和作业性能。

（7）正确选择压路机的运行路线，确保压实的均匀度。

（8）施工技术人员向压路机驾驶员做好各项技术交底。

2. 路基压实的基本原则

在压实作业时，压路机驾驶员应与工程技术人员紧密配合，工程技术人员应随时掌握压实层含水量和压实度的变化，并及时通知驾驶人员。驾驶人员应遵从技术人员的指导，严格按施工程序进行压实。在路基压实过程中，应遵循“先轻后重、先慢后快、先边后中、先低后高、注意重叠”的原则。

先轻后重：指开始时先使用轻型压路机进行初压，然后再换重型压路机行复压。

先慢后快：指压路机碾压速度随碾压遍数增加而逐渐加快。

先边后中：指碾压作业中始终坚持从路基两侧开始，逐渐向路基中心移动的碾压原则，以保证路基设计拱形和防止路基两侧的塌落。

先低后高：在超高地段，为了形成单向超高坡度，碾压路线，从低处到高处。

注意重叠：指相邻两碾压带重叠一定的宽度，以防止漏压，使全路宽均匀密实。

3. 路基的压实作业

路基的压实作业一般按初压、复压和终压三个步骤进行。三种碾压方式介绍与比较见图 2-13。

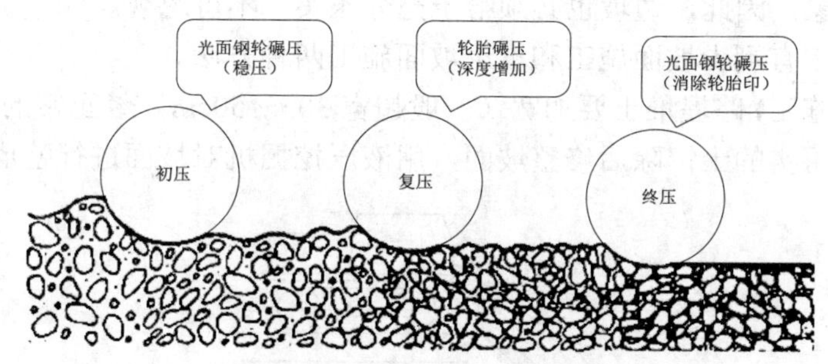

图 2-13　压实作业三步骤

（1）初压

初压是指对铺筑层进行的最初 1 ～ 2 遍的碾压作业。初压的目的是使铺筑层表层形成较稳定平整的承重层，以利压路机以较大的作用力进行进一步的压实作业。

一般采用重型履带式拖拉机或羊脚碾进行路基的初压，也可用中型静压式压路机或振动式压路机以静力碾压方式进行初压作业。

初压时，碾压速度应不超过 1.5 ～ 2km/h。初压后，需要对铺筑层进行整平。

（2）复压

复压是指继初压后的 8 ～ 10 遍的碾压。复压的目的是使铺筑层达到规定的压实度，它是压实的主要作业阶段。

复压应尽可能发挥压路机的最大压实功能，以使铺筑层迅速达到规定的压实度。轮胎压路机可通过增加压路机配重、调节轮胎气压，使单位线荷载和平均接地比压达到最佳状况；振动压路机可通过调整振频和振幅，使振动压实功能达到最佳值。

复压碾压速度应逐渐增大。静光轮压路机取 2 ～ 3km/h，轮胎式压路机为 3 ～ 4km/h，振动压路机为 3 ～ 6km/h。并应随时测定压实度，以便做到既达到压实度标准，又不过度碾压。

（3）终压

终压是指继复压之后，对每一铺筑层竣工前所进行的 1 ～ 2 遍的碾压。终压的目的是使压实层表面密实平整。一般分层修筑路基时，只在最后一层实施终压作业。

终压作业，可采用中型静力式压路机或振动压路机以静力碾压方式进行碾压，碾压速度可适当高于复压时的速度。

采用振动压路机或羊脚碾压路机进行分层压实时，由于表层会产生松散层（约 10cm），在压实过程中，可将该厚度算作下一铺筑层之内进行压实，这样就可不进行终压压实。

4. 边坡的碾压

路堤填土的坡面应该充分压实，而且要符合设计截面。如果边坡面层和路堤整体相比压得不够密实，下雨时，由于表层流水的洗刷和渗透，而发生滑坡、崩溃和路侧下沉等现象，因此，边坡也必须给予充分压实，不可忽视。

边坡面施工有剥土坡面施工和堆土坡面施工两种方法。

剥土坡面施工，路堤堆土要加宽（一般超宽 30 ～ 50cm），经正常的填土碾压后，再将坡面没有压实的土铲除后修整坡面，用液压挖掘机对坡面进行整形（图 2-14）。

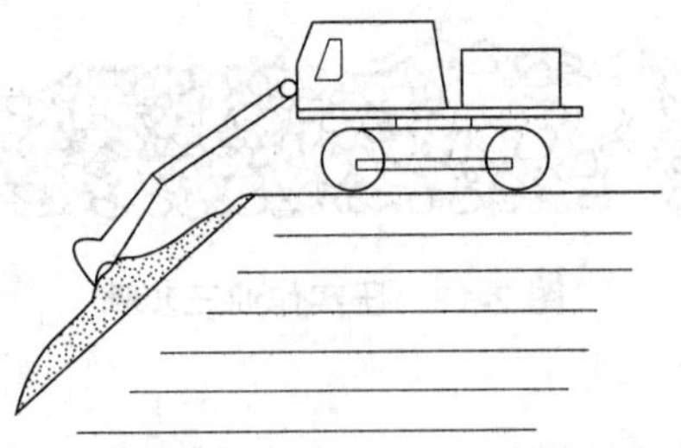

图 2-14　用液压机挖掘机对坡面整形

堆土坡面施工，系采用碾压坡面的方法。碾压机械可用振动压路机、推土机或挖掘机等。

坡面的坡度在 1 ∶ 1.8 左右时，要先粗拉线放坡，用自重 3t 以上的拖式振动压路机，从填土的底部向上滚动振动压实（图 2-15）。为防止土壤塌落，压路机下行时不要振动。压路机的上下运动，用装在推土机后的卷扬机来操纵。

土质良好时，可以利用推土机在斜坡上下行驶碾压（图 2-16）。对含水量高的黏性土，使用湿地推土机进行碾压。

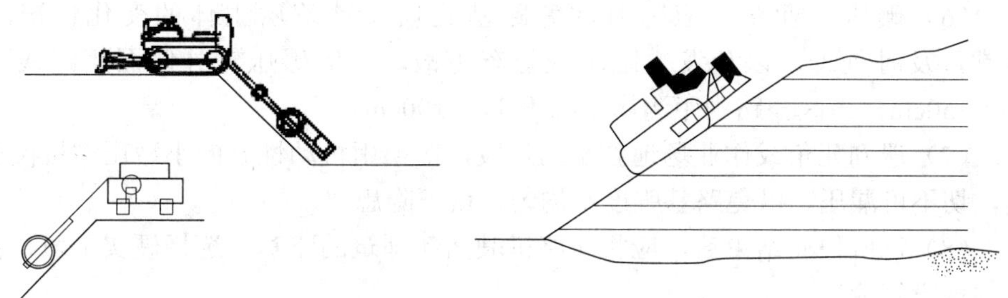

图 2-15　用振动压路机压实坡面　　图 2-16　用推土机压实坡面

5. 台背回填的压实

桥梁、箱形涵洞等构筑物和填土相连接部分（图 2-17），一般在行车后，连接部发生不同沉陷，使路面产生高差导致损坏，影响正常交通。究其原因，除基础地基和填土下沉外，碾压不足也为其一，因此台背回填的压实工作必须认真做好。

台背回填用土最好采用容易压实的压缩性小的材料。当能用大型压实机械进行充分压实时，选用粒度分布良好者即可。

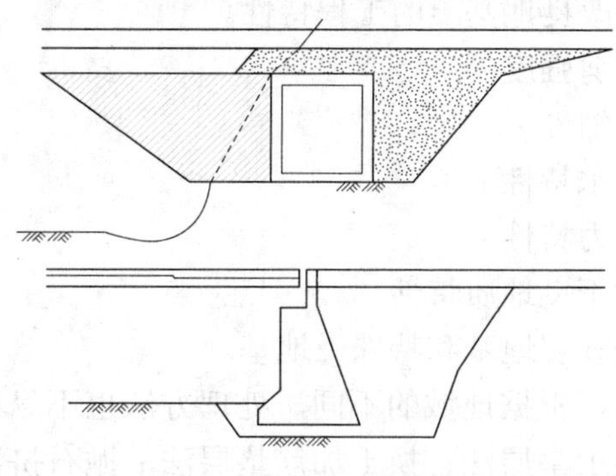

图 2-17　回填构造

6. 路基压实作业中的注意事项

（1）碾压时，相邻碾压轮应相互重叠 20 ～ 30cm。

（2）压实作业时，应随时掌握压实层的含水量，只有在最佳含水量时压实效果最好。当含水量不足时，应补充洒水。

（3）保证当天铺筑，当天压实。

（4）碾压过程中，若土体出现“弹簧”现象，应立即停止碾压，并采取相应措施，待含水量降低后再进行碾压。对于局部“弹簧”现象，也应及时处理，不然会造成路基强度不均，留下隐患。

（5）碾压时，若压实层表层出现起皮、松散、裂纹等现象，应及时查明原因，采取措施处理后再继续碾压。一般土壤含水量低、压路机单位线压力高、碾压遍数过多及土质不良等原因易造成上述不良现象。

（6）碾压作业中，应随时注意路基边坡及铺筑层主体的变化情况，出现异常，及时处理，以免发生陷车或翻车事故。一般碾压轮外侧面距路线不小于30～50cm，山区公路则距沟崖边缘不小于100cm。

（7）遇到死角或作业场地狭小的地段，应换用机动性好的小型压实机械予以压实，切不可漏压，以免路基强度不均匀，留下隐患。

（8）每班作业结束后，应将压路机驶离新铺筑的路基，选择硬实平坦、易于排水的地段停放。

五、软土地基处理

地基与建筑物的关系非常密切。地基虽不是建筑物本身的一部分，但它在建筑中占有十分重要的地位。地基问题的处理恰当与否，不仅直接影响建筑物的造价，而且直接影响建筑物的安危，即它关系到整个工程的质量、投资和进度，因此其重要性已越来越多地被人们所认识。

地基处理的目的是利用换填、夯实、挤密、排水、胶结、加筋和热学等方法对地基土进行加固，用于改良地基土的工程特性。

（1）提高地基的抗剪强度；

（2）降低地基的压缩性；

（3）改善地基的透水特性；

（4）改善地基的动力特性；

（5）改善特殊土的不良地质特性。

地基处理的对象是软弱地基和特殊土地基。

软基处理方法很多，根据地域的不同，处理方法也不尽相同。主要可分为以下几类：垫层法，包括换土垫层法、换土加筋垫层法；抛石挤淤法；排水固结法；粒料桩法，包括碎石桩、砂桩；加固土桩法，包括水泥搅拌桩、粉喷桩、旋喷桩；水泥粉煤灰碎石桩（CFG 桩）。

（一）垫层法

垫层处理法属于软土地基浅层处理方法，包括换土垫层法、换土加筋垫层法、加筋碎石垫层法。适用于淤泥、淤泥质土、冲填土等软弱地基的浅层处理。采用换土垫层法或换土加筋垫层法处理软基时，垫层厚度一般不小于 0.5m 且不超过 3.0m，采用浅层处理方式。

1. 换土垫层法

换土垫层可以采用沙砾、碎石、素土、石灰土、水泥土和土石屑等材料。沙砾、碎石宜选用碎石、卵石、角砾、砾沙、中砂或粗砂，级配良好，不含植物残体、垃圾等杂质，石料的最大粒径不大于 100mm，含泥量不大于 5%；素土垫层宜采用砂性土、黏土或粉质黏土，土中有机质含量不得超过 5%；石灰土垫层石灰含量为 8% ～ 20%，土采用塑性指数 12 ～ 20 的黏性土，石灰采用 I 级及以上消石灰（或石灰粉），技术指标应符合规范要求；水泥土垫层水泥含量 4% ～ 6%，土采用粉质黏土，液限不超过 40，塑性指数不超过 17；土石屑垫层理性小于 2mm 部分不得超过总重的 40%，含粉量不得超过总量的 9%，含泥量不得超过总量的 5%。

施工时垫层分层夯实、碾压的厚度、最佳含水量及夯实碾压遍数根据夯实、碾压集聚及设计要求的压实度现场试验确定。

换土垫层处理软基横断面如图 2-18 所示。图 2-18 中垫层应力扩散角 θ 取值见表 2-5。

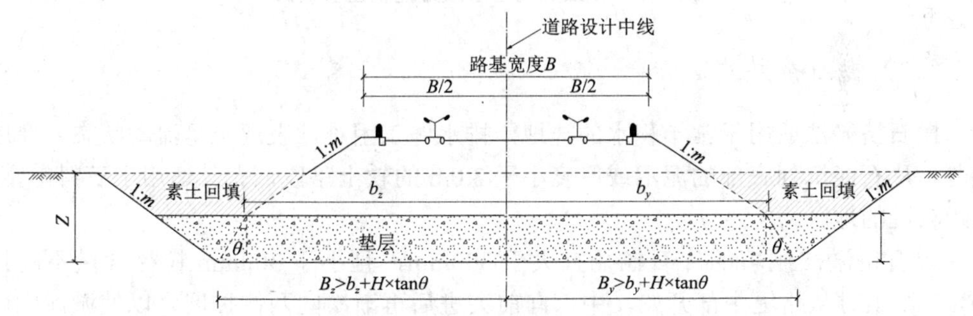

图 2-18　换土垫层处理软基横断面

表 2-5　垫层应力扩散角 θ

垫层材料	垫层应力扩散角
中砂、粗砾、砾沙、圆砾、角砾、卵石、碎石	20°
素土	6°
石灰土	28°

2. 换土加筋垫层法

换土加筋垫层法所用垫层材料要求如上换土垫层材料要求。加筋材料采用抗拉强度不低于 30kN，受力时伸长率小、耐久性好、抗腐蚀的土工格栅，具体性能指标应符合设计要求。

施工时垫层分层夯实、碾压的厚度、最佳含水量及夯实碾压遍数根据夯实、碾压集聚及设计要求的压实度现场试验确定。

土工格栅的联结应牢固，在受力联结处的强度不得低于材料设计抗拉强度，且其重叠长度不应小于 150mm。土工格栅摊铺以后应及时填筑垫层材料，间隔时间不应超过 48h，格栅上的第一层填料应采用轻型推土机填筑，车辆、施工机械只应沿路堤轴线行驶。

换土加筋垫层法处理软基横断面如图 2-19 所示。

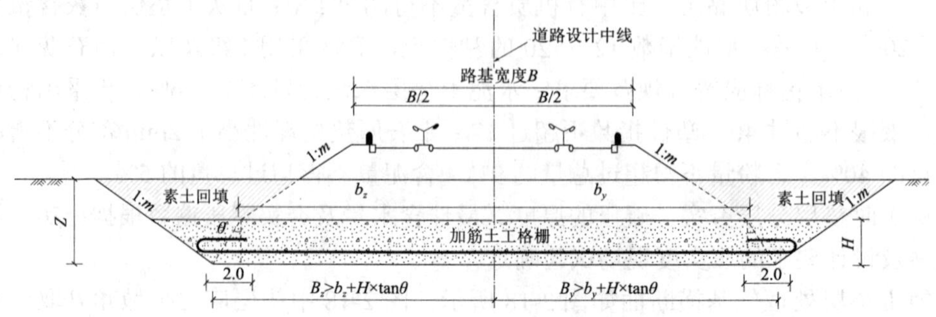

图 2-19　换土加筋垫层法处理软基横断面

（二）抛石挤淤法

抛石挤淤法适用于常年积水的洼地，排水施工困难，表层土呈流动状态，厚度较薄，片石能沉到底部的泥沼或厚度小于 3.0m 的软土路段，尤其适用于石料丰富、运距较近的地区。

抛石挤淤法抛填的片石粒径宜大于 300mm，且小于 300mm 粒径含量不超过 20%。抛填时从路堤中部开始，中部向前突进后再渐次向两侧扩展，以使淤泥向两旁挤出。

抛石挤淤法处理软基横断面见图 2-20。

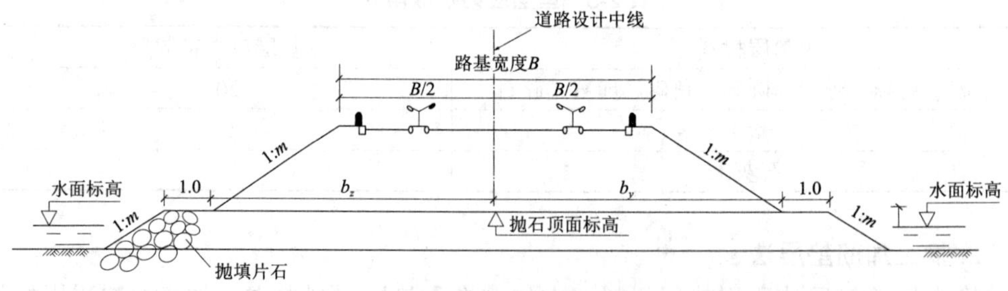

图 2-20　抛石挤淤法处理软基横断面

（三）排水固结法

排水固结法适用于饱和软黏土、有机质黏土的地基处理。排水固结法的排水系统由水平排水砂垫层和竖向排水构成，主要起到改变地基原有排水边界条件、缩短地基孔隙水的排水距离、加速软土地基的固结过程。

采用排水固结法处理软基必须有不小于 6 个月的填土预压期，应通过计算机实测资料分析确定，以达到严格控制工后沉降的要求。

1. 水平排水砂垫层

砂垫层厚 500mm，采用中砂或粗砂，有机质含量不大于 1%，含泥量不超过 5%，渗透系数大于 5×10^{-5}m/s。

水平砂垫层应宽出两侧路基下坡脚各 1.0m，并保证排水出路的畅通。

2. 竖向排水体

竖向排水体常选用砂井和塑料排水板。

（1）*砂井*

砂采用洁净的中砂或粗砂，含泥量不超过 3%，大于 0.5mm 的砂的含量占总重的 50% 以上，渗透系数不小于 5×10^{-5}m/s。砂井直径 70mm 左右，正三角形布置，砂井长度和间距通过计算确定，最大间距按井径比不大于 25 控制，一般以 1 ～ 2m 为宜。布置图见图 2-21。

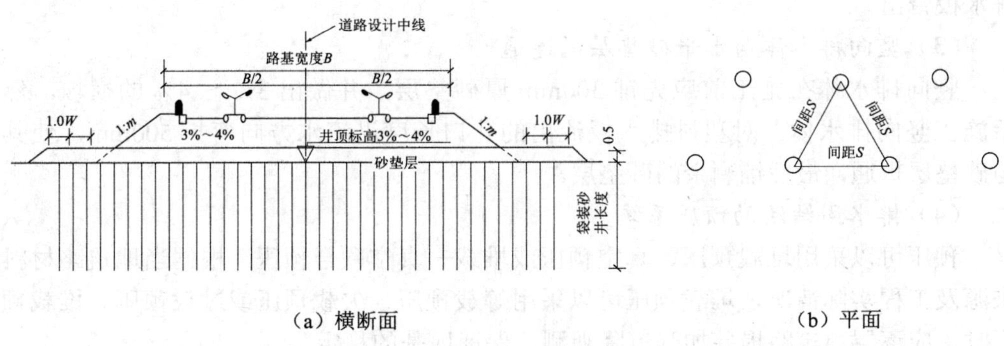

（a）横断面　　（b）平面

图 2-21　砂井处理软基布置

（2）*塑料排水板*

排水板采用正三角形布置，板长和间距通过计算确定，最大间距按等效井径比不大于 25 控制，一般以 1 ～ 2m 为宜。布置图见图 2-22。

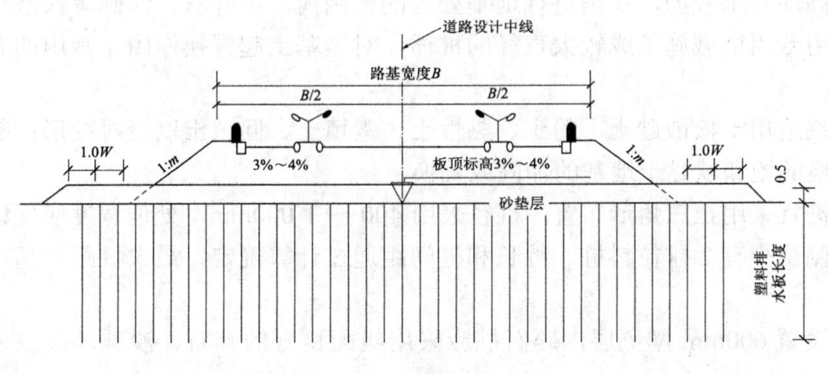

（a）横断面

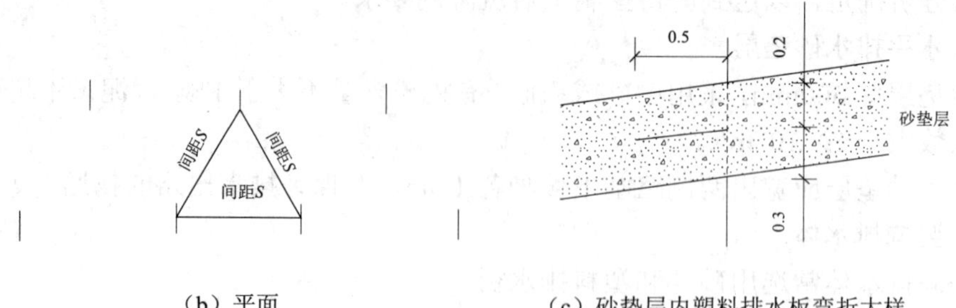

（b）平面　　（c）砂垫层内塑料排水板弯折大样

图 2-22　塑料排水板处理软基布置

排水板在插入过程中导轨应垂直，钢套管不得弯曲，排水板搭接应采用滤套内平接的方法，搭接长度不小于 200mm，滤套包裹，用可靠措施固定。排水板施工过程应防止泥土等杂物进入套管内，排水板与桩尖锚固要牢固，防止拔管时脱离将排水板带出。

（3）竖向排水体与水平砂垫层的连通

竖向排水体在施工前应先铺 300mm 厚砂垫层，并做出 3% ～ 4% 的横坡，然后施工竖向排水体。对塑料排水板流出的孔口长度沿流水方向弯折 500mm，使其与砂垫层贯通，最后铺剩余的砂垫层。

（4）排水固结法的预压系统

预压可以采用堆载预压、真空预压或堆载—真空联合预压。根据当地筑路材料来源及工程实际情况，堆载预压可以采用等载预压、欠载预压或过载预压。堆载预压时，应逐层填筑路堤并加强沉降观测，保证地基的稳定。

预压荷载应分级施加以适应地基强度的增长，荷载施加过程中要加强监测，防止施工过程中发生地基失稳。

（四）粒料桩

为提高地基承载力，在需进行地基处理的范围内，由碎石、沙砾等松散粒料做桩料，采用专用机械施工成较大直径的桩体，对地基土起置换作用，常用的有碎石桩、砂桩。

粒料桩适用于松散砂土、粉土、黏性土、素填土、回填土以及对变形控制要求不十分严格的饱和软黏土地基的加固或置换。

粒料桩宜采用正三角形布置，桩径采用 400 ～ 1 000mm，处理宽度应保证路基下坡脚外侧至少有 2 排粒料桩，桩长和桩间距通过计算确定，最大桩距不超过 5 倍桩径。

桩顶设置 600mm 厚垫层，碎石桩应采用级配良好的碎石、沙砾，砂桩采用中砂或粗砂。

碎石桩成桩材料以粒径 30 ～ 70mm 的硬质岩的碎石或卵石为主，可部分掺砂，含泥量小于 10%，不得采用强风化岩或软质岩石料。砂桩成桩材料主要是中粗砂，含泥量不大于 3%。

粒料桩每个作业点施工前必须先打不少于 5 根的工艺试验桩。

粒料桩多采用振动沉管法施工。根据设计桩长按松方系数计算每根桩的用料量，施工中应严格控制填料量。

粒料桩法处理软基布置见图 2-23。

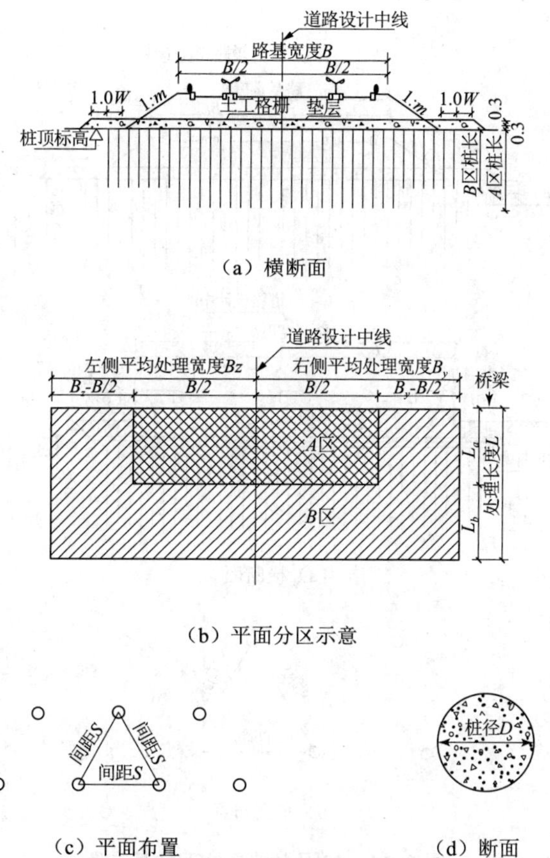

图 2-23 粒料桩处理软基布置

（五）加固土桩法

用带有回转、翻松、喷粉与搅拌功能的机械，将软土地基局部范围的某一深度、某一直径内的软土用固化材料予以改良、加固，形成局部土桩体，主要包括水泥搅拌桩、粉喷桩和旋喷桩。

水泥搅拌桩和粉喷桩适用于处理正常固结的淤泥、淤泥质土、饱和性黏土地基。当地基土天然含水量小于 30%、大于 70% 或地下水的 pH 小于 4 时不宜采用粉喷桩。当水泥搅拌桩和粉喷桩用于处理有机质土、塑性指数大于 25 的黏土、地下水具有腐蚀性时以及无工程经验的地区必须通过现场试验确定其适用性。

旋喷桩适用于处理淤泥、淤泥质土、流塑、软塑或可塑饱和黏性土地基，特别适宜在施工场地狭窄、净空低、上部土质较硬而下部软弱时使用。当处理有机质土、地下水具有腐蚀性时以及无工程经验的地区必须通过现场试验确定其适用性。

加固土桩法处理软基布置见图 2-24。

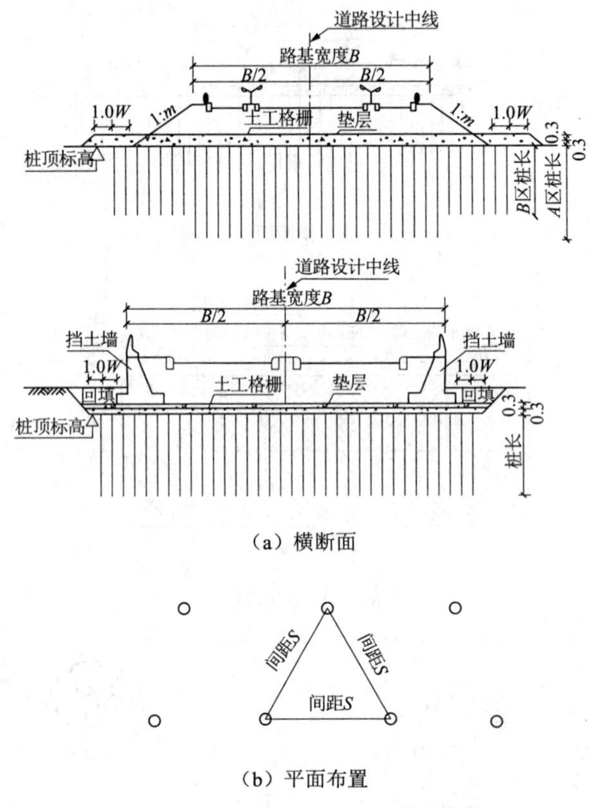

（a）横断面

（b）平面布置

图 2-24 加固土桩法处理软基布置

（六）水泥粉煤灰碎石桩（CFG 桩）

水泥粉煤灰碎石桩适用于处理软弱黏性土、粉土、砂土和已自重固结的素填土地基。对于淤泥土、淤泥、有机质土、地下水具有腐蚀性时应根据地区经验或现场试验确定其适用性。

水泥粉煤灰碎石桩成桩后桩身强度等级应达到 C15 混凝土强度，材料要求如下：

水泥采用等级为 32.5 级及以上的普通硅酸盐水泥；粉煤灰采用Ⅲ级以上，粒径应在 0.001 ～ 2mm，小于 0.074mm 的颗粒含量大于 45%，烧失量应小于 12%；碎石级配良好，最大粒径不大于 50mm，采用长螺旋钻管内泵压施工时，碎石粒径多采用 6 ～ 25mm，采用振动沉管施工时，碎石粒径多采用 30 ～ 50mm。混合料配比根据桩身强度要求进行配合比试验后确定。

水泥粉煤灰碎石桩桩顶设置 600mm 厚垫层，垫层采用级配良好的碎石或沙砾，最大粒径不超过 30mm。

每个作业点施工前必须先打不少于 5 根的工艺试验桩，以检验机具性能及施工工艺中的各项技术参数。

水泥粉煤灰碎石桩桩径一般为 400 ～ 600mm，宜采用正三角形布置，桩长及桩间距通过计算确定，最大桩间距不超过 5 倍桩径。

采用长螺旋钻管内泵压施工时，每盘料的搅拌时间不应小于 60s，混合料坍落度控制在 160 ～ 200mm，为了减少钻杆摇晃，钻进成孔时应先慢后快。钻孔至设计标高后停止钻进，开始泵送混合料，当钻杆芯管充满混合料后开始拔管，严禁先提管后泵送混合料，拔管速度控制在 2 ～ 3m/min，成桩过程应连续进行。

采用振动沉管施工时不得跳打，每盘料的搅拌时间不应小于 60s，混合料坍落度控制在 30 ～ 50mm，拔管速度控制在 1.2 ～ 1.5m/min，拔管过程不容许反插、留振。

施工中设备就位后必须平整，确保施工过程中不发生倾斜和移动，机架和钻杆的垂直偏差不大于 1%。钻机桩位对中偏差不大于 20mm。

施工过程中要碎石测量施工标高及桩顶标高，根据场地隆起情况判断是否断桩。当桩顶上升量较大且桩的数量较多时，应采取逐个桩快速静压，以消除可能出现的断桩对复合地基承载力造成的不良影响。

水泥粉煤灰碎石桩处理软基布置图如加固土桩法。

任务二　垫层及基层施工技术

一、垫层、填隙碎石施工技术

（一）垫层

垫层是设置于底基层与土基之间的结构层，起排水、隔水、防冻、防污等作用，以加强土基和改善基层的工作条件，通常设于路基处于潮湿和过湿及有冰冻翻浆的路段。铺设在地下水位较高地区能起隔水作用的垫层称隔离层；铺设在冰冻较深地区能起防冻作用的垫层称防冻层。垫层还能扩散由基层传下来的应力，以减小土基的应力和变形，且能阻止路基土挤入基层中，从而保证了基层的结构性能。路面垫层材料宜采用水稳性好的粗粒料或各种稳定类粒料，厚度一般多采用经验值，其施工技术要求和填筑标准可参照后续的相关内容，在此不做专门介绍。

（二）填隙碎石

填隙碎石是指用单一尺寸的粗碎石做主骨料，用填隙料填满碎石间的孔隙，以增加密实度和稳定性，形成嵌锁结构。可作为各级道路的底基层和次干路或支路的基层。

1. 材料要求

（1）用做基层时，碎石的最大粒径不应超过 53mm；用做底基层时，不应超过 63mm。

（2）粗碎石可用具一定强度的各种岩石或漂石轧制，但漂石的粒径应为粗碎石最大粒径的 3 倍以上；也可以用稳定的矿渣轧制，但其干密度和质量应比较均匀，且干密度不小于 960 kg/m^3。材料中的扁平、长条和软弱颗粒的含量不应超过 15%。

（3）填隙碎石、粗碎石的颗粒组成见表 2-6 规定。填隙料的颗粒组成见表 2-7。

表 2-6 填隙碎石、粗碎石的颗粒组成

编号	通过质量百分率 /% \ 标称尺寸 /mm	筛孔尺寸 /mm							
		63	53	37.5	31.5	26.5	19	16	9.5
1	30 ～ 60	100	25 ～ 60		0 ～ 15		0 ～ 5		
2	25 ～ 50		100		25 ～ 50	0 ～ 15		0 ～ 5	
3	20 ～ 40			100	35 ～ 70		0 ～ 15		0 ～ 5

表 2-7 填隙料的颗粒组成

筛孔尺寸 /mm	9.5	4.75	2.36	0.6	0.075	塑性指数
通过质量百分率 /%	100	85 ～ 100	50 ～ 70	30 ～ 50	0 ～ 10	＜6

（4）粗碎石的压碎值应符合下述规定：用做基层时不大于 26%，用做底基层时不大于 30%，细集料应干燥。

（5）应采用振动轮每米宽质量不小于 1.8t 的振动压路机进行碾压。填隙料应填满粗碎石层内部的全部孔隙。碾压后，表面粗碎石间的孔隙应填满，但不得使填隙料覆盖粗集料而自成一层，表面应看得见粗碎石。碾压后基层的固体体积率应不小于 85%，底基层的固体体积率应不小于 83%。

（6）填隙碎石基层未洒透层沥青或未铺封层时，禁止开放交通。

2. 施工程序及技术要点

填隙碎石的施工程序如图 2-25 所示，施工技术要点如下：

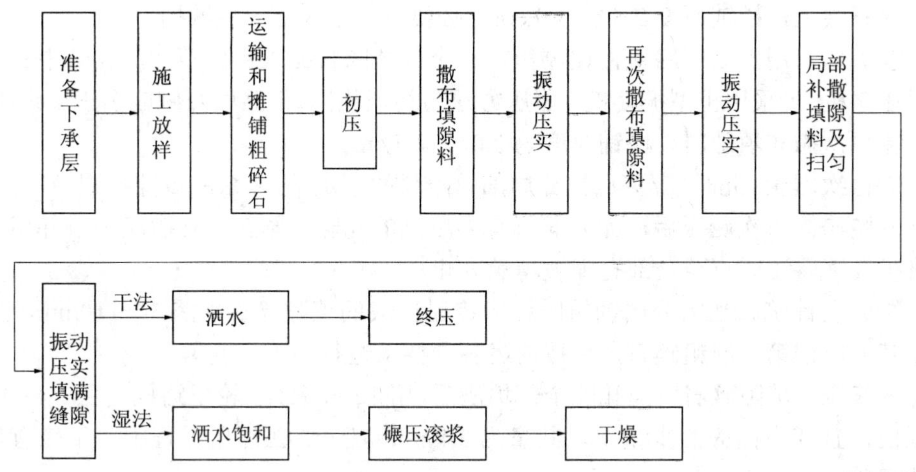

图 2-25　填隙碎石工艺流程

（1）准备下承层。不论填隙碎石下是底基层、垫层或土基，都要求平整坚实、无松散或软弱点，压实度要符合要求。

（2）施工放样。在下承层上恢复中线。直线段每 15 ～ 20m 设一桩，平曲线段每 10 ～ 15 m 设一桩，并在两侧路肩外设指示桩。同时要进行水平测量，在两侧指示桩上标出基层边缘的设计高程。

（3）备料。根据各路段基层或底基层的宽度、厚度及松铺系数，计算各段需要的粗碎石数量；根据运料车辆的车厢体积，计算每车料的堆放距离。填隙料的用量为粗碎石质量的 30% ～ 40%。

（4）运输和摊铺粗碎石。运输时，应控制每车装料的数量基本相等，在同一料场供料的路段内，由远到近将粗碎石按计算的距离卸于下承层上，应特别注意卸料距离的控制，防止出现有的路段料不够或料过多的现象。用平地机或其他合适的机具将粗碎石均匀地摊铺在预定的宽度上，表面应力求平整，并有规定的路拱，且应同时摊铺路肩用料。然后，检查松铺材料层的厚度是否符合要求，必要时，应进行减料或补料。

（5）撒铺填隙料和碾压。

1）干法施工要点

①初压。用 8t 两轮压路机碾压 3 ～ 4 遍，使粗碎石稳定就位。在直线和不设超高的平曲线段上，碾压从两侧路肩开始，逐渐错轮向路中心进行；在设超高的平曲线段上，碾压从内侧路肩开始，逐渐错轮向外侧路肩进行。错轮时，每次重叠 1/3 轮宽。在第一遍碾压后，应再次找平。初压终了时，表面应平整，并具有要求的路拱和纵坡。

②撒铺填隙料。采用石屑撒布机或类似的设备将干填隙料均匀地撒铺在已压稳

的粗碎石层上，松铺厚度 2.5 ～ 3.0 cm。必要时，用人工或机械扫匀。

③碾压。用振动压路机慢速碾压，将全部填隙料振入粗碎石间的孔隙中。如无振动压路机，可采用重型振动板。碾压方法与初压相同，但路面两侧应多压 2 ～ 3 遍。

④再次撒布填隙料。松铺厚度为 2.0 ～ 2.5 cm。

⑤再次碾压。此时，应重点找补局部填隙料的不足处，多余的填隙料则予以扫除。

⑥整修。再次碾压后，如表面仍有未填满的孔隙，则应再补撒填隙料并用振动压路机继续碾压，直至全部孔隙被填满为止。

⑦分层铺筑。当需分层铺筑时，应将已压成的填隙碎石外露 5 ～ 10mm，然后再在其上摊铺第二层粗碎石，并按前述各项要求进行施工。

⑧终压。填隙碎石表面孔隙全部填满后，用 12 ～ 15t 三轮压路机再压 1 ～ 2 遍。碾压前，宜在表面先洒少量水，其量为 3 kg/m^2 以上，在碾压过程中，不应有任何蠕动现象。

2）湿法施工要点

①与上述（1）～（4）及干法施工中 a ～ f 各项要求相同。

②粗碎石层表面孔隙填满后，应立即用洒水车洒水，直至饱和，但应注意避免多余水浸泡下承层。

③用 12 ～ 15t 三轮压路机跟在洒水车后进行碾压。在碾压过程中，将湿填隙料不断扫入所出现的孔隙中。需要时，应添加新料。洒水和碾压应一直进行到填隙料和水形成粉砂浆为止。粉砂浆应填塞全部孔隙，并在压路机轮前形成纹状微波。

④干燥。碾压完成的路段应让水分蒸发一段时间。结构层变干后，表面多余的细料或细料覆盖层均应扫除干净。

⑤当需分层铺筑时，应待结构层变干后，将已压成的填隙碎石层表面的填隙料扫去一些，使表面粗碎石外露 5 ～ 10 mm，然后在其上摊铺第二层粗碎石，再按上述要求施工。

应特别指出：填隙碎石基层未洒透层沥青或未铺封层时，禁止开放交通。填隙碎石基层质量的好坏，取决于两个关键：第一，从上到下粗碎石间的孔隙一定要填满，即应达到规定的密实度，压实良好的填隙碎石密实度通常为固体体积率的 85% ～ 90%；第二，表面粗碎石间的孔隙既要填满填隙料，填隙料又不能覆盖粗碎石而自成一层，表面应看得见粗碎石，其棱角可外露 5 ～ 10 mm，这对薄沥青面层非常重要，它可保证薄沥青面层与基层黏结良好，避免薄沥青面层在基层顶面发生推移破坏。

二、级配碎（砾）石施工技术

级配碎（砾）石是指粗、中、小碎（砾）石集料和石屑各占一定比例的混合料，当其颗粒组成符合规定的密实级配要求时，称为级配碎（砾）石。级配碎石可用做道路的基层和底基层及较薄沥青面层与半刚性基层之间的中间层；而级配砾石适用于轻交通道路的基层以及各种道路的底基层，天然沙砾如符合规定的级配要求，且塑性指数在 6 或 9 以下时，可以直接用做基层。

（一）材料要求

（1）砾石为天然材料，碎石可用各种岩石（软质岩石除外）、漂石或矿渣轧制。漂石轧制碎石时，其粒径应是碎石最大粒径的 3 倍以上，矿渣应是已崩解稳定的，其干密度不小于 960 kg/m^3，且干密度和质量比较均匀。碎（砾）石中针片状颗粒的总含量应不超过 20%，且不含黏土块、植物等有害物质。用做基层时，碎（砾）石的最大粒径不应超过 37.5 mm；用做底基层时，不应超过 53 mm。

（2）石屑及其他细集料可以使用一般碎石场的细筛余料或专门乳制的细碎石集料，亦可用天然沙砾或粗砂代替，但其颗粒尺寸应合适，且天然沙砾或粗砂应有较好的级配。

（3）压碎值要求。级配碎石或级配碎（砾）石所用石料的压碎值应满足表 2-8 的规定。

表 2-8　级配碎石或级配碎（砾）石压碎值要求

道路类型	快速路及主干路	次干路	支路
基层	不大于 26%	不大于 30%	不大于 35%
底基层	不大于 30%	不大于 35%	不大于 40%

（4）级配碎石或级配碎（砾）石的颗粒组成范围见表 2-9。

表 2-9　级配碎（砾）石的颗粒组成范围

项目 \ 通过质量百分率 /% \ 编号		1	2	3
筛孔尺寸 /mm	53	100		
	37.5	90 ～ 100	100	
	31.5	81 ～ 94	90 ～ 100	100
	19.0	63 ～ 81	73 ～ 88	85 ～ 100
	9.5	45 ～ 66	49 ～ 69	52 ～ 74
筛孔尺寸 /mm	4.75	27 ～ 51	29 ～ 54	29 ～ 54
	2.36	16 ～ 35	17 ～ 37	17 ～ 37
	0.6	8 ～ 20	8 ～ 20	8 ～ 20
	0.075	0 ～ 7②	0 ～ 7②	0 ～ 7②

项目 \ 通过质量百分率 /% \ 编号	1	2	3
液限 /%	＜ 28	＜ 28	＜ 28
塑性指数	＜ 6（或 9[①]）	＜ 6（或 9[①]）	＜ 6（或 9[①]）

注：①潮湿多雨地区塑性指数宜小于 6，其他地区塑性指数宜小于 9。②对于无塑性的混合料，小于 0.075 mm 的颗料含量应接近高限。

（5）材料的应用要求

1）级配碎（砾）石用做次干路及支路的基层时，其颗粒组成和塑性指数应满足表 2-9 中 2 号级配要求，同时级配曲线宜为圆滑曲线。

2）当塑性指数偏大时，塑性指数与 0.5mm 以下细土含量的乘积应符合下述规定：在年降雨量小于 600 mm 的地区，地下水位对土基没有影响时，乘积不应大于 120；在潮湿多雨地区，乘积不应大于 100。

3）级配碎石用做快速路及主干路的基层或中间层时，其颗粒组成和塑性指数应满足表 2-9 中 3 号级配要求。级配砾石用做底基层的颗粒组成和塑性指数应满足表 2-9 中 1 号级配要求，同时级配曲线宜为圆滑曲线。

4）未筛分碎石用做次干路及支路的底基层时，其颗粒组成和塑性指数应符合表 2-10 中 1 号级配的规定。用做快速路及主干路的底基层时，其颗粒组成和塑性指数应符合表 2-10 中 2 号级配的要求。

5）用做底基层的沙砾、沙砾土或其他粒状材料的级配，应位于表 2-11 的范围内。液限应小于 28%，塑性指数应小于 9。

表 2-10　未筛分碎石底基层颗粒组成范围

项目 \ 通过质量百分率 /% \ 编号		1	2
筛孔尺寸 /mm	53	100	
	37.5	85 ～ 100	100
	31.5	69 ～ 88	83 ～ 100
	19.0	40.65	54 ～ 84
	9.5	19 ～ 43	29 ～ 59
	4.75	10 ～ 30	17 ～ 45
	2.36	8 ～ 25	11 ～ 35
	0.6	6 ～ 18	6 ～ 21
	0.075	0 ～ 10	0 ～ 10

项目 \ 通过质量百分率 /% \ 编号	1	2
液限 /%	＜28	＜28
塑性指数	＜6（或9①）	＜6（或9①）

注：①在潮湿多雨地区，塑性指数宜小于6，其他地区塑性指数宜小于9。

表 2-11　沙砾底基层的级配范围

筛孔尺寸 /mm	53	37.5	9.5	4.75	0.6	0.075
通过质量百分率 /%	100	80～100	40～100	25～85	8～45	0～15

（二）施工程序与施工技术要点

1. 路拌法施工程序与施工要点

路拌法施工程序如图 2-26 所示，其施工技术要点如下：

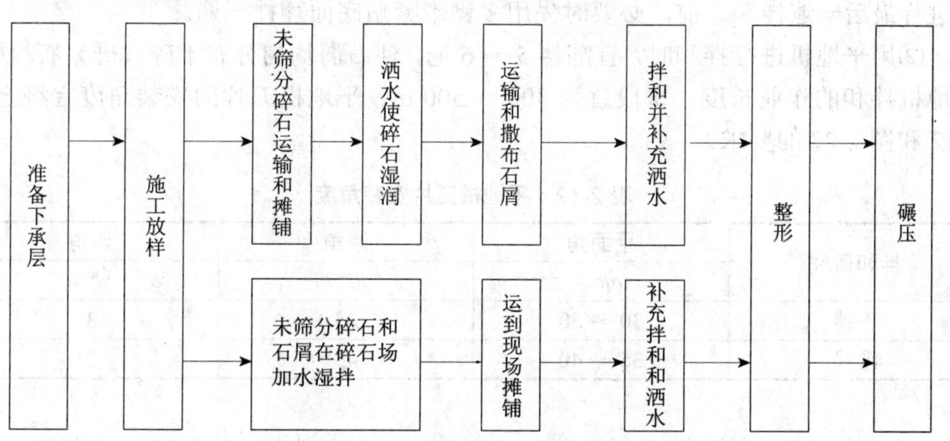

图 2-26　路拌法施工工艺流程

（1）备料

1）计算材料用量。采用未筛分碎石或不同粒级的碎（砾）石和石屑组成级配碎（砾）石时，应按使用要求和相应的级配号（表 2-9、表 2-10）计算不同粒级碎（砾）石和石屑的配合比；根据各路段基层或底基层的宽度、厚度及规定的压实干密度，并按确定的配合比分别计算各段需要的未筛分碎石、不同粒级碎（砾）石和石屑的数量，同时计算出每车料的堆放距离。

2）未筛分碎石、级配碎（砾）石和石屑可按预定比例在料场混合，同时洒水加湿，使混合料的含水量超过最佳含水量约 1%。

（2）运输和摊铺集料

其施工要点基本同“填隙碎石”，但还需注意：

1）集料在下承层上的堆置时间不应过长，运送集料较摊铺集料工序只宜提前数天。未筛分碎石和石屑分别运送时，应先运送碎石，且料堆每隔一定距离应留一缺口。

2）集料的松铺系数和厚度应通过试验确定。人工摊铺时，其松铺系数为 1.40 ～ 1.50；平地机摊铺时，为 1.25 ～ 1.35。

3）现场拌和时，未筛分碎石摊铺平整后，在较潮湿的情况下，将石屑计算堆放距离丈量好，并卸下石屑，用平地机并辅以人工将石屑均匀摊铺在碎石层上。

4）采用不同粒级的碎（砾）石和石屑时，应将大碎（砾）石铺于下层，中碎石铺于中层，小碎（砾）石铺于上层。洒水使碎（砾）石湿润后，再摊铺石屑。

（3）拌和与整形

1）一般应采用专用稳定土拌和机拌和级配碎（砾）石，若无稳定土拌和机时，可采用平地机或多铧犁与缺口圆盘耙相配合进行拌和。其要点是：

①用稳定土拌和机时，应拌和两遍以上，拌和深度应直到级配碎（砾）石层底。在进行最后一遍拌和之前，必要时先用多铧犁紧贴底面翻拌一遍。

②用平地机进行拌和时，宜翻拌 5 ～ 6 遍，使石屑均匀分布于碎（砾）石料中。平地机拌和的作业长度，每段宜为 300 ～ 500 m。平地机刀片的安装角度宜符合表 2-12 和图 2-27 的要求。

表 2-12　平地机刀片安装角度

拌和条件	平面角	倾角	切角
	α/°	β/°	γ/°
干拌	30 ～ 50	45	3
湿拌	35 ～ 40	45	2

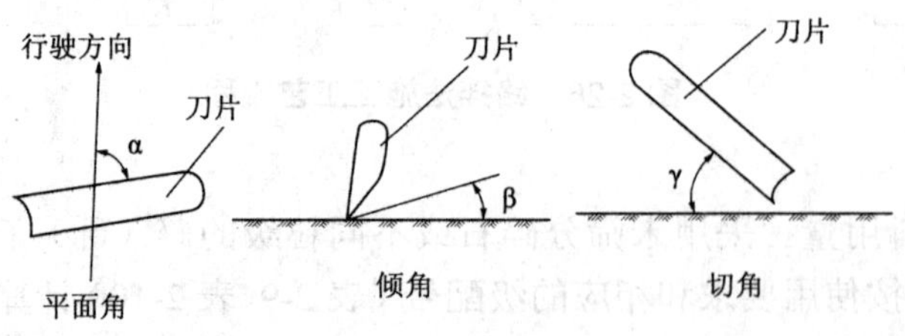

图 2-27　平地机刀片安装示意

③用缺口圆盘耙与多铧犁相配合拌和时，用多铧犁在前翻拌，圆盘耙紧跟后面拌和，即采用边翻边耙的方法，每一作业段长度宜为 100 ～ 150 m，共 4 ～ 6 遍，应注意随时检查调整翻耙的深度。并特别注意用多铧犁翻拌时，第一遍由路中心开

始，将混合料向中间翻，且机械应慢速前进；第二遍从两边开始，将混合料向外翻。

2）使用在料场已拌和均匀的级配碎（砾）石混合料时，摊铺后如有离析现象，应用平地机进行补充拌和。

3）用平地机将拌和均匀的混合料按规定的路拱进行整平和整形，并注意消除粗细集料的离析现象。

4）用拖拉机、平地机或轮胎压路机在已初平的路段上快速碾压一遍，以暴露潜在的不平整之处，再用平地机进行整平和整形。

（4）碾压

1）整形后，当混合料的含水量等于或略大于最佳含水量时，立即用 12t 三轮压路机（每层压实厚度不应超过 15 ～ 18cm）、振动压路机或轮胎压路机进行碾压（每层压实厚度不应超过 20 cm）。直线和不设超高的平曲线段，由两侧路肩开始向路中心碾压；在设超高的平曲线段，由内侧向外侧路肩进行碾压。碾压时，后轮应重叠 1/2 轮宽，并必须超过两段的接缝处。后轮压完路面全宽时，即为一遍，碾压一直进行到要求的密实度，一般需压 6 ～ 8 遍，使表面轮迹深度不大于 5 mm 为止。压路机的碾压速度，头两遍以 1.5 ～ 1.7 km/h 为宜，以后用 2.0 ～ 2.5 km/h。路面的两侧应多压 2 ～ 3 遍。

2）严禁压路机在已完成的或正在碾压的路段掉头或急刹车。

3）凡含土的级配碎石层，都应进行滚浆碾压，一直压到碎石层中无多余细土泛到表面为止。滚到表面的浆（或事后变干的薄土层）应清除干净。

（5）横缝的处理

两作业段的衔接处，应搭接拌和。第一段拌和后，留 5 ～ 8 m 不进行碾压；第二段施工时，前段留下未压部分与第二段一起拌和整平后，再进行碾压。

（6）纵缝的处理

首先应避免纵向接缝。在必须分两幅铺筑时，纵缝应搭接拌和。前一幅全宽碾压密实后，在后一幅拌和时，应将相邻的前幅边部约 30 cm 搭接拌和，整平后一起碾压密实。

2. 中心站集中厂拌法施工要点（以级配碎石为例）

（1）中心站采用强制式拌和机、卧式双转轴桨叶式拌和机、普通水泥混凝土拌和机等多种机械进行集中拌和。在正式拌和前，必须先调试所用厂拌设备。

（2）对于快速路及主干路的基层和中间层，宜采用不同粒级的单一尺寸碎石和石屑，按预定配合比在拌和机内拌制混合料。不同粒级的碎石和石屑等细集料应隔离分别堆放，细集料应有覆盖，防止雨淋。

（3）在采用未筛分碎石和石屑时，如未筛分碎石或石屑的颗粒组成发生明显变化，应重新调试设备。

（4）将级配碎石用于快速路及主干路时，应用沥青混凝土摊铺机或其他碎石摊铺机摊铺混合料，摊铺机后面应设专人消除粗细集料离析现象。

（5）采用振动压路机或三轮压路机进行碾压，其碾压方法同“路拌法”。

（6）对于次干路及支路，如没有摊铺机，也可用自动平地机（或摊铺箱）摊铺混合料。但应注意：①根据摊铺层的厚度和要求达到的压实干密度，计算每车混合料的摊铺面积；②将混合料均匀地卸在路幅中央，路幅宽时，亦可卸成两行；③用平地机将混合料按松铺厚度摊铺均匀。

（7）用平地机摊铺混合料后的整形和碾压与路拌法施工要点相同。

（8）接缝的处理要点

1）横向接缝：①用摊铺机摊铺混合料时，靠近摊铺机当天未压实的混合料，可与第二天摊铺的混合料一起碾压，但应特别注意对其含水量的检查控制。②用平地机摊铺时，每天的工作缝按上述搭接拌和方法处理。

2）纵向接缝：应避免纵向接缝。如一台摊铺机摊铺宽度不够时，宜采用两台一前一后相隔 5 ～ 8 m 同步向前摊铺。如仅有一台时，可先在一条摊铺带上摊铺一定长度后，再开到另一条摊铺带上摊铺，然后一起进行碾压。

在不能避免纵向接缝的情况下，纵缝必须垂直相接，不应斜接，其处理要点是：①在前一幅摊铺时，后一幅的一侧应用方木或钢模板作支撑，其高度与级配碎石层的压实厚度相同，并在摊铺后一幅之前，将方木或钢模板除去。②如在摊铺前一幅时，未用方木或钢模板支撑，靠边缘的 30 cm 左右难以压实，且形成一个斜坡。则在摊铺后一幅时，应先将未完全压实部分和不符合路拱要求部分挖松并补充洒水，待后一幅混合料摊铺后，再一起进行整平和碾压。

需着重指出的是：施工中，主要应控制颗粒的级配组成，特别是其中的最大粒径 5 mm 以下及 0.5 mm 以下和 0.075 mm 以下的颗粒含量以及塑性指数。严格控制级配集料的均匀性（包括级配组成和含水量）和压实度。级配集料（含未筛分碎石）底基层不宜做成槽式，宜做成满铺式，以利排除进入路面结构层的水，否则两侧要设置纵向盲沟。对未筛分碎石，一定要在较潮湿情况下才能往上铺撒石屑，否则一旦开始拌和，石屑就会落到底部。级配碎石基层未洒透层沥青或未铺封层时，禁止开放交通。

三、水泥稳定土施工技术

水泥稳定土是指用水泥作结合料所得混合料的一个广义的名称，它包括用水泥稳定的各种细粒土、中粒土和粗粒土。在经过粉碎的或原来松散的土中，掺入足量的水泥和水，经拌和得到的混合料在压实和养生后，当其抗压强度符合规定的要求时，称为水泥稳定土。

用水泥稳定细粒土得到的强度符合要求的混合料，视所用土类而定，可简称为水泥土、水泥砂或水泥石屑等。用水泥稳定中粒土和粗粒土得到的强度符合要求的混合料，视所用原材料而定，可简称为水泥碎石、水泥沙砾等。

水泥稳定土适用于各种道路的基层和底基层，但水泥土不得作为快速路及主干路的基层。

（一）材料要求

（1）对于次干路及支路所用的粗粒土、中粒土、细粒土应满足以下要求

1)用水泥稳定土做底基层时，土单个颗粒的最大粒径不应超过 53 cm(指方孔筛，下同)。水泥稳定土的颗粒组成应在表 2-13 所列范围内，土的均匀系数应大于 5。细粒土的液限不应超过 40%，塑性指数不应超过 17。对于中粒土和粗粒土，如土中小于 0.6 mm 的颗粒含量在 30% 以下，塑性指数可稍大。实际工作中，宜选用均匀系数大于 10、塑性指数小于 12 的土。塑性指数大于 17 的土，宜采用石灰稳定，或用水泥和石灰综合稳定。

表 2-13　做底基层时水泥稳定土的颗粒组成范围

筛孔尺寸 /mm	53	4.75	0.6	0.075	0.002 6
通过质量百分率 /%	100	50 ～ 100	17 ～ 100	0 ～ 50	0 ～ 30

2）水泥稳定土做基层时，单个颗粒的最大粒径不应超过 37.5 mm。其颗粒组成应在表 2-14 的范围内。集料中不宜含有塑性指数大于 12 的土。对于次干路及支路宜按接近级配范围的下限组配混合料，或采用表 2-15 中的 2 号级配。

表 2-14　做基层时水泥稳定土的颗粒组成范围

筛孔尺寸（方孔）/mm	通过质量百分率 /%	筛孔尺寸（方孔）/mm	通过质量百分率 /%
37.5	90 ～ 100	2.36	20 ～ 70
26.5	60 ～ 100	1.18	14 ～ 57
19	54 ～ 100	0.6	8 ～ 47
9.5	39 ～ 100	0.075	0 ～ 30
4.75	28 ～ 84		

3）级配碎石、未筛分碎石、沙砾、碎石土、煤矸石和各种粒状矿渣，均适宜用水泥稳定。碎石包括岩石碎石、矿渣碎石、破碎（砾）石等。

（2）用于快速路及主干路的粗粒土和中粒土应满足下列要求

1）用水泥稳定土做底基层时，单个颗粒的最大粒径不应超过 37.5 mm。水泥稳定土的颗粒组成应在表 2-15 所列 1 号级配范围内，土的均匀系数应大于 5。对于中粒土和粗粒土，宜采用表 2-15 中的 2 号级配，但小于 0.075 mm 的颗粒含量和塑性指数可不受限制。其余要求同“次干路及支路”情况。

表 2-15　水泥稳定土的颗粒组成范围

项目	通过质量百分率 /% \ 编号	1	2	3
筛孔尺寸 /mm	37.5	100	100	
	31.5		90 ～ 100	100
	26.5			90 ～ 100
	19		67 ～ 90	72 ～ 89
	9.5		45 ～ 68	47 ～ 67
	4.75	50 ～ 100	29 ～ 50	29 ～ 49
	2.36		18 ～ 38	17 ～ 35
	0.6	17 ～ 100	8 ～ 22	8 ～ 22
	0.075	0 ～ 30	0 ～ 7①	0 ～ 7①
液限 /%				＜ 28
塑性指数				＜ 9

注：①集料中 0.5 mm 以下细粒土有塑性指数时，小于 0.075mm 的颗粒含量不应超过 5%；细粒土无塑性指数时，小于 0.075 mm 的颗粒含量不应超过 7%。

2）用水泥稳定土做基层时，单个颗粒的最大粒径不应超过 31.5mm。水泥稳定土的颗粒组成在表 2-15 所列 3 号级配范围内。

3）用水泥稳定土做基层时，对所用的碎石或砾石，应预先筛分成 3 ～ 4 个不同粒级，然后配合，使颗粒组成符合表 2-15 所列级配范围。

（3）水泥稳定粒径为较均匀的砂时，宜在砂中添加少部分塑性指数小于 10 的黏性土或石灰土，也可添加部分粉煤灰，加入比例可按使混合料的标准干密度接近最大值确定，一般为 20% ～ 40%。

（4）水泥稳定土中碎石或砾石的压碎值应符合下列要求

基层：快速路及主干路不大于 30%，次干路及支路不大于 35%。

底基层：快速路及主干路不大于 30%，次干路及支路不大于 40%。

（5）有机质含量超过 2% 的土，必须先用石灰进行处理，闷料一夜后再用水泥稳定。

（6）硫酸盐含量超过 0.25% 的土，不应用水泥稳定。

（7）普通硅酸盐水泥、矿渣硅酸盐水泥和水山灰质硅酸盐水泥都可用于稳定土，但应选用初凝时间 3 h 以上和终凝时间较长（宜在 6 h 以上）的水泥，不应使用快硬水泥、早强水泥以及已受潮变质的水泥，宜采用 32.5 级或 42.5 级的水泥。

（8）综合稳定土中用的石灰应是消石灰粉或生石灰粉。

（9）凡是饮用水（含牲畜饮用水）均可用于水泥稳定土施工。

（二）混合料组成设计要点

1. 基本要求

（1）各级道路用水泥稳定土的 7 d 浸水抗压强度应符合表 2-16 的规定。

表 2-16　水泥稳定土抗压强度标准

层位＼道路等级	次干路及支路	快速路及主干路
基层 /MPa	2.5 ～ 3.0	3.0 ～ 5.0
底基层 /MPa	1.5 ～ 2.0	1.5 ～ 2.5

（2）水泥稳定土的组成设计应根据表 2-16 的强度标准，通过试验选取最适宜于稳定的土，确定必需的水泥剂量和混合料的最佳含水量。在需要改善混合料的物理力学性质时，还应确定掺加料的比例。

（3）综合稳定土的组成设计应通过试验选取最适宜于稳定的土，确定必需的水泥和石灰剂量以及混合料的最佳含水量。

（4）采用综合稳定土时，如水泥用量占结合料总量的 30% 以上，应按相关的技术要求进行组成设计。水泥和石灰的比例宜取 60 ∶ 40，50 ∶ 50 或 40 ∶ 60。

（5）水泥稳定土的各项试验应按现行试验规程进行。

2. 原材料的试验

（1）在稳定土施工前，应采集所定料场中有代表性的土样进行下列项目的试验：①颗粒分析；②液限和塑性指数；③击实试验；④碎石或砾石的压碎值；⑤有机质含量（必要时做）；⑥硫酸盐含量（必要时做）。

（2）如碎石、碎石土、沙砾、沙砾土等的级配不好，宜先改善其级配。

（3）应检验水泥的等级和终凝时间。

3. 混合料的设计步骤

（1）分别按下列五种水泥剂量配制同一种土样、不同水泥剂量的混合料。

1）做基层用

中粒土和粗粒土：3%、4%、5%、6%、7%；

塑性指数小于 12 的细粒土：5%、7%、8%、9%、11%；

其他细粒土：8%、10%、12%、14%、16%。

2）做底基层用

中粒土和粗粒土：3%、4%、5%、6%、7%；

塑性指数小于 12 的细粒土：4%、5%、6%、7%、9%；

其他细粒土：6%、8%、9%、10%、12%。

（2）确定混合料的最佳含水量和最大干密度，至少应做三个不同水泥剂量混合料的击实试验，即最小剂量、中间剂量和最大剂量，其余两个混合料的最佳含水量和最大干密度用内插法确定。

（3）按规定的压实度，分别计算不同水泥剂量的试件应有的干密度。

（4）按最佳含水量和计算所得的干密度制备试件。进行强度试验时，作为平行试验的最少试件数量应不小于表 2-17 中的规定。如试验结果的偏差系数大于表中规定的值，则应重做试验，并找出原因，加以解决。如不能降低偏差系数，则应增加试件数量。

表 2-17　最少试件数量

土类＼偏差系数	< 10%	10% ~ 15%	15% ~ 20%
细粒土	6	9	
中粒土	6	9	13
粗粒土		9	13

（5）试件在规定温度下保湿养生 6d，浸水 24h 后，按现行试验规程进行无侧限抗压强度试验。

（6）计算试验结果的平均值和偏差系数。

（7）根据上述强度标准，选定合适的水泥剂量，此剂量试件室内试验结果的平均抗压强度 $\overline{R}$ 应达到下述要求：

$$\overline{R} \geqslant \frac{R_d}{1-Z_a C_V}$$

式中，R_d——设计抗压强度；

C_V——试验结果的偏差系数（以小数计）；

Z_a——标准正态分布表中随保证率（或置级度 a）而变的系数，快速路和主干路应取保证率 95%，即 Z_a =1.645，其他道路取 90%，即 Z_a=1.282。

水泥改善土的塑性指数应不大于 6，承载比应不小于 240。

（8）工地实际采用的水泥剂量应比室内试验确定的剂量多 0.5% ～ 1.0%。采用集中厂拌法施工时，可只增加 0.5%；采用路拌法施工时，宜增加 1%。

（9）水泥最小剂量，见表 2-18。

表 2-18　水泥最小剂量

土类＼拌和方法	路拌法	集中厂拌法
中粒土和粗粒土	4%	3%
细粒土	5%	4%

（10）综合稳定土的组成设计与上述步骤相同。

（三）施工组织与作业段划分

（1）水泥稳定土施工时，必须采用流水作业法，使各工序紧密衔接。特别是要尽量缩短从拌和到完成碾压之间的延迟时间。

（2）应做水泥稳定土的延迟时间对其强度影响的试验，以确定合适的延迟时间。

（3）综合考虑水泥的终凝时间、延迟时间对混合料密实度和抗压强度的影响、施工机械和运输车辆的效率和数量、工人操作的熟练程度、接缝处理、施工季节和气候条件的影响等因素，确定出路拌法施工每一作业段的合理长度。

一般情况下，当稳定土层宽为 7 ～ 8 m 时，每一流水作业段以 200 m 为宜，但每天的第一个作业段应稍短，可为 150 m。如稳定土层较宽，则作业段应再缩短。

四、石灰稳定土施工技术

（一）一般规定

（1）按照土中单个颗粒的粒径大小和组成，将土分为细粒土、中粒土和粗粒土三种。

（2）石灰剂量以石灰质量占全部粗细土颗粒干质量的百分率表示。

（3）石灰稳定土适用于各级道路的底基层，一般不作为城市道路的基层。

（4）石灰稳定土层应在春末和夏季组织施工。施工期的日最低气温应在 5°C 以上，并应在第一次重冰冻（–5 ～ –3°C）到来之前一个月到一个半月完成。稳定土层宜经历半个月以上温暖和热的气候养生。多雨地区，应避免在雨季进行石灰土结构层的施工。

（5）在混合料处于最佳含水量或略小于最佳含水量（1% ～ 2%）时进行碾压，应使其达到规范规定的压实度标准。

（二）材料要求

石灰稳定土是指在粉碎的或原来松散的土（包括各种粗、中、细粒土）中，掺入足量的石灰和水，经拌和、压实及养生后得到的混合料，当其抗压强度符合规定要求时，称为石灰稳定土。

石灰土是指用石灰稳定细粒土得到的强度符合要求的混合料。

用石灰稳定中粒土和粗粒土得到的强度符合要求的混合料，原材料为天然沙砾或级配沙砾时，称石灰沙砾土；原材料为碎石或级配碎石时，称为石灰碎石土。

1. 土

塑性指数为 15 ～ 20 的黏性土以及含有一定数量黏性土的中粒土和粗粒土均

适宜于用石灰稳定。塑性指数在 15 以上的黏性土更适宜于用石灰和水泥综合稳定。无塑性指数的级配沙砾、级配碎石和未筛分碎石，应在添加 15% 左右的黏性土后才能用石灰稳定。塑性指数在 10 以下的亚砂土和砂土用石灰稳定时，应采取适当的措施或采用水泥稳定。塑性指数偏大的黏性土，施工中应加强粉碎，其土块最大尺寸不应大于 15 mm。

（1）相关规定

1）石灰稳定土用做快速路及主干路的底基层时，颗粒的最大粒径不应超过 37.5mm，用做次干路及支路的底基层时，颗粒的最大粒径不应超过 53 mm。

2）级配碎石、未筛分碎石、沙砾、碎石土、沙砾土、煤矸石和各种粒状矿渣等均适宜用做石灰稳定土的材料。但石灰稳定土中碎石、沙砾或其他粒状的含量应在 80% 以上，并应具有良好的级配。

3）硫酸盐含量超过 0.8% 的土和有机质含量超过 10% 的土不宜用石灰稳定。

（2）石灰稳定土中的碎石或砾石的压碎值用做快速路及主干路的底基层时不大于 35%，用做次干路及支路的底基层时不大于 40%。

2. 石灰

对石灰，其技术指标应符合表 2-19 的规定。并注意：①应尽量缩短石灰的存放时间，如在野外堆放时间较长时，应覆盖防潮；②使用等外石灰、贝壳石灰、珊瑚石灰等，应进行试验，只有当混合料的强度符合标准时，才可使用。

表 2-19　石灰的技术指标

类别 / 指标 / 项目		钙质生石灰			镁质生石灰			钙质消石灰			镁质消石灰		
		等级											
		Ⅰ	Ⅱ	Ⅲ	Ⅰ	Ⅱ	Ⅲ	Ⅰ	Ⅱ	Ⅲ	Ⅰ	Ⅱ	Ⅲ
有效钙加氯化镁含量 /%		≥ 85	≥ 80	≥ 70	≥ 80	≥ 75	≥ 65	≥ 65	≥ 60	≥ 55	≥ 60	≥ 55	≥ 50
未消化残渣含量（5 mm 圆孔筛的筛余 /%）		≤ 7	≤ 11	≤ 17	≤ 10	≤ 14	≤ 20						
含水 /%								≤ 4	≤ 4	≤ 4	≤ 4	≤ 4	≤ 4
细度	0.71 mm 方孔筛的筛余 /%							0	≤ 1	≤ 1	≤ 0	≤ 1	≤ 1
细度	0.125 mm 方孔筛的累计筛余 /%							≤ 13	≤ 20	—	≤ 13	≤ 20	—
钙镁石灰的分灰界限，氧化镁含量 /%		≤ 5			＞ 5			≤ 4			＞ 4		

注：①硅、铝、镁氧化物含量之和大于 5% 的生石灰，有效钙加氧化镁含量指标，Ⅰ等≥ 75%，Ⅱ等≥ 70%，Ⅲ等≥ 60%；未消化残渣含量指标与镁质生石灰指标相同。

（三）混合料组成设计要点

1. 原材料试验

（1）在稳定土施工前，应采集所定料场中有代表性的土样进行下列项目的试验：①颗粒分析；②液限和塑性指数；③击实试验；④碎石或砾石的压碎值；⑤有机质含量（必要时做）；⑥硫酸盐含量（必要时做）。

（2）如碎石、碎石土、沙砾、沙砾土等的级配不好，宜先改善其级配。

（3）检验石灰的有效钙和氧化镁含量。

2. 混合料的设计步骤

（1）试样制备。按下列石灰剂量配制同一种土样、不同石灰剂量的混合料。

塑性指数小于 12 的黏性土：8%、10%、11%、12%、14%；

塑性指数大于 12 的黏性土：5%、7%、8%、9%、11%。

（2）确定混合料的最佳含水量和最大干密度，至少应做三个不同石灰剂量混合料的击实试验，即最小剂量、中间剂量和最大剂量，其余两个混合料的最佳含水量和最大干密度用内插法确定。

（3）按规定的压实度，分别计算不同石灰剂量的试件应有的干密度。

（4）按最佳含水量和计算所得的干密度制备试件。

（5）试件在规定温度下保湿养生 6d，浸水 24 h 后，按现行试验规程进行无侧限抗压强度试验。

（6）计算试验结果的平均值和偏差系数。

（7）根据强度标准，选定合适的石灰剂量。用做快速路及主干路的底基层时，抗压强度标准值不小于 0.5 ～ 0.7；用做次干路及支路的底基层时，抗压强度标准值不小于 0.8。

（8）工地实际采用的石灰剂量应比室内试验确定的剂量多 0.5% ～ 1.0%。采用集中厂拌法施工时，可只增加 0.5%；采用路拌法施工时，宜增加 1%。

（9）综合稳定土的组成设计步骤与上述步骤相同。

（四）路拌法施工程序与施工技术要点

1. 施工程序

准备下承层→施工放样→备料、摊铺土→洒水闷料→整平和轻压→卸置和摊铺石灰→拌和与洒水→整形→碾压→接缝和掉头处的处理→养生。

2. 主要施工程序的施工要点

（1）备料

除应满足上述“备料”的要求之外，还应满足：

1)对于塑性指数小于 15 的黏性土，可视土质情况和机械性能确定是否需要过筛。

2）当分层采集土时，应将土先分层堆放在一场地上，然后从前到后将上下层土一起装车运送到现场，以利土质均匀。

3）石灰应选择公路两侧宽敞、邻近水源且地势较高的场地集中堆放。当堆放时间较长时，应覆盖封存，同时做好堆放场地的临时排水设施。

4）生石灰块，应在使用前 7 ～ 10d 消解，且消解的石灰应保持一定湿度，使不产生扬尘，也不过湿成团。消石灰宜过孔径 10 mm 筛，并尽快使用。

（2）通过试验确定土的松铺系数

人工摊铺混合料时，对石灰土沙砾，取 1.52 ～ 1.56（路外集中拌和）；对石灰土，取 1.53 ～ 1.58（现场拌和）或 1.65 ～ 1.70（路外集中拌和）。其他要求与水泥稳定土中“摊铺土”的要求相同。

（3）卸置和摊铺石灰

1）按计算所得的每车石灰的纵横间距，用石灰在土层上做标识，同时画出摊铺的石灰标线。

2）用刮板将石灰均匀摊开，表面应无空白位置。量测石灰的松铺厚度，根据石灰的含水量和松密度，校核石灰用量是否合适。

3）铺土、铺灰的计算公式与示例

在稳定土施工备料时，往往需要把设计配合比中的材料质量比换算成体积比。然后将各种材料用自卸车或人工堆放于路槽中，并整成规则的现状，用皮尺或米绳丈量计数。

①消石灰与土由质量比换算成体积比的计算公式：

$$石灰体积：土体积=\frac{P_2}{\rho_2}:\frac{P_1}{\rho_1}$$

式中，P_1、P_2——分别为消石灰及土的质量百分比（P_1=100%）；

ρ_2——消石灰的天然松方干密度，kg/m^3；

$$\rho_2=\frac{天然松方湿密度}{1+\omega_2}（\omega_2-消石灰含水量）$$

式中，ρ_1——土的天然松方干密度，kg/m^3；

$$\rho_1=\frac{天然松方湿密度}{1+\omega_1}（\omega_1-土的含水量）$$

②土的松铺厚度（石灰亦同理）：

$$h_1=\frac{\rho_0\frac{P_1}{P_1+P_2}h_0}{\rho_1}$$

式中，h_1——土的松铺厚度，cm；

ρ_0——石灰土的最大干密度，kg/m^3；

h_0——石灰土压实（设计）厚度，cm。

③每延米铺张层的消石灰天然松方体积用量（土亦同理）：

$$V_2=\frac{b_0\rho_0\frac{P_2}{P_1+P_2}h_0}{\rho_2}$$

式中，V_2——每延米铺张层的消石灰天然松方体积用量，m^3；

b_0——铺张层设计宽度，m；

h_0——铺张层设计（压实）厚度，cm。

【例题】设剂量为 11% 的石灰土结构层，结构层宽度 6m，压实厚度 15cm。经试验：石灰土最大干密度 1 680kg/m^3，消石灰天然松方湿密度为 495kg/m^3，土的天然松方湿密度为 1 092 kg/m^3，实测消石灰含水量 28%，土的含水量 4%。

【解】①消石灰与土的体积比：

$$\frac{\frac{11}{\frac{495}{1.28}}}{}:\frac{100}{\frac{1\,092}{1.04}}=1:3.35$$

②土的松铺厚度：

$$h_1=\frac{\frac{1\,680\times100\times15}{(100+11)}}{\frac{1\,092}{1.04}}=21.6\text{cm}$$

③每延米消石灰用量：

$$V_2=\frac{\frac{6\times0.15\times1\,680\times11}{(100+11)}}{\frac{495}{1.28}}=0.39\text{m}^3$$

（4）拌和与洒水

1）使用生石灰粉时，宜先用平地机或多铧犁将石灰翻到土层中间，但不能翻到底部。

2）在没有专用拌和机械的情况下，可用农用旋转耕作机与多铧犁或平地机相配合拌和三遍。先用耕作机拌和两遍、后用多铧犁或平地机将底部素土翻起，再用耕作机翻拌两遍，并随时检查调整翻犁的深度，使稳定土层全部翻透。

3）如为石灰稳定级配碎石或砾石时，应先将石灰和需添加的黏性土拌和均匀，再均匀地摊铺在级配碎石或沙砾层上，一起进行拌和。

4）用石灰稳定塑性指数大的黏土时，应采用两次拌和。第一次加 70% ～ 100% 预定剂量的石灰进行拌和，闷放 1 ～ 2 d 后，再补足需用石灰，进行第二次拌和。

（5）接缝和掉头处的处理

对同日施工的两工作段的衔接处采用搭接形式，前一段拌和整形后，留 5 ～ 8 m 不进行碾压，后一段施工时，应与前段留下未压部分一起进行拌和。拌和机械及其他机械不宜在已压成的石灰稳定土层上掉头。如必须掉头，应采取措施保护掉头部分，使灰土层表层不受破坏。

其他工序的施工如准备下承层、施工放样、洒水闷料、整平和轻压、整形和碾压、纵缝的处理等均与水泥稳定土施工中所述要点相同。

五、石灰工业废渣稳定土施工技术

石灰工业废渣稳定土是指将一定数量的石灰和粉煤灰或石灰和煤渣与其他集料相配合，加入适量的水（通常为最佳含水量）经拌和、压实及养生后得到的混合料，当其抗压强度符合规定要求时，称为石灰工业废渣稳定土（简称为石灰工业废渣）。

二灰、二灰土、二灰砂是指将一定数量的石灰和粉煤灰或一定数量的石灰、粉煤灰和土相配合以及一定数量的石灰、粉煤灰和砂相配合，加入适量的水（通常为最佳含水量），经拌和、压实及养生后得到的混合料，当其抗压强度符合规定的要求时，分别简称为二灰、二灰土、二灰砂。

二灰级配碎石、二灰级配砾石（称二灰级配集料）是指用石灰和粉煤灰稳定级配碎石或级配砾石得到的混合料，当其强度符合要求时，分别称为石灰、粉煤灰级配碎石或石灰、粉煤灰级配砾石。

石灰煤渣土和石灰煤渣集料是指用石灰、煤渣和土或石灰、煤渣和集料得到的强度符合要求的混合料，分别称为石灰煤渣土和石灰煤渣集料。

石灰工业废渣稳定土可用做各级道路的基层和底基层，但二灰、二灰土和二灰砂仅可用做高级路面的底基层，而不得用做基层。

石灰工业废渣混合料采用质量配合比计算，即以石灰：粉煤土：集料（或土）的质量比表示。

（一）材料要求

（1）石灰工业废渣稳定土所用石灰质量应符合规定的Ⅲ级消石灰或Ⅲ级生石灰的技术指标，应尽量缩短石灰的存放时间。如存放时间较长，应采取覆盖封存措施，妥善保管。

有效钙含量在20%以上的等外石灰、贝壳石灰、珊瑚石灰、电石渣等，当其混合料的强度通过试验符合标准时，可以应用。

（2）粉煤灰中SiO_2、Al_2O_3和Fe_2O_3的总含量应大于70%，粉煤灰的烧失量不应超过20%；粉煤灰的比表面积宜大于2 500cm^2/g（或90%通过0.3mm筛孔、70%通过0.075mm筛孔）。干粉煤灰和湿粉煤灰都可以应用，但湿粉煤灰的含水量不宜超过35%。

（3）煤渣的最大粒径不应大于30mm，颗粒组成宜有一定级配，且不宜含杂质。

（4）宜采用塑性指数12～20的黏性土（亚黏土），土块的最大粒径不应大于

15mm，有机质含量超过 10% 的土不宜选用。

（5）二灰稳定的中粒土和粗粒土不宜含有塑性类（指数的）土。

（6）用于一般道路的二灰稳定土应符合：二灰稳定土用做底基层时，石料颗粒的最大粒径不应超过 53mm；二灰稳定土用做基层时，石粒颗粒的最大粒径不应超过 37.5mm；碎石、砾石或其他粒状材料的质量宜占 80% 以上，并符合规定的级配范围。

（7）用于高等级道路的二灰稳定土应符合：各种细粒土、中粒土和粗粒土都可用二灰稳定后用做底基层，但土中碎石、砾石颗粒的最大粒径不应超过 37.5mm；二灰稳定土用做基层时，二灰的质量应占 15%，最多不超过 20%，石料颗粒的最大粒径不应超过 31.5mm，其颗粒组成宜符合规定的级配范围，粒径小于 0.075mm 的颗粒含量宜接近 0。

对所用的砾石或碎石，应预先筛分成 3 ～ 4 个不同粒级，然后再配合成颗粒组成符合表 2-20、表 2-21 所列级配范围的混合料。

表 2-20　二灰级配沙砾石中集料的颗粒组成范围

筛孔尺寸 /mm ＼ 通过质量百分率 /% ＼ 编号	1	2	筛孔尺寸 /mm ＼ 通过质量百分率 /% ＼ 编号	1	2
37.5	100		2.36	25 ～ 45	27 ～ 47
31.5	85 ～ 100	100	1.18	17 ～ 35	17 ～ 35
19.0	65 ～ 85	85 ～ 100	0.60	10 ～ 27	10 ～ 25
9.50	50 ～ 70	55 ～ 75	0.075	0 ～ 15	0 ～ 10
4.75	35 ～ 55	39 ～ 59			

表 2-21　二灰级配碎石中集料的颗粒组成范围

筛孔尺寸 /mm ＼ 通过质量百分率 /% ＼ 编号	1	2	筛孔尺寸 /mm ＼ 通过质量百分率 /% ＼ 编号	1	2
37.5	100		2.36	18 ～ 38	18 ～ 38
31.5	90 ～ 100	100	1.18	10 ～ 27	10 ～ 27
19.0	72 ～ 90	81 ～ 98	0.60	620	6 ～ 20
9.50	48 ～ 68	52 ～ 70	0.075	0 ～ 7	0 ～ 7
4.75	30 ～ 50	30 ～ 50			

（8）碎石或砾石的压碎值应满足表 2-21 的规定。

（9）凡饮用水（含牲畜饮用水）均可使用。

（二）混合料组成设计要点

1. 一般规定

（1）石灰工业废渣稳定土的 7 d 浸水抗压强度应符合表 2-22 的规定。

表 2-22　二灰混合料抗压强度标准

层位 \ 道路等级	次干路及支路	快速路及主干路
基层	0.6 ～ 0.8	0.8 ～ 1.1
底基层	≥ 0.5	≥ 0.6

（2）石灰工业废渣稳定土的组成设计应根据表 2-22 的强度标准，通过试验选取最适宜于稳定的土，确定石灰与粉煤灰或石灰与煤渣的比例，确定石灰粉煤灰或石灰煤渣与土的质量比例，确定混合料的最佳含水量。

（3）对于 CaO 含量 2% ～ 6% 的硅铝粉煤灰，采用石灰粉煤灰做基层或底基层时，石灰与粉煤灰的比例可以是 1 ∶ 2 ～ 1 ∶ 9。

（4）采用二灰土做基层或底基层时，石灰与粉煤灰的比例可用 1 ∶ 2 ～ 1 ∶ 4（对于粉土，以 1 ∶ 2 为宜），石灰粉煤灰与细粒土的比例可以是 30 ∶ 70 ～ 10 ∶ 90。

（5）采用二灰级配集料做基层时，石灰与粉煤灰的比例可用 1 ∶ 2 ～ 1 ∶ 4，石灰粉煤灰与集料的比应是 20 ∶ 80 ～ 15 ∶ 85。

（6）采用石灰煤渣做基层或底基层时，石灰与煤渣的比例可用 20 ∶ 80 ～ 15 ∶ 85。

（7）采用石灰煤渣土做基层或底基层时，石灰与煤渣的比例可选用 1 ∶ 1 ～ 1 ∶ 4，石灰煤渣与细粒土的比例可以是 1 ∶ 1 ～ 1 ∶ 4。混合料中石灰不应少于 10%，或通过试验选取强度较高的配合比。

（8）采用石灰煤渣集料做基层或底基层时，石灰∶煤渣∶集料可选用（7 ～ 9）∶（26 ～ 33）∶（67 ～ 58）。

（9）为提高石灰工业废渣的早期强度，可外加 1% ～ 2% 的水泥。

2. 原材料的试验

在石灰工业废渣稳定土施工前，应取有代表性的样品进行下列试验：土的颗粒分析；液限和塑性指数；石料的压碎值试验；有机质含量（必要时做）；石灰的有效钙和氧化镁含量；收集或试验粉煤灰的化学成分、细度和烧失量。

3. 混合料的设计步骤

（1）制备不同比例的石灰粉煤灰混合料（如 10 ∶ 90、15 ∶ 85、20 ∶ 80、

25 ： 75、30 ： 70、35 ： 65、40 ： 60、45 ： 55 和 50 ： 50），确定其各自的最佳含水量和最大干密度，确定同一龄期和同一压实度试件的抗压强度，选用强度最大时的石灰粉煤灰比例。

（2）根据试验所得的二灰比例，制备同一种土样的 4 ～ 5 种不同配合比的二灰土或二灰级配集料。其配合比宜在上述的配合比范围内选用。

（3）用重型击实试验法确定最佳含水量和最大干密度。并按规定达到的压实度，分别计算不同配合比时二灰土、二灰级配集料试件应有的干密度。

（4）按最佳含水量和计算得到的干密度制备试件。试验的试件数量应符合表 2-17 规定的数量。如试验结果的偏差系数大于表中规定值，则应重做试验，并找出原因加以解决。如不能降低偏差系数，则应增加试件数量。

（5）试件在规定温度下保湿养生 6d，浸水 24 h 后，按试验规程规定进行无侧限抗压强度试验，并计算试验结果的平均值和偏差系数。

（6）根据上述强度标准，选定混合料的配合比。

（7）石灰煤渣混合料的配合比设计可参照上述步骤进行。

任务三　沥青面层施工技术

一、概述

（一）沥青路面的特点

沥青路面是指沥青混合料经过摊铺、碾压等一系列工艺而形成的路面面层结构。而沥青混合料是由沥青和矿质集料在高温条件下拌和而成的，沥青混合料的力学性质受温度、荷载大小和荷载作用时间长短的影响很大。沥青混合料的力学性质决定着沥青路面的使用性能。

由于沥青路面使用了黏结力较强、有一定弹性和塑性变形能力的沥青材料，使其与水泥混凝土路面相比具有足够的强度、表面平整无接缝、振动小、行车舒适、抗滑性能好、耐久性好、施工期短、养护维修方便等优点，因此在我国的城市道路和公路中被广泛采用，成为我国高等级公路和城市道路的主要路面形式。但它也存在表面易受硬物损坏且容易磨光降低抗滑性等缺点，同时它对基层和路基的强度有很高要求。

（二）沥青路面的分类

应用于各种道路上的沥青面层归纳起来主要有四种基本类型，即热拌沥青混合料、沥青表面处治与封层、沥青贯入式、冷拌沥青混合料。其中热拌及冷拌沥青混合料又可根据混合料的级配类型分为沥青混凝土（AC）、沥青稳定碎石（ATB）、沥青玛蹄脂碎石（SMA）、排水式沥青磨耗层（OGFC）、排水式沥青碎石基层（ATPB）和沥青碎石（AM）

1. 热拌沥青混合料

用不同粒级的碎石、天然砂或机制砂、矿粉及沥青按一定设计配合比在拌和机中热拌所得的不同空隙率的混合料称热拌沥青混合料。热拌沥青混合料的级配类型有三种：密级配、开级配和半开级配，密级配又分为连续级配和间断级配。沥青混凝土就是其中的一种连续密级配。

热拌沥青混合料适用于各种等级道路的沥青面层。高速公路、一级公路的沥青上面层、中面层及下面层应采用沥青混凝土混合料铺筑，沥青碎石混合料仅适用于过渡层及整平层。其他等级道路的上面层宜采用沥青混凝土混合料铺筑。

2. 沥青表面处治与封层

沥青表面处治是我国早期沥青路面的主要类型，广泛使用于砂石路面以提高路面等级、解决晴雨通车所做的简易式沥青路面。现在除了三级公路以下的地方性公路上继续使用外，已逐渐为更高等级的沥青路面类型所代替。传统的表面处治使用喷洒法或称层铺法施工。喷洒法表面处治除在轻交通道路上用作沥青表面层外，还可在旧沥青面层或水泥混凝土路面上用做封层以封闭旧面层的裂缝和改善旧面层的抗滑性能。

封层是指为封闭表面空隙、防止水分浸入而在沥青面层或基层上铺筑的有一定厚度的沥青混合料薄层。铺筑在沥青面层表面的称为上封层，铺筑在沥青面层下面、基层表面的称为下封层。其实封层是属于表面处治的一种，近年来封层的用途越来越广泛，出现了石屑封层、微表处、超薄磨耗层等类型。

沥青表面处治与封层主要用来解决沥青路面的表面功能，对增加沥青路面的构造深度、提高表面抗滑、减少行车噪声起着决定作用。

在市政工程中，沥青表面处治适用于城市道路的支路和街坊路及在沥青面层或水泥混凝土面层上加铺的罩面或磨耗层。

3. 沥青贯入式路面

沥青贯入式路面是指在初步压实的碎石（或破碎砾石）上分层浇洒沥青、撒布嵌缝料或再在上部铺筑热拌沥青混合料封层，经压实而成的沥青面层。沥青贯入式是一种多孔隙结构，尤其是下部粗碎石之间的孔隙最大，作为面层，沥青贯入式必须有封面料，以密闭其表面，减少表面水透入路面结构层，并提高贯入式面层本身的耐用性。沥青贯入式是靠矿料颗粒间的嵌锁作用以及沥青的黏结作用获得所需的强度和稳定性。

沥青贯入式路面在市政工程中适用于城市道路的次干路和支路。

4. 冷拌沥青混合料

以乳化沥青或稀释沥青为结合料与矿料在常温或加热温度很低的条件下拌和，所得的混合料为冷拌沥青混合料。冷拌沥青混合料适用于城市道路支线的沥青面层和各级道路沥青路面的联结层或整平层及低等级城市道路的路面补坑。

（三）施工准备工作

沥青路面在正式开始施工前，应做好技术、资源、现场等多方面的准备工作。

1. 技术准备

（1）进一步熟悉和核对设计文件。熟悉和核对设计文件特别是结构及各项技术指标、质量要求等，并考虑其技术经济的合理性和施工的可行性。应认真仔细进行现场核对，如发现有疑问、错误、漏洞等及其他与实际情况不符之处，应按有关规定及时变更设计。

（2）编制实施性施工组织设计。主要是编制实施性施工方案、施工进度计划、施工预算和安全生产技术措施设计等控制和指导施工的文件，要保证其内容实事求是、客观具体，具有可操作性。

（3）提前落实沥青路面所用混合料的施工配合比。一个完整的混合料设计应分三阶段进行，第一阶段是目标配合比设计阶段，第二阶段是生产配合比设计阶段，第三阶段是生产配合比验证阶段也即是施工配合比设计阶段。通过这三个阶段确定沥青混合料的材料品种、矿料级配及沥青用量。沥青混合料的配合比设计用马歇尔试验进行。

（4）技术交底。施工前应向参与施工的技术人员和班组长、工人分层次进行交底，必要时应举办短期有针对性的培训班，贯彻施工技术规范和操作规程、安全规程、质量保证、质量标准，进行技术交底，以确保工程质量。

（5）施工放样。在路面施工前，应根据设计文件和施工实际需要补钉中心桩，恢复中线、补测水准点、横断面等。还应根据各结构层宽度、厚度分别放样，以指导和规范施工。

2. 资源准备

（1）施工机械机具准备。应按照合同规定，配备足够的施工机械、设备和器具，并保证均处于良好的技术状态及满足施工的要求，并应有相匹配的维修措施。

（2）材料准备。面层施工所使用的材料必须经过选择和检验，按规定的规格、技术品质和数量按计划安排运至工地，凡不合格的材料，均不得进场；进场发现不合格者，应运出施工现场，不得用于施工。

（3）安全防护准备。应严格执行安全操作规程，加强安全教育，准备好各种安全防护和劳动防护用品。进一步核对安全防护措施的可靠性和有效性。

3. 施工现场准备

（1）交通管制。为了确保施工安全和有序进行施工，对施工范围内道路的两端路口，要采取有效的交通管制措施，确保施工段断交。

（2）沥青面层施工前应对基层进行检查，基层质量不符合要求的不得铺筑沥青面层。其要求是：具有足够的强度和适宜的刚度；具有良好的稳定性；干湿收缩变形较小；表面平整、密实、拱度与面层一致，高程符合要求。

（3）半刚性基层与沥青层宜在同一年内施工，以减少路面开裂。

（4）以旧沥青路面做基层时，应根据旧路面质量，确定对原有路面修补、铣刨、加铺罩面层。旧沥青路面的整平应按高程控制铺筑，分层整平的一层最大厚度不宜超过 100 mm。

（5）以旧的水泥混凝土路面做基层加铺沥青面层时，应根据旧路面质量，确定处理工艺，确认满足基层要求后，方能加铺沥青层。

（6）旧路面处理后必须彻底清除浮灰，根据需要并作适当的铣刨处理，洒布黏层油，再铺筑新的结构层。

二、沥青路面材料

（一）材料的一般规定

（1）沥青路面使用的各种材料运至现场后必须取样进行质量检验，经评定合格后方可使用，不得以供应商提供的检测报告或商检报告代替现场检测。使用前必须由监理工程师认可。

（2）沥青路面材料的选择必须经过认真的料源调查，确认料源应尽可能就地取材。质量符合使用要求，石料开采必须注意环境保护，防止破坏生态平衡。

（3）集料粒径规格以方孔筛为准。不同料源、品种、规格的集料不得混杂堆放。

（二）沥青

公路工程所用的沥青有多种，常见的有道路石油沥青、乳化沥青、液体石油沥青、煤沥青、改性沥青等。

（1）道路石油沥青。各个沥青等级的适用范围应符合表 2-23 的规定。道路石油沥青的质量应符合现行《公路工程沥青及沥青混合料试验规程（JTG E20—2011）》规定的技术要求，经建设单位同意，沥青的 PI 值、60℃动力黏度、10℃延度可作为选择性指标。

表 2-23 道路石油沥青的适用范围

沥青等级	适用范围
A 沥青	各个等级的公路，适用于任何场合和层次
B 沥青	①高速公路、一级公路沥青下面层及以下的层次，二级及二级以下公路的各个层次。 ②用做改性沥青、乳化沥青、改性乳化沥青、稀释沥青的基质沥青
C 沥青	三级及三级以下公路的各个层次

（2）沥青路面采用的沥青标号，宜按照公路等级、气候条件、交通条件、路面类型及在结构层中的层位及受力特点、施工方法等，结合当地的使用经验，经技术论证后确定。

1）对高速公路、一级公路，夏季温度高、高温持续时间长，重载交通、山区及丘陵区上坡路段、服务区、停车场等行车速度慢的路段，尤其是汽车荷载剪应力大的层次，宜采用稠度大、60℃黏度大的沥青，也可提高高温地区气候分区的温度水平选用沥青等级；对冬季寒冷的地区或交通量小的公路、旅游公路宜选用稠度小、低温延度大的沥青；对日温差、年温差大的地区宜选用针入度指数大的沥青。当高温要求与低温要求发生矛盾时应优先考虑满足高温性能的要求。

2）当缺乏所需标号的沥青时，可采用不同标号参配的调和沥青，其掺配比例由试验室确定。

（3）沥青必须按品种、标号分开存放。除长时间不使用的沥青可放在自然温度下存储外，沥青在储罐中贮存的温度不宜低于 130℃，并不得高于 170℃。桶装沥青应直立堆放，并加盖苫布。

（4）道路石油沥青在贮运、使用及存放过程中应有良好的防水措施，避免雨水或加热管道蒸汽进入沥青中。

（三）乳化沥青

乳化沥青是指石油沥青与水在乳化剂、稳定剂等作用下经乳化加工制得的均匀沥青产品，也称沥青乳液。

（1）乳化沥青适用于沥青表面处治路面、沥青贯入式路面、冷拌沥青混合料路面，修补裂缝，喷洒透层、黏层与封层等。乳化沥青的品种和适用范围宜符合表 2-24 的规定。

（2）高温条件下宜采用黏度较大的乳化沥青，寒冷条件下宜使用黏度较小的乳化沥青。

（3）乳化沥青类型根据集料品种及使用条件选择。阳离子乳化沥青适用于各种集料品种，阴离子乳化沥青适用于碱性石料。乳化沥青的破乳速度、黏度宜根据用途与施工方法选择。

（4）乳化沥青宜放在立式罐中，并保持适当搅拌，贮存期宜不离析、不冻结、不破乳。

表 2-24 乳化沥青品种及适用范围

分类	品种及代号	适用范围
阳离子乳化沥青	PC-1	表处、贯入式路面及下封层用
	PC-2	透层油及基层养生用
	PC-3	黏层油用
	BC-1	稀浆封层或冷拌沥青混合料用
阴离子乳化沥青	PA-1	表处、贯入式路面及下封层用
	PA-2	透层油及基层养生用
	PA-3	黏层油用
	BA-1	稀浆封层或冷拌沥青混合料用
非离子乳化沥青	PN-2	透层油用
	BN-1	与水泥稳定集料同时使用（基层路拌或再生）

（四）液体石油沥青

（1）液体石油沥青适用于透层、黏层及拌制冷拌沥青混合料。根据使用目的与场所，可选用快凝、中凝、慢凝的液体石油沥青，其质量应符合规范中的规定。

（2）液体石油沥青宜采用针入度较大的石油沥青，使用前按先加热沥青后加稀释剂的顺序，掺配煤油或轻柴油，经适当的搅拌、稀释制成。参配比例根据使用要求由试验室确定。

（3）液体石油沥青在制作、贮存、使用的全过程中必须通风良好，并有专人负责，确保安全。基质沥青的加热温度严禁超过 140℃，液体沥青的贮存温度不得高于 50℃。

（五）煤沥青

（1）道路用煤沥青的标号根据气候条件、施工温度、使用目的选用，其质量应符合规范中的规定。

（2）道路用煤沥青适用于下列情况：

1）各种等级公路的各种基层上的透层，宜采用 T-1 或 T-2 级（规范中规定），其他等级不符合喷洒要求时可适当稀释使用；

2）三级及三级以下公路铺筑表面处治或灌入式沥青路面，宜采用 T-5、T-6 或 T-7 级；

3）与道路石油沥青、乳化沥青混合使用，以改善渗透性。

（3）道路用煤沥青严禁用于热拌热铺的沥青混合料，作其他用途时的贮存温度宜为 70 ～ 90℃，且不得长时间贮存。

（六）改性沥青

改性沥青是通过掺加橡胶、树脂、高分子聚合物、天然沥青、磨细的橡胶粉，或其他材料等外掺剂（改性剂）制成的沥青结合料，从而使沥青或沥青混合料的性能得以改善。

（1）改性沥青可单独或复合采用高分子聚合物、天然沥青及其他改性材料制作。

（2）制作改性沥青的基质沥青应与改性剂有良好的配伍性，其质量宜符合 A 级或 B 级道路石油沥青的技术要求。供应商在提供改性沥青的质量报告时应提供基质沥青的质量检验报告或沥青样品。

（3）天然沥青可以单独与石油沥青混合使用或与其他改性沥青混融后使用。天然沥青的质量要求宜根据其品种参照相关标准和成功的经验执行。

（4）用作改性剂的 SBR 乳胶中的固体物含量不宜少于 45%，使用中严禁长时间暴晒或遭冰冻。

（5）改性沥青的剂量以改性剂占改性沥青总量的百分数计算，乳胶改性沥青的剂量应以扣除水以后的固体物含量计算。

（6）改性沥青宜在固定式工厂或在现场设厂集中制作，也可在拌和厂现场边制作边使用，改性沥青的加工温度不宜超过 180℃。胶乳类改性剂和制成颗粒的改性剂可直接投入拌和缸中生产改性沥青混合料。

（7）用溶剂法生产改性沥青母体时，挥发性溶剂回收后的残留量不得超过 5%。

（8）现场制作的改性沥青宜随配随用，需作短时间保存，或运送到附近的工地时，使用前必须搅拌均匀，在不发生离析的状态下使用。改性沥青制作设备必须设有随机采集样品的取样口，采集的试样宜立即在现场灌模。

（9）工厂制作的成品改性沥青到达施工现场后存贮在改性沥青罐中，改性沥青罐中必须加设搅拌设备并进行搅拌，使用前改性沥青必须搅拌均匀。在施工过程中应定期取样检验产品质量，发现离析等质量不符合要求的改性沥青不得使用。

（七）改性乳化沥青

改性乳化沥青是指在制作乳化沥青的过程中同时加入聚合物乳胶，或将聚合物乳胶与乳化沥青成品混合，或对聚合物改性沥青进行乳化加工得到的乳化沥青产品。改性乳化沥青按表 2-25 选用。

表 2-25 改性乳化沥青的品种和使用范围

品种		代号	使用范围
改性乳化沥青	喷洒型改性乳化沥青	PCR	黏层、封层、桥面防水黏结层用
	拌和用乳化沥青	BCR	改性稀浆封层和微表处理

（八）粗集料

（1）沥青层用粗集料包括碎石、破碎砾石、筛选砾石、钢渣、矿渣等，但高速公路和一级公路不得使用筛选砾石和矿渣。粗集料必须由具有生产许可证的采石场生产或施工单位自行加工。

（2）粗集料应该洁净、干燥、表面粗糙，质量应符合表 2-26 规定，当单一规格集料质量指标达不到表中要求，而按照集料配合比计算的质量指标符合要求时，工程上允许使用。对受热易变质的集料，宜采用经拌和机烘干后的集料进行检验。

表 2-26 沥青混合料用集料质量技术要求

指标	单位	高速公路及一级公路		其他等级公路	试验方法
		表面层	其他层次		
石料压碎值，不大于	%	26	28	30	T0316
洛杉矶磨耗损失，不大于	%	28	30	35	T0317
表观相对密度，不小于	—	2.60	2.50	2.45	T0304
吸水率，不大于	%	3.0	3.0	3.0	T0304
坚固性，不大于	%	12	12	—	T0314
针片状颗粒含量，不大于	%	15	18	20	
其中粒径小于 9.5 mm，不大于	%	12	15	—	T0312
其中粒径大于 9.5 mm，不大于	%	18	20	—	
水洗法＜ 0.075 mm 颗粒含量，不大于	%	1	1	1	T0310
软石含量，不大于	%	3	5	5	T0320

注：①坚固性试验可根据需要进行。②用于高速公路、一级公路时，多孔玄武岩的视密度可放宽至 2.45 t/m^3，吸水率可放宽至 3%，但必须得到建设单位的批准，且不得用于 SMA 路面。③对 S14 即 3 ～ 5 规格的粗集料，针片状颗粒含量可不予要求，＜ 0.075mm 含量可放宽至 3%。

（3）粗集料的粒径规格应按规范的规定生产和使用。

（4）采石场在生产过程中必须彻底清除覆盖层及泥土夹层。生产碎石用的原石不得含有土块、杂物，集料成品不得堆放在泥土地上。

（5）高速公路、一级公路沥青路面的表面层（或磨耗层）的粗集料的磨光值应符合表 2-27 的要求。除 SMA、OGFC 路面外，允许在硬质粗集料中掺加部分较小粒径的磨光值达不到要求的粗集料，其最大掺配比例由磨光值试验确定。

（6）粗集料与沥青的黏附性应符合表 2-27 的要求，当使用不符合要求的粗集料时，宜掺加消石灰、水泥或用饱和石灰水处理后使用，必要时可同时在沥青中掺加耐热、耐水、长期性能好的抗剥落剂，也可采用改性沥青的措施，使沥青混合料的水稳定性检验达到要求。掺加外加剂的剂量由沥青混合料的水稳定性的检验确定。

表 2-27　粗集料与沥青的黏附性、磨光值的技术要求　　单位：cm

雨量气候区	1（潮湿区）	2（湿润区）	3（半干区）	4（干旱区）	试验方法
年降雨量 /mm	＞1 000	500～1 000	250～500	＜250	附录 A
粗集料的磨光值 PSV 不小于 高速公路、一级公路表面层	42	40	38	36	T0321
粗集料与沥青的黏附性不小于					
（1）高速公路、一级公路表面层	5	4	4	3	T0616
（2）高速公路、一级公路的其他层次及其他公路的各个层次	4	4	3	3	T0663

（7）破碎砾石应采用粒径大于 50 mm，含泥量不大于 1% 的砾石轧制，破碎砾石的破碎面应符合表 2-28 的要求。

表 2-28　粗集料对破碎面的要求

路面部位及混合料类型	具有一定数量破碎面颗粒的含量 /%		试验方法
	1 个破碎面	2 个或 2 个以上破碎面	
沥青路面表面层			
（1）高速公路、一级公路，不小于	100	90	
（2）其他等级公路，不小于	80	60	
沥青路面中下面层、基层			
（1）高速公路、一级公路，不小于	90	80	T0346
（2）其他等级公路，不小于	70	50	
SMA 混合料，不小于	100	90	
贯入式路面，不小于	80	60	

（8）筛选砾石仅适用于三级及三级以下公路的沥青表面处治路面。

（9）经过破碎且存放期超过 6 个月以上的钢渣可用作粗集料使用。除吸水率允许适当放宽外，各项质量指标应符合表 2-28 的要求。钢渣在使用前应进行活性检验，要求钢渣中的游离氧化钙含量不大于 3%，浸水膨胀率不大于 2%。

（九）细集料

（1）沥青路面的细集料包括天然砂、机制砂、石屑。细集料必须由具有生产许可证的采石场、采砂场生产。

（2）细集料应洁净、干燥、无风化、无杂质，并有适当的颗粒级配，其质量应符合表 2-29 的规定。细集料的洁净程度，天然砂以小于 0.075mm 含量的百分数表示，石屑和机制砂以砂当量（适用于 0 ～ 4.75 mm）或亚甲蓝值（适用于 0 ～ 2.36 mm 或 0 ～ 0.15 mm）表示。

表 2-29 沥青混合料用细集料质量要求

项目	单位	高速公路一级公路	其他等级公路	试验方法
表观相对密度，不小于	—	2.50	2.45	T0328
坚固性（＞ 0.3 mm 部分），不小于	%	12	—	T0340
含泥量（小于 0.075 mm 的含量），不大于	%	3	5	T0333
砂当量，不小于	%	60	50	T0334
亚甲蓝值，不大于	g/kg	25	—	T0349
棱角形（流动时间），不小于	s	30	—	T0345

（3）天然砂可采用河砂或海砂，通常宜采用粗、中砂，其规格应符合规范中的规定。砂的含泥量超过规定时应水洗后使用，海砂中的贝壳类材料必须筛除。开采天然砂必须取得当地政府主管部门的许可，并符合水利及环境保护的要求。热拌密级配沥青混合料中天然砂的用量通常不宜超过集料总量的 20%，SMA 和 OGFC 混合料不宜使用天然砂。

（4）石屑是采石场破碎石料时通过 4.75 mm 或 2.36 mm 的筛下部分，其规格应符合表 2-30 的要求。采石场在生产石屑的过程中应具备抽吸设备，高速公路和一级公路的沥青混合料，宜将 S14 与 S16 组合使用，S15 可在沥青稳定碎石基层或其他等级公路中使用。

表 2-30 沥青混合料用机制砂或石屑规格

规格	公称粒径 / mm	水洗法通过各筛孔的质量百分率 /%							
		9.5	4.75	2.36	1.18	0.6	0.3	0.15	0.075
S15	0 ～ 5	100	90 ～ 100	60 ～ 90	40 ～ 75	20 ～ 55	7 ～ 40	2 ～ 20	0 ～ 10
S16	0 ～ 3	—	100	80 ～ 100	50 ～ 80	25 ～ 60	8 ～ 45	0 ～ 25	0 ～ 15

注：当生产石屑采用喷水抑制扬尘工艺时，应特别注意含粉量不得超过表中要求。

（5）机制砂宜采用专用的制砂机制造，并选用优质石料生产，其级配应符合 S16 的要求。

（十）填料

（1）沥青混合料的矿粉必须采用石灰岩或岩浆岩中的强基性岩石等憎水性石料

经磨细得到的矿粉，原石料中的泥土杂质应除净。矿粉应干燥、洁净，能自由地从矿粉仓流出，其质量应符合表 2-31 的要求。

表 2-31　沥青混合料用矿粉质量要求

项目	单位	高速公路、一级公路	其他等级公路	试验方法
表观密度，不小于	t/m^3	2.50	2.45	T0352
含水量，不大于	%	1	1	T0103 烘干法
粒度范围 ＜ 0.6 mm	%	100	100	
＜ 0.15 mm	%	90 ～ 100	90 ～ 100	T0351
＜ 0.075 mm	%	75 ～ 100	70 ～ 100	
外观	—	无团粒结块	—	
亲水系数	—	＜1		T0353
塑性指数	%	＜4		T0364
加热安定性	—	实测记录		T0355

（2）拌和机的粉尘可作为矿粉的一部分回收使用。但每盘用量不得超过填料总量的 25%，掺有粉尘填料的塑性指数不得大于 4%。

（3）粉煤灰作为填料使用时，用量不得超过填料总量的 50%，粉煤灰的烧失量应小于 12%，与矿粉混合后的塑性指数应小于 4%，其余质量要求与矿粉相同。高速公路、一级公路的沥青面层不宜采用粉煤灰做填料。

三、透层、黏层施工技术

（一）透层施工技术要点

（1）沥青路面各类基层都必须喷洒透层油，沥青层必须在透层油完全渗透入基层后方可铺筑。基层上设置下封层时，透层油不宜省略。气温低于 10℃或大风天气，即将降雨时不得喷洒透层油。

（2）根据基层类型选择渗透性好的液体沥青、乳化沥青、煤沥青作透层油，喷洒后通过钻孔或挖掘确认透层油渗透入基层的深度宜不小于 5mm（无机结合料稳定集料基层）～ 10mm（无结合料基层），并能与基层联结成为一体。

（3）透层油的黏度通过调节稀释剂的用量或乳化沥青的浓度得到适宜的黏度，基质沥青的针入度通常宜不小于 100。透层用乳化沥青的蒸发残留物含量允许根据渗透情况适当调整，当使用成品乳化沥青时可通过稀释得到要求的黏度。透层用液体沥青的黏度通过调节煤油或轻柴油等稀释剂的品种和掺量经试验确定。

（4）透层油的用量通过试洒确定，不宜超出表 2-32 要求的范围。

表 2-32 沥青路面透层材料的规格和用量

用途	液体沥青		乳化沥青		煤沥青	
	规格	用量/（L/m^2）	规格	用量/（L/m^2）	规格	用量/（L/m^2）
无结合料粒料基层	AL（M）-1、2 或 3 AL（S）-1、2 或 3	1.0 ～ 2.3	PC-2 PA-2	1.0 ～ 2.0	T-1 T-2	1.0 ～ 1.5
半刚性基层	AL（M）-1 或 2 AL（S）-1 或 2	0.6 ～ 1.5	PC-2 PA-2	0.7 ～ 1.5	T-1 T-2	0.7 ～ 1.0

注：表中用量是指包括稀释剂和水分等在内的液体沥青、乳化沥青的总量。乳化沥青中的残留物含量以 50% 为基准。

（5）用于半刚性基层的透层油宜紧接在基层碾压成型后表面稍变干燥，但尚未硬化的情况下喷洒。

（6）在无结合料粒料的基层上洒布透层油时，宜在铺筑沥青层前 1 ～ 2d 洒布。

（7）透层油宜采用沥青洒布车一次喷洒均匀，使用的喷嘴宜根据透层油的种类和黏度选择并保证均匀喷洒，沥青洒布车喷洒不均匀时宜改用手工沥青洒布机喷洒。

（8）喷洒透层油前应清扫路面，遮挡防护路缘石及人工构造物避免污染，透层油必须洒布均匀，有花白遗漏应人工补洒，喷洒过量的立即撒布石屑或砂吸油，必要时作适当碾压。透层油洒布后不得在表面形成能被运料车和摊铺机黏起的油皮，透层油达不到渗透深度要求时应更换透层油稠度或品种。

（9）透层油洒布后的养生时间随透层油的品种和气候条件由试验确定，确保液体沥青中的稀释剂全部挥发，乳化沥青渗透且水分蒸发，然后尽早铺筑沥青面层，防止工程车辆损坏透层。

（二）黏层施工技术要点

（1）符合下列情况之一时，必须喷洒黏层油：

1）双层式或三层式热拌热铺沥青混合料路面的沥青层之间。

2）水泥混凝土路面、沥青稳定碎石基层或旧沥青路面层上加铺沥青层。

3）路缘石、雨水口、检查井等构造物与新铺沥青混合料接触的侧面。

（2）黏层油宜采用快裂或中裂乳化沥青、改性乳化沥青，也可采用快、中凝液体石油沥青，其规格和质量应符合规范要求，所使用的基质沥青标号宜与主层沥青混合料相同。

（3）黏层油品种和用量，应根据下卧层的类型通过试洒确定，并符合表 2-33 的要求。

表 2-33　沥青路面黏层材料的规格和用量

下卧层类型	液体沥青		乳化沥青	
	规格	用量 / （L/m^2）	规格	用量 / （L/m^2）
新建沥青层	AL（R）-3 ～ AL（R）-6	0.3 ～ 0.5	PC-3	0.3 ～ 0.6
旧沥青路面	AL（M）-3 ～ AL（M）-6		PC-3	
水泥混凝土	AL（M）-3 ～ AL（M）-6 AL（S）-3 ～ AL（S）-6	0.2 ～ 0.4	PC-3 PC-3	0.3 ～ 0.5

注：表中用量是指包括稀释剂和水分等在内的液体沥青、乳化沥青的总量。乳化沥青中的残留物含量以 50% 为基准。

（4）黏层油宜采用沥青喷洒车喷洒，并选用适宜的喷嘴，洒布速度和喷洒量保持稳定。当采用机动或手摇的手工沥青洒布机喷洒时，必须由熟练的技术工人操作，均匀洒布。气温低于 10℃时不得喷洒黏层油，寒冷季节施工不得不喷洒时可以分成两次喷洒。路面潮湿时不得喷洒黏层油，用水洗刷需待表面干燥后喷洒。

（5）喷洒的黏层油必须呈均匀雾状，在路面全宽度内均匀分布成一薄层，不得有洒花漏空或呈条状，也不得有堆积。喷洒不足的要补洒，喷洒过量处应予刮除。喷洒黏层油后，严禁运料车外的其他车辆和行人通过。

（6）黏层油宜在当天洒布，待乳化沥青破乳、水分蒸发完成，或稀释沥青中的稀释剂基本挥发完成后，紧跟着铺筑沥青层，确保黏层不受污染。

四、热拌沥青混合料路面施工技术

（一）热拌沥青混合料的种类及基本要求

1. 热拌沥青混合料种类

热拌沥青混合料（HMA）适用于各种等级的城市道路和公路的沥青路面。其种类按集料公称最大粒径、矿料级配、空隙率划分，分类见表 2-34。

表 2-34　热拌沥青混合料种类

混合料类型	密集配			开级配		半开级配	公称最大粒径 / mm	最大粒径 / mm
	连续级配		间断级配	间断级配				
	沥青混凝土	沥青稳定碎石	沥青玛蹄脂碎石	排水式沥青磨耗层	排水式沥青碎石基层	沥青碎石		
特粗式	—	ATB-40	—	—	ATPB-40	—	37.5	53.0
粗粒式	—	ATB-30	—	—	ATPB-30	—	31.5	37.5
	AC-25	ATB-25	—	—	ATPB-25	—	26.5	31.5
中粒式	AC-20	—	SMA-20	—	—	AM-20	19.0	26.5
	AC-16	—	SMA-16	OGFC-16	—	AM-16	16.0	19.0

混合料类型	密集配			开级配		半开级配	公称最大粒径 / mm	最大粒径 / mm
	连续级配		间断级配	间断级配				
	沥青混凝土	沥青稳定碎石	沥青玛蹄脂碎石	排水式沥青磨耗层	排水式沥青碎石基层	沥青碎石		
细粒式	AC-13	—	SMA-13	OGFC-13	—	AM-13	13.2	16.0
	AC-10		SMA-10	OGFC-IO	—	AM-10	9.5	13.2
砂粒式	AC-5	—	—	—	—		4.75	9.5
设计空隙率 /%	3 ～ 5	3 ～ 6	3 ～ 4	＞18	＞18	6 ～ 12	—	—

注：设计空隙率可按配合比要求适当调整。

2. 基本要求

（1）各层沥青混合料应满足所在层位的功能要求，便于施工不容易离析。各层应连续施工并连接成为一个整体。当发现混合料结构组合及级配类型的设计不合理时，应进行修改、调整，以确保沥青路面的使用性能。

（2）沥青面层集料的最大粒径宜从上至下逐渐增大，并应与压实层厚度相匹配，对热拌热铺密级配沥青混合料，沥青层一层的压实厚度不宜小于集料公称最大粒径的 2.5 ～ 3 倍，对 SMA 和 OGFC 等嵌挤型混合料不宜小于公称最大粒径的 2 ～ 2.5 倍，以减少离析便于压实。

（二）施工前的准备工作

（1）铺筑沥青面层前，应检查基层或下卧沥青层的质量，不符合要求的不得铺筑沥青面层。旧沥青路面或下卧层已被污染时，必须清洗或经铣刨处理后方可铺筑沥青混合料。

（2）石油沥青加工及沥青混合料施工温度应根据沥青标号及黏度、气候条件、铺装层的厚度确定。

1）普通沥青混合料的施工温度宜通过在 135℃及 175℃条件下测定的黏度—温度曲线按表 2-35 的规定确定。缺乏黏温曲线数据时，可参照表 2-36 的范围选择，并根据实际情况确定使用高值或低值。当表中温度不符合实际情况时，容许作适当调整。

表 2-35　确定沥青混合料拌和及压实的适宜黏度

黏度	适宜于拌和的沥青结合料黏度	适宜于压实的沥青结合料黏度	测定方法
表观黏度	（0.17±0.02）P_{ns}	（0.28±0.03）P_{as}	T0625
运动黏度	（170±20）mm^2/s	（280±30）mm^2/s	T0619
赛波特黏度	（85±10）s	（140±15）s	T0623

表 2-36　热拌沥青混合料的施工温度

施工工序		石油沥青的标号			
		50 号	70 号	90 号	110 号
沥青加热温度		160 ～ 170	155 ～ 165	150 ～ 160	145 ～ 155
矿料加热温度	间歇式拌和机	集料加热温度比沥青温度高 10 ～ 30			
	连续式拌和机	矿料加热温度比沥青温度高 5 ～ 10			
沥青混合料出料温度		150 ～ 170	145 ～ 165	140 ～ 160	135 ～ 155
混合料贮料仓贮存温度		贮料过程中温度降低不超过 10			
混合料废弃温度，高于		200	195	190	185
运输到现场温度，不低于		150	145	140	135
混合料摊铺温度，不低于	正常施工	140	135	130	125
	低温施工	160	150	140	135
开始碾压的混合料内部温度，不低于	正常施工	135	130	125	120
	低温施工	150	145	135	130
碾压终了的表面温度，不低于	钢轮压路机	80	70	65	60
	轮胎压路机	85	80	75	70
	振动压路机	75	70	60	55
开放交通的路表温度，不低于		50	50	50	45

注：①沥青混合料的施工温度采用具有金属探测针插入式数显温度计测量。表面温度可采用表面接触式温度计测定。当采用红外线温度计测量表面温度时，应进行标定。②表中未列入的 130 号、160 号及 30 号沥青的施工温度由试验确定。

2）聚合物改性沥青混合料的施工温度根据实践经验并参照表 2-37 选择。通常较普通沥青混合料的施工温度提高 10 ～ 20℃。对采用冷态乳胶直接喷入法制作的改性沥青混合料，集中烘干温度应进一步提高。

表 2-37　聚合物改性沥青混合料的正常施工温度范围　单位：℃

工序	聚合物改性沥青品种		
	SBS 类	SBR 乳胶类	EVA、PE 类
沥青加热温度	160 ～ 165		
改性沥青现场制作温度	—	—	165 ～ 170
成品改性沥青加热温度，不大于	175	—	175
集料加热温度	190 ～ 220	200 ～ 210	185 ～ 195
改性沥青 SMA 混合料出厂温度	170 ～ 185	160 ～ 180	165 ～ 180
混合料最高温度（废弃温度）	195		
混合料贮存温度	拌和出料后降低不超过 10		
摊铺温度，不低于	160		
初压开始温度，不低于	150		

工序	聚合物改性沥青品种		
	SBS 类	SBR 乳胶类	EVA、PE 类
碾压终了的表面温度，不低于	90		
开放交通时的路标温度，不高于	50		

注：①沥青混合料的施工温度采用具有金属探测针插入式数显温度计测量，表面温度可采用表面接触式温度计测定，当采用红外线温度计测量表面温度时，应进行标定。②当采用表列以外的聚合物或天然沥青改性沥青时，施工温度由试验确定。

3）SMA 混合料的施工温度应视纤维品种和数量、矿粉用量的不同，在改性沥青混合料的基础上作适当提高。

（三）沥青混合料的拌和

沥青混合料的拌和是沥青面层施工的关键环节之一，拌和厂的材料、机械设备和产品质量都会直接影响着沥青混合料的各项技术指标以及面层的质量。

1. 材料

沥青混合料使用的材料分为两大部分，一是矿料，二是沥青。同时注意细集料和沥青的存放，应避免潮湿和被雨淋。

2. 沥青混合料必须在沥青拌和厂（场、站）采用拌和机械拌制

（1）热拌沥青混合料的拌和工艺流程（图 2-28）

（2）热拌沥青混合料的拌制

1）沥青拌和厂的设置除应符合国家有关环境保护、消防、安全等规定外，还应具备下列条件：

①拌和厂应设置在空旷、干燥、运输条件良好的地方。

②沥青应分品种、分标号密封储存。各种矿料应分别堆放在具有硬质基底的料仓或场地上，并不得混杂。矿粉等填料不得受潮。集料宜设置防雨顶棚。拌和厂应有良好的排水设施。

③拌和厂应配备试验室，并配置足够的仪器设备。

④拌和厂应有可靠的电力供应。

2）热拌沥青混合料可采用间歇式拌和机或连续式拌和机拌制。高速公路、一级公路的沥青混凝土宜采用间歇式拌和机拌和。连续式拌和机使用的集料必须稳定不变，一个工程从多处进料、料源或质量不稳定时，不得采用连续式拌和机拌和。

3）沥青混合料拌和设备的各种传感器必须定期标定，周期不少于每年一次。冷料供料装置需经标定得出集料供料曲线。

4）间歇式拌和机应符合下列要求：

①总拌和能力满足施工进度要求。拌和机除尘设备完好，能达到环保要求。

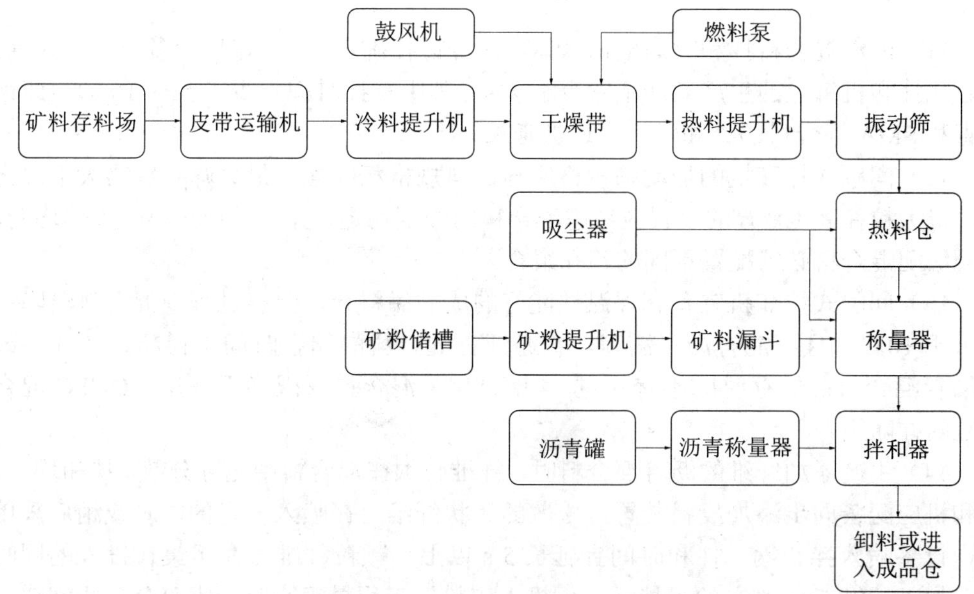

图 2-28　热拌沥青混合料拌和工艺流程

②冷料仓的数量满足配合比需要，通常不宜少于 5 ～ 6 个。具有添加纤维、消石灰等外掺剂的设备。

5）集料与沥青混合料取样应符合现行试验规程的要求。从沥青混合料运料车上取样时，必须在设置取样台分几处采集一定深度下的样品。

6）集料进场宜在料堆顶部平台卸料，经推土机推平后，铲运机从底部按顺序竖直装料，减小集料离析。

7）高速公路和一级公路施工用的间歇式拌和机必须配备计算机设备，拌和过程中逐盘采集并打印各个传感器测定的材料用量和沥青混合料拌和量、拌和温度等各种参数。每个台班结束时打印出一个台班的统计量，按规定的方法进行沥青混合料生产质量及铺筑厚度的总量检验。总量检验的数据有异常波动时，应立即停止生产，分析原因。

8）沥青混合料的生产温度应符合规定的要求。烘干集料的残余含水量不得大于 1%。每天开始几盘集料应提高加热温度，并干拌几锅集料废弃，再正式加沥青拌和混合料。

9）拌和机的矿粉仓应配备振动装置以防止矿粉起拱。添加消石灰、水泥等外掺剂时，宜增加粉料仓，也可由专用管线和螺旋升送器直接加大拌和锅，若与矿粉混合使用时应注意二者因密度不同发生离析。

10）拌和机必须有二级除尘装置，经一级除尘部分可直接回收使用，二级除尘部分可进入回收粉仓使用（或废弃）。对因除尘造成的粉料损失，应补充等量的新矿粉。

11）沥青混合料拌和时间根据具体情况经试拌确定，以沥青均匀裹覆集料为度。间歇式拌和机每盘的生产周期不宜少于 45s（其中干拌时间不少于 5 ～ 10 s）。改性沥青和 SMA 混合料的拌和时间应适当延长。

12）间歇式拌和机的振动筛规格应与矿料规格相匹配，最大筛孔宜略大于混合料的最大粒径，其余筛的设置应考虑混合料的级配稳定，并尽量使热料仓大体均衡，不同级配混合料必须配置不同的筛孔组合。

13）间隙式拌和机宜备有保温性能好的成品储料仓，储存过程中混合料温降不得大于 10℃，且不能有沥青滴漏。普通沥青混合料的储存时间不得超过 72 h；改性沥青混合料的储存时间不宜超过 24 h，SMA 混合料只限当天使用；OGFC 混合料宜随拌随用。

14）生产添加纤维的沥青混合料时，纤维必须在混合料中充分分散，拌和均匀。拌和机应配备同步添加投料装置，松散的絮状纤维可在喷入沥青的同时或稍后采用风送设备喷入拌和锅，拌和时间宜延长 5 s 以上。颗粒纤维可在粗集料投入的同时自动加入，经 5 ～ 10 s 的干拌后，再投入矿粉。工程量很小时，也可分装成塑料小包或由人工量取直接投入拌和锅。

15）使用改性沥青时应随时检查沥青泵、管道、计量器是否受堵，堵塞时应及时清洗。

16）沥青混合料出厂时应逐车检测沥青混合料的重量和温度，记录出厂时间，签发运料单。

（四）沥青路面的压实及接缝的处理

1. 沥青路面的压实

（1）压实成型的沥青路面应符合压实度及平整度的要求。

（2）沥青混凝土的压实层最大厚度不宜大于 100mm，沥青稳定碎石混合料的压实层度不宜大于 120 mm，但当采用大功率压路机且经试验证明能达到压实度时允许增大到 150 mm。

（3）沥青路面施工应配备足够数量的压路机，选择合理的压路机组合方式及初压、复压、终压（包括成型）的碾压步骤，以达到最佳碾压效果。压路机数量应根据道路等级和路面宽度综合确定。施工气温低、风大、碾压层薄时，压路机数量应适当增加。

（4）压路机应以慢而均匀的速度碾压，压路机的碾压速度应符合表 2-38 的规定。压路机的碾压路线及碾压方向不应突然改变而导致混合料推移。碾压区的长度应大体稳定，两端的折返位置应随摊铺机前进而推进，横向不得在相同的断面上。

表 2-38　压路机碾压速度　　单位：km/h

压路机类型	初压		复压		终压	
	适宜	最大	适宜	最大	适宜	最大
钢筒式压路机	2 ～ 3	4	3 ～ 5	6	3 ～ 6	6
轮胎压路机	2 ～ 3	4	3 ～ 5	6	4 ～ 6	8
振动压路机	2 ～ 3 静压或振动	3 静压或振动	3 ～ 4.5 振动	5 振动	3 ～ 6 静压	6 静压

（5）压路机的碾压温度应符合规定的要求，并根据混合料种类、压路机、气温、层厚等情况经试压确定。在不产生严重推移和裂缝的前提下，初压、复压、终压都应在尽可能高的温度下进行。同时不得在低温状况下作反复碾压，使石料棱角磨损、压碎，破坏集料嵌挤。

（6）沥青混合料的初压应符合下列要求

1）初压应紧跟在摊铺机后碾压，并保持较短的初压区长度，以尽快使表面压实，减少热量散失。对摊铺后初始压实度较大，经实践证明采用振动压路机或轮胎压路机直接碾压无严重推移而有良好效果时，可免去初压，直接进入复压工序。

2）通常宜采用钢轮压路机静压 1 ～ 2 遍。碾压时应将压路机的驱动轮面向摊铺机，从外侧向中心碾压，在超高路段则由低向高碾压，在坡道上应将驱动轮从低处向高处碾压。

3）初压后应检查平整度、路拱，有严重缺陷时进行修整乃至返工。

（7）复压应紧跟在初压后进行，并应符合下列要求

1）复压应紧跟在初压后开始，且不得随意停顿。压路机碾压段的总长度应尽量缩短，通常不超过 60 ～ 80 m。采用不同型号的压路机组合碾压时宜安排每一台压路机做全幅碾压，防止不同部位的压实度不均匀。

2）密级配沥青混凝土的复压宜优先采用重型的轮胎压路机进行搓揉碾压，以增加密水性，其总质量不宜小于 25 t，吨位不足时宜附加重物，使每一个轮胎的压力不小于 15 kN。冷态时的轮胎充气压力不小于 0.55 MPa，轮胎发热后不小于 0.6 MPa，且各个轮胎的气压大体相同，相邻碾压带应重叠 1/3 ～ 1/2 的碾压轮宽度，碾压至要求的压实度为止。

3）对粗集料为主的较大粒径的混合料，尤其是大粒径沥青稳定碎石基层，宜优先采用振动压路机复压。厚度小于 30 mm 的薄沥青层不宜采用振动压路机碾压。振动压路机的振动频率宜为 35 ～ 50 Hz，振幅宜为 0.3 ～ 0.8 mm。层厚较大时选用高频率大振幅，以产生较大的激振力，厚度较薄时采用高频率低振幅，以防止集料破碎。相邻碾压带重叠宽度为 100 ～ 200 mm。振动压路机折返时应先停止振动。

4）当采用三轮钢筒式压路机时，总质量不宜小于 12t，相邻碾压带宜重叠后轮的 1/2 宽度，并不应少于 200 mm。

5）对路面边缘、加宽及港湾式停车带等大型压路机难以碾压的部位，宜采用小型振动压路机或振动夯板作补充碾压。

（8）终压应紧接在复压后进行，如经复压后已无明显轮迹时可免去终压。终压可选用双轮钢筒式压路机或关闭振动的振动压路机，碾压不宜少于 2 遍，至无明显轮迹为止。

（9）碾压轮在碾压过程中应保持清洁，有混合料黏轮应立即清除。对钢轮可涂刷隔离剂或防黏结剂，但严禁刷柴油。当采用向碾压轮喷水（可添加少量表面活性剂）的方式时，必须严格控制喷水量且呈雾状，不得漫流，以防混合料降温过快。轮胎压路机开始碾压阶段，可适当烘烤、涂刷少量隔离剂或防黏结剂，也可少量喷水，并先到高温区碾压使轮胎尽快升温，之后停止洒水。轮胎压路机轮胎外围宜加设围裙保温。

（10）压路机不得在未碾压成型路段上转向、掉头、加水或停留。在当天成型的路面上，不得停放各种机械设备或车辆，不得散落矿料、油料等杂物。

2. 沥青路面的横向接缝

通常情况下，城市道路的施工横向接缝比公路发生的频率高，尤其是改建或扩建的城市道路，其横向接缝更多。要更好地处理横向接缝，使其符合规范要求的平整度，主要应注意以下几点：

（1）横向接缝形式。沥青混合料的横向接缝通常采用如图 2-29 所示的三种形式。道路的表面层横向接缝应采取平接缝的形式，而道路的中面层或下面层采取斜接缝或阶梯形接缝的形式。在施工时为保证水平接缝不在一个垂直面上，相邻两幅及上下层的横向接缝均应错位 1 m 以上。

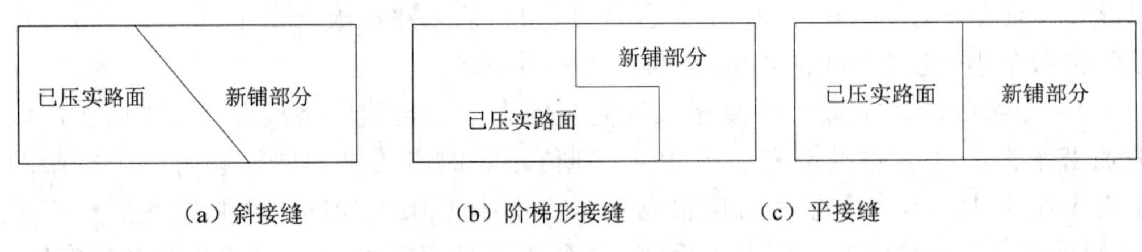

图 2-29　横向接缝的三种形式

（2）横向接缝位置的确定。不管是哪种形式的接缝，最终都要达到表面平整的要求，接缝的具体位置应视接缝范围内路面的具体情况来定。用 3 m 直尺在预定接缝的范围内对已碾压完毕的混合料表面进行多次横向和纵向的测量，其间隙应控制在 4 mm 以下，找准位置后进行画线，画线要顺直并与道路中心线垂直。对于表面层的水平接缝要用切割机沿此线进行切割成垂直面；对于阶梯形接缝的形式应沿此线进行洗刨或人工剔除；对于斜接缝应以此为铺筑新结合料的衔接线。同时在接缝处涂刷薄层沥青或乳化沥青，以增强接缝处新旧铺筑层间的黏结。

（3）接缝处混合料温度的控制。混合料温度的控制对于整个沥青面层的施工起着至关重要的作用。在横向接缝处往往是摊铺机开始作业的第一车料，运输车的车斗、摊铺机的料斗及摊铺机烫平板的温度均是常温，混合料装入或倒入后，一部分料要预热车斗和料斗，其温度将有所下降，而这部分料又首先要预热烫平板后被摊铺到接缝处，其温度会连续下降。如果第一车料的温度按出厂的正常温度或偏下限温度控制，那么势必就会造成接缝处混合料的温度过低，影响施工质量。所以，对拌和厂第一车料温度的控制要更加严格，其温度应比正常的温度偏高，从而保证摊铺到接缝处的混合料的温度在规定的范围内。

（4）接缝混合料的及时测量和处理。摊铺机走过后，要马上对接缝处所摊铺的混合料进行测量，一是测量混合料的虚铺厚度，二是用 3 m 直尺测量其平整度。对于超厚或者欠厚的应及时进行人工铲除或填补，对于不平整的位置赶紧进行修平，可谓“趁热打铁”，在最短的时间内将混合料修匀到满足要求。这项工作应设固定的专人负责，以提高面层的施工质量。

（5）横向接缝的碾压。接缝摊铺完毕后，压路机应尽快进行碾压，要求初压、复压和终压的温度均应在规定的范围内，否则，应重新摊铺混合料。由于接缝处的混合料温度下降较快，摊铺机开始工作时，所有的碾压设备都应处于待机状态，随时可以操作。初压时用轻型压路机可先平行于接缝向新铺层错轮 20 cm 进行碾压（骑缝碾压）两遍，然后再纵向碾压。为保证接缝处碾压温度，纵向碾压的距离可控制得较短一些（10 ～ 15 m 即可），这样可以缩短碾压所需的时间。当接缝处基本成型后，若发现新铺层略高于原来的路面，这时压路机应沿着前进方向适当放慢碾压速度，以尽量使混合料向前进方向推挤，后退时适当加快速度以减少推挤。相反，当新铺层略低于原来的路面时，压路机前进的速度适当加快而后退时适当放慢，推挤混合料尽量使接缝处平顺，从而保证接缝的质量。

总之，沥青路面的施工必须接缝紧密、连接平顺，尽量使整个路面形成一个整体，不得产生明显的接缝离析。接缝施工应用 3 m 直尺检查，确保平整度符合要求。

五、沥青表面处治与封层施工技术

沥青表面处治是指用沥青和集料按拌和法和层铺法施工，厚度一般不超过 30 mm 的一种薄层沥青面层。封层是为封闭表面空隙、防止水分侵入而在沥青面层或基层上铺筑的有一定厚度的沥青混合料薄层。有上封层和下封层两种，各种封层适用于加铺薄层罩面、磨耗层、水泥混凝土路面上的应力缓冲层、各种防水和密水层、预防性养护罩面层。

沥青表面处治与封层宜选择在干燥和较热的季节施工，并在最高温度低于 15℃时期到来之前半个月及雨季前结束。

（一）沥青表面处治施工技术要点

1. 沥青表面处治施工流程

沥青表面处治通常采用层铺法施工，按照洒布沥青和撒铺矿料的层次多少，沥青表面处治可分为单层式、双层式和三层式 3 种。三层式为洒布三次沥青，撒铺三次矿料，厚度为 2.5 ～ 3.0 mm，双层式厚度为 2.0 ～ 2.5 mm，单层式厚度为 1.0 ～ 1.5 mm。

层铺法沥青表面处治施工，一般采用“先油后料”法，即先洒布一层沥青，后撒铺一层矿料，其施工流程如下：

清扫基层→浇洒沥青→撒布集料→碾压→控制交通→初期养护→开放交通。

2. 层铺法沥青表面处治施工技术要点

（1）沥青表面处治可采用道路石油沥青、乳化沥青、煤沥青铺筑。沥青表面处治的集料最大粒径应与处治层的厚度相等，其规格和用量宜按表 2-39 选用；沥青表面处治施工后，应在路侧另备 S12（5 ～ 10mm）碎石或 S14（3 ～ 5mm）石屑、粗砂或小砾石（2 ～ 3 m^3/1 000 m^2）作为初期养护用料。

表 2-39　沥青表面处治材料规格和用量

沥青种类	类型	厚度 / mm	集料 /（m^3/1 000 m^2）			沥青或乳液用量 /（kg/m^2）			
			第一层	第二层	第三层	第一次	第二次	第三次	合计用量
			规格用量	规格用量	规格用量				
石油沥青	单层	1.0 1.5	S12 7 ～ 9 S10 12 ～ 14	—	—	1.0 ～ 1.2 1.4 ～ 1.6	—	—	1.0 ～ 1.2 1.4 ～ 1.6
	双层	1.5 2.0 2.5	S10 12 ～ 14 S9 16 ～ 18 S8 18 ～ 20	S12 7 ～ 8 S12 7 ～ 8 S12 7 ～ 8	—	1.4 ～ 1.6 1.6 ～ 1.8 1.8 ～ 2.0	1.0 ～ 1.2 1.0 ～ 1.2 1.0 ～ 1.2	—	2.4 ～ 2.8 2.6 ～ 3.0 2.8 ～ 3.2
	三层	2.5 3.0	S8 18 ～ 20 S6 20 ～ 22	S10 12 ～ 14 S10 12 ～ 14	S12 7 ～ 8 S12 7 ～ 8	1.6 ～ 1.8 1.8 ～ 2.0	1.2 ～ 1.4 1.2 ～ 1.4	1.0～1.2 1.0～1.2	3.8 ～ 4.4 4.0 ～ 4.6
乳化沥青	单层	0.5	S14 7 ～ 9	—	—	0.9 ～ 1.0	—	—	0.9 ～ 1.0
	双层	1.0	S12 7 ～ 11	S14 4 ～ 6	—	1.8 ～ 2.0	1.0 ～ 1.2	—	2.8 ～ 3.2
	三层	3.0	S6 20 ～ 22	S10 9 ～ 11	S12 4 ～ 6 S14 3.5 ～ 4.5	2.0 ～ 2.2	1.8 ～ 2.0	1.0～1.2	4.8 ～ 5.4

注：①煤沥青表面处治的沥青用量可比石油沥青用量增加 15% ～ 20%。②表中的乳液用量按乳化沥青的蒸发残留物含量60%计算，如沥青含量不同应予折算。③在高寒地区及干旱风沙大的地区，可超出高限5%～10%。

（2）在清扫干净的碎（砾）石路面上铺筑沥青表面处治时，应喷洒透层油。在旧沥青路面、水泥混凝土路面、块石路面上铺筑沥青表面处治路面时，可在第一层沥青用量中增加 10% ～ 20%，不再另洒透层油或黏层油。

（3）层铺法沥青表面处治路面宜采用沥青洒布车及集料撒布机联合作业。沥青洒布车喷洒沥青时应保持稳定速度和喷洒量，并保持整个洒布宽度喷洒均匀。小规模工程可采用机动或手摇的手工沥青洒布机洒布沥青。洒布设备的喷嘴应适用于沥青的稠度，确保能呈雾状，与洒油管成 15° ～ 25° 的夹角，洒油管的高度应使同一地点接受 2 ～ 3 个喷油嘴喷洒的沥青，不得出现花白条。

（4）喷洒沥青材料时应对道路人工构造物、路缘石等外露部分作防污染遮盖。

（5）沥青表面处治施工应确保各工序紧密衔接，每个作业段长度应根据施工能力确定，并在当天完成。人工撒布集料时应等距离划分段落备料。

（6）三层式沥青表面处治的施工工艺应按下列步骤进行：

1）清扫基层，洒布第一层沥青。沥青的洒布温度根据气温及沥青标号选择，石油沥青宜为 130 ～ 170℃，煤沥青宜为 80 ～ 120℃，乳化沥青在常温下洒布，加温洒布的乳液温度不得超过 60℃。前后两车喷洒的接茬处用铁板或建筑纸铺 1 ～ 1.5 m，使搭接良好。分几幅浇洒时，纵向搭接宽度宜为 100 ～ 150 mm。洒布第二、三层沥青的搭接缝应错开。

2）洒布主层沥青后应立即用集料撒布机或人工撒布第一层主集料。撒布集料后应及时扫匀，达到全面覆盖、厚度一致、集料不重叠也不露出沥青的要求。局部有缺料时适当找补，集料过多的将多余集料扫出。两幅搭接处，第一幅洒布沥青应暂留 100 ～ 150 mm 宽度不撒布石料，待第二幅一起撒布。

3）撒布主集料后，不必等全段撒布完，立即用 6 ～ 8t 钢筒双轮压路机从路边向路中心碾压 3 ～ 4 遍，每次轮迹重叠约 300 mm。碾压速度开始不宜超过 2 km/h，以后可适当增加。

4）第二、三层的施工方法和要求与第一层相同，但可以采用 8t 以上的压路机碾压。

（7）双层式或单层式沥青表面处治浇洒沥青及撒布集料的次数相应减少，其施工程序和要求参照上条（6）进行。

（8）除乳化沥青表面处治应待破乳、水分蒸发并基本成型后方可通车外，沥青表面处治在碾压结束后即可开放交通，并通过开放交通补充压实，成型稳定。在通车初期应设专人指挥交通或设置障碍物控制行车，限制行车速度不超过 20 km/h，严禁畜力车及铁轮车行驶，使路面全部宽度均匀压实。

（9）沥青表面处治应注意初期养护。当发现有泛油时，应在泛油处补撒与最后一层石料规格相同的嵌缝料并扫匀，过多的浮料应扫出路外。

（二）上封层施工技术要点

（1）根据情况可选择乳化沥青稀浆封层、微表处、改性沥青集料封层、薄层磨耗层或其他适宜的材料。

（2）铺设上封层的下卧层必须彻底清扫干净，对车辙、坑槽、裂缝进行处理或挖补。

（3）上封层的类型根据使用目的、路面的破损程度选用。

1）裂缝较细、较密的可采用涂洒类密封剂、软化再生剂等涂刷罩面。

2）对于一级公路及其以下等级的公路的旧沥青路面可以采用普通的乳化沥青稀浆封层，也可在喷洒道路石油沥青并洒布石屑（砂）后碾压作封层。

3）对于高速公路有轻微损坏的宜铺筑微表处。

4）对用于改善抗滑性能的上封层可采用稀浆封层、微表处或改性沥青集料封层。

（三）下封层施工技术要点

（1）多雨潮湿地区的高速公路、一级公路的沥青面层空隙率较大，有严重渗水可能，或铺筑基层不能及时铺筑沥青面层而需通行车辆时，宜在喷洒透层油后铺筑下封层。

（2）下封层宜采用层铺法表面处治或稀浆封层法施工。稀浆封层可采用乳化沥青或改性乳化沥青作结合料。下封层的厚度不宜小于 6mm，且做到完全密水。

（3）以层铺法沥青表面处治铺筑下封层时，通常采用单层式，其集料用量宜为 5 ～ 8 m^3/1 000 m^2，沥青用量可采用要求范围的中高限。

六、沥青贯入式路面施工技术

沥青贯入式路面是指在初步压实的主层碎石料上分层浇洒沥青、撒布嵌缝料，或再在上部铺筑热拌沥青混合料封层经压实而成的沥青面层。适用于城市道路的次干路和支路。也可作为沥青路面的连接层或基层，厚度宜为 40 ～ 80 mm，但乳化沥青的厚度不宜超过 50 mm。当贯入层上部加铺拌和的沥青混合料面层成为上拌下贯式路面时，拌和层的厚度不宜小于 1.5cm。沥青贯入式路面的最上层应撒布封层料或加铺拌和层。沥青贯入层作为联结层使用时，可不撒表面封层料。沥青贯入式路面宜选择在干燥和较热的季节施工，并宜在日最高温度降低至 15℃以前半个月结束，使贯入式结构层通过开放交通碾压成型。

（一）贯入式路面施工准备

（1）沥青贯入式路面施工前，基层必须清扫干净。当需要安装路缘石时，应在路缘石安装完成后施工。路缘石应予遮盖。

（2）乳化沥青贯入式路面必须浇洒透层或黏层沥青。沥青贯入式路面厚度小于或等于 5 cm 时，也应浇洒透层或黏层沥青。

（二）贯入式路面施工技术要点

（1）沥青贯入式路面的施工应按下列步骤进行：

1）采用碎石摊铺机、平地机或人工摊铺主层集料。铺筑后严禁车辆通行。

2）碾压主层集料。撒布后应采用 6 ～ 8t 的轻型钢筒式压路机自路两侧向路中心碾压，碾压速度宜为 2 km/h，每次轮迹重叠约 30 cm，碾压一遍后检验路拱和纵向坡度，当不符合要求时，应调整找平后再压。然后用重型的钢轮压路机碾压，每次轮迹重叠 1/2 左右，宜碾压 4 ～ 6 遍，直至主层集料嵌挤稳定，无显著轮迹为止。

3）浇洒第一层沥青。采用乳化沥青贯入时，为防止乳液下漏过多，可在主层集料碾压稳定后，先撒布一部分上一层嵌缝料，再浇洒主层沥青。

4）采用集料撒布机或人工撒布第一层嵌缝料。撒布后尽量扫匀，不足处应找补。当使用乳化沥青时，石料撒布必须在乳液破乳前完成。

5）立即用 8 ～ 12t 钢筒式压路机碾压嵌缝料，轮迹重叠轮宽的 1/2 左右，宜碾压 4 ～ 6 遍，直至稳定为止。碾压时随压随扫，使嵌缝料均匀嵌入。因气温较高使碾压过程中发生较大推移现象时，应立即停止碾压，待气温稍低时再继续碾压。

6）按上述方法浇洒第二层沥青、撒布第二层嵌缝料，然后碾压，再浇洒第三层沥青。

7）按撒布嵌缝料方法撒布封层料。

8）采用 6 ～ 8t 压路机作最后碾压，宜碾压 2 ～ 4 遍，然后开放交通。

（2）沥青贯入式路面开放交通后应按规范的相关要求控制交通，作初期养护。

（3）铺筑上拌下贯式路面时，贯入层不撒布封层料，拌和层应紧跟贯入层施工，使上下成为一整体。贯入部分采用乳化沥青时应待其破乳、水分蒸发且成型稳定后方可铺筑拌和层，当拌和层与贯入部分不能连续施工，且要在短期内通行施工车辆时贯入层部分的第二遍嵌缝料应增加用量 2 ～ 3 m^3/1 000 m^2，在摊铺拌和层沥青混合料前，应作补充碾压，并浇洒黏层沥青。

（三）沥青层压实度评定方法

沥青路面的压实度采取重点进行碾压工艺的过程控制，适度钻孔抽检压实度校核的方法。钻孔取样应在路面完全冷却后进行，对普通沥青路面通常在第二天取样，对改性沥青及 SMA 路面宜在第三天以后取样。沥青面层的压实度按以下公式计算：

$$K=\frac{D}{D_0}\times 100\%$$

式中，K——沥青层某一测定部位的压实度，%；

D——由试验测定的压实沥青混合料试件实际密度，g/cm^3；

D_0——沥青混合料的标准密度，g/cm^3。

任务四　水泥混凝土面层施工技术

一、概述

（一）水泥混凝土路面的组成及特点

以水泥混凝土作面层（配筋或不配筋）的路面。它是由水泥混凝土层板、基层、垫层、路肩和排水设施等组成。俗称白色路面。其结构组成如图 2-30 所示。水泥混凝土路面包括：普通混凝土、钢筋混凝土、连续配筋混凝土、预应力混凝土、装配式混凝土、钢纤维混凝土等面层板和基层或垫层所组成的路面。目前国内外采用最广泛的是就地现浇的普通混凝土路面。简称为素混凝土路面。

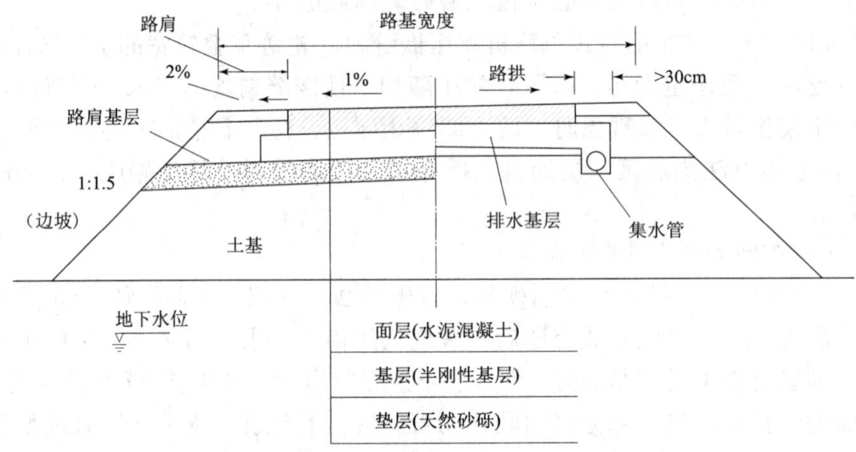

图 2-30　水泥混凝土路面组成

所谓普通混凝土路面，是指除混凝土板接缝区及局部范围（边缘和角隅）处设置少量钢筋外，面层内均不配筋的水泥混凝土路面，也称为素混凝土路面。

水泥混凝土路面属于高级路面，能适应现代化交通重载及满足繁忙的交通要求，而且经久耐用，因此在高等级公路、城市道路、厂矿道路、飞机路道、停车场及小区道路上常被采用。

1. 水泥混凝土路面的特性和破坏现象

（1）水泥混凝土路面的特点

水泥混凝土路面是高级路面。有优点和缺点两方面，见表 2-40、表 2-41。

高速公路水泥混凝土路面采用滑模摊铺技术铺筑施工时，将可以保证路面的平整度，降低噪声，水泥路面行车舒适性的提高和改善，将大大提高水泥混凝土路面的使用品质。

表 2-40　水泥混凝土路面的优点

序号	优点	说明
1	强度高	抗压强度高、刚度大、耐磨性好，常用强度等级为 C30 或 C40
2	热稳定性好	温度稳定性高，无车辙现象和沥青路面的“老化”现象
3	水稳定性好	在暴雨及短期浸水条件下，路面可照常通行
4	耐久性好	比较长的时间保持平整，设计年限长，一般为 20 ～ 40 年
5	平整度好	虽有接缝，但汽车行驶时起伏变形小
6	粗糙度好	保证行驶安全的粗糙度，雨天不打滑，提高安全行驶的速度
7	经常养护费用少	一般无大修，养护费为沥青路面的 1/3 ～ 1/4
8	有利于夜间行车	色泽鲜明，反光能力强

表 2-41　水泥混凝土路面的缺点

序号	缺点	表述
1	水泥、水的用量大	当混凝土强度等级 C40、抗折强度 4.5MPa 时，修筑厚 24cm、宽 7m 的混凝土路面，路段长 1km，当每立方水泥用量为 417kg，W/C ＝ 0.40，每立方用水 165kg，需要水泥约 700.56t、总拌和用水 277t。未计入养护用水
2	接缝处薄弱	板缝处容易引起损坏和引起行车颠簸
3	施工准备工作多	准备模板、布置各接缝、传力杆和拉杆，以及构造钢筋支架多
4	开放交通迟	一般湿养护期 14 ～ 21 天，不能立即使用
5	破损修补较困难	破损处挖掘修补难度相当大
6	对超载敏感	水泥混凝土是脆性材料，在超过混凝土极限强度汽车荷载作用下，混凝土板块将出现断裂现象。对路基稳定性要求高，对不均匀沉降的适应性差
7	有“耀眼”现象	在阳光照射下，有“耀眼”现象
8	噪声特征	众多的接缝，较高的刚度，为提高抗滑能力而筑造的粗构造，行驶的轮胎与其作用产生较大的噪声

（2）刚性路面与沥青类路面受力特点

在道路工程路面设计和施工中，应了解刚性路面与沥青类路面受力特点及对基层的要求，以避免产生一些病害。详见表 2-42。

表 2-42 刚性路面与沥青路面受力特点及对基层的要求

序号	面层种类	路面受力特点	对基层的要求
1	水泥混凝土路面	混凝土板的刚度大、强度高，扩散性能力好，水稳性和热稳性好，不存在沥青路面易“老化”和热稳性差的现象，需设置板缝	均匀性和水稳定性好，接缝处应考虑传力杆和拉杆的传荷连续性和防止渗水现象。在相同平整度要求下，行车舒适性不及沥青路面，噪声较大
2	沥青类路面	在汽车荷载作用下，会产生较大的弯沉变形。沥青路面的塑性好，能吸收噪声，可以不设置接缝，汽车行驶振动冲击小，乘客感觉比较平稳舒适。其对路基、地基变形成不均匀沉降的适度强	基层要强度高扩散性能好，应采用较厚的半刚性路面基层（无机稳定粒料和无机稳定土）。在基层和面层之间应考虑大空隙的沥青混合料过渡层和骨架密实型混合料。平整度保持性差

沥青路面与水泥路面的互补性和相互依存，不仅体现在建设期间，还反映在路面加铺、改建形式的可持续发展上。现在国内高等级公路，广泛采用改性沥青路面、SMA 沥青路面可以改善和提高沥青路面的使用性能。为了避免沥青路面“薄面厚基”，即半刚性基层出现反射裂缝，国内外已开始采用柔性基础和透水性基层，可以改善各种路面的使用品质。为了减小城市道路的噪声、减小路面积水，采用透水性沥青路面和透水性水泥路面，以保证汽车安全行驶。从我国的资源状况考虑，我国高速公路建设将走沥青路面和水泥混凝土路面并举的发展方向。

（3）刚性路面的破坏现象

水泥混凝土路面的破坏主要分为板本身破坏和接缝破坏。破坏现象见表 2-43。

断裂病害的出现，破坏了混凝土板的整体性，因此断裂作为混凝土结构破坏状态的临界状态。

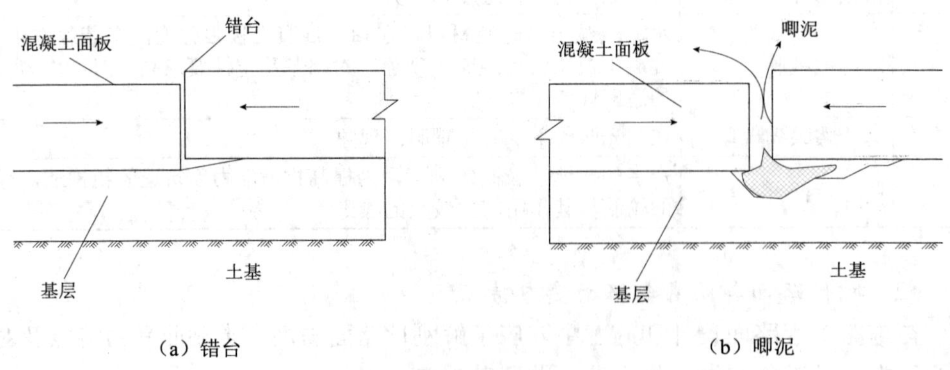

图 2-31 水泥混凝土路面的破坏现象

表 2-43　刚性路面的破坏现象

序号	破坏分类	破坏现象	原因
1	板本身破坏	断裂	路面板内应力超过水泥混凝土强度时，如：板太薄或实际车辆荷载太重、板的平面尺寸太大、地基过量变形使板块底部失去支承，养护期间收缩应力过大、材料选用或施工不当、抗折强度未达到设计要求等。将出现横向或纵向以及板角的断裂和裂缝
2	板接缝破坏	唧泥	车辆荷载作用下，基础中部细粒材料从接缝处与水一同喷出，板边缘底部会出现脱空的现象。板边缘部分和角隅失去支承，导致在离接缝 1.5 ～ 1.8m 处产生横向裂缝或角隅处断裂，如图 2-31（b）所示
3		错台	由于基础过软造成横向接缝或裂缝两侧的路面形成台阶的现象称为错台。降低了行车的平稳和舒适性。如图 2-31（a）所示
4		传力杆失效	混凝土板施工时传力杆安放不当，不能正常传递荷载，在接缝两侧板上产生裂缝或碎裂
5		胀裂	在炎热夏季，路面板膨胀或板的缝隙内落入杂屑，阻碍板的伸长，使横向裂缝处或板缝两侧向上拱起破裂

2. 水泥混凝土路面的设计内容

水泥混凝土路面设计，应依据公路等级、交通荷载、路基条件、当地温度和湿度状况以及使用性能要求，选择及组合与之相适应的水泥混凝土路面结构。以保证该结构在设计期年限内，没有大修，满足规定的使用性能要求，与自然环境相适应。

水泥混凝土路面设计内容包括：

（1）结构组合设计。按使用要求和当地条件，选择行车道和路肩的结构层类型主层次以及结构组成材料类型和厚度，并布设路面表面和内部排水设施，组成初步拟定的路面结构。

（2）结构层厚度设计。通过力学计算和损坏预估分析，对初拟路面结构进行验证和修正，使之满足预定的使用性能要求，由此确定各结构层和路面结构所需的设计厚度。

（3）材料组成设计。依据各结构层的力学性质和功能要求，选择合适的组成材料，进行配合比组成设计和性能测试。

（4）接缝构造设计。确定板块平面尺寸，选择和布设接缝的类型和位置，设计接缝的构造（传荷装置和填封料）。

（5）钢筋配置设计。确定特殊部位、钢筋混凝土面层或连续配筋混凝土面层的配筋量和钢筋布置。

（6）设计方案的技术经济性。对高等级、极重和特重交通荷载或特殊使用要求的公路混凝土路面提出了各备选设计方案，进行寿命周期费用分析，依据资金筹措情况、目标可靠度要求以及其他非经济因素，选择费用效果最佳方案。

此外，还需进行路面表面的设计，提供满足抗滑、耐磨或低噪声要求的路面表面的技术措施。详见《公路水泥混凝土路面设计规范》（JTG D40—2011）。

（二）材料要求

在道路工程中，修筑路面用的混凝土材料比其他结构物所用混合料要有更高的要求，因为它受到动荷载的冲击、摩擦和反复弯曲作用，同时还受到温度和湿度反复变化的影响。面层混凝土混合料必须具有较高的弯拉强度和耐磨性、良好的耐冻性以及尽可能低的膨胀系数和弹性模量。此外，湿混合料还应具有适当的施工和易性，一般规定其坍落度为 0 ～ 30 mm，工作度约 30S。在施工时应力求混凝土强度满足设计要求，通常要求面层混凝土 28d 抗弯拉强度达到 4.0 ～ 5.0 MPa、28d 抗压强度达到 30 ～ 35 MPa。

水泥混凝土路面材料主要有水泥、粗集料、细集料、水、外加剂等。为保证混合料拌制质量及混凝土路面的使用品质，应对混凝土的组成材料提出一定的要求。

1. 水泥

特重、重交通路面宜采用旋窑道路硅酸盐水泥，也可采用旋窑硅酸盐水泥或普通硅酸盐水泥；中、轻交通路面可采用矿渣硅酸盐水泥；低温天气施工或有快通要求的路段可采用 R 型水泥，此外宜采用普通型水泥。各交通等级路面水泥抗折强度、抗压强度应满足《公路水泥混凝土路面施工技术细则（JTG/TF 30—2014）的规定。

各交通等级路面所使用水泥的化学成分、物理性能等路用品质要求应符合有关规定。当采用机械化铺筑路面时，宜选用散装水泥。

2. 粗集料

粗集料应使用质地坚硬、耐久、洁净的碎石、碎卵石和卵石，其技术指标应满足《公路水泥混凝土路面施工技术细则》（JTG/TF 30—2014）的规定，宜选用岩浆岩或未风化的沉积岩碎石。

高速公路、一级公路、二级公路及有抗（盐）冻要求的三、四级公路混凝土路面使用的粗集料级别应不低于 II 级，无抗（盐）冻要求的三、四级公路混凝土路面可使用III级粗集料。有抗（盐）冻要求时，I 级集料吸水率不应大于 1.0%；II 级集料吸水率不应大于 2.0%。

路面混凝土的粗集料不得使用不分级的统料，应按最大公称粒径的不同采用 2 ～ 4 个粒级的集料进行掺配，并应符合《公路水泥混凝土路面施工技术细则》（JTG/ TF 30—2014）中粗集料级配范围的规定要求。卵石最大公称粒径不宜大于 19.0 mm；碎卵石最大公称粒径不宜大于 26.5 mm；碎石最大公称粒径不宜大于 31.5 mm。碎卵石或碎石中粒径小于 75μm 的石粉含量不宜大于 1%。

3. 细集料

细集料应采用质地坚硬、耐久、洁净的天然砂、机制砂或混合砂，要求颗粒坚硬耐磨，具有良好的级配，表面粗糙有棱角，有害杂质含量少。

高速公路、一级公路、二级公路及有抗（盐）冻要求的三、四级公路混凝土路面使用的砂级别应不低于Ⅱ级，无抗（盐）冻要求的三、四级公路混凝土路面可使用Ⅲ级砂。特重交通、重交通混凝土路面宜采用河砂，砂的硅含量不应低于25%。

路面混凝土用天然砂宜为中砂，也可使用细度模数在2.0～3.5的砂。同一配合比用砂的细度模数变化范围不应超过0.3，否则，应分别堆放，并调整配合比中的砂率后使用。路面混凝土用机制砂还应检验砂浆磨光值，其值宜大于35%，不宜使用抗磨性较差的泥岩、页岩、板岩等水成岩类母岩品种生产机制砂。配制机制砂混凝土应同时掺高效引气减水剂。

细集料的技术指标与级配范围要求应满足《公路水泥混凝土路面施工技术细则》（JTG/TF 30—2014）的规定。

4. 水

饮用水可直接作为混凝土搅拌和养护用水。对硫酸盐含量超过0.002 7mg/mm^3（按SO_4^{2-}计）、含盐量超过0.005 mg/mm^3、pH值小于4的酸性水和含有油污、泥和其他有害杂质的水，均不允许使用。

5. 外加剂

为提早开放交通，路面混凝土宜选用减水率大、坍落度损失小、可调控凝结时间的复合型减水剂。高温施工宜使用引气缓凝（保塑）（高效）减水剂；低温施工宜使用引气早强（高效）减水剂。

为了提高混凝土的和易性和抗冻性，可选用表面张力降低值大、水泥稀浆中起泡容量多而细密、泡沫稳定时间长、不溶渣少的产品。有抗（盐）冻要求的地区，各交通等级路面混凝土必须使用引气剂；无抗（盐）冻要求地区，二级及二级以上公路路面混凝土应使用引气剂。

在混凝土制备时掺加外加剂时，各外加剂产品的技术性能指标应满足《公路水泥混凝土路面施工技术细则》（JTG/TF 30—2014）的规定。

6. 其他材料

路面混凝土中的粉煤灰掺和料、填缝材料、钢筋、钢纤维等，其技术指标应满足《公路水泥混凝土路面施工技术细则》（JTG/TF 30—2014）的相关规定。

（三）混凝土配合比设计

由于混凝土路面板厚设计计算是以混凝土的抗弯拉强度为依据，所以混凝土的配合比设计应根据设计弯拉强度、耐久性、耐磨性、和易性等要求和经济合理的原则选用原材料。通过计算、试验和必要的调整，确定混凝土单位体积中各种组成材料的用量，即设计配合比。再据现场浇筑混凝土的实际条件，如材料供应情况（级配、含水量等）、摊铺方法和机具、气候条件等，作适当调整后提出施工配合比。

这里仅介绍普通混凝土配合比设计的一般步骤，适用于滑模摊铺机、轨道摊铺机、三辊轴机组及小型机具四种施工方式。钢纤维混凝土、碾压混凝土、贫水泥混凝土的配合比设计方法参见《公路水泥混凝土路面施工技术细则》（JTG/TF 30—2014）。

1. 普通混凝土路面的配合比应满足的技术要求

（1）弯拉强度

1）各交通等级路面的28d设计弯拉强度标准值f_r应符合《公路水泥混凝土路面设计规范》（JTG D40—2011）的规定，根据交通等级不同，取4.0～5.0 MPa。

2）按下式计算配制28d弯拉强度的均值。

$$f_c=\frac{f_r}{1-1.04c_v}+ts$$

式中，f_c——配制28d弯拉强度的均值，MPa；

f_r——设计弯拉强度标准值，MPa；

s——弯拉强度试验样本的标准差，MPa；

t——保证率系数，应按表2-44确定；

c_v——弯拉强度变异系数，应按统计数据在表2-45的规定范围内取值；无统计数据时，弯拉强度变异系数应按设计取值；如果施工配制弯拉强度超出设计给定的弯拉强度变异系数上限，则必须改进机械装备和提高施工控制水平。

表2-44 保证率系数t

公路技术等级	判别概率P	样本数n/组				
		3	6	9	15	20
高速公路	0.05	1.36	0.79	0.61	0.45	0.39
一级公路	0.10	0.95	0.59	0.46	0.35	0.30
二级公路	0.15	0.72	0.46	0.37	0.28	0.24
三、四级公路	0.20	0.56	0.37	0.29	0.22	0.19

表2-45 各级公路混凝土路面弯拉强度变异系数

公路技术等级	高速公路	一级公路		二级公路	三、四级公路	
混凝土弯拉强度变异水平等级	低	低	中	中	中	高
弯拉强度变异系数允许变化范围	0.05～0.10	0.05～0.10	0.10～0.15	0.10～0.15	0.10～0.15	0.15～0.20

（2）工作性

1）滑模摊铺机铺筑的混凝土拌和物最佳工作性及允许范围应符合表 2-46 的规定。

表 2-46　混凝土路面滑模摊铺最佳工作性及允许范围

指标 界限	坍落度 S_L/mm		振动黏度系数 η/（N•s/m^2）
	卵石混凝土	碎石混凝土	
最佳工作性	20 ～ 40	25 ～ 50	200 ～ 500
允许波动范围	5 ～ 55	10 ～ 65	100 ～ 600

注：①滑模摊铺机适宜的摊铺速度应控制在 0.5 ～ 2.0m/min。②本表适用于设超铺角的滑模摊铺机；对不设超铺角的滑模摊铺机，最佳振动黏度系数为 250 ～ 600 N·s/m^2；最佳坍落度卵石为 10 ～ 40 mm；碎石为 10 ～ 30 mm。③滑模摊铺时的最大单位用水量卵石混凝土不宜大于 155kg/m^2；碎石混凝土不宜大于 160 kg/m^3。

2）轨道摊铺机、三辊轴机组、小型机具摊铺的路面混凝土坍落度及最大单位用水量，应满足表 2-47 的规定。

表 2-47　不同路面施工方式混凝土坍落度及最大单位用水量

摊铺方式	轨道摊铺机摊铺		三辊轴机组摊铺		小型机具摊铺	
出机坍落度 /mm	40 ～ 60		30 ～ 50		10 ～ 40	
摊铺坍落度 /mm	20 ～ 40		10 ～ 30		0 ～ 20	
最大单位用水量 /（kg/m^3）	碎石	卵石	碎石	卵石	碎石	卵石
	156	153	153	148	150	145

注：①表中的最大单位用水量是采用中砂、精细集料为风干状态的取值，采用细砂时，应使用减水率较大的（高效）减水剂。②使用碎卵石时，最大单位用水量可取碎石与卵石中值。

（3）耐久性

1）根据当地路面无抗冻性、有抗冻性或有抗盐冻性要求及混凝土最大公称粒径，路面混凝土含气量宜符合表 2-48 的规定。

表 2-48　路面混凝土含气量及允许偏差　　单位：%

最大公称料径 /mm	无抗冻性要求	有抗冻性要求	有抗盐冻要求
19.0	4.0±1.0	5.0±0.5	6.0±0.5
26.5	3.5±1.0	4.5±0.5	5.5±0.5
31.5	3.5±1.0	4.0±0.5	5.0±0.5

2）各交通等级路面混凝土满足耐久性要求的最大水灰（胶）比和最小单位水泥用量应符合表 2-49 的规定。

3）严寒地区路面混凝土抗冻标号不宜小于 F250，寒冷地区不宜小于 F200。

4）在海风、酸雨、除冰盐或硫酸等腐蚀环境影响范围内的混凝土路面和桥面，在使用硅酸盐水泥时，应掺加粉煤灰、磨细矿渣或硅灰掺和料，不宜单独使用硅酸盐水泥，可使用矿渣水泥或普通水泥。

表 2-49 混凝土满足耐久性要求的最大水灰（胶）比和最小单位水泥用量

公路技术等级		高速公路、一级公路	二级公路	三、四级公路
最大水灰（胶）比		0.44	0.46	0.48
抗冰冻要求最大水灰（胶）比		0.42	0.44	0.46
抗盐冻要求最大水灰（胶）比		0.40	0.42	0.44
最小单位水泥用量 / (kg/m^3)	42.5 级	300	300	290
	32.5 级	310	310	305
抗冰（盐）冻时最小单位水泥	42.5 级	320	320	315
用量 / (kg/m^3)	32.5 级	330	330	325
掺粉煤灰时最小单位水泥	42.5 级	260	260	255
用量 / (kg/m^3)	32.5 级	280	270	265
抗冰（盐）冻掺粉煤灰最小单位水泥用量（42.5 级水泥）/ (kg/m^3)		280	270	265

注：①掺粉煤灰，并有抗冰（盐）冻性要求时，不得使用 32.5 级水泥。②水灰（胶）比计算以砂石料的自然风干状态计（砂含水量＜1.0%；石子含水量＜0.5%）。③处在除冰盐、海风、酸雨或硫酸盐等腐蚀性环境中，或在大纵坡等加减速车道上的混凝土，最大水灰（胶）比可比表中数值降低 0.01 ～ 0.02。

（4）经济性

在满足上述三项技术要求的前提下，配合比应尽可能经济。各级公路混凝土路面最大水泥用量不宜大于 400 kg/m^3；掺粉煤灰时，最大胶材总量不宜大于 420 kg/m^3。

2. 外加剂的使用要求

（1）高温施工时，混凝土拌和物的初凝时间不得小于 3h，否则应采取缓凝或保塑措施；低温施工时，终凝时间不得大于 10 h，否则应采取必要的促凝或早强措施。

（2）外加剂的掺量应由混凝土试配试验确定。引气剂的适宜掺量可由搅拌机口的拌和物含气量进行控制。实际路面和桥面引气混凝土的抗冰冻、抗盐冻耐久性，宜用《公路水泥混凝土路面施工技术细则》（JTG/TF 30—2014）附录 F.1、附录 F.2 规定的钻芯法测定。测定位置：路面为表面和表面下 50 mm；桥面为表面和表面下 30 mm；测得的上下两个表面的最大平均气泡间距系数不宜超过表 2-50 的规定。

表 2-50　混凝土路面和桥面最大平均气泡间距系数

公路技术等级		高速公路、一级公路 /μm	其他公路 /μm
严寒地区	冰冻	275	300
	盐冻	225	250
寒冷地区	冰冻	325	350
	盐冻	275	300

（3）引气剂与减水剂或高效减水剂等其他外加剂复配在同一水溶液中时，应保证其共溶性，防止外加剂溶液发生絮凝现象。如产生絮凝现象，应分别稀释、分别加入。

（四）施工准备

1. 施工机械选择

根据公路等级的不同，混凝土路面的施工宜符合表 2-51 规定的机械装备要求。

表 2-51　与公路等级相适应的机械装备

摊铺机械装备	高速公路	一级公路	二级公路	三级公路	四级公路
滑模摊铺机	√	√	√		○
轨道摊铺机	▲	√	√	√	○
三辊轴机组	○	▲	√	√	√
小型机具	×	○	▲	√	√
碾压混凝土机械		○	√	√	▲
计算机自动控制强制搅拌楼（站）	√	√	√	▲	○
强制搅拌楼（站）	×	○	▲	√	√

注：①符号含义：√应使用；▲有条件使用；○不宜使用；× 不得使用；②各等级公路均不得使用体积计量、小型自落滚筒式搅拌机，严禁使用人工控制加水量；③碾压混凝土亦可用于高速公路、一级公路复合式路面的下面层和贫混凝土基层。

2. 施工组织

（1）开工前，建设单位应组织设计、施工、监理单位进行技术交底。

（2）施工单位应根据设计图纸、合同文件、摊铺方式、机械设备、施工条件等确定混凝土路面施工工艺流程、施工方案，进行详细的施工组织设计。

（3）开工前，施工单位应对施工、试验、机械、管理等岗位的技术人员和各工种技术工人进行培训。未经培训的人员不得单独上岗操作。

（4）施工单位应根据设计文件，测量校核平面和高程控制桩，复测和恢复路面中心、边缘全部基本标桩，测量精确度应满足相应规范的规定。

（5）施工工地应建立具备相应资质的现场试验室，能够对原材料、配合比和路面质量进行检测和控制，提供符合交工检验、竣工验收和计量支付要求的自检结果。

（6）各种桥涵、通道等构筑物应提前建成，确有困难不能通行时，应有施工便道。施工时应确保运送混凝土的道路基本平整、畅通，不得延误运输时间。施工中的交通运输应配备专人进行管制，保证施工有序、安全进行。

（7）摊铺现场和搅拌场之间应建立快速有效的通讯联络，及时进行生产调度和指挥。

3. 搅拌场设置

（1）搅拌场宜设置在摊铺路段的中间位置。搅拌场内部布置应满足原材料储运、混凝土运输、供水、供电、钢筋加工等使用要求，并尽量紧凑，减少占地。

（2）搅拌场应保障搅拌、清洗、养生用水的供应，并保证水质。供水量不足时，搅拌场应设置与日搅拌量相适应的蓄水池。

（3）搅拌场应保证充足的电力供应。电力总容量应满足全部施工用电设备、夜间施工照明及生活用电的需要。

（4）应确保摊铺机械、运输车辆及发电机等动力设备的燃料供应。离加油站较远的工地宜设置油料储备库。

（5）水泥、粉煤灰储存和供应要求：

每台搅拌楼应至少配备 2 个水泥罐仓，如掺粉煤灰还应至少配备 1 个粉煤灰罐仓。当水泥的日用量很大，需要两家以上的水泥厂供应水泥时，不同厂家的水泥，应清仓再灌，并分罐存放。严禁粉煤灰与水泥混罐。

应确保施工期间的水泥和粉煤灰供应。供应不足或运距较远时，应储备和使用袋包装水泥或袋装粉煤灰，并准备水泥仓库、拆包及输送入罐设备。水泥仓库应覆盖或设置顶篷防雨，并应设置在地势较高处，严禁水泥、粉煤灰受潮或浸水。

（6）砂石料储备：

施工前，宜储备正常施工 10 ～ 15d 的砂石料。

砂石料场应建在排水通畅的位置，其底部应做硬化处理。不同规格的砂石料之间应有隔离设施，并设标识牌，严禁混杂。

在低温天、雨天、大风天及日照强烈的条件下，应在砂石料堆上部架设顶篷或覆盖，覆盖砂石料数量不宜少于正常施工一周的用量。

（7）原材料与混凝土运输车辆不应相互干扰。搅拌楼下宜采用厚度不薄于 200mm 的混凝土铺装层，并应设置污水排放管沟、积水坑或清洗搅拌楼的废水处理回收设备。

4. 摊铺前材料与设备检查

（1）在施工准备阶段，应依据混凝土路面设计要求、工程规模，对当地及周边的水泥、钢材、粉煤灰、外加剂、砂石料、水资源、电力、运输等状况进行实地调研，确认符合铺筑混凝土路面的原材料质量、品种、规格，原材料的供应量、供应强度和供给方式、运距等。通过调研优选，初步选择原材料供应商。

（2）开工前，工地实验室应对计划使用的原材料进行质量检验和混凝土配合比优选，监理应对原材料抽检和配合比试验验证，报请业主正式审批。

（3）应根据路面施工进度安排，保证及时地供应符合原材料技术指标规定的各种原材料，不合格原材料不得进场。所有原材料进出场应进行称量、登记、保管或签发。

（4）应将相同料源、规格、品种的原材料作为一批，分批量检验和储存。

（5）施工前必须对机械设备、测量仪器、基准线或模板、机具工具及各种试验仪器等进行全面检查、调试、校核、标定、维修和保养。主要施工机械的易损零部件应有适量储备。

5. 路基、基层和封层的检测与修整

（1）路基应稳定、密实、均质，对路面结构提供均匀的支承。对桥头、软基、高填方、填挖方交界等处的路基段，应进行连续沉降观测，并采取切实有效措施保证路基的稳定性。

（2）垫层、基层除应符合《公路水泥混凝土路面设计规范》（JTG D40—2011）和《公路路面基层施工技术规范》（JTJ 034—2000）的规定外，尚应符合下列技术要求：（上）基层纵、横坡一般可与面层一致，但横坡可略大 0.15% ～ 0.20%，并不得小于路面横坡；硬路肩厚度薄于面板时，应设排水基层或排水盲沟。缘石和软路肩底部应有渗透排水措施；面层铺筑前，宜至少提供足够机械连续施工 10 d 以上的合格基层。

（3）面板铺筑前，应对基层进行全面的破损检查，当基层产生纵、横向断裂、隆起或碾坏时，应采取下述有效措施彻底修复：

所有挤碎、隆起、空鼓的基层应清除，并使用相同的基层料重铺，同时设胀缝板横向隔开，胀缝板应与路面胀缝或缩缝上下对齐。

当基层产生非扩展性温缩、干缩裂缝时，应灌沥青密封防水，还应在裂缝上黏贴油毡、土工布或土工织物，其覆盖宽度不应小于 1 000 mm；距裂缝最窄处不得小于 300 mm。

当基层产生纵向扩展裂缝时，应分析原因，采取有效的路基稳固措施根治裂缝，且宜在纵向裂缝所在的整个面板内，距板底 1/3 高度增设补强钢筋网，补强钢筋网到裂缝端部不宜短于 5 m。

基层被碾坏成坑或破损面积较小的部位，应挖除并采用贫混凝土局部修复。对表面严重磨损裸露粗集料的部位，宜采用沥青封层处理。

（4）在高速公路和一级公路的半刚性上基层表面，宜喷洒热沥青和石屑（2 ～ $3m^3/100\ m^2$）做滑动封层，或做乳化沥青稀浆封层。沥青封层或乳化沥青稀浆封层的厚度不宜小于 5 mm。

（5）在各交通等级有可能被水淹没浸泡路面的路段，可采用较厚的坚韧塑料薄膜或密闭土工膜覆盖基层防水。

（6）当封层出现局部损坏时，摊铺前应采用相同的封层材料进行修补，经质量检验合格，并由监理签认后，方可铺筑水泥混凝土面层。

二、水泥混凝土路面结构

（一）路基、基层、垫层

水泥混凝土路面结构层是多层体系，整个结构的性能和寿命受制于系统内最薄弱的层次。因而，在考虑并合理处理上下层次的相互作用的同时，还需要顾及路面结构体系中的协调，以提供平衡的路面结构组合。水泥混凝土路面组合设计应满足：在各种交通等级下的强度要求、水稳定性、各结构层强度、厚度及施工碾压要求。

1. 路基

通过混凝土路面结构传到路床顶面的荷载应力很小，因而，对路基载力要求并不高。但路基出现不均匀变形时，混凝土面层与下卧层之间会出现局部脱空，面层应力会由此增加而导致面层板断裂。对路基的基本要求是给路面结构提供均匀的支撑，并且路基应稳定、密实、均质。

路基对路面结构所提供的支承条件和水平可采用路床顶的综合回弹模量值来表征，并按交通等级的不同，分别提出不同的要求值。对于轻交通荷载等级时不得低于 40MPa，中等或重交通荷载等级时不得低于 60MPa，特重或极重交通荷载等级时不得低于 80MPa。当达不到上述路床顶面的综合回弹模量值的要求时，应选用粗粒土或低剂时无机结合料稳定土作路床填料。当路基工作区底面接近或低于地下水位时，可采取更换填料、设置排水渗沟等措施。

水泥混凝土路面下的路基应处于干燥、中湿状态。路基应力工作区按路床顶面下 80cm 确定，当地下水位高程受限制不能提高路基时，还应采用降低地下水位的措施。路堑岩石地段或填石路床顶面应铺设整平层，整平层可采用碎石、低剂量水泥稳定粒等材料，其厚度可根据路床顶面平整度确定，最小厚度不小于 100mm。路基土材料、回弹模量及湿度调整系数经验参考值见表 2-52、表 2-53、表 2-54。

表 2-52　路基土回弹模量经验参考值　　单位：MPa

材料类型	取值范围	代表值
级配良好砾（GW）	240 ～ 290	250
级配不良砾（GP）	170 ～ 240	190
含细粒土料（GF）	120 ～ 240	180
粉土质砾（GM）	160 ～ 270	220
黏土质砾（GC）	120 ～ 190	150
级配良好砾（SW）	120 ～ 190	150

材料类型	取值范围	代表值
级配不良砾（SP）	100 ～ 160	130
含细粒土砂（SF）	80 ～ 160	120
粉土质砂（SM）	120 ～ 190	150
黏土质砂（SC）	80 ～ 120	100
低液限粉土（ML）	70 ～ 110	90
低液限种黏土（CL）	50 ～ 100	70
高液限粉土（MH）	30 ～ 70	50
高液限种黏土（CH）	20 ～ 50	30

表 2-53 路基回弹模量湿度调整系数

土组	路床顶面距地下水位的距离 /m					
	1.0	1.5	2.0	2.5	3.0	4.0
细粒质砾（GF） 土质砾（GM/GC）	0.81 ～ 0.88	0.86 ～ 1.00	0.91 ～ 1.00	0.96 ～ 1.00	—	—
细粒质砾（SF） 土质砾（SM、SC）	0.80 ～ 0.86	0.83 ～ 0.97	0.87 ～ 1.00	0.90 ～ 1.00	0.94 ～ 1.00	—
低液限粉土（ML）	0.71 ～ 0.74	0.75 ～ 0.81	0.78 ～ 0.89	0.90 ～ 1.00	0.86 ～ 1.00	0.94 ～ 1.00
低液限黏土（CL）	0.70 ～ 0.73	0.72 ～ 0.80	0.74 ～ 0.88	0.75 ～ 0.95	0.77 ～ 1.00	0.81 ～ 1.00
高液限粉土（MH） 高液限黏土（CH）	0.70 ～ 0.71	0.71 ～ 0.75	0.72 ～ 0.78	0.73 ～ 0.82	0.73 ～ 0.86	0.74 ～ 0.94

表 2-54 粒料类基层和底基层回弹模量经验参考值 单位：MPa

材料类型	取值范围	代表值
级配碎石（基层）	200 ～ 400	300
级配碎石（底基层）	180 ～ 250	220
未筛分碎石	180 ～ 220	200
级配砾石（基层）	150 ～ 300	250
级配砾石（底基层）	150 ～ 220	190
天然砾石	105 ～ 135	120

2. 基层

混凝土面板下的基层，主要承受由面层传下来的行车荷载和渗入水的作用。基层应具有足够的抗冲刷能力和适当的刚度。设置基层的目的是：防止冲刷、唧泥、防冻板脱空和错台等病害产生（图 2-32）。减小路基顶面的压应力、提高路面结构的承载能力、对混凝土面层施工机械的安装和施工操作提供工作面（侧立模板）。

基层和底基层的材料可根据交通荷载等级、结构要求和材料供应条件，分别参照表 2-55、表 2-56 选用。承受极重、特重式重交通荷载的路面，基层下应设置底基层；

承受中等式交通荷载时，可不设底基层。当基层采用无机结合料类材料，且上路床由细粒土组成时，应在基层下设置粒料类底基层。基层采用无机结合料类材料时，底基层没有必要再采用钢度模量较大的无机结合类底基层，否则，有可能因为其基层与路床的模量比大而产生过大的拉应力，使其产生收缩裂缝，提供了水分下渗的通路及产生唧泥的条件。

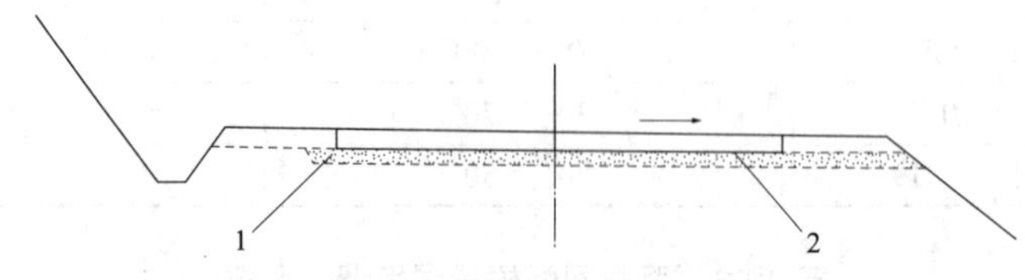

1 —盲沟；2 —通过路肩的基层

图 2-32　兼起排水作用的粒料基层

表 2-55　各交通荷载等级的基层材料类型

交通荷载等级	基层材料类型
极重、特重	贫混凝土、碾压混凝土
	沥青混凝土
重	密级配沥青稳定碎石
	水泥稳定碎石
中等、轻	稳定级碎石
	水泥稳定碎石、石灰、粉煤灰稳定碎石

表 2-56　各交通荷载等级的底基层材料类型

交通荷载等级	底基层材料类型
极重、特重	级配碎石、水泥稳定碎石、石灰、粉煤灰稳定碎石
中等、轻	未筛分碎石、级配碎石，或不设

各类基层和底基层的厚度范围，应依据结构层成型、施工方便（单层摊铺碾压）或排水要求因素选择，一般适宜压实厚度参见表 2-57。增加基层和底基层的厚度，对于降低面层应力或薄面层的厚度，影响不大。因此混凝土面层下的基层不必很厚。如果设计厚度超过适宜厚度，可以按施工所提供的施工条件决定是否需要采用分层摊铺碾压。

硬路肩采用混凝土面层，其厚度与行车道面层相同时，基层的结构与厚度应与行车道相同。基层的宽度应比混凝土面层每侧至少宽出 300mm（小型机具施工时）或 650mm（滑模式摊铺机施工时）。级配粒料基层的宽度也宜与路基同宽。

表 2-57　各类材料基层和底基层的结构厚度、适宜施工厚度

材料种类		适宜施工厚度 /mm
贫混凝土、碾压混凝土		120 ～ 200
无机结合料稳定粒料		150 ～ 200
沥青混凝土	集料公称最大粒径 9.5mm	25 ～ 40
	集料公称最大粒径 13.2mm	35 ～ 65
沥青混凝土	集料公称最大粒径 16mm	40 ～ 70
	集料公称最大粒径 19mm	50 ～ 75
沥青稳定碎石	集料公称最大粒径 19mm	
	集料公称最大粒径 26.5mm	750 ～ 100
多孔隙水泥稳定碎石		100 ～ 150
级配碎石、未筛分碎石、级配砾石或碎砾石		100 ～ 200

基层按材料类型分为：刚性基层、半刚性基层、柔性基层、粒料基层、排水基层。目前沥青稳定开级配碎石作为水泥混凝土路面排水基层，且使用性能良好。

多雨地区（年平均降水量 800 ～ 1 000mm），通过接缝或裂缝渗入路面内的水量相当大。在混凝土路面结构层内设置排水基层排水系统或纵向边缘排水系统以排出渗入水，可减少渗水对路基的冲刷作用，从而降低唧泥、错台和板底脱空等病害出现的可能性。

排水基层构成方法之一是选用多孔隙开级配水泥稳定碎石或沥青稳定碎石，也就是应控制粒料中小于 0.075mm 的细粒料含量。

为了防止水分透过排水基层渗入路基（土基）中，排水层应设置不透水底基层（水泥稳定粒料），基厚度一般取 200mm，底基层顶面宜铺设沥青封层或防水土工布材料。

在进行板厚计算选择参数时，采用的无机结合类基层和底基层材料弹性模量经验参考值见表 2-58。沥青结合类基层材料动态模量经验参考值见表 2-59。

表 2-58　无机结合类基层和底基层材料弹性模量经验参考值　　单位：MPa

材料类型	7d 浸水抗压强度	试件模量	收缩开裂后模量	疲劳破坏后模量
水泥稳定	3.0 ～ 6.0	3 000 ～ 14 000	2 000 ～ 2 500	300 ～ 500
	1.5 ～ 3.0	2 000 ～ 10 000	1 000 ～ 2 000	200 ～ 400
石灰、粉煤灰稳定	≥ 0.8	3 000 ～ 14 000	2 000 ～ 2 500	300 ～ 500
	0.5 ～ 0.8	2 000 ～ 10 000	1 000 ～ 2 000	200 ～ 400
石灰稳定	≥ 0.8	2 000 ～ 4 000	800 ～ 2 000	200 ～ 300
	0.5 ～ 0.8	1 000 ～ 2 000	400 ～ 1 000	50 ～ 200
开级配沥青稳定碎石（ATPB）	≥ 0.4	1 300 ～ 1 700		—

表 2-59 沥青结合类基层材料动态模量经验参考值 单位：MPa

材料类型	条件	取值范围
沥青混凝土（AC-10）	20℃，10Hz，90A，110A，空隙率 7%，沥青用量 6%	4 700 ～ 56 000
沥青混凝土（AC-16）		4 500 ～ 54 000
沥青混凝土（AC-25）		4 000 ～ 5 000
密级配沥青碎石（ATB-25）		3 500 ～ 4 200
开级配沥青碎石（ATB-25）	20℃，沥青用量 2.5% ～ 3.5%	600 ～ 800

3. 垫层

在温度和湿度状况不良的路段上，基层下应设置垫层，以改善路面结构的使用性能。在季节性冰冻地区路面结构小于最小防冻层厚度要求时，设置防冻垫层，可以使路面结构免除或减轻冻胀和翻浆病害。在路床湿度较大的挖方路段上，设置排水垫层可以疏干路床土，改善路面结构的支承情况。使路段保持在干燥和中湿状态。垫层与路基同宽，厚度不得小于 150mm。

常用垫层材料分为两类，第一类是粒状材料，第二类是整体性材料。

防冻层和排水层宜采用碎石、沙砾等颗粒材料。在供应条件允许时，防冻层还可以采用煤渣、矿渣等隔温材料。当冰冻深度大于 0.5m 的季节性冰冻地区，路面结构应有足够的总厚度，以便将路基的冰冻深度约束在有限的范围内。路面结构的最小总厚度，随冰冻线深度、路基的潮湿状况和土质而异，其路面总厚度不应小于最小防冻层厚度要求，按表 2-60 规定，其差值应以垫层（防冻层）来补足。垫层和基层回弹模量经验参考值范围按表 2-61 选用。

表 2-60 水泥混凝土路面最小防冻厚度

路基干湿类型	路基土类别	当地最大冰冻深度 /m			
		0.50 ~ 1.00	1.00 ~ 1.50	1.50 ~ 2.00	> 2.00
中湿路基	易冻胀土	0.30 ～ 0.50	0.40 ～ 0.60	0.50 ～ 0.70	0.60 ～ 0.95
	很易冻胀土	0.40 ～ 0.60	0.50 ～ 0.70	0.60 ～ 0.85	0.70 ～ 1.10
潮湿路基	易冻胀土	0.40 ～ 0.60	0.50 ～ 0.70	0.60 ～ 0.90	0.75 ～ 1.20
	很易冻胀土	0.45 ～ 0.70	0.55 ～ 0.80	0.70 ～ 1.00	0.80 ～ 1.30

表 2-61 垫层和基层回弹模量经验参考值范围

材料类型	回弹模量 /MPa	材料类型	回弹模量 /MPa
中、粗砂	80 ～ 100	石灰粉煤灰稳定粒料	1 300 ～ 1 700
天然沙砾	150 ～ 200	水泥稳定粒料	1 300 ～ 1 700
未筛分碎石	180 ～ 220	沥青碎石（粗粒式，20℃）	600 ～ 800
级配碎砾石（垫层）	200 ～ 250	沥青混凝土（粗粒式，20℃）	800 ～ 1 200
级配碎砾石（基层）	250 ～ 350	沥青混凝土（中粒式，20℃）	1 000 ～ 1 400

材料类型	回弹模量 /MPa	材料类型	回弹模量 /MPa
石灰石	200 ～ 700	多孔隙水泥碎石（水泥剂量 9.5% ～ 11%）	1 300 ～ 1 700
石灰粉煤灰	600 ～ 900	多孔隙沥青碎石（20℃，沥青含量 2.5% ～ 3.5%）	600 ～ 800

（二）混凝土面层

1. 要求

水泥混凝土面层是路面结构的主要承重层，同时也是与车辆直接接触的表面层，因而，一方面要求面层具有足够的承载力和耐久性，另一方面要求面层具有良好抗滑、耐磨、平整的行驶质量。当面层板的平面尺寸较大或形状不规则时、路面结构下埋有地下设施、高填方、软土地基、填挖交界段的路等有可能产生不均匀沉降时，应采用设置接缝的钢筋水泥混凝土面层。

对于城市道路的路面，当非机动车道同时有机动车道行驶时，路面结构应满足机动车道行驶要求。人行道和广场铺面应满足稳定、抗滑、平整、生态环境和城市景观要求，其设计应实用、经济、美观、耐久。

停车场铺面应满足稳定、耐久、平整、抗滑和排水有要求，基设计应符合下列要求：设计内容和方法与相应机动车道水泥混凝土路面、沥青混凝土路面相同。采用沥青混凝土路面，宜提高沥青面层的抗车辙性能。采用水泥混凝土面层，应设置胀缝，其间距及要求均与车行道相同。根据停车场各区域性质和功能的不同，铺面结构的设计荷载应视实际情况确定。

2. 类型选择

公路与城市道路路面的其他面层类型可根据适用条件按表 2-62 选用。

表 2-62　其他面层类型选择

<table>
<tr><th colspan="2">面层类型</th><th>适用条件</th></tr>
<tr><td colspan="2">连续配筋混凝土面层、预应力混凝土路面</td><td>高速公路、特重交通的快速路、主干路</td></tr>
<tr><td rowspan="2">复合式面层</td><td>密级配沥青混凝土上面层</td><td>极重、特重交通荷载的高速公路、特重交通的快速路</td></tr>
<tr><td>连续配筋混凝土下面层设传力杆
普通混凝土下面层</td><td>二级及二级以下公路</td></tr>
<tr><td colspan="2">碾压混凝土面层</td><td>标高受限制路段、混凝土加铺层、收费站、桥面铺装</td></tr>
<tr><td colspan="2">钢纤维混凝土面层</td><td>二级及二级以下公路桥头引道沉降未稳定段，服务区停车场、广场步行街、停车场、支路</td></tr>
</table>

3. 设计厚度

《公路水泥混凝土路面设计规范》（JTG D40—2011）规定，普通水泥混凝土、钢筋混凝土、碾压混凝土和连续配筋混凝土面层计算厚度，应按混凝土路面板厚计算流程，分别计算混凝土面层板（单层板或双层板的面层板）的最重轴载产生的最大荷载应力、计算轴载产生的荷载疲劳应力、最大温度梯度产生的最大温度应力及温度疲劳应力。各种混凝土面层的计算厚度应依据计算厚度加 6mm 磨耗层后，按 10mm 向上取整，作为混凝土面层的设计厚度。

当水泥混凝土路面厚度小于最小防冻层厚度，或路基潮湿状况不佳时，需设置垫层。

4. 抗滑指标

混凝土路表面的粗构造必须采用拉毛、拉槽、刻槽或压槽等方法做表面构造。在交工验收表面构造深度应满足表 2-63 要求。混凝土面板的平整度以 3m 直尺量测为主。3m 直尺与路面表面的最大限度空隙，高速公路和一级公路不大于 3mm；其他公路不大于 5mm。混凝土面板的粗构造用平均构造深度作为抗滑能力的评价指标。

表 2-63　各级公路水泥混凝土面层的表面构造深度要求　　单位：mm

公路等级	高速公路、一级公路	二、三、四级公路
一般路段	0.70 ～ 1.10	0.50 ～ 0.92
特殊路段	0.80 ～ 1.20	0.60 ～ 1.00

注：特殊路段——对于高速公路和一级公路系指立交、平交或变速车道等处，对于其他等级公路是指急弯、陡坡、交叉口或集镇附近。

5. 强度指标

城市道路水泥混凝土面层板的抗弯拉强度不得低于 4.5MPa，快速路、主干路和重交通的其他道路的抗弯拉强度不得低于 5.0MPa。混凝土预制块的抗压强度非冰冻地区不宜低于 50MPa，冰冻地区不宜低于 60MPa。

在公路进行水泥混凝土板计算时，水泥混凝土弯拉强度标准值 f_t，按表 2-64 确定。水泥混凝土强度和弹性模量经验参考值见表 2-65，水泥混凝土面层与基层间摩阻系数经验参考值按表 2-66 选用。

表 2-64　水泥混凝土弯拉强度标准值 f_t

交通等级	极重、特重、重	中等	轻
水泥混凝土的弯拉强度标准值 /MPa	≥ 5.0	4.5	4.0
钢纤维混凝土的弯拉强度标准值 /MPa	≥ 6.0	5.5	5.0

表 2-65　水泥混凝土强度和弹性模量经验参考值　　单位：MPa

弯拉强度	1.5	2.0	2.5	3.0	3.5	4.0	4.5	5.0	5.5
抗压强度	7	11	15	20	25	30	36	42	49
抗拉强度	0.89	1.21	1.53	1.86	2.20	2.54	2.85	3.22	3.55
弹性模量	15	18	21	23	25	27	29	31	33

表 2-66 水泥混凝土面层与基层间摩阻系数经验参考值

基层材料	取值范围	代表值
级配碎石、级配砾石或碎砾石	0.5 ～ 4.0	2.5
沥青混凝土、沥青碎石	2.5 ～ 1.5	7.5
无机结合稳定粒料	3.5 ～ 13	8.9
贫混凝土、碾压混凝土	3.0 ～ 20	8.5

（三）路肩、路面排水、路缘石

1. 路肩

车辆在主车行道上行驶中，部分车辆的摆动，致使右侧车轮越过车道线行驶到路肩上，因此路肩铺面结构应具有一定的承载能力，路肩结构层组合和材料的选用，应与车行道路面层相协调，不应使渗入的路表水积滞在行车道路面结构内。

路肩面层可选用水泥混凝土面层或沥青类面层。路肩面层选用沥青面层时，中等交通荷载以上等级公路，应采用热拌沥青混合料；低等级公路和轻交通荷载等级公路，可采用沥青表面处治。

路肩处的水泥混凝土通常采用与行车道面层等厚，且基层与行车道基层相同，具有一定的承载能力，路肩混凝土面层与行车道面层应设置拉杆相连，二者的横向缩缝应连通。行车道面层为连续配筋混凝土时，路肩混凝土面层的横向缩缝间距应为 4.5m。行车道混凝土面层宜宽出侧车道边缘 0.6m。

一般公路的混凝土路面若设置路缘石或加固路肩，路肩沥青面层宜选用密级配型沥青混合料。其基层可选用无机结合料稳定粒料或级配粒料。行车道路面结构不设内部排水设施时，沥青面层和不透水基层总厚度不宜超过行车道面层厚度。基层下应选用透水材料填筑，如稳定类基层材料、多孔混凝土。排水基层下卧层，应设置不透水或低透水密级配混合料玻璃层以防止表面水下渗影响到路基的强度。

2. 路面排水

路面排水设施分为横向排水设施和路肩边缘纵向排水设施两种。由于雨水从水泥混凝土路面许多纵、横缝及外侧边缘下渗量很大，路面修建往往采用槽式结构，因而是渗到基层或底基层内的水常滞留在路槽内，从而侵蚀基层、底层和路基，产生唧泥和错台等病害。

（1）横向排水设施

属于路面表面排水，其作用是通过路拱迅速将路面的水排到路基范围以外。措施有：行车道路面横坡坡度宜为 1% ～ 2%，路肩铺面横坡度宜为 2% ～ 3%。

（2）路肩边缘纵向排水

设施属于路面内部排水，是将排水性路面的水或部分沿板缝、裂缝、面层空隙，及地下水由于毛细作用渗入到路面结构内部的水，通过路面的路肩边缘纵向排水设施，逐渐将水集中排出。行车道路面结构设置排水层或垫层（图 2-33），排水垫层的纵向边缘集水沟宜设在路床边缘。并在排水基层或垫层外侧边缘设置纵向集水盲沟和带孔集水管，并间隔 10 ～ 50m 设置横向排水管。集水沟和集水管的纵坡宜与路线坡相同，且不宜小于 0.3%。横向排水管的坡度不宜小于 5%。

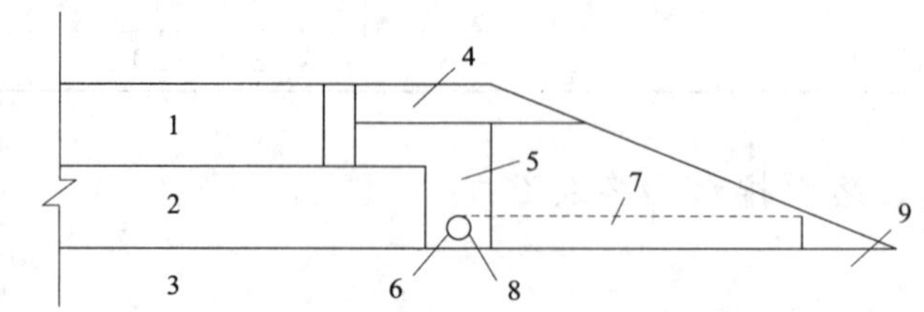

1—面层；2—基层；3—垫层；4—路肩面层；5—集水沟；6—集水管；
7—横向排水管；8—反滤层；9—坡面防护

图 2-33 纵向边缘排水系统结构示意

排水基层的纵向边缘集水沟，当路肩采用沥青面层时，可设在路肩内侧边缘内；当路肩采用水泥混凝土面层时，可设在路肩外侧边缘内。排水垫层的纵向边缘集水沟宜设在路床边缘。

3. 路缘石

（1）分类

路缘石安放在道路边缘，起保护路边的作用。根据它的顶面和路边高度的关系可以划分为两种：一种高出路边称为立缘石（侧石）；另一种与路边平齐，称为平缘石。

（2）作用及设计要求

1）平缘石

平缘石有标定路面范围、整齐路容、保护路面边缘的作用。平缘石宜设在人行道与绿化带之间，以及无障碍要求的路口或人行横道范围内。适用于出入口、人行道两端及人行横道两端，便于推车、轮椅及残疾人通行。有路肩时，路面边缘也采用平缘石。

2）立缘石

立缘石有标定行车道范围、纵向引导、约束路边的纵向流水，使之能顺利地进入雨水口的作用。立缘石宜设置在中间分隔带、两侧带及路侧带两侧，此时外露高度宜为 15 ～ 20cm；当设置在路侧时，外露高度宜为 10 ～ 15cm。当外露高度是考虑满足行人上下及车门开启的要求确定的，一般高出路面 10 ～ 20cm。隧道内线形弯曲路段或陡峻路段等处，立缘石可高出路面 25 ～ 40cm，并应有足够的埋置深度，以保证稳定。立缘石在出入口处宜采用坡式或平式埋设，人行横道宽度范围内立缘石宜作用坡式或平式，方便残疾人通行。在分隔带端头或交叉口小半径处，宜采用弧形侧石。

3）锯齿形边沟

道路设置锯齿形边沟时，应设置平面石，平面石坡度应满足约束路边的纵向流水、路面纵向排水要求，且能保护路面边缘。平缘石高度与路面平齐，为路面边缘或与其他结构物分界处的标石，或用于路面边缘或人行道边缘栽边，构成路面的一部分。快速路、主干路应设置平面石，平面石的宽度宜与雨水口宽度相协调。高等级公路采用发光缘石，为夜间行车、汽车的导向起到良好的作用。缘石材料应选用平直圆顺和大小适宜的缘石，还可以给人以美观的作用。

（3）材料

1）同时路缘石弯拉与抗压强度应符合规定，路缘石一般采用坚硬石材或预制水泥混凝土标准试块，路口、隔离端部等曲线段路缘石，宜按设计弧形加工预制，也可以采用小标准块材质，抗压强度不宜低于 30MPa。路缘石吸水率不得大于 8%。详见《城市道路工程施工与质量验收规范》（CJJ 1—2008）。缘石的使用参自国家建筑标准设计图集《城市道路——路缘石》（05MR404）。

2）混凝土路缘石的等缘与标记

①直线型缘石抗折强度等级分为 $C_f6.0$、$C_f5.0$、$C_f4.0$、$C_f3.0$。

②曲线型及直线型、截面 L 状缘石抗压强度等级分为 C_c40、C_c35、C_c30、C_c25。

③缘石按产品代号、规格尺寸、强度、质量等和本标准编号顺序进行标记。出场产品中，至少应有 2% 的产品在其背面或底面有明显的标记。

3）路缘石应以干硬性砂浆铺砌，砂浆应饱满、厚度均匀。设计垫层厚度不大于 30mm 时采用砂浆类，一般采用 M7.5 或 M10 水泥砂浆；设计垫层厚度 30 ～ 60mm 时，采用 C10 细石混凝土类；设计垫层厚度大于 60mm 时，采用 C15 水泥混凝土类。

（4）路缘石结构组合及选用

路缘石结构组合是指立缘石、平面石和基础的组合。路缘石不灌缝时应采用混凝土基础并均应设靠背，如图 2-34 所示。

专用非机动车道和人行道上的路缘石可以采用独立基础，即立缘石基础为单独设置，见独立基础立缘石安装（图 2-35）。路缘石与路面共用基础结构，即平面石垫层、立缘石垫层应设在半刚性基层的同一界面上，该组合为推荐形式。

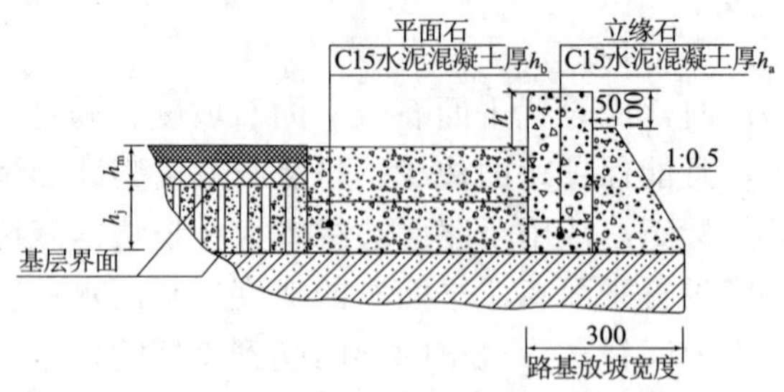

图 2-34 路缘石与路面共用基层安装（单位：mm）

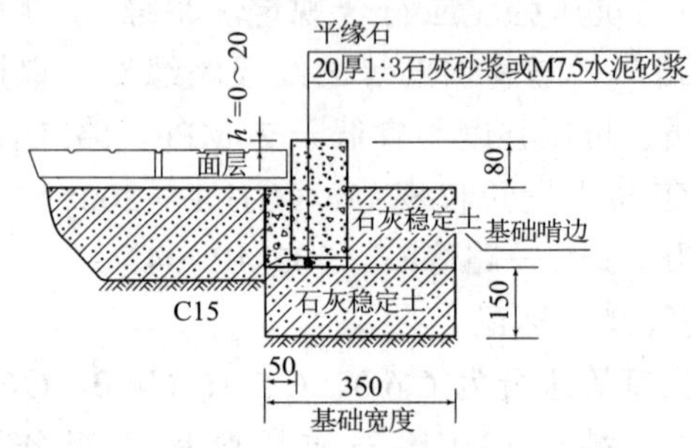

图 2-35 独立基础立缘石安装（单位：mm）

（5）路缘石构造尺寸

按路缘石的线形分为直线型路缘石和曲线型路缘石。曲线型路缘石可以配合直线型路缘石选用。路缘石的代号有：H、T、R、F、P、TF、TP、RA 型，常用 T 型。其基本特征为：直立，圆角 $r<30$。直线型路缘石的长度一般为 1 000mm、750mm、500mm 三种。部分直线型路缘石规格表见表 2-67。

表 2-67 直线型路缘石规格（部分）

路缘石截面 / 定型代号	基本特征	直线型构造尺寸（宽 × 高 × 长）	（命名）（以较长的规格为例）
T 型	直立，圆角 $r<30$	150mm×350mm×1 000mm	BCC-T1×1 000
		120mm×300mm×750mm	BCC-T3×750
		150mm×420mm×500mm	BCC-T7×500
P 型	平面石	150mm×120mm×1 000mm	BCC-P1×1 000
		300mm×120mm×750mm	BCC-P2×750
		500mm×100mm×500mm	BCC-P4×500

注：BCC——命名缩略语（直线型混凝土路缘石）。

（6）施工要求

1）路缘石基础宜与相应的基层同步施工。安装路缘石的控制桩直线段桩距宜为 10 ～ 15m；曲线段桩距宜为 5 ～ 10m；路口处桩距宜为 1 ～ 5m。

2）在弯道处应使用有一定弧度、长度较短的特制缘石，安放时要保证平稳、牢固、圆顺、缝隙均匀。平缘石表面应平顺不阻水。缘石背后宜浇水泥混凝土支撑，并还土夯实。还土宽度不宜小于 50cm，高度不宜小于 15cm，压实度不得小于 90%。

3）路缘石宜采用 M10 水泥砂浆灌缝，灌缝后，常温期养护不应少于 3d。勾缝可以路面完工后检查缘石位置无误时进行，缝要勾严、美观。一般施工要求立缘石埋深厚度大于路面结构层中面层厚度的 20 ～ 50mm 为宜。

4）沥青路面，一般应先安装立缘石，只有在立缘底面不低于平面石底面时，才可先安装平面石。

5）路缘石侧面与路面结构间应密实无缝。独立基础施工应做到立缘石基础坚实，安装稳固，安装后应将立缘石侧面的沟槽部分用 C15 水泥混凝土填实至面层底面标高。

三、混凝土面层铺筑施工技术

目前，水泥混凝土面层常用的施工方法主要有滑模机摊铺施工、三辊轴机组施工以及小型机具施工等，其施工程序一般为模板安装、传力杆设置、混凝土的搅拌和运输、混凝土的摊铺与振捣、接缝制作、抹面和拆模、混凝土的养生与填缝。其中三辊轴机组和小型机具两种是固定模板施工水泥路面，而滑模摊铺机施工取消侧模，两侧设置有随机移动的固定滑模施工水泥路面。

混凝土面层是由一定厚度的混凝土板组成，它具有热胀冷缩的性质。由于一年四季气温的变化，混凝土板会产生不同程度的膨胀和收缩。而在一昼夜中，白天气温升高，混凝土板顶面温度较底面为高，这种温度坡差会形成板的中部隆起的趋势。夜间气温降低，板顶面温度较底面为低，会使板的周边和角隅发生翘起的趋势。由于翘曲而引起裂缝，在裂缝发生后被分割的两块板体尚不致完全分离，倘若板体温度均匀下降引起收缩，则将使两块板体被拉开，从而失去荷载传递作用。为避免这些缺陷，混凝土路面不得不在纵横两个方向设置许多接缝，把整个路面分割成许多板块（图 2-36）。

为了满足混凝土路面的行车要求，要求面层有一定的构造深度，所以水泥混凝土路面要进行抗滑构造的制作。同时使混凝土达到要求的设计强度，必须对混凝土进行养生。

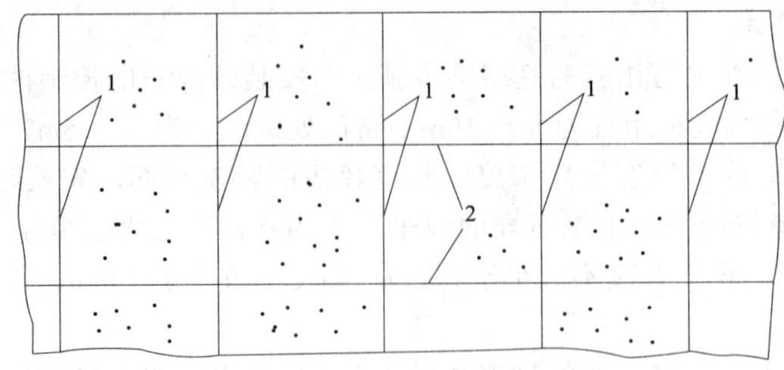

1—横缝；2—纵缝

图 2-36 路面接缝设置

（一）模板的架设与拆除

1. 模板技术要求

（1）公路混凝土路面板、桥面板和加铺层的施工模板应采用刚度足够的槽钢、轨模或钢制边侧模板，不应使用木模板、塑料模板等其他易变形的模板。模板的精确度应符合表 2-68 的规定。钢模板的高度应为面板设计厚度，模板长度宜为 3 ～ 5 m。需设置拉杆时，模板应设拉杆插入孔。每米模板应设置 1 处支撑固定装置，模板垂直度用垫木楔方法调整。

表 2-68 模板加工允许偏差

施工方式	高度偏差 / mm	局部变形 / mm	垂直边夹角 /°	顶面平整度 / mm	侧面平整度 / mm	纵向变形 / mm
三辊轴机组	±1	±2	90±2	±1	±2	±2
轨道摊铺机	±1	±2	90±1	±1	±2	±1
小型机具	±2	±3	90±3	±2	±3	±3

（2）横向施工缝端模板应按设计规定的传力杆直径和间距设置传力杆插入孔和定位套管。两边缘传力杆到自由边距离不宜小于 150 mm。每米设置 1 个垂直固定孔套。

（3）模板或轨模数量应根据施工进度和施工气温确定，并应满足拆模周期内周转需要。一般情况下，模板或轨模总量不宜小于 3 ～ 5 d 摊铺的需要。

2. 模板安装

（1）支模前在基层上应进行模板安装及摊铺位置的测量放样，每 20m 应设中心桩；每 100 m 宜布设临时水准点；核对路面标高、面板分块、胀缝和构造物位置。测量放样的质量要求和允许偏差应符合相应规范的规定。

（2）纵横曲线路段应采用短模板，每块模板中点应安装在曲线切点上。

（3）轨道摊铺应采用长度为 3m 的专用钢制轨模，轨模底面宽度宜为高度的

80%，轨道用螺栓、垫片固定在模板支座上，模板应使用钢钎与基层固定。轨道顶面应高于模板 20 ～ 40 mm，轨道中心至模板内侧边缘距离宜为 125 mm。

（4）模板应安装稳固、顺直、平整、无扭曲，相邻模板连接应紧密平顺，不得有底部漏浆、前后错茬、高低错台等现象。模板应能承受摊铺、振实、整平设备的负载，行进、冲击和振动时不发生位移。严禁在基层上挖槽，嵌入安装模板。

（5）模板安装检验合格后，与混凝土拌和物接触的表面应涂脱模剂或隔离剂；接头应粘贴胶带或塑料薄膜等密封。

3. 模板安装精度

模板安装完毕，应用与设计板厚相同的测板作全断面检验，其安装精确度应符合表 2-69 的规定。

表 2-69 模板安装精确度要求

检测项目 \ 施工方式		三辊轴机组	轨道摊铺机	小型机具
平面偏位 /mm		10	5	15
摊铺宽度 /mm		10	5	15
面板厚度 /mm	代表值	–3	–3	–4
	合格值	–8	–8	–9
纵断高程偏差 /mm		±5	±5	±10
横坡偏差 /%		±0.10	±0.10	±0.20
相邻板高差 /mm		1	1	2
顶面接茬 3 m 尺平整度 /mm		1.5	1	2
模板接缝宽度 /mm		3	2	3
侧向垂直度 /mm		3	2	4
纵向顺直度 /mm		3	2	4

4. 模板拆除及矫正

（1）当混凝土抗压强度不小于 8.0 MPa 方可拆模。当缺乏强度实测数据时，边侧模板的允许最早拆模时间宜符合表 2-70 的规定。达不到要求，不能拆除端模时，可空出一块面板，重新起头摊铺，空出的面板待两端均可拆模后再补做。

表 2-70 混凝土路面板的允许最早拆模时间 单位：h

昼夜平均气温 /℃	–5	0	5	10	15	20	25	≥ 30
硅酸盐水泥、R 型水泥	240	120	60	36	34	28	24	18
道路、普通硅酸盐水泥	360	168	72	48	36	30	24	18
矿渣硅酸盐水泥	—	—	120	60	50	45	36	24

（2）拆模不得损坏板边、板角和传力杆、拉杆周围的混凝土，也不得造成传力杆和拉杆松动或变形。模板拆卸宜使用专用拔楔工具，严禁使用大锤强击拆卸模板。

（3）拆下的模板应将黏附的砂浆清除干净，并矫正变形或局部损坏，矫正精度应符合有关规范的要求。

（二）接缝与灌缝施工技术要点

1. 接缝施工

（1）纵缝施工

当一次铺筑宽度小于路面和硬路肩总宽度时，应设纵向施工缝，位置应避开轮迹，并重合或靠近车道线，构造可采用平缝加拉杆型。当所摊铺的面板厚度大于等于 260 mm 时，也可采用插拉杆的企口型纵向施工缝。采用滑模施工时，纵向施工缝的拉杆可用摊铺机的侧向拉杆装置插入。采用固定模板施工方式时，应在振实过程中，从侧模预留孔中手工插入拉杆。

当一次摊铺宽度大于 4.5 m 时，应采用假缝拉杆型纵缝，即锯切纵向缩缝，纵缝位置应按车道宽度设置，并在摊铺过程中用专用的拉杆插入装置插入拉杆。

钢筋混凝土路面、桥面和搭板的纵缝拉杆可由横向钢筋延伸穿过接缝代替。钢纤维混凝土路面切开的假纵缝可不设拉杆，纵向施工缝应设拉杆。插入的侧向拉杆应牢固，不得松动、碰撞或拔出。若发现拉杆松脱或漏插，应在横向相邻路面摊铺前，钻孔重新植入。当发现拉杆可能被拔出时，宜进行拉杆拔出力（握裹力）检验，混凝土与拉杆握裹力试验方法可参照《公路水泥混凝土路面施工技术细则》（JTG/TF 30—2014）附录 C。

（2）横向缩缝施工

每天摊铺结束或摊铺中断时间超过 30 min 时，应设置横向施工缝，其位置宜与胀缝或缩缝重合，确有困难不能重合时，施工缝应采用设螺纹传力杆的企口缝形式。横向施工缝应与路中心线垂直。横向施工缝在缩缝处采用平缝加传力杆型，见图 2-37。在胀缝处其构造与胀缝相同，见图 2-38。

普通混凝土路面横向缩缝宜等间距布置。不宜采用斜缝。不得不调整板长时，最大板长不宜大于 6.0 m；最小板长不宜小于板宽。

在中、轻交通的混凝土路面上，横向缩缝可采用不设传力杆假缝型，如图 2-39（a）。

在特重和重交通公路、收费广场、邻近胀缝或路面自由端的 3 条缩缝应采用假缝加传力杆型。缩缝传力杆的施工方法可采用前置钢筋支架法或传力杆插入装置（DBI）法，支架法的构造见图 2-39（b）。钢筋支架应具有足够的刚度，传力杆应准确定位，摊铺之前应在基层表面放样，并用钢针锚固，宜使用手持振捣棒振实传力杆高度以下的混凝土，然后机械摊铺。传力杆无防黏涂层一侧应焊接，有涂料一侧应绑扎。用 DBI 法置入传力杆时，应在路侧缩缝切割位置作标记，保证切缝位于传力杆中部。

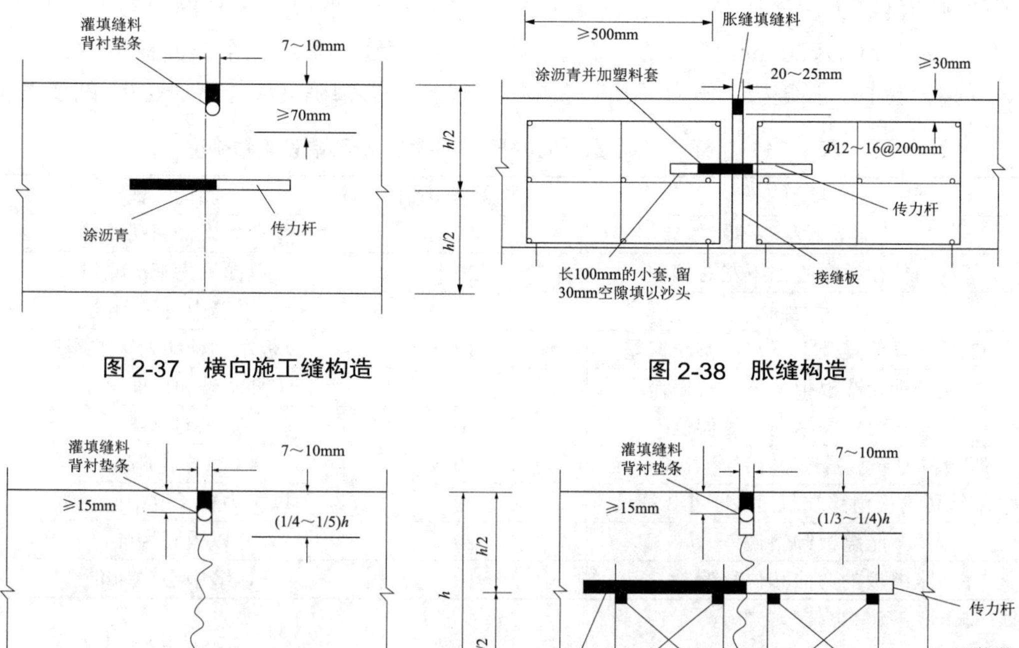

图 2-37　横向施工缝构造

图 2-38　胀缝构造

（a）假缝型

（b）假缝加传力杆型

图 2-39　横向缩缝构造

（3）胀缝设置与施工

普通混凝土路面、钢筋混凝土路面和钢纤维混凝土路面的胀缝间距视集料的温度膨胀性大小、当地年温差和施工季节综合确定：高温施工，可不设胀缝；常温施工，集料温缩系数和年温差较小时，可不设胀缝；集料温缩系数或年温差较大，路面两端构造物间距大于等于 500 m 时，宜设一道中间胀缝；低温施工，路面两端构造物间距大于等于 350 m 时，宜设一道胀缝。邻近构造物、平曲线或与其他道路相交处的胀缝应按《公路水泥混凝土路面设计规范》（JTG D40—2011）的规定设置。

普通混凝土路面的胀缝应设置胀缝补强钢筋支架、胀缝板和传力杆，胀缝构造如图 2-38 所示。钢筋混凝土和钢纤维混凝土路面可不设钢筋支架。胀缝宽 20 ～ 25 mm，使用沥青或塑料薄膜滑动封闭层时，胀缝板及填缝宽度宜加宽到 25 ～ 30 mm。传力杆一半以上长度的表面应涂防黏涂层，端部应戴活动套帽。胀缝板应与路中心线垂直，缝壁垂直；缝隙宽度一致；缝中完全不连浆。

胀缝应采用前置钢筋支架法施工，也可采用预留一块面板，高温时再铺封。前置法施工，应预先加工、安装和固定胀缝钢筋支架，并在使用手持振捣棒振实胀缝板两侧的混凝土后再摊铺。宜在混凝土未硬化时，剔除胀缝板上部的混凝土，嵌入（20 ～ 25）mm×20 mm 的木条，整平表面。胀缝应连续贯通整个路面板宽度。

（4）拉杆、胀缝板、传力杆及其套帽、滑移端设置精确度应符合表 2-71 的要求。

表 2-71　拉杆、胀缝板、传力杆及其套帽、滑移端设置精确度

项目	允许偏差 /mm	测量位置
传力杆端上下左右偏斜偏差	10	在传力杆两端测量
传力杆在板中心上下左右偏差	20	以面板为基准测量
传力杆	30	以缝中心线为准
拉杆深度偏差及上下左右偏斜偏差	10	以板厚和杆端为基准测量
拉杆端及在板中上下左右偏差	20	杆两端和板面测量
拉杆沿路面纵向前后偏位	30	纵向测量
胀缝传力杆套帽长度不小于 100 mm	10	以封堵帽端起测
缩缝传力杆滑移端长度大于 1/2 杆长	20	以传力杆长度中间起测
胀缝板倾斜偏差	20	以板底为准
胀缝板的弯曲和位移偏差	10	以缝中心线为准

注：胀缝板不允许混凝土连浆，必须完全隔断。

2. 灌缝施工

混凝土板养生期满后，应及时灌缝。灌缝技术要求如下：

（1）应先采用切缝机清除接缝中夹杂的砂石、凝结的泥浆等，再使用压力大于等于 0.5 MPa 的压力水和压缩空气彻底清除接缝中的尘土及其他污染物，确保缝壁及内部清洁、干燥。缝壁检验以擦不出灰尘为灌缝标准。

（2）使用常温聚氨酯和硅树脂等填缝料时，应按规定比例将两组分材料按 1h 灌缝量混拌均匀后使用；使用加热填缝料时应将填缝料加热至规定温度。加热过程中应将填缝料融化，搅拌均匀，并保温使用。

（3）灌缝的形状系数宜控制在 2 左右，灌缝深度宜为 15 ～ 20mm，最浅不得小于 15 mm。先挤压嵌入直径 9 ～ 12 mm 多孔泡沫塑料背衬条，再灌缝。灌缝顶面热天应与板面齐平；冷天应填为凹液面，中心低于板面 1 ～ 2 mm。填缝必须饱满、均匀、厚度一致并连续贯通，填缝料不得缺失、开裂和渗水。

（4）常温施工式填缝料的养生期，低温天宜为 24h，高温天宜为 12 h。加热施工式填缝料的养生期，低温天宜为 2 h，高温天宜为 6 h。在灌缝料养生期间应封闭交通。

（5）路面胀缝和桥台隔离缝等应在填缝前，凿去接缝板顶部嵌入的木条，涂黏结剂后，嵌入胀缝专用多孔橡胶条或灌进适宜的填缝料，当胀缝的宽度不一致或有啃边、掉角等现象时，必须灌缝。

（三）抗滑构造施工技术要点

1. 抗滑构造技术要求

各交通等级混凝土面层竣工时的表面抗滑技术要求应符合公路混凝土路面铺筑质量要求的规定。构造深度应均匀，不损坏构造边棱，耐磨抗冻，不影响路面和桥面的平整度。

2. 抗滑构造施工

摊铺完毕或精整平表面后，宜使用钢支架拖挂 1 ～ 3 层叠合麻布、帆布或棉布，洒水湿润后作拉毛处理。布片接触路面的长度以 0.7 ～ 1.5 m 为宜，细度模数偏大的粗砂，拖行长度取小值；砂较细，取大值。人工修整表面时，宜使用木抹。用钢抹修整过的光面，必须再拉毛处理，以恢复细观抗滑构造。

当日施工进度超过 500 m 时，抗滑沟槽制作宜选用拉毛机械施工，没有拉毛机时，可采用人工拉槽方式。在混凝土表面泌水完毕 20 ～ 30 min 内应及时进行拉槽。拉槽深度应为 2 ～ 4 mm，槽宽 3 ～ 5 mm，槽间距 15 ～ 25 mm。可施工等间距或非等间距抗滑槽，为减小噪音，宜使用后者。衔接间距应保持一致。

特重和重交通混凝土路面宜采用硬刻槽，凡使用圆盘、叶片式抹面机精平后的混凝土路面、钢纤维混凝土路面必须采用硬刻槽方式制作抗滑沟槽。可采用等间距刻槽，其几何尺寸与上款相同；为降低噪声宜采用非等间距刻槽，尺寸宜为：槽深 3 ～ 5 mm，槽宽 3 mm，槽间距在 12 ～ 24 mm 随机调整。路面结冰地区，硬刻槽的形状宜使用上宽 6 mm 下窄 3 mm 的梯形槽；硬刻槽机重量宜重不宜轻，一次刻槽最小宽度不应小于 500 mm，硬刻槽时不应掉边角，亦不得中途抬起或改变方向，并保证硬刻槽到面板边缘。抗压强度达到 40% 后可开始硬刻槽，并宜在两周内完成。硬刻槽后应随即将路面冲洗干净，并恢复路面的养生。

一般路段可采用横向槽或纵向槽，在弯道或要求减噪的路段宜使用纵向槽。

3. 恢复工作

新建路面或旧路面抗滑构造不满足要求时，可用硬刻槽或喷砂打毛等方法加以恢复。

（四）混凝土路面养生施工技术要点

（1）混凝土路面铺筑完成或软作抗滑构造完毕后应立即开始养生。机械摊铺的各种混凝土路面、桥面及搭板宜采用喷洒养生剂同时保湿覆盖的方式养生。在雨天或养生用水充足的情况下，也可采用覆盖保湿膜、土工毡、土工布、麻袋、草袋、草帘等洒水湿养生方式，不宜使用围水养生方式。

（2）混凝土路面采用喷洒养生剂养生时，喷洒应均匀、成膜厚度应足以形成完全密闭水分的薄膜，喷洒后的表面不得有颜色差异。喷洒时间宜在表面混凝土泌水完毕后进行。喷洒高度宜控制在 0.5 ～ 1 m。使用一级品养生剂时，最小喷洒剂量不得少于 0.30 kg/m^2；合格品的最小喷洒剂量不得少于 0.35 kg/m^2。不得使用易被雨水冲刷掉的和对混凝土强度、表面耐磨性有影响的养生剂。当喷洒一种养生剂达不到 90% 以上有效保水率要求时，可采用两种养生剂各喷洒一层或喷一层养生剂再加覆盖的方法。

（3）覆盖塑料薄膜养生的初始时间，以不压坏细观抗滑构造为准。薄膜厚度（韧度）应合适，宽度应大于覆盖面 600 mm。两条薄膜对接时，搭接宽度不应小于 400 mm，养生期间应始终保持薄膜完整盖满。

（4）覆盖养生宜使用保湿膜、土工毡、土工布、麻袋、草袋、草帘等覆盖物保湿养生并及时洒水，保持混凝土表面始终处于潮湿状态，并由此确定每天的洒水遍数。昼夜温差大于 10℃以上的地区或日平均温度小于等于 5℃施工的混凝土路面应采取保温保湿养生措施。

（5）养生时间应根据混凝土弯拉强度增长情况而定，不宜小于设计弯拉强度的 80%，应特别注重前 7 d 的保湿（温）养生。一般养生天数宜为 14 ～ 21 d，高温天不宜于 14 d，低温天不宜少于 21 d。掺粉煤灰的混凝土路面，最短养生时间不宜少于 28 d，低温天应适当延长。

（6）混凝土养生初期，严禁人、畜、车辆通行，在达到设计强度 40% 后，行人方可通行。在路面养生期间，平交道口应搭建临时便桥。面板达到设计弯拉强度后，方可开放交通。

四、特殊气候条件下混凝土路面施工技术

（一）一般规定

（1）混凝土路面铺筑期间，应收集月、旬、日天气预报资料，遇有影响混凝土路面施工质量的天气时，应暂停施工或采取必要的防范措施，制订特殊气候的施工方案。

（2）混凝土路面施工如遇下述条件之一者，必须停工：

1）现场降雨；

2）风力大于 6 级，风速在 10.8 m/s 以上的强风天气；

3）现场气温高于 40℃或拌和物摊铺温度高于 35℃；

4）摊铺现场连续 5 昼夜平均气温低于 5℃，夜间最低气温低于 –3℃。

（二）雨季施工

1. 防雨准备

（1）地势低洼的搅拌场、水泥仓、备件库及砂石料堆场，应按汇水面积修建排

水沟或预备抽排水设施。搅拌楼的水泥和粉煤灰罐仓顶部通气口、料斗及不得遇水部位应有防潮、防水覆盖措施，砂石料堆应防雨覆盖。

（2）雨天施工时，在新铺路面上，应备足防雨篷、帆布和塑料布或薄膜。

（3）防雨篷支架宜采用可推行的焊接钢结构，并具有人工饰面拉槽的足够高度。

2. 防雨水冲刷

摊铺中遭遇阵雨时，应立即停止铺筑混凝土路面，并紧急使用防雨篷、塑料布或塑料薄膜等覆盖尚未硬化的混凝土路面。

被阵雨轻微冲刷过的路面，视平整度和抗滑构造破坏情况，采用硬刻槽或先磨平再刻槽的方式处理。对被暴雨冲刷后，路面平整度严重劣化或损坏的部位，应尽早铲除重铺。

降雨后开工前，应及时排除车辆内、搅拌场及砂石料堆场内的积水或淤泥。运输便道应排除积水，并进行必要的修整。摊铺前应扫除基层上的积水。

（三）风天施工

风天应采用风速计在现场定量测风速或观测自然现象，确定风级，并按表 2-72 的规定采取防止塑性收缩开裂的措施。

表 2-72　刮风天混凝土路面防止塑性收缩开裂措施

风力	相应自然现象	风速 /（m/s）	防止路面塑性收缩开裂措施
1 级软风	烟能表示风向，水面有鱼鳞波	≤1.5	正常施工，喷洒一遍养生剂，原液剂量 0.30 kg/m²
2 级轻风	人面有感，树叶沙沙响，风标转动，水波显著	1.6 ～ 3.3	应加厚喷洒一遍养生剂，剂量 0.45 kg/m²
3 级微风	树叶和细枝摇晃，旗帜飘动，水面波峰破碎，产生飞沫	3.4 ～ 5.6	路面摊铺完成后，立即喷洒第一遍养生剂，拉毛后，再喷洒第二遍养生剂。两遍剂量共 0.60 kg/m²
4 级和风	吹起尘土和纸片，小树枝摇动，水波出白浪	5.7 ～ 7.9	除拉毛前后喷两遍养生剂外（两遍剂量共 0.60 kg/m²），还需覆盖塑料薄膜
5 级轻劲风	有叶小树开始摇动，大浪明显，波峰起白沫	8.0 ～ 10.7	使用抹面机械抹面，加厚喷一遍剂量 0.45 kg/m² 的养生剂并覆盖塑料薄膜或麻袋草袋，使用钢刷做细观抗滑构造。无机械抹面措施时，应停止施工
6 级强风	大树枝摇动，电线呼呼响，出现长浪，波峰吹成条纹	10.8 ～ 13.8	必须停止施工

（四）高温季节施工

（1）施工现场的气温高于 30℃，拌和物摊铺温度在 30 ～ 35℃，同时，空气相对湿度小于 80% 时，混凝土路面和桥面的施工应按高温季节施工的规定进行。

（2）高温天铺筑混凝土路面和桥面应采取下列措施：

1）当现场气温≥ 30℃时，应避开中午高温时段施工，可选择在早晨、傍晚或夜间施工，夜间施工应有良好的操作照明，并确保施工安全。

2）砂石料堆应设遮阳篷；抽用地下冷水或采用冰屑水拌和；拌和物中宜加允许最大掺量的粉煤灰或磨细矿渣，但不宜掺硅灰。拌和物中应掺足够剂量的缓凝剂、高温缓凝剂、保塑剂或缓凝（高效）减水剂等。

3）自卸车上的混凝土拌和物应加遮盖。

4）应加快施工各环节的衔接，尽量压缩搅拌、运输、摊铺、饰面等各工艺环节所耗费的时间。

5）可使用防雨篷作防晒遮阴篷。在每日气温最高和日照最强烈时段遮荫。

6）高温天气施工时，混凝土拌和物的出料温度不宜超过 35℃，并应随时监测气温、水泥、拌和水、拌和物及路面混凝土温度。必要时加测混凝土水化热。

7）在采用覆盖保湿养生时，应加强洒水，并保持足够的湿度。

8）切缝应视混凝土强度的增长情况或按 25℃温度小时计，宜比常温施工适当提早切缝，以防止断板。特别是在夜间降温幅度较大或降雨时，应提早切缝。

（五）低温季节施工

（1）当摊铺现场连续 5 昼夜平均气温高于 5℃，夜间最低气温在 –3 ～ 5℃，混凝土路面和桥面的施工应按下述低温季节施工规定的措施进行：

1）拌和物中应优选和掺加早强剂或促凝剂。

2）应选用水化总热量大的 R 型水泥或单位水泥用量较多的 32.5 级水泥，不宜掺粉煤灰。

3）搅拌机出料温度不得低于 10℃，摊铺混凝土温度不得低于 5℃。在养生期间，应始终保持混凝土板最低温度不低于 5℃。否则，应采用热水或加热砂石料拌和混凝土，热水温度不得高于 80℃，砂石料温度不宜高于 50℃。

4）应加强保温保湿覆盖养生，可选用塑料薄膜保湿隔离覆盖或喷洒养生剂，再采用草帘、泡沫塑料垫等保温覆盖初凝后的混凝土路面。遇雨雪必须再加盖油布、塑料薄膜等。

应随时监测气温、水泥、拌和水、拌和物及路面混凝土的温度，每工班至少测定 3 次。

（2）混凝土路面或桥面弯拉强度未达到 1.0 MPa 或抗压强度未达到 5.0 MPa 时，应严防路面受冻。

（3）低温天施工，路面或桥面覆盖保温保湿养生天数不得少于 28d。

五、水泥混凝土面层施工质量标准及验收

（一）施工过程质量管理与检查

1. 开工许可

混凝土路面铺筑必须得到正式开工令后，方可开工。

2. 质量自检

施工方应随时对原材料、混凝土拌和物及路面施工质量进行自检。混凝土路面检验项目、方法和频率及路面各技术指标的质量要求应符合《公路水泥混凝土路面施工技术细则》（JTG/TF30—2014）中的规定。当施工、监理、监督人员发现异常情况时，应加大检测频率，找出原因，及时处理。在恢复正常后，再返回规定的检测频率。高速公路、一级公路应利用计算机实行动态质量管理。

3. 控制质量稳定性

应由专门质量检验机构负责施工质量的检查与监督。除施工方自检外，监理及监督人员应按规定频率抽检。混凝土拌和物的稳定性取决于原材料质量稳定、搅拌楼配料精确稳定；路面铺筑的质量稳定性取决于路面铺筑的关键设备性能及操作工艺。

施工各环节均应控制质量稳定性，搅拌场对每台搅拌楼所生产的拌和物，应按相关要求检测，除了满足各种施工工艺的可摊铺性外，还应注重控制拌和物的匀质性和检验其工作性参数的稳定性。现场混凝土路面铺筑的关键设备（如摊铺机、压路机、布料机、三辊轴整平机、刻槽机、切缝机等）的操作应规范稳定。当发现路面三大质量指标即弯拉强度、平整度和板厚不稳定或其他指标未达标时，应停止施工，分析原因，并采取有效的改正措施，经监理批准后，方可复工。

（二）交工质量检查验收

根据《公路工程质量检验评定标准》（JTG F80/1—2012）的要求，混凝土路面完工后，施工方应将全线以每 1 km 为一个评定路段，按表 2-73 规定的实测项目、方法、频率及质量要求，提交检测结果、试验数据、施工总结报告及全部原始记录等，申请交工验收。

表 2-73　水泥混凝土面层实测项目质量标准

项次	检查项目		规定值或允许偏差		检查方法和频率	权值
			高速公路、一级公路	其他公路		
1	弯拉强度 /MPa		在合格标准之内		按规范要求检查	3
2	板厚度 /mm	代表值	–5		按规范要求检查，每 200 m 每车道 2 处	3
		合格值	–10			
3	平整度	σ/mm	1.2	2.0	平整度仪：全线每车道连续检测，每 100 m 计算 σ、IRI	2
		IRI/（m/km）	2.0	3.2		
		最大间隙 h/mm	—	5	3 m 直尺：半幅车道板带每 200 m 测 2 处 ×10 尺	
4	抗滑构造深度	一般路段	0.7 ～ 1.1	0.5 ～ 1.0	铺砂法：每 200 m 测一处	2
		特殊路段	0.8 ～ 1.2	0.6 ～ 1.1		
5	相邻板高差 /mm		2	3	尺量：每条胀缝 2 点；每 200 m 纵、横缝各 2 条，每条 2 点	2
6	纵、横缝顺直度 /mm		10		拉 20 m 线：纵缝每 200 m 测 4 处；横缝每 200 m 测 4 条	1
7	中线平面偏位 /mm		20		经纬仪：每 200 m 测 4 点	1
8	路面宽度 /mm		±20		尺量：每 200 m 测 4 处	1
9	纵断高程 /mm		±10	±15	水准仪：每 200 m 测 4 个断面	1
10	横坡 /%		±0.15	±0.25	水准仪：每 200 m 测 4 个断面	1

思考题与习题

1. 简述土质路基填挖基本方案及各自的特点。
2. 简述路堑开挖的方法。石质路堑常用开挖方法有哪些？
3. 路堤基底处理有哪些内容？路堤填筑方法有几种？各方法如何施工？
4. 路基土石方工程的检测项目有哪些？各用什么方法检测？检测频率是多少？
5. 简述砌筑挡土墙基本要求。
6. 什么叫填隙碎石，主要有什么作用，适用范围如何？施工程序如何？
7. 级配砾石施工的程序如何？
8. 水泥稳定土路拌法施工程序如何？碾压程序应掌握哪些技术要点？
9. 石灰稳定土人工沿路拌和法的施工程序及施工技术要点是什么？
10. 沥青类路面施工准备工作主要包括哪些内容？
11. 透层、黏层的施工技术要点有哪些？

12. 如何进行横向接缝的施工？

13. 上封层、下封层施工技术要点有哪些？

14. 冷拌沥青混合料的施工要点有哪些？

15. 水泥混凝土面层所用材料的种类及要求有哪些？

16. 混凝土配合比设计中，满足耐久性要求的最大水灰比和最小单位水泥用量如何确定？

17. 水泥混凝土路面的施工工艺有哪些？

项目三　市政管道开槽施工

项目概述

在识读施工图的基础上，进行开槽施工管道的放线测量，根据不同的管材进行管道的敷设，并完成管道的压力试验、严密性试验等验收工序。

学习目标

通过学习要求掌握：给水排水管道施工的放线测量、下管、稳管及不同材料管道的安装技术；管道铺设的质量控制与检查，包括外观，接口检查、压力试验与严密性试验；沟槽回填各部分密实度要求及检验方法，夯实制度及机具选择；工程验收的内容等。

开槽施工是一种常用的室外给水排水管道的施工方法，包括测量与放线、沟槽开挖、沟槽地基处理、下管、稳管、接口、管道工程质量检查与验收、土方回填等工序。

任务一　市政管道的测量与放线

施工测量的目的是为了使给水排水管道的实际平面位置、标高和形状尺寸等符合设计图纸要求，以衔接和指导各工序间的施工。施工测量后，进行管道放线，以确定给水排水管道沟槽开挖位置、形状和深度。

一、施工测量

测量的基本方法是利用空间三维坐标原理，测出管道在 X、Y、Z 轴三个方向所需的尺寸和角度。

测量长度用钢卷尺或皮尺。管道转弯处应测量到转角的中心点，测量时，可在管道转角处两边的中心线上各拉一条线，两条线的交叉点就是管道转角的中心点。

测量标高一般用水准仪，也可以从已知的标高用钢卷尺测量推算。

测量角度可以用经纬仪。一般用的简便测量方法，是在管道转角处两边的中心线上各拉一条细线，用量角器或活动角尺测量两条线的夹角，就是管道弯头的角度。

测量时要首先选择基准，主要包括水平线、水平面、垂直线和垂直面，选择基准应视施工现场的具体条件而定，建筑外墙、道路边缘石、中心线；建筑物的地坪、梁、柱、墙或已安装完毕的设备和管道都可作为基准。

一般管道施工测量可分两个步骤：

第一步是进行一次站场的基线桩及辅助基线桩、水准基点桩的测量，复核测量时所布设的桩橛位置及水准基点标高是否正确无误，在复核测量中进行补桩和护桩工作。通过第一步测量可以了解给水排水管道工程与其他工程之间的相互关系。

第二步按设计图纸坐标进行测量，对给水排水管道及附属构筑物的中心桩及各部位置进行施工放样，同时做好护桩。

施工测量的允许误差，应符合表 3-1 的规定。

表 3-1 施工测量的允许误差

项目	允许误差	项目	允许误差
水准测量高程闭合差	平地 $\pm 20\sqrt{L}$/mm	导线测量相对闭合差	1/3 000
	山地 $\pm 6\sqrt{n}$/mm	直接丈量测距两次较差	1/5 000
导线测量方位角闭合差	$\pm 40\sqrt{n}$		

注：① L 为水准测量高程闭合路线的长度，mm；② n 为水准或导线测量的测站数。

临时水准点和管道轴线控制桩的设置应便于观测且必须牢固，并应采取保护措施。开槽铺设管道的沿线临时水准点，每 200m 不宜少于 1 个。临时水准点的设置应与管道轴线控制桩、高程桩同时进行，并应经过复核方可使用，还应经常校核。已建管道、构筑物等与拟建工程衔接的平面位置和高程，开工前应校核。

给水排水管线测量工作应有正规的测量记录本，认真、详细记录，必要时应附示意图，并应将测量的时间、工作地点、工作内容，以及司镜、记录、对点、拉线、扶尺等参加测量人员的姓名逐一记入。测量记录应有专人妥善保管，随时备查，应作为工程竣工必备的原始资料加以存档。

施工单位在开工前，建设单位应组织设计单位进行现场交桩，在交接桩前双方应共同拟定交接桩计划，交接桩时，由设计单位提供有关图表、资料。其交接桩具体内容为：

（1）双方交接的主要桩橛应为站场的基线桩及辅助基线桩、水准基点桩以及构筑物的中心桩及有关控制桩、护桩等，并应说明等级号码、地点及标高等。

（2）交接桩时，由设计单位备齐有关图表，包括给排水工程的基线桩、辅助基线桩、水准基点桩、构筑物中心桩以及各桩的控制桩及护桩示意图等，并按上述图表逐个桩橛进行点交。水准点标高应与邻近水准点标高闭合。接桩完毕，应立即组织力量复测。接桩时，应检查各主要桩橛的稳定性、护桩设置的位置、个数、方向是否符合标准，并应尽快增设护桩。设置护桩时，应考虑下列因素：

1）不被施工挖土挖掉或弃土埋没；

2）不被施工工地有关人员、运输车辆碰移或损坏；

3）不在地下管线或其他构筑物的位置上；

4）不因施工场地地形变动（如施工的填挖）而影响观测。

（3）交接桩完毕后，双方应作交接记录，说明交接情况、存在问题及解决办法，由双方交接负责人与有关交接人员签字盖章。

二、管道放线

（一）管道的定线放线原则

（1）管道的定线放线应严格按管道工程图纸进行。

（2）先定出管道走向的中心线，再定出待开挖的沟槽边线。

（3）先定出管道直线走向的中心线，再定出管道变向的转点及中心线。

（4）所设线位桩可用钢桩或木桩，线位桩在土内应埋入一定深度，能固定牢靠。

（5）所拉的线绳和所放的白灰线应准确且不影响沟槽开挖。

（二）进行管道的定线与放线工作

依据施工图给定的中线的位置，确定两个中心钉的位置，拉线后在离开沟槽开挖范围设立中心控制桩，并且进行保护措施的设置。

依据管道管径的大小、开挖方法、开挖深度、现场情况确定沟槽开挖宽度，从中心向两侧分别量出沟槽开挖宽度的1/2，每侧两点，分别连线，按此连线撒灰线即可。

给水排水管道及其附属构筑物的放线，可采取经纬仪定线，直角交会法或直接丈量法。

给水排水管道放线前，应沿管道走向，每隔200m左右用原站场内水准基点设临时水准点一个。临时水准点应与邻近固定水准基点闭合。

给水管道放线，一般每隔20m设中心桩；排水管道放线，一般每隔10m设中心桩，给水排水管道在阀门井室处、检查井处、变换管径处、管道分支处均应设中心桩，必要时设置护桩或控制桩。

给水排水管道放线抄平后，应绘制管路纵断面图，按设计埋深、坡度，计算出挖深。

任务二　市政管道的下管与稳管

市政管道的沟槽开挖完毕，经验收符合要求后，应按照设计要求进行管道的基础施工。混凝土基础的施工包括支模、浇筑混凝土、养护等工序，本教材不作介绍，施工时可参考有关书籍；沟槽开挖及支护、地基加固的方法参见本书第一篇的有关内容。

基础施工完毕并经验收合格后，应着手进行管道的铺设与安装工作。管道铺设与安装包括沟槽与管材检查、排管、下管、稳管、接口等工序。

一、沟槽与管材检查

（一）沟槽开挖的质量检查

下管前，应按设计要求对开挖好的沟槽进行复测，检查其开挖深度、断面尺寸、边坡、平面位置和槽底标高等是否符合设计要求；槽底土壤有无扰动；槽底有无软泥及杂物；设置管道基础的沟槽，应检查基础的宽度、顶面标高和两侧工作宽度是否符合设计要求；基础混凝土是否达到了规定的设计抗压强度等。

此外，还应检查沟槽的边坡或支撑的稳定性。槽壁不能出现裂缝，有裂缝隐患处要采取措施加固，并在施工中注意观察，严防出现沟槽坍塌事故。如沟槽支撑影响管道施工，应进行倒撑，并保证倒撑的质量。槽底排水沟要保持畅通，尺寸及坡度要符合施工要求，必要时可用木板撑牢，以免发生塌方，影响降水。

（二）管材的质量检查

下管前，除对沟槽进行质量检查外，还必须对管材、管件进行质量检验，保证下入到沟槽内的管道和管件的质量符合设计要求，确保不合格或已经损坏的管道和管件不下入沟槽。

在市政管道工程施工中，管道和管件的质量直接影响到工程的质量。因此，必须做好管道和管件的质量检查工作，检查的内容主要有：

（1）管道和管件必须有出厂质量合格证，其指标应符合国家或部委颁发的技术标准要求。

（2）应按设计要求认真核对管道和管件的规格、型号、材质和压力等级。

（3）应进行外观质量检查。

铸铁管及管件内外表面应平整、光洁，不得有裂纹、凹凸不平等缺陷。承插口部分不得有黏砂及凸起，其他部分不得有大于2mm厚的黏砂和5mm高的凸起。承插口配合的环向间隙，应满足接口嵌缝的需要。

钢管及管件的外径、壁厚和尺寸偏差应符合制造标准要求；表面应无斑痕、裂纹、严重锈蚀等缺陷；内外防腐层应无气孔、裂纹和杂物；防腐层厚度应满足要求；安装中使用的橡胶、石棉橡胶、塑料等非金属垫片，均应质地柔韧，无老化变质、折损、皱纹等缺陷。

塑料管材内外壁应光滑、清洁、无划伤等缺陷；不允许有气包、裂口、明显凹陷、颜色不均、分解变色等现象；管端应平整并与轴线垂直。

普通钢筋混凝土管、自（预）应力钢筋混凝土管的内外表面应无裂纹、露筋、残缺、蜂窝、空鼓、剥落、浮渣、露石碰伤等缺陷。

（4）金属管道应用小锤轻轻敲打管口和管身进行破裂检查。非金属管道通过观察进行破裂检查。

（5）对无出厂合格证的压力流管道或管件，如无制造厂家提供的水压试验资料，则每批应抽取 10% 的管道做试件进行强度检查。如试验有不合格者，则应逐根进行检查。

（6）对压力流管道，还应检查管道的出厂日期。对于出厂时间过长的管道经水压试验合格后方可使用。

（三）管材修补

对管材本身存在的不影响管道工程质量的微小缺陷，应在保证工程质量的前提下进行修补使用，以降低工程成本。铸铁管道应对承口内壁、插口外壁的沥青用气焊或喷灯烤掉；对飞刺和铸砂可用砂轮磨掉，或用錾子剔除。内衬水泥砂浆防腐层如有缺陷或损坏，应按产品说明书的要求修补、养护。

钢管防腐层质量不符合要求时，应用相同的防腐材料进行修补。

钢筋混凝土管的缺陷部位，可用环氧腻子或环氧树脂砂浆进行修补。修补时，先将修补部位凿毛，清洗晾干后刷一薄层底胶，而后抹环氧腻子（或环氧树脂砂浆），并用抹子压实抹光。

二、排管

排管应在沟槽和管材质量检查合格后进行。根据施工现场条件，将管道在沟槽堆土的另一侧沿铺设方向排成一长串称为排管。排管时，要求管道与沟槽边缘的净距不得小于 0.5m。

压力流管道排管时，对承插接口的管道，宜使承口迎着水流方向排列，这样可减小水流对接口填料的冲刷，避免接口漏水；在斜坡地区排管，以承口朝上坡为宜；同时还应满足接口环向间隙和对口间隙的要求。一般情况下，金属管道可采用 90° 弯头、45° 弯头、22.5° 弯头、11.25° 弯头进行平面转弯，如果管道弯曲角度小于 11°，应使管道自弯水平借转。当遇到地形起伏变化较大或翻越其他地下设施等情况时，应采用管道反弯借高找正作业。

重力流管道排管时，对承插接口的管道，同样宜使承口迎着水流方向排列，并满足接口环向间隙和对口间隙的要求。不管何种管口的排水管道，排管时均应扣除沿线检查井等构筑物所占的长度，以确定管道的实际用量。

当施工现场条件不允许排管时，亦可以集中堆放。但管道铺设安装时需在槽内运管，施工不便。

三、下管

按设计要求经过排管，核对管节、管件位置无误方可下管。

下管方法分人工下管和机械下管两类。可根据管材种类、单节管重及管长、机械设备、施工环境等因素来选择下管方法。无论采取哪一种下管法，一般采用沿沟槽分散下管，以减少在沟槽内的运输。当不便于沿沟槽下管时，允许在沟槽内运管，可以采用集中下管法。

承插式管道下管前，需在接口的位置上开挖工作坑，其尺寸参见表 3-2。

表 3-2　工作坑尺寸

管材种类	管外径 D_0/mm	宽度 /mm		长度 /mm		深度 /mm
				承口前	承口后	
预应力、自应力混凝土管、滑入式柔性接口球墨铸铁管	≤ 500	承口外径加	800	200	承口长度加 200	200
	600 ～ 1 000		1 000			400
	1 100 ～ 1 500		1 600			450
	＞ 1 600		1 800			500

（一）人工下管

人工下管多用于施工现场狭窄、重量不大的中小型管子，以施工方便、操作安全、经济合理为原则。目前常用的人工下管方法有贯绳法、压绳下管法、吊链下管法、溜管法等方法。

1. 贯绳法

适用于管径小于 300mm 以下混凝土管、缸瓦管。用一端带有铁钩的绳子钩住管子一端，绳子另一端由人工徐徐放松直至将管子放入槽底。

2. 压绳下管法

压绳下管法是人工下管法中最常用的一种方法。适用于中、小型管子，方法灵活，可作为分散下管法。压绳下管法包括人工撬棍压绳下管法和立管压绳下管法等。

撬棍压绳下管法是在距沟槽上口边缘一定距离处，将两根撬棍分别打入地下一定深度，然后用两根大绳分别套在管道两端，下管时将大绳的一端缠绕在撬棍上并用脚踩牢，另一端用手拉住，控制下管速度，两根大绳用力一致，听从一人号令，徐徐放松绳子，直至将管道放至沟槽底部就位为止，如图 3-1 所示。

立管压绳下管法是在距沟槽上口边缘一定距离处，直立埋设一节或二节混凝土管道，埋入深度为 1/2 管长，管内用土填实，将两根大绳缠绕（一般绕一圈）在立管上，绳子一端固定，另一端由人工操作，利用绳子与立管管壁之间的摩擦力控制下管速度，操作时两边要均匀松绳，防止管道倾斜，如图 3-2 所示。该法适用于较大直径的管道集中下管。

图 3-1　撬棍压绳下管法

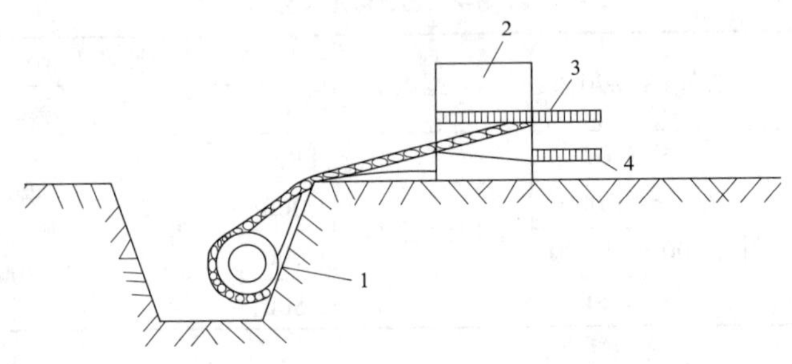

1—管道；2—立管；3—放松绳；4—固定绳

图 3-2　立管压绳下管法

3. 吊链下管法

在沟槽上搭设三脚架或四脚架等塔架，在塔梁上安设吊链，在沟槽上铺方木（或细钢管），将管道滚运至方木（或细钢管）上。用吊链将管道吊起，然后撤走所铺方木（或细钢管），操作吊链使管道徐徐放入槽底就位。该法适用于较大直径的管道集中下管。

4. 溜管法

用两块木板钉成三角木槽，斜放在构槽内，管道一端用带有铁钩的绳子钩住，绳子另一端由人工控制，将管道沿三角木槽缓慢溜入沟槽内就位。该法适用于管径小于 300mm 的混凝土管、陶土管下管。

（二）机械下管

机械下管速度快、安全，并且可以减轻工人的劳动强度，劳动效率高，所以有条件尽可能采用机械下管法。

机械下管视管子重量选择起重机械，常用汽车式或履带式起重机械下管。下管时，起重机沿沟槽开行。起重机的行走道路应平坦、畅通。当沟槽两侧堆土时，其一侧堆土与槽边应有足够的距离，以便起重机开行。起重机距沟边至少 1m，以免槽壁坍塌。起重机与架空输电线路的距离应符合电力管理部门的有关规定，并由专人看管。禁止起重机在斜坡地方吊着管子回转，轮胎式起重机作业前应将支腿垫好，轮胎不应承担起吊重量。支腿距沟边要有 2m 以上距离，必要时应垫木板。在起吊作业区内，任何人不得在吊钩或被吊起的重物下面通过或站立。

机械下管一般为单机单管节下管。下管时，起重吊钩与铸铁管或混凝土及钢筋混凝土管端相接触处，应垫上麻袋，以保护管口不被破坏。起吊或搬运管材、配件时，对于法兰盘面、非金属管材承插口工作面、金属管防腐层等，均应采取保护措施，以防损坏，吊装闸阀等配件时不得将钢丝绳捆绑在操作轮及螺栓孔上。管节下入沟槽时，不得与槽壁支撑及槽下的管道相互碰撞，沟内运管不得扰动天然地基。

机械下管不应一点起吊，采用两点起吊时吊绳应找好重心，平吊轻放。

为了减少沟内接口工作量，同时由于钢管有足够的强度，所以通常在地面将钢管焊接成长串，然后由 2 ～ 3 台起重机联合下管，称为长串下管。由于多台设备不易协调，长串下管一般不要多于 3 台起重机。管子起吊时，管子应缓慢移动，避免摆动，同时应有专人负责指挥。下管时应按有关机械安全操作规程执行。

四、稳管

稳管是将管道按设计的高程和平面位置稳定在地基或基础上。压力流管道对高程和平面位置的要求精度可低些，一般由上游向下游进行稳管；重力流管道的高程和平面位置应严格符合设计要求、一般由下游向上游进行稳管。

稳管要借助于坡度板进行，坡度板埋设的间距，对于重力流管道一般为 10m，压力流管道一般为 20m。在管道纵向标高变化、管径变化、转弯、检查井、阀门井等处应埋设坡度板。坡度板距槽底的垂直距离一般不超过 3m。坡度板应在人工清底前埋设牢固，不应高出地面，上面钉管线中心钉和高程板，高程板上钉高程钉，以便控制管道中心线和高程。

稳管通常包括对中程和对高程两个环节。

（一）对中作业

对中作业是使管道中心线与沟槽中心线在同一平面上重合。如果中心线偏离较大，则应调整管道位置，直至符合要求为止，通常可按下述两种方法进行。

1. 中心线法

该法借助坡度板上的中心钉进行，如图 3-3 所示。当沟槽挖到一定深度后，沿着挖好的沟槽埋设坡度板，根据开挖沟槽前测定管道中心线时所预设的中线桩（通常设置在沟槽边的树下或电杆下等可靠处）定出沟槽中心线，并在每块坡度板上钉上中心钉，使各中心钉的连线与沟槽中心线在同一铅垂面上，对中时，将有二等分刻度的水平尺置于管口内，使水平尺的水泡居中。同时，在两中心钉的连线上悬挂垂球，如果垂线正好通过水平尺的二等分点，表明管子中心线与沟槽中心线重合，对中完成。否则应调整管道使其对中。

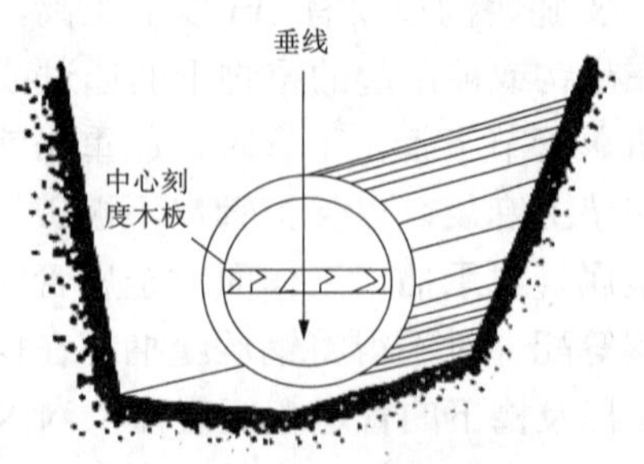

图 3-3 中心线法

2. 边线法

如图 3-4 所示，边线法进行对中作业是将坡度板上的中心钉移至与管外皮相切的铅垂面上。操作时，只要向左或向右移动管子，使两个钉子之间的连线的垂线恰好与管外皮相切即可。边线法对中速度快，操作方便，但要求各节管的管壁厚度与规格均应一致。

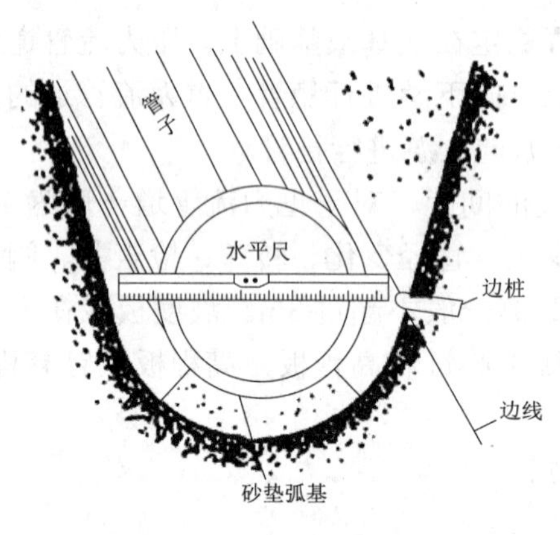

图 3-4 边线法

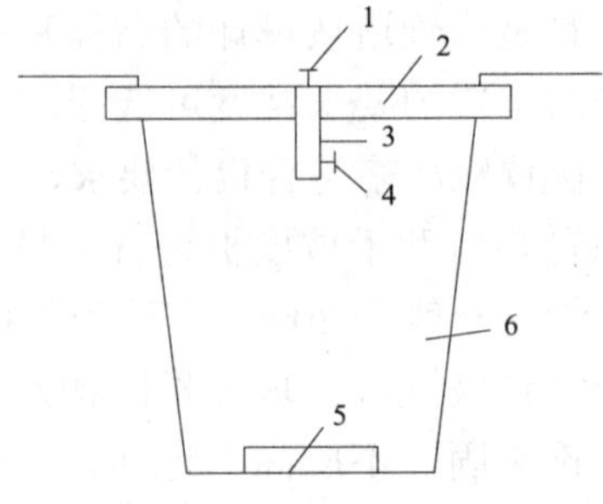

1—中心钉；2—坡度板；3—高程板；
4—高程钉；5—管道基础；6—沟槽

图 3-5 对高程作业

（二）对高作业

对高程作业是使管内底标高与设计管内底标高一致，如图 3-5 所示。在坡度板上标出高程钉，相邻两块坡度板的高程钉到管内底的垂直距离相等，则两高程钉之间连线的坡度就等于管内底坡度。该连线称为坡度线。坡度线上任意一点到管内底的垂直距离为一个常数，称为对高数（或下返数）。进行对高作业时，使用丁字形对高尺，尺上刻有坡度线与管底之间的距离标记，即对高数。将对高尺垂直置于管端内底，当尺上标记线与坡度线重合时，对高即完成，否则须调整。

调整管道标高时，所垫石块应稳固可靠，以防管道从垫块上滚下伤人。为便于混凝土管道勾缝，当管径 $D \geqslant 700$mm 时，对口间隙为 10mm；$D < 600$mm 时，可不留间隙；$D > 800$mm 时，须进入管内检查对口，以免出现错口。

稳管作业应达到平、直、稳、实的要求，其管内底标高允许偏差为 ±10mm，管中心线允许偏差为 10mm。

稳管时，相邻两管节底部应齐平。为避免因紧密相接而使管口破损，便于接口，柔性接口允许有少量弯曲，一般大口径管子两管端面之间应预留约 10mm 间隙。

承插式给水铸铁管稳管是将插口装在承口中，称为撞口。撞口前可在承口处作出记号，以保证一定的缝隙宽度。

胶圈接口的承插式给水铸铁管或预应力钢筋混凝土管及给水用 UPVC 管的稳管与接口同时进行，即稳管和接口为一个工序。撞口的中线和高程误差，一般控制在 20mm 以内。撞口完成找正后，一般用铁牙背匀间隙，然后在管身两侧同时还土夯实或架设支撑，以防管子错位。

任务三　市政给水管道的施工

室外给水工程管材有普通铸铁管、球墨铸铁管、钢管、预应力钢筋混凝土管、给水用硬聚氯乙烯（UPVC）管、聚乙烯管等，接口方式及接口材料受管道种类、工作压力、经济因素等影响而不同。

一、给水铸铁管

给水铸铁管按材质分为普通铸铁管和球墨铸铁管。普通铸铁管质脆。球墨铸铁管又称为可延性铸铁管，具有强度高、韧性大、抗腐蚀能力强的性能，球墨铸铁管本身有较大的延伸率，同时管口之间采用柔性接口，在埋地管道中能与管周围的土体共同工作，改善了管道的受力状态，提高了管网的工作可靠性，因此，得到了越来越广泛的应用。

（一）普通铸铁管接口方法

普通铸铁管又称为灰铸铁管，是给水管道中常用的一种管材。与钢管相比较，其价格较低，制造方便，耐腐蚀性较好。但质脆，自重大。

普通铸铁管管径以公称直径表示，其规格为 DN75 ～ 1500，有效长度（单节）为 4m、5m、6m。分砂型离心铸铁管与连续铸铁管两种。砂型离心铸铁管的插口端设有小台，用作挤密油麻、胶圈等柔性接口填料。连续铸铁管的插口端没有小台，但在承口内壁有凸缘，仍可挤密填料。

普通铸铁管的接口形式有刚性接口、柔性接口和半柔半刚性接口三种。接口材料分为嵌缝填料和密封填料，嵌缝填料放置于承口内侧，用来保证管道的严密性，防止外层散状密封填料漏入管内，目前常用油麻、石棉绳或橡胶圈作嵌缝填料；密封填料采用石棉水泥、膨胀水泥砂浆、铅等，置于嵌缝填料外侧，用来保护嵌缝填料，同时还起密封作用。

1. 刚性接口

刚性接口形式主要有油麻—石棉水泥、石棉绳—石棉水泥、油麻—膨胀水泥砂浆、油麻—铅等。施工时，先填塞嵌缝填料，然后再填打密封填料，养护后即可。

（1）嵌缝填料的填塞。油麻是传统的嵌缝材料，纤维柔顺、不易腐蚀。制作时将长纤维麻放入5%的石油沥青与95%的汽油的混合液中，浸透、拧干、风干后即可。

麻的作用主要是防止外层散状接口填料漏入管内。麻以麻辫形状塞进普通铸铁管承口与插口间的缝隙内。麻辫的直径约为缝隙宽的1.5倍。麻辫长度较管口周长稍长，塞入后用麻錾锤击紧密。麻辫填打2～3圈，填打深度约占承口总深度的1/3，但不得超过承口水线里缘。当采用铅接口时，应距承口水线里缘5mm，最里一圈应填打到插口小台上。

油麻的填打程序包括三填八打即填打三圈油麻击打八遍，油麻打法包括挑（悬）打、平（推）打、贴里口（压）打、贴外口（抬）打。油麻的填打程序和打法见表3-3。

表3-3 油麻的填打程序和打法

圈次	第一圈		第二圈			第三圈		
遍次	第一遍	第二遍	第一遍	第二遍	第三遍	第一遍	第二遍	第三遍
击数	2	1	2	2	1	2	2	1
打法	挑打	挑打	挑打	平打	平打	贴外口打	贴里口打	平打

填打油麻应注意以下几点：

①填麻前应将承口、插口刷洗干净；

②填麻时应先用铁牙将环形间隙背匀；

③倒换铁牙，用麻錾将油麻塞入接口内。打第一圈麻辫时，应保留1～2个铁牙不动，以保证接口环形间隙均匀。待第一圈麻辫打实后，再卸下铁牙。用尺量第一圈麻，根据填打深度填第二圈麻，第二圈麻填打时不宜用力过大；

④移动麻錾时，应一錾挨一錾，不要漏打；

⑤应保持油麻洁净，不得随便乱放。

石棉绳是油麻的代用材料，具有良好的水密性与耐高温性。但有研究认为，水长期和石棉接触会造成水质污染。因此，应慎重选用石棉绳。

（2）密封填料的填打。石棉水泥作为普通铸铁管的填料，具有抗压强度较高、材料来源广、成本低的优点。但石棉水泥接口抗弯曲应力或冲击应力能力很差。接口需经较长时间养护才能通水，且打口劳动强度大，操作水平要求高。

石棉应选用机选4F级温石棉。水泥采用32.5级普通硅酸盐水泥，不允许使用过期或结块的水泥。石棉水泥填料的重量配合比，石棉：水泥：水=3：7：（1～2）。石棉水泥填料配制时，石棉绒在拌和前应晒干，并用细竹棍轻轻敲打，使之松散。先将称重后的石棉绒和水泥干拌均匀，然后加水拌和。加水多少，现场常凭手感潮而不湿，攥而成团，松手颠散即可。拌好的石棉水泥其色泽藏灰（打实后成灰黑而光亮）宜用潮布覆盖。加水拌和后的石棉水泥填料应在1.5h内用完，避免水泥初凝后再填打。

填石棉水泥前，对前一道工序填麻深度用探尺检查，是否符合要求，并用麻錾将麻口重打一遍，以麻不动为合格，并将麻屑刷净。若内层填料是胶圈，应用检尺检查胶圈位置是否正确，胶圈距承口外缘的距离应一致。检查完后，接口缝隙宜用清水湿润。

填打水泥的方法按管径大小决定，一般地，管径75～400mm时，采用“四填八打”；管径500～700mm时，采用“四填十打”，管径800～1 200mm时，采用“五填十六打”。

填打石棉水泥应注意以下几点：

①油麻填打与石棉水泥填打至少相隔两个接口分开填打，以避免打麻时因振动而影响接口质量；

②填打石棉水泥应用探尺检查填料深度，保持环形间隙在允许误差的范围之内；

③石棉水泥接口不宜在气温低于–5℃的冬期施工。

石棉水泥接口填打合格后，应及时采取湿养护。一般用湿泥将接口糊严，厚约10cm，上用草袋覆盖，定时洒水养护，或用潮湿土虚埋，洒水养护，养护时间不得少于24h，在养护期内，管道不允许受振动，管内不允许有承压水。

石棉水泥接口的质量标准是配合比应准确，打口后的接口外表面灰黑而光亮，凹进承口1～2mm，深浅一致，并用麻錾用力连打数下表面不再凹入为合格。

膨胀水泥接口与石棉水泥接口比较，虽然同是刚性接口，但膨胀水泥接口不需要填打，只需将膨胀水泥填塞密实在承插口间隙内即可，而且接口抗压强度远高于石棉水泥接口，因此是取代石棉水泥接口的理想填料。

膨胀水泥应采用硫铝酸盐或铝酸盐自应力水泥，严禁与其他水泥、石灰等碱性材料混用。

膨胀水泥应选用粒径0.1～1.5mm的中砂拌和。

膨胀水泥填料的重量配合比为膨胀水泥：砂：水=1：1：（0.28～0.32）。加水量的多少，现场常凭手感潮而不湿，攥而成团，脱手抛散即可。

膨胀水泥填料拌和必须十分均匀。可先将称重后的膨胀水泥和中砂干拌，再用筛子筛过数道，使之完全混合，外观颜色一致。膨胀水泥应在使用地点随用随拌，加水拌和时，一次拌和量不宜过多，应在0.5h内用完，或按原产品说明书操作。

填塞膨胀水泥前，应先检查内层填料油麻或胶圈位置是否正确，深度是否合适，接口缝隙宜用清水湿润。同时应将管道和管件进行固定。

膨胀水泥填料应分层填入，分层捣实，捣实时应一錾压一錾，通常以“三填三捣”为宜，最外一层找平，凹进承口 1 ～ 2mm。冬季气温低于 –5℃时，不宜进行膨胀水泥接口。

膨胀水泥接口的湿养护比石棉水泥接口要求高。一般地，膨胀水泥接口完成后，应立即用浇湿草袋（或草帘）覆盖，1 ～ 2h 后定时浇水，使接口保持湿润状态；也可用湿泥养护。接口填料终凝后，管内可充水养护，但水压不得超过 0.1 ～ 0.2MPa。

膨胀水泥填料接口刚度大，在地震烈度 6 度以上、土质松软、管道穿越重载车辆行驶的公路时不宜采用。

铅接口具有较好的抗震、抗弯性能，普通铸铁管采用铅接口应用较早。但由于铅为有色金属，造价高，含毒性，现已被石棉水泥或膨胀水泥砂浆所替代。但铅具有柔性，铅接口的管道渗漏时，只需将铅用麻錾锤击即可堵漏。因此，当管道穿越铁路、过河、地基不均匀沉陷等特殊地段和直径在 600mm 以上的新旧普通铸铁管碰头连接需立即通水时，仍采用铅接口。

铅的纯度不小于 99%。铅接口施工必须由经验丰富的工人指导，施工程序为：安设灌铅卡箍→ 熔铅→运送铅溶液→灌铅→拆除卡箍。

灌铅的管口必须干燥，否则会发生爆炸。卡箍要贴紧管壁和管子承口，接缝处用黏泥抹严，以免漏铅。灌铅时，灌口距管顶约 20mm，使铅徐徐流入接口内，以便排出蒸汽。每个铅接口的铅熔液应不间断地一次灌满为止。

一般采用油麻—铅接口。如果用胶圈作填料，应在胶圈填塞后，再加一圈油麻辫，以免灌铅时烧损胶圈。

当管子接口缝隙较小或管接口渗漏时，也可以用冷铅条填打；但承受管内水压的强度较低。

铅接口施工一定要严格执行有关操作规程，防止火灾，注意安全。

2. 半柔半刚性接口

半柔半刚性接口的嵌缝材料为胶圈，密封材料仍为石棉水泥或膨胀水泥砂浆等刚性材料。用橡胶圈代替刚性接口中的油麻即构成半柔半刚性接口。

填打油麻劳动强度大，技术要求高，而且油麻使用一定时间后会腐烂，影响水质。胶圈具有弹性，水密性好，当承口和插口产生一定量的相对轴向位移或角位移时，也不会渗水。因此，胶圈是取代油麻作为承插式刚性接口理想的内层填料。

普通铸铁管承插接口用圆形胶圈，外观不应有气孔、裂缝、重皮、老化等缺陷。胶圈的物理性能应符合现行国家标准或行业标准的要求。

胶圈的内环径一般应为插口外径的 0.85 ～ 0.87 倍。

胶圈应有足够的压缩量。胶圈直径应为承插口间隙的 1.4 ～ 1.6 倍，或其厚度为承插口间隙的 1.35 ～ 1.45 倍，或胶圈截面直径的选择按胶圈填入接口后截面压缩率等于 34% ～ 40% 为宜。

胶圈接口应尽量采用胶圈推入器，使胶圈在装口时滚入接口内。采用填打方法时，应按以下操作程序进行：

胶圈填入接口→第一遍打入承口水线→再分 2 ～ 3 遍打至插口小台或距插口端 10mm。

填胶圈的基本要求为：

打胶圈之前，应先清除管口杂物，并将胶圈套在插口上。打口时，将胶圈紧贴承口，在一个平面上不能成麻花形，先用錾子沿管外皮将胶圈均匀地打入承口内，开始打时，须以二点、四点、八点……在慢慢扩大的对称部位上用力锤击，胶圈要打至插口小台，吃深要均匀。不可在快打完时出现像“鼻子”形状的“闷鼻”现象，也不能出现深浅不一致及裂口现象。若某处难以打进，说明该处环向间隙太窄，应用錾子将此处撑大后再打。

胶圈填打完毕后，外层填塞石棉水泥或膨胀水泥砂浆，方法同刚性接口。

3. 柔性接口

刚性接口和半柔半刚性接口的抗应变能力差，受外力作用容易造成接口漏水事故，在软弱地基地带和强震区更甚。因此，在上述地带可采用柔性接口。常用的柔性接口有：

（1）楔形橡胶圈接口。如图 3-6 所示，将管道的承口内壁加工成斜形槽，插口端部加工成坡形，安装时在承口斜槽内嵌入起密封作用的楔形橡胶圈。由于斜形槽的限制作用，胶圈在管内水压的作用下与管壁压紧，具有自密性，使接口对承插口的椭圆度、尺寸公差，插口轴向位移及角位移等均具有一定的适应性。

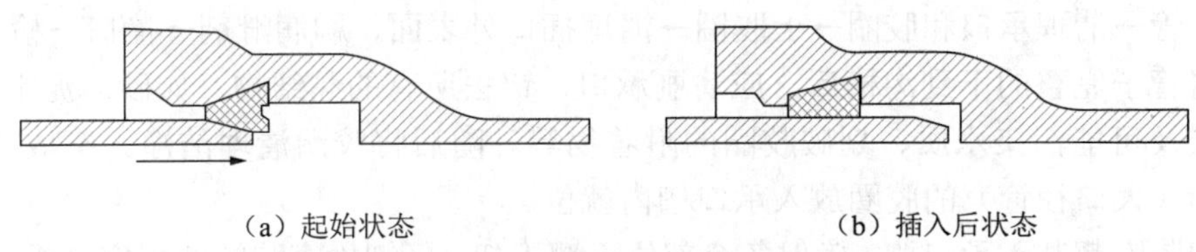

（a）起始状态　　（b）插入后状态

图 3-6　承插口楔形橡胶圈接口

实践表明，此种接口抗震性能良好，并且可以提高施工速度，减轻劳动强度。

（2）其他形式橡胶圈接口。为了改进施工工艺，铸铁管可采用螺栓压盖形、中缺形、角唇形和圆形胶圈接口，如图 3-7 所示。

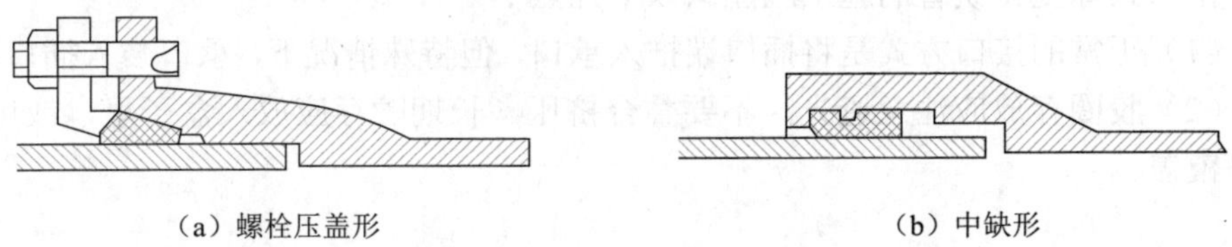

（a）螺栓压盖形　　（b）中缺形

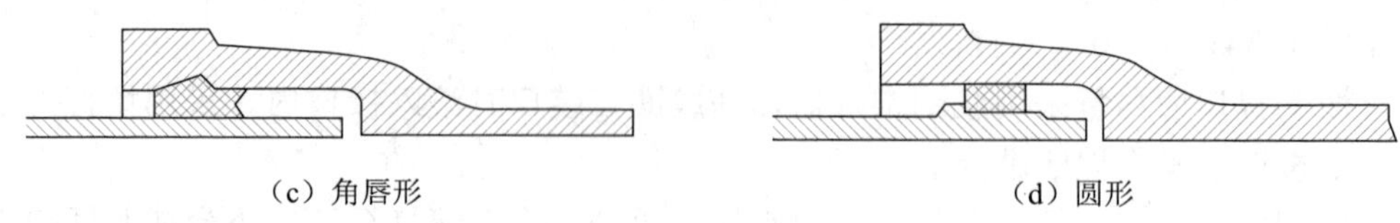

（c）角唇形　　（d）圆形

图 3-7　其他橡胶圈接口形式

螺栓压盖形的主要优点是抗震性能良好，安装与拆修方便，缺点是配件较多，造价较高；中缺形是插入式接口，接口仅需一个胶圈，操作简单，但承口制作尺寸要求较高；角唇形的承口可以固定安装胶圈，但胶圈耗胶量较大，造价较高；圆形则具有耗胶量小，造价低的优点，但仅适用于离心铸铁管。

（二）球墨铸铁给水管接口方法

球墨铸铁管是 20 世纪 50 年代发展起来的新型金属管材，当前我国正处于一个逐渐取代普通铸铁管的更新换代时期，而发达国家已广为使用。球墨铸铁管具有较高的强度和延伸率。与普通铸铁管相比，球墨铸铁管抗拉强度是普通铸铁管的三倍，水压试验为普通铸铁管的两倍。

球墨铸铁管采用离心浇筑。规格 DN80 ～ 2 600，一般长为 4 ～ 9m。球墨铸铁管均采用柔性接口，按接口形式分为推入式（简称 T 形）和机械式（简称 K 形）两类。

1. 推入式柔性接口

承插式球墨铸铁管采用推入式柔性接口，常用工具有叉子、手动捯链、连杆、千斤顶等，这种接口操作简便、快速、工具配套，适用于管径为 DN80 ～ 2 600mm 的输水管道，在国内外输水工程上广泛采用。其施工程序为：

下管→清理承口和胶圈→上胶圈→清理插口外表面、刷润滑剂→撞口→检查。

将管子完整的下到沟槽后，应清刷承口，铲去所有的黏结物，如砂、泥土和松散涂层及可能污染水质、划破胶圈的附着物等。随后将胶圈清理洁净。弯成心形，或花形（大口径管）的胶圈放入承口槽内就位。

把胶圈都装入承口槽，确保各个部位不翘不扭，仔细检查胶圈的固定是否正确。

清理插口外表面，插口端应是圆角并有一定锥度，以便容易插入承口。在承口内胶圈的内表面刷润滑剂（肥皂水、洗衣粉）。插口外表面刷润滑剂。

插口对承口找正后，上安装工具，扳动手扳葫芦（或叉子），使插口慢慢装入承口。最后用探尺插入承插口间隙中，以确定胶圈位置。插口推入位置应符合标准。

推入式球墨铸铁管的施工应注意以下几点：

（1）正常的接口方式是将插口端推入承口，但特殊情况下，承口装入插口亦可。

（2）胶圈存放应注意避光，不要叠合挤压，长期贮存应放入盒子里，或用其他材料覆盖。

（3）上胶圈时，不得将润滑剂刷在承口内表面，以免接口失败。

（4）安装前应准备好配套工具。为防止接口脱开，可用手扳葫芦锁管。

2. 机械式（压兰式）接口

球墨铸铁管机械式（压兰式）接口属柔性接口，是将铸铁管的承插口加以改造，使其适应特殊形状的橡胶圈作为挡水材料，外部不需要其他填料，不需要复杂的安装设备，其主要优点是抗震性能较好，并且安装与拆修方便，缺点是配件多、造价高。它主要由球墨铸铁直管、管件、压兰、螺栓及橡胶圈组成。按填入的橡胶圈种类不同，分为N1型接口、X型接口和S型接口。

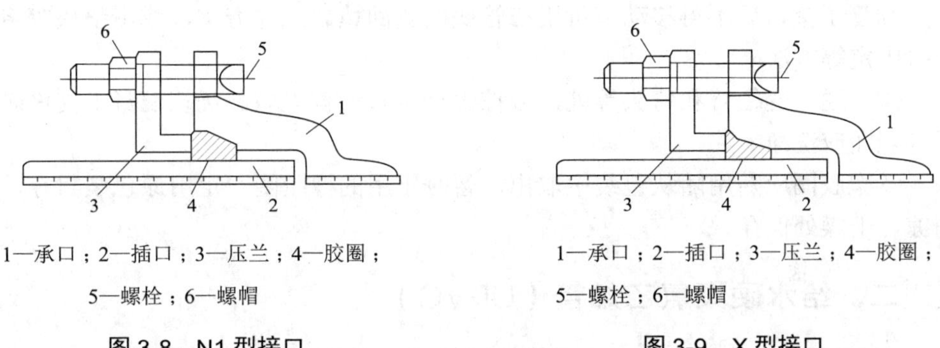

1—承口；2—插口；3—压兰；4—胶圈；
5—螺栓；6—螺帽

图3-8　N1型接口

1—承口；2—插口；3—压兰；4—胶圈；
5—螺栓；6—螺帽

图3-9　X型接口

其中，N1型及X型接口使用较为普遍。当管径为DN100～350mm时，选用N1型接口；管径为DN100～700mm，选用X型接口。S型接口可参看有关施工手册。

（1）*机械式接口施工工艺*

施工工艺：下管→清理插口、压兰和胶圈→压兰与胶圈定位→清理承口→刷润滑剂→对口→临时紧固→螺栓全方位紧固→检查螺栓扭矩。

（2）*工艺要求*

①下管：按下管要求将管材、管件下入沟槽，不得抛掷管材、管件及其他设备。机械下管应采用两点吊装，应使用尼龙吊带、橡胶套包钢丝绳或其他适用的吊具，防止管材、管件的防腐层损坏，宜在管子与吊具间垫以缓冲垫，如橡胶板等制品。

②清理连接部位：用棉纱和毛刷将插口端外端表面、压兰内外面、胶圈表面、承口内表面彻底清洁干净。

③压兰与胶圈定位：插口及压兰、胶圈清洁后，吊装压兰并将其推送插口端部定位，然后用人工把胶圈套在插口上（注意胶圈不要装反）。

④涂刷润滑剂：在插口及密封胶圈的外表面和承口内表面涂刷润滑剂，要求涂刷均匀，不能太多。

⑤对口：将管子吊起，使插口对正承口，对口间隙应符合设计规定。在插口进入承口并调整好管中心和接口间隙后，在管子两侧填砂固定管身，然后卸去吊具，将密封胶圈推入承口与插口的间隙。

⑥临时紧固：将橡胶圈推入承口后，调整压兰，使其螺栓孔和承口螺栓孔对正、压兰与插口外壁间的缝隙均匀。用螺栓在垂直四个方位临时紧固。

⑦螺栓紧固：将接口所用的螺栓穿入螺孔，安上螺母，按上下左右交替紧固程序，均匀地将每个螺栓分数次上紧，穿入螺栓的方向应一致。

⑧检查螺栓扭矩：螺栓上紧后，用力矩扳手检验每个螺栓扭矩。

（3）机械式接口施工注意事项

①接口前应彻底清除管子内部的杂物；

②管道砂垫层的标高必须准确，以控制高程，并以水准仪校核；

③管子接口后不得移动，可用在管底两侧回填砂土并夯实，或用垫块等将管子临时固定等方法；

④三通、变径管和弯头等处，应按设计要求设置支墩。浇筑混凝土支墩时，管子外表面应洗净；

⑤橡胶圈应随用随从包装中取出，暂时不用的橡胶圈一定用原包装封存，放在阴凉、干燥处保存。

二、给水硬聚氯乙烯管（UPVC）

硬聚氯乙烯管（UPVC）是目前国内推广应用塑料管中的一种管材。它与金属管道相比，具有重量轻、耐压强度好、阻力小、耐腐蚀、安装方便、投资省、使用寿命长等特点。

硬聚氯乙烯管（UPVC）不同于金属管材，为保证施工质量，UPVC 管材及配件在运输、装卸及堆放过程中严禁抛扔或激烈碰撞。应避阳光曝晒，若存放期较长，则应放置于棚库内，以防变形和老化。UPVC 管材、配件堆放时，应放平垫实，堆放高度不宜超过 1.5m；对于承插式管材、配件堆放时，相邻两层管材的承口应相互倒置并让出承口部位，以免承口承受集中荷载。

给水硬聚氯乙烯管道可以采用胶圈接口、黏接接口、法兰连接等形式。最常用的是胶圈和黏接连接，橡胶圈接口适用于管外径为 63 ～ 710mm 的管道连接；黏接接口只适用管外径小于 160mm 管道的连接；法兰连接一般用于硬聚氯乙烯管与铸铁管等其他管材、阀件等的连接。

当管道采用胶圈接口（R-R 接口）时，所用的橡胶圈不应有气孔、裂缝、重皮和接缝。

若使用圆形胶圈作接口密封材料时，胶圈内径与管材插口外径之比宜为 0.85 ～ 0.90，胶圈断面直径压缩率一般采用 40%。

当管道采用黏接连接（T-S 接口）时，所选用的胶黏剂的性能应符合下列基本要求：

（1）黏附力和内聚力强，易于涂在接合面上；

（2）固化时间短；

（3）硬化的黏接层对水不产生任何污染；

（4）黏结的强度应满足管道的使用要求。

当发现胶黏剂沉淀、结块时不得使用。

给水硬聚氯乙烯管经挤出成型，管外径 φ12 ～ 160 的管件（如三通、四通、弯头等）为硬聚氯乙烯注塑管件（黏结）；管外径 φ200 ～ 710 的管件选用给水用玻璃钢增强 UPVC 复合管件。

给水硬聚氯乙烯管的施工程序为：

沟槽、管材、管件检验→下管→对口连接→部分回填→水压试验合格→全部回填。

（一）沟槽及管材、管件检验

施工用硬聚氯乙烯给水管材应符合《给水用硬聚氯乙烯管材》（GB 10002.1—2006）的要求。

管道铺设应在沟底标高和管道基础质量检查合格后进行，在铺设管道前要对管材、管件、橡胶圈等重新作一次外观检查，发现有损坏、变形、变质迹象等问题的管材、管件均不得采用。

（二）下管

管材在吊运及放入沟内时，应采用可靠的软带吊具，平稳下沟，不得与沟壁或沟底激烈碰撞。

（三）对口连接

（1）胶圈连接首先应将管道承口内胶圈沟槽、管端工作面及胶圈清理干净，不得有土或其他杂物；将胶圈正确安装在承口的胶圈区中，不得装反或扭曲。为了安装方便可先用水浸湿胶圈，但不得在胶圈上涂润滑剂安装；橡胶圈连接的管材在施工中被切断时（断口平整且垂直管轴线），应在插口端倒角（坡口），并划出插入长度标线，再进行连接。

管子接头最小插入长度见表 3-4。

表 3-4　管子接头最小插入长度　　单位：mm

公称外径	63	75	90	110	125	140	160	180	200	225	280	315
插入长度	64	67	71	75	78	81	86	90	94	100	112	113

然后用毛刷将润滑剂均匀地涂在装嵌在承口处的胶圈和管插口端外表面上，但不得将润滑剂涂到承口的胶圈沟槽内；润滑剂可采用 V 型脂肪酸盐，禁止用黄油或其他油类作润滑剂。

最后将连接管道的插口对准承口，保持插入管段的平直，用捯链或其他拉力机械将管一次插入至标线。若插入阻力过大，切勿强行插入，以防胶圈扭曲。胶圈插入后，用探尺顺承插口间隙插入，沿管圆周检查胶圈的安装是否正常。

（2）黏结连接。黏结连接的管道在施工中被切断时，须将插口处倒角，锉成坡口后再进行连接。切断管材时，应保证断口平整且垂直管轴线。

加工成的坡口应符合下列要求：坡口长度一般不小于 3 mm；坡口厚度为管壁厚度的 1/3 ～ 1/2。坡口完成后，应将残屑清除干净。管材或管件在黏结前，应用干棉纱或干布将承口内侧和插口外侧擦拭干净，使被黏结面保持清洁干燥，当表面有油污时，可用棉纱蘸丙酮等清洁剂擦净。

黏结前应将两管试插一次，两管的配合要紧密，若两管试插不合适，应另换一根再试，直至合适为止。使插入深度及配合情况符合要求，并在插入端表面划出插入承口深度的标线。黏结时，先用毛刷将胶黏剂迅速涂刷在插口外侧及承口内侧结合面上时，宜先涂承口，后涂插口，宜轴向涂刷，涂刷均匀适量；承插口涂刷胶黏剂后，应立即找正方向将管端插入承口，用力挤压，使管端插入的深度至所划标线，并保证承插接口的直度和接口位置正确，同时必须保持如下规定的时间：

当管外径为 63mm 以下时，保持时间为不少于 30s；

当管外径为 63 ～ 160mm 时，保持时间应大于 60s。

黏结完毕后，应及时将挤出的胶黏剂擦拭干净。黏结后，不得立即对接合部位强行加载，其静止固化时间不应低于表 3-5 。

表 3-5　静止固化时间　　单位：min

公称外径 /mm	40 ~ 70℃	18 ~ 40℃	5 ~ 18℃
63 以下	12	20	30
63 ～ 110	30	45	60
110 ～ 160	45	60	90

（3）其他连接当给水硬聚氯乙烯管与铸铁管、钢管连接时，应采用管件标准中所介绍的专用接头连接，也可采用双承橡胶圈接头，接头卡子等连接。当与阀门及消火栓等管件连接时，应先将硬聚氯乙烯管用专用接头接在铸铁管或钢管上后，再通过法兰与这些管件相连接。

若施工后的管道发生漏水时，可采用换管、焊接和黏结等方法修补。当管材大面积损坏需更换整根管时，可采用双承口连接件来更换管材。渗漏较小时，可采用焊接或黏结的方法修补。

三、预应力钢筋混凝土管

预应力钢筋混凝土管作压力给水管，可代替钢管和铸铁管，降低工程造价，它是目前我国常用的给水管材。预应力钢筋混凝土管除成本低外，且耐腐蚀性远优于金属管材。

国内圆形预应力钢筋混凝土管采用纵向与环向都有预应力钢筋的双向预应力钢筋混凝土管，具有良好的抗裂性能。接口形式一般为承插式胶圈接口。

承插式预应力钢筋混凝土管的缺点是自重大、运输及安装不便；而且采用振动挤压工艺生产的预应力混凝土管，由于内模经长期使用，承口误差（椭圆度）会随之增大，插口误差小，严重影响接口质量。因此施工时对承口要详细检查与量测，为选配胶圈提供依据。

预应力钢筋混凝土管规格：公称直径 DN400 ～ 2 000，有效长度 5m，静水压力为 0.4 ～ 1.2MPa。我国目前在预应力钢筋混凝土管道施工中，在管网分支、变径、转向时必须采取铸铁或钢制管件。

我国目前生产的预应力钢筋混凝土管胶圈接口一般为圆形胶圈（O 形胶圈），能承受 1.2 MPa 的内压力和一定量的沉陷、错口和弯折；抗震性能良好，在地震烈度为 10 ～ 11 度区内，接口无破坏现象；胶圈埋入地下耐老化性能好，使用期可长达数十年。圆形胶圈应符合国家现行标准《预应力与自应力钢筋混凝土管用橡胶密封圈》的要求。

（一）选配胶圈应考虑的因素

（1）管道安装水压试验压力；

（2）管子出厂前的抗渗检验压力；

（3）管子承口与插口的实际尺寸和环向间隙；

（4）胶圈硬度和性能；

（5）胶圈使用的条件（包括水质）。

（二）预应力钢筋混凝土管施工程序

排管→下管→清理管膛、管口→清理胶圈→初步对口找正→顶管接口→检查中线、高程→用探尺检查胶圈位置→锁管→部分回填→水压试验合格→全部回填。

（1）排管。将管子和管件按顺序置于沟槽一侧或两侧。

（2）下管。下管时，吊装管子的钢丝绳与管子接触处，必须用木板、橡胶板、麻袋等垫好，以免将管子勒坏。

（3）清理管膛、管口。在铺管前，应对每根管子进行检查，查看有无露筋、裂纹、脱皮等缺陷，尤其注意承插口工作面部分。如有上述缺陷，应用环氧树脂水泥修补好。

（4）清理胶圈。橡胶圈必须逐个检查，不得有割裂、破损、气泡、大飞边等缺陷，黏接要牢固，不得有凸凹不平的现象。

（5）将胶圈上到管子的插口端。

（6）初步对口找正。一般采取起重机吊起管子对口。

（7）顶管接口。一般采用顶推与拉入两种方法，可根据施工条件、顶推力大小、机具配备情况和操作熟练程度确定。

四、聚乙烯给水管

（一）一般规定

（1）管道敷设在地下水位较高、软土、不稳定土层内，需要进行施工排水和设置槽边支撑，施工技术及措施应符合现行国家标准《给水排水管道工程施工及验收规范）GB 50268—2008 的有关规定。

（2）管道进行弯曲敷设时，弯曲半径应符合表 3-6 规定。

表 3-6 管道允许弯曲半径 单位：mm

管道公称外径	允许弯曲半径	管道公称外径	允许弯曲半径
DN ≤ 50	30DN	160 < DN ≤ 250	75DN
50 < DN ≤ 160	50DN	250 < DN ≤ 350	100DN

（3）采用非锁紧型承插式连接的管道，弯曲半径不应小于 125 管道公称直径，每根管道应有 3 点以上的固定措施。利用承插口改变方向时，其借转角度不宜大于 1.5°。

（二）管道敷设与回填

（1）电熔、热熔连接管道应分段在槽边进行连接后，以弹性铺管法移入沟槽；移入沟槽时，管道表面不得有明显的划痕。

（2）采用承插式（或套筒式）接口时，宜人工布管且在沟槽内连接；槽深大于 3m 或管外径大于 400mm 的管道，宜用非金属绳索兜住管节下管；严禁将管节翻滚抛入槽中。

（3）管道穿越重要道路、铁路等需设置金属或混凝土套管时，套管内径不得小于穿越管外径加 100mm，且应伸出路边或路基 1.00 ～ 1.50m；必要时穿过套管的管道表面应加护套保护。

（4）穿越的管道应采用电熔或热熔连接，经试压且通过验收合格后方可与套管外管道连接；管道在涵洞内通过时，涵洞宜留有通行宽度。

（5）管道分段敷设结束，选择运行水温与施工环境温度差最小的时段进行系统闭合连接。

（6）管道铺设后及时进行回填，回填时应留出管道连接部位，连接部位待管道水压试验合格后再行回填，管道系统应根据管径、水压、环境温度变化状况、连接形式、敷设及回填土条件等情况，在转弯、三通、变径及阀门处，采取防推脱的混凝土支墩或金属卡箍拉杆等技术措施；焊制的三通、弯管管件部位应采取混凝土包覆措施。

（7）管道经试压且通过隐蔽工程验收，人工回填到管顶以上 0.5m 后，方可采用机械回填，但不得在管道上方行驶。机械回填应在管道内充满水的情况下进行。

（三）管道连接

（1）PE 给水管材、管件连接方式见表 3-7。

表 3-7　PE 给水管管道连接方式

连接方法	具体方式	使用范围 /mm	连接示意图	注意事项
热熔连接	热熔对接	DN ≥ 63	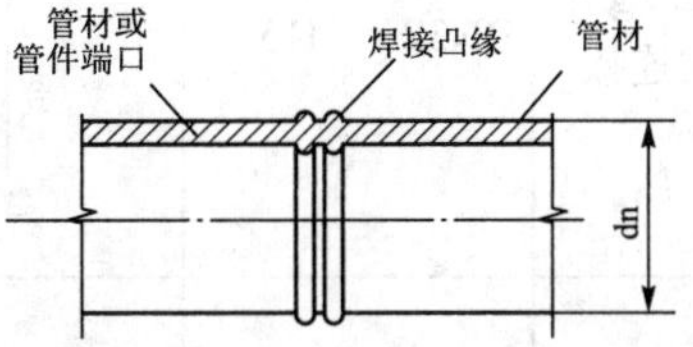 管材或管件端口、焊接凸缘、管材、dn	不同 SDR 系列不得采用热熔对接连接
	热熔承插连接	DN32 ～ 110	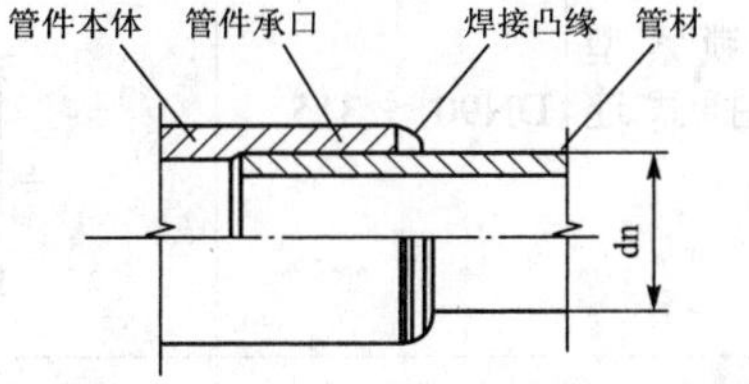 管件本体、管件承口、焊接凸缘、管材、dn	DN ≥ 63mm 时不得采用手工热熔承插连接
	热熔鞍形连接	DN63 ～ 315	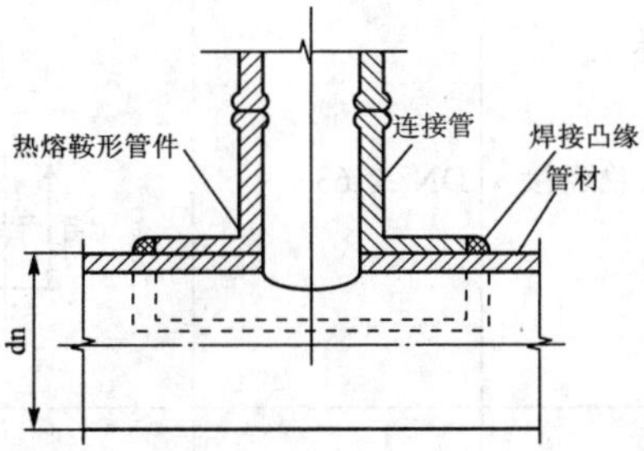 热熔鞍形管件、连接管、焊接凸缘、管材、dn	
电熔连接	电熔承插连接	DN32 ～ 315	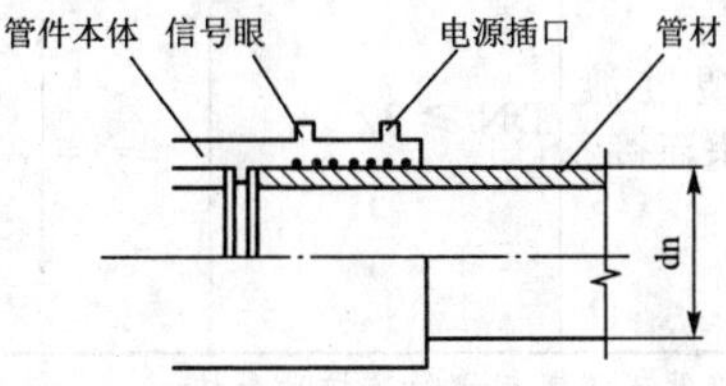 管件本体、信号眼、电源插口、管材、dn	

连接方法	具体方式	使用范围 /mm	连接示意图	注意事项
电熔连接	电熔鞍形连接	DN63 ～ 315	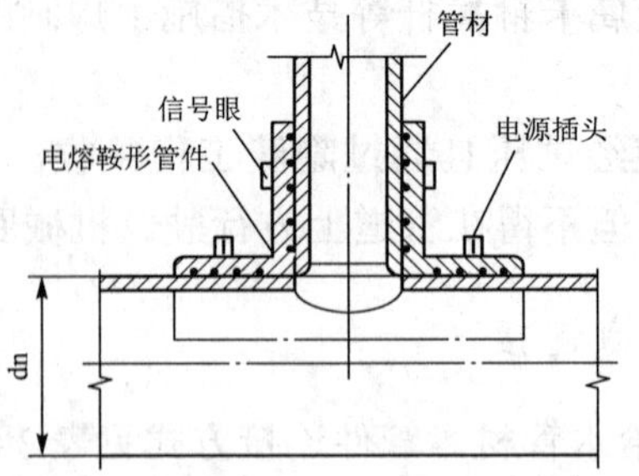 管材 信号眼 电熔鞍形管件 电源插头 dn	
机械连接	锁紧型承插式连接	DN32 ～ 315	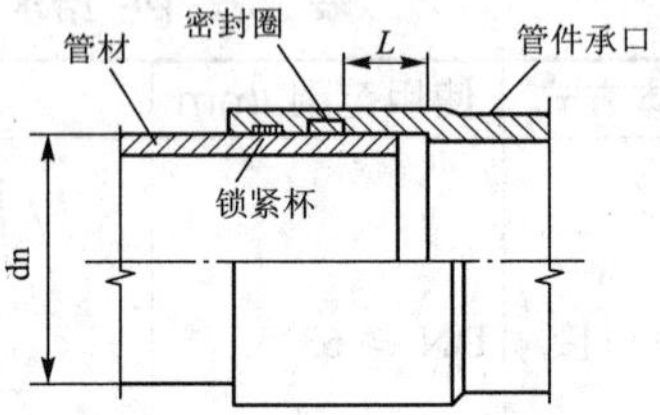 密封圈 管材 L 管件承口 锁紧杯 dn	
	非锁紧型承插式连接	DN90 ～ 315	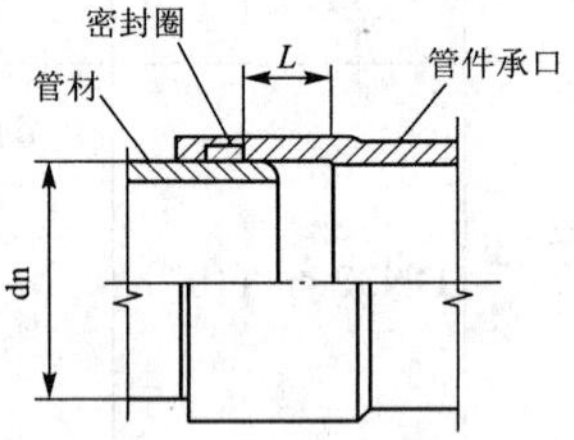 密封圈 管材 L 管件承口 dn	
	法兰连接	DN ≥ 63	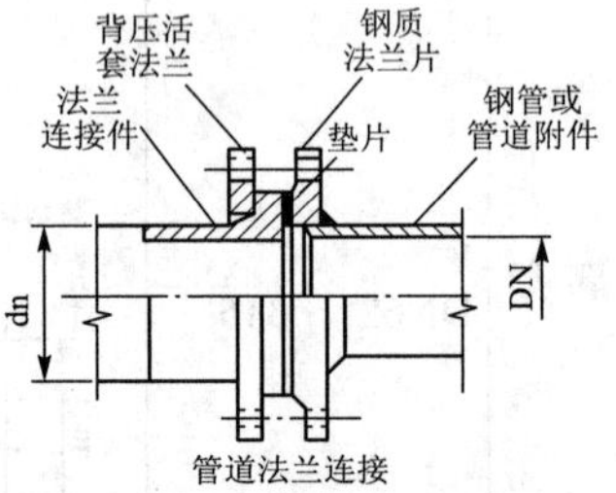 背压活套法兰 钢质法兰片 法兰连接件 垫片 钢管或管道附件 dn DN 管道法兰连接	与金属管材、管件采用法兰或钢塑过渡接头连接
	钢塑过渡接头连接	DN ≥ 32	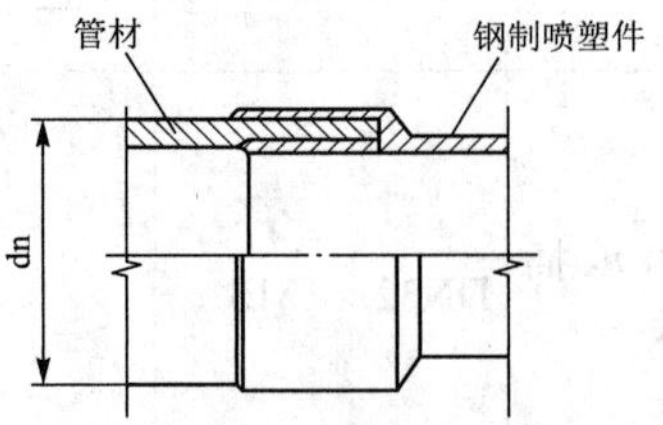 管材 钢制喷塑件 dn	

注：聚乙烯管材、管件不得采用螺纹连接和黏接。

（2）管道连接宜采用同种牌号级别、压力等级相同的管材、管件。不同牌号的管材以及管件间的连接应经试验，连接质量得到保证后方可连接。

（3）管道连接时必须将连接部位、密封配件清理干净，连接用的钢制套筒、法兰、螺栓等金属制品应根据现场土质并参照相关标准采取防腐措施；法兰连接、钢塑过渡接头连接时，应连接件齐全、位置正确、安装牢固，连接部位无扭曲、变形。

（4）承插式柔性接口连接宜在当日温度较高时进行，插口端不宜插到承口底部，应留出不小于 10mm 的伸缩空隙，插入前应在插口端外壁作出插入深度标记；插入完毕后，承插口周围空隙均匀，连接的管道平直。

（5）电熔连接、热熔连接、法兰连接、卡箍连接应在当日温度较低或接近最低时进行；电熔连接、热熔连接时必须严格按接头的技术指标和设备的操作程序进行；在寒冷气候（-5℃以下）或大风环境条件下进行时应采取保护措施或调整连接机具的工艺参数。接头处应有沿管节圆周平滑对称的外翻边，内翻边应铲平。

（6）承插连接时，承口、插口部位连接紧密，无破损、变形、开裂等现象；接口的插入深度应符合要求，相邻管口的纵向间隙应不小于 10mm；环向间隙应均匀一致；插入后胶圈应位置正确，无扭曲等现象；双道橡胶圈的单口水压试验合格。

（7）管道与井室宜采用柔性连接，连接方式符合设计要求；设计无要求时，可采用承插管件连接或中介层做法。

（8）管道系统设置的弯头、三通、变径处应采用混凝土支墩或金属卡箍拉杆等技术措施；在消火栓及闸阀的底部应加垫混凝土支墩；非锁紧型承插连接管道，每根管节应有 3 点以上的固定措施。

（9）安装完的管道中心线及高程调整合格后，即将管底有效支撑角范围用中粗砂回填密实，不得用土或其他材料回填。

（四）PE 给水管水压试验、冲洗与消毒

（1）管道安装完成后，要进行充水浸泡、冲洗、消毒和水压试验。

（2）管道冲洗后应进行有效氯浓度不低于 20mg/L 的含氯水浸泡消毒，经清洁水浸泡 24h 后冲洗，并末端取水检验；化验合格。

任务四　市政排水管道的施工

一、排水管道的铺设

市政排水管道属重力流管道，铺设的方法通常有平基法、垫块法、“四合一”法，应根据管道种类、管径大小、管座形式、管道基础、接口方式等进行选择。

（一）平基法

排水管道平基法施工，首先浇筑平基（通基）混凝土，待平基达到一定强度再下管、安管（稳管）、浇筑管座及抹带接口的施工方法。这种方法常用于雨水管道，尤其适合于地基不良或雨期施工的场合。

平基法施工程序为：支平基模板→浇筑平基混凝土→下管→安管（稳管）→支管座模板→浇筑管座混凝土→抹带接口→养护。

平基法施工操作要点：

（1）浇筑混凝土平基顶面高程，不能高于设计高程，低于设计高程不超过10mm。

（2）平基混凝土强度达到5MPa以上时，方可直接下管。

（3）下管前可直接在平基面上弹线，以控制安管中心线。

（4）安管时对口间隙，管径≥700mm，按10mm控制，管径＜700mm可不留间隙，安较大的管子，宜进入管内检查对口，减少错口现象，稳管以达到管内底高程偏差在±10mm之内，中心线偏差不超过10mm，相邻管内底错口不大于3mm为合格。

（5）管子安好后，应及时用干净石子或碎石卡牢，并立即浇筑混凝土管座。

管座浇筑要点：

（1）浇筑管座前，平基应凿毛或刷毛，并冲洗干净。

（2）对平基与管子接触的三角部分，要选用同强度等级混凝土中的软灰，先行振捣密实。

（3）浇筑混凝土时，应两侧同时进行，防止挤偏管子。

（4）较大管子，浇筑时宜同时进入管内配合勾捻内缝；直径小于700mm的管子，可用麻袋球或其他工具在管内来回拖动，将流入管内的灰浆拉平。

（二）垫块法

排水管道施工，把在预制混凝土垫块上安管（稳管），然后再浇筑混凝土基础和接口的施工方法，称为垫块法。采用这种方法可避免平基、管座分开浇筑，是污水管道常用的施工方法。垫块法施工程序为：预制垫块→安垫块→下管→在垫块上安管→支模→浇筑混凝土基础→接口→养护。

预制混凝土垫块强度等级同混凝土基础；垫块的几何尺寸：长为管径的0.7倍，高等于平基厚度，允许偏差±10mm，宽大于或等于高；每节管垫块一般为两个，一般放在管两端。

垫块法施工操作要点：

（1）垫块应放置平稳，高程符合设计要求。

（2）安管时，管子两侧应立保险杠，防止管子从垫块上滚下伤人。

（3）安管的对口间隙：管径700mm以上者按10mm左右控制；安较大的管子时，宜进入管内检查对口，减少错口现象。

（4）管子安好后一定要用干净石子或碎石将管卡牢，并及时浇筑混凝土管座。

（三）“四合一”施工法

排水管道施工，将混凝土平基、稳管、管座、抹带四道工艺合在一起施工的做法，称为“四合一”施工法。这种方法速度快，质量好，是 DN ≤ 600mm 管道普遍采用的方法。其施工程序为：验槽→支模→下管→排管→四合一施工→养护。

（1）支模、排管施工。根据操作需要，第一次支模为略高于平基或 90° 基础高度。模板材料一般采用 15cm×15cm 的方木，方木高程不够时，可用木板补平，木板与方木用铁钉钉牢；模板内侧用支杆临时支撑，方木外侧钉铁钉，以免安管时模板滑动（图 3-13）。

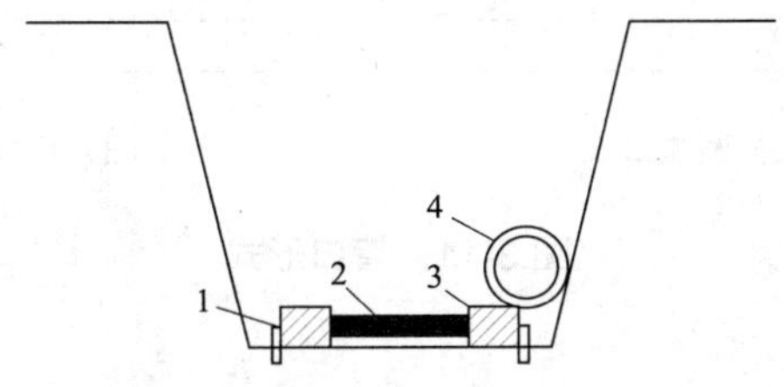

1—铁杆；2—临时撑杆；3—15cm×15cm 方木底模；4—排管

图 3-10　“四合一”安管支模排管示意

（2）管子下至沟内，利用模板作为导木，在槽内滚运至安管地点，然后将管子顺排在一侧方木模板上，使管子重心落在模板上，倚在槽壁上，要比较容易滚入模板内，并将管口洗刷干净。

（3）若为 135° 及 180° 管座基础，模板宜分两次支设，上部模板待管子铺设合格后再支设。

“四合一”施工做法：

（1）平基：浇筑平基混凝土时，一般应使平基面高出设计平基面 20 ～ 40mm（视管径大小而定），并进行捣固，管径 400mm 以下者，可将管座混凝土与平基一次灌齐，并将平基面作成弧形以利稳管。

（2）稳管：将管子从模板上滚至平基弧形内，前后揉动，将管子揉至设计高程（一般高于设计高程 1 ～ 2mm，以备下一节时又稍有下沉），同时控制管子中心线位置的准确。

（3）管座：完成稳管后，立即支设管座模板，浇筑两侧管座混凝土，捣固管座两侧三角区，补填对口砂浆，抹平管座两肩。如管道接口采用钢丝网水泥砂浆抹带接口时，混凝土的捣固应注意钢丝网位置的正确。为了配合管内缝勾捻，管径在 600mm 以下时，可用麻袋球或其他工具在管内来回拖动，将管口内溢出的砂浆抹平。

（4）抹带：管座混凝土浇筑后，马上进行抹带，随后勾捻内缝，抹带与稳管至少相隔 2 ～ 3 节管，以免稳管时不小心碰撞管子影响接口质量。

二、混凝土管和钢筋混凝土管的施工

混凝土管的规格为DN100 ～ 600，长为1m；钢筋混凝土管的规格为DN300 ～ 2 400，长为2m。管口形式有承插口、平口、圆弧口、企口几种（图3-14）。混凝土管和钢筋混凝土管的接口形式有刚性和柔性两种。

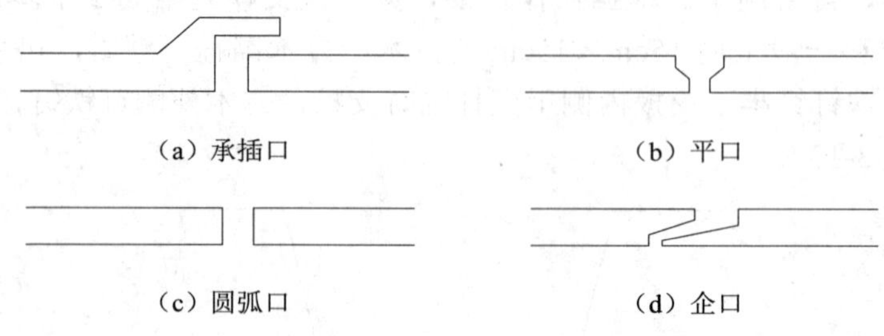

图3-11 管口形式

（一）抹带接口

（1）水泥砂浆抹带接口。水泥砂浆抹带接口是一种常用的刚性接口，如图3-15所示，一般在地基较好、管径较小时采用。水泥砂浆抹带接口施工程序为：浇筑管座混凝土→勾捻管座部分管内缝→管带与管外皮及基础结合处凿毛清洗→管座上部内缝支垫托→抹带→勾捻管座以上内缝→接口养护。

水泥砂浆抹带材料及重量配合比：水泥采用32.5级水泥（普通硅酸盐水泥），砂子应过2mm孔径筛子，含泥量不得大于2%。重量配合比为水泥：砂=1：2.5，水一般不大于0.5。勾捻内缝为水泥：砂=1：3，水一般不大于0.5。带宽k=120 ～ 150mm，带厚f=30mm，抹带采用圆孤形或梯形。

水泥砂浆抹带接口工具有浆桶、刷子、铁抹子、弧形抹子等。

抹带接口操作：

1）抹带。

①抹带前将管口及管带覆盖到的管外皮刷干净，并刷水泥浆一遍；

②抹第一层砂浆（卧底砂浆）时，应注意找正使管缝居中，厚度约为带厚1/3，并压实使之与管壁黏结牢固，在表面划成线槽，以利于与第二层结合（管径400mm以内者，抹带可一次完成）；

③待第一层砂浆初凝后抹第二层，用弧形抹子捻压成型，待初凝后再用抹子赶光压实；

④带、基相接处（如基础混凝土已硬化需凿毛洗净、刷素水泥浆）三角形灰要饱实，大管径可用砖模，防止砂浆变形。

2）DN ≥ 700管勾捻内缝。

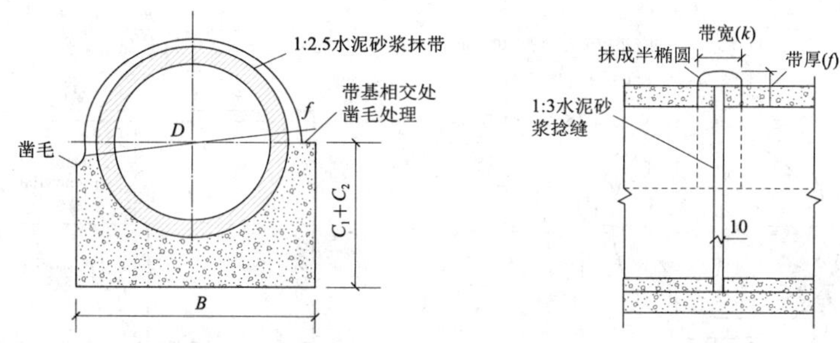

图 3-12　水泥砂浆抹带接口

①管座部分的内缝应配合浇筑混凝土时勾捻；管座以上的内缝应在管带缝凝后勾捻，亦可在抹带之前勾捻，即抹带前将管缝支上内托，从外部用砂浆填实，然后拆去内托，将内缝勾捻整平，再进行抹带；

②勾捻管内缝时，人在管内先用水泥砂浆将内缝填实抹平，然后反复捻压密实，灰浆不得高出管内壁。

3）DN ＜ 700 管，应配合浇筑管座，用麻袋球或其他工具在管内来回拖动，将流入管内的灰浆拉平。

（2）钢丝网水泥砂浆抹带接口。如图 3-16 所示，由于在抹带层内埋置 20 号 10mm×10mm 方格的钢丝网，因此接口强度高于水泥砂浆抹带接口。施工程序：管口凿毛清洗（管径≤ 500mm 者刷去浆皮）→浇筑管座混凝土→将钢丝网片插入管座的对口砂浆中并以抹带砂浆补充肩角→勾捻管内下部管缝→为勾上部内缝支托架→抹带（素灰、打底、安钢丝网片、抹上层、赶压、拆模等）→勾捻管内上部管缝→内外管口养护。

抹带接口操作：

1）抹带。

①抹带前已凿毛的管口洗刷干净并刷水泥浆一道；在抹带的两侧安装好弧形边模；

②抹第一层砂浆应压实，与管壁黏牢，厚 15mm 左右，待底层砂浆稍晾有浆皮儿后将两片钢丝网包拢使其挤入砂浆浆皮中，用 20 号或 22 号细钢丝（镀锌）扎牢，同时要把所有的钢丝网头塞入网内，使网面平整，以免产生小孔漏水：

③第一层水泥砂浆初凝后，再抹第二层水泥砂浆使之与模板平齐，砂浆初凝后赶光压实；

④抹带完成后立即养护，一般 4 ～ 6h 可以拆模，应轻敲轻卸，避免碰坏抹带的边角，然后继续养护。

2）勾捻内缝及接口养护方法与水泥砂浆抹带接口相同，钢丝网水泥砂浆接口的闭水性较好，常用于污水管道接口，管座采用 135° 或 180° 。

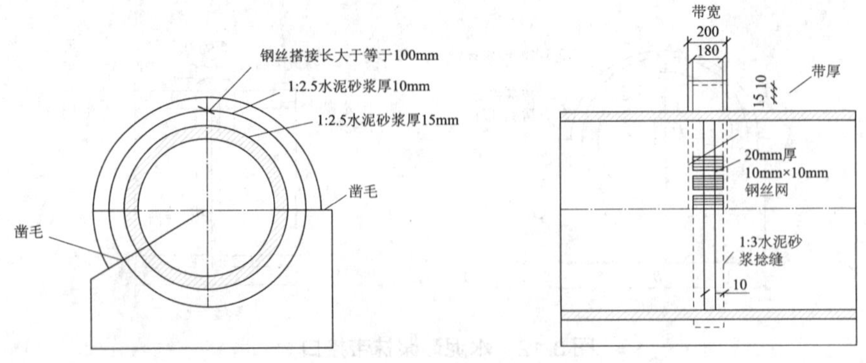

图 3-13 钢丝网水泥砂浆抹带接口

（二）套环接口

套环接口的刚度好，常用于污水管道的接口。分为现浇套环接口和预制套环接口两种。

（1）现浇套环接口。采用的混凝土的强度等级一般为 C18；捻缝用 1 ∶ 3 水泥砂浆；配合比（重量比）为水泥∶砂∶水 =1 ∶ 3 ∶ 0.5；钢筋为 I 级。

施工程序：浇筑管基→凿毛与管相接处的管基并清刷干净→支设马鞍形接口模板→浇筑混凝土→养护后拆模护。

捻缝与混凝土浇筑相配合进行。

（2）预制套环接口。套环采用预制套环可加快施工进度。套环内可填塞油麻石棉水泥或胶圈石棉水泥。石棉水泥配合比（重量比）为水∶石棉∶水泥 =1 ∶ 3 ∶ 7；捻缝用砂浆配合比（重量比）为水泥∶砂∶水 =1 ∶ 3 ∶ 0.5。

施工程序为：在垫块上安管→安套环→填油麻→填打石棉水泥→养护。

（三）承插管水泥砂浆接口

承插管水泥砂浆接口，一般适合小口径雨水管道施工。

水泥砂浆配合比（重量比）为水泥∶砂∶水 =1 ∶ 2 ∶ 0.5。

施工程序：清洗管口→安第一节管并在承口下部填满砂浆→安第二节管、接口缝隙填满砂浆→将挤入管内的砂浆及时抹光并清除→湿养护。

（四）沥青麻布（玻璃布）柔性接口

沥青麻布（玻璃布）柔性接口适用于无地下水、地基不均匀沉降不严重的平口或企口排水管道。

接口时，先清刷管口，并在管口上刷冷底子油，热涂沥青，作四油三布，并用钢丝将沥青麻布或沥青玻璃布绑扎，最后捻管内缝（1 ∶ 3 水泥砂浆）。

（五）沥青砂浆柔性接口

这种接口的使用条件与沥青麻布（玻璃布）柔性接口相同，但不用麻布（玻璃布），成本降低。

沥青砂浆重量配合比为石油沥青：石棉粉：砂 =1 ：0.67 ：0.69。制备时，待锅中沥青（10 号建筑沥青）完全熔化到超过 220℃时，加入石棉（纤维占 1/3 左右）、细砂，不断搅拌使之混合均匀。浇灌时，沥青砂浆温度控制在 200℃左右，具有良好的流动性。

施工程序：管口凿毛及清理→管缝填塞油麻、刷冷底子油→支设灌口模具→浇灌沥青砂浆→拆模→捻内缝。

（六）承插管沥青油膏柔性接口

这是利用一种黏结力强、高温不流淌、低温不脆裂的防水油膏，进行承插管接口，施工较为方便。沥青油膏有成品，也可自配。这种接口适用于小口径承插口污水管道。沥青油膏重量配合比石油沥青：松节油：废机油：石棉灰：滑石粉 = 100 ：11.1 ：44.5 ：77.5 ：119。

施工程序为；清刷管口保持干燥→刷冷底子油→油膏捏成圆条备用→安第一节管→将粗油膏条垫在第一节管承口下部→插入第二节管→用麻錾填塞上部及侧面沥青膏条。

（七）塑料止水带接口

塑料止水带接口是一种质量较高的柔性接口。常用于现浇混凝土管道上，它具有一定的强度，又具有柔性，抗地基不均匀沉陷性能较好，但成本较高。这种接口适用于敷设在沉降量较大的地基上，须修建基础，并在接口处用木丝板设置基础沉降缝。

三、埋地排水塑料管的施工

（一）硬聚氯乙烯（UPVC）排水管

1. 管材的运输及贮存

（1）管材、管件在装卸、运输、堆放时，应轻抬轻放，严禁抛落拖滚和相互撞击。

（2）管材成批运输时，承口、插口应分层交错排放，用缆绳捆扎成整体并固定牢固。缆绳固定处及管端宜用软质材料妥加保护。

（3）管材存放场地应平整，距热源不少于 1m，管材如长时间存放，应置于棚库内。当露天堆放时，必须加以遮盖防止暴晒，存放期自生产之日起，一般不得超过两年。

（4）管材堆放应整齐，并注明类型、规格及数量。堆放高度不得超过 2m，管件应顺向或承插口相对整齐排列。

（5）弹性密封橡胶圈在运输及保存中不应受挤压变形，其贮存条件与管材相同，并标明相配套的管材规格和与管材配套供应的生产厂。

（6）胶黏剂和化学溶剂或清洁剂等易燃品，应存放在安全可靠的阴凉干燥处，随用随取。运输和使用时，必须远离火源。

（7）弹性密封橡胶圈应由管材生产厂配套供应，外观应光滑平整，不得有气孔、裂缝、卷槽、破损、重皮等缺陷；邵式硬度为 50±5；伸长率应大于 400%；拉断强度应不小于 16MPa。

2. 硬聚氯乙烯（UPVC）排水管道的安装

（1）管道应敷设在原状土地基或经开槽后处理回填密实的地层上。当管道在车行道下时，管顶覆土厚度不得小于 0.7m。

（2）管道应直线敷设，遇到特殊情况需利用柔性接口折线敷设时，相邻两节管纵轴线的允许转角应由管材制造厂提供。在一般情况下，平壁管不宜大于 1°，异形壁管不得大于 2°。

（3）硬聚氯乙烯管道穿越铁路、高等级道路路提及构筑物等障碍物时，应设置钢筋混凝土、钢、铸铁等材料制作的保护套管。

（4）硬聚氯乙烯管道基础的埋深低于建（构）筑物基础底面时，管道不得敷设在建（构）筑物基础下地基扩散角受压区范围内。

（5）管道安装可采用人工安装。槽深不大时可由人工抬管入槽，槽深大于 3m 或管径大于 DN400mm 时，可用非金属绳索溜管入槽，依次平稳地放在砂砾基础管位上。严禁用金属绳索勾住两端管口或将管材自槽边翻滚抛入槽中。混合槽或支撑槽，可采用从槽的一端集中下管，在槽底将管材运送到位。调整管材长短时可用手锯切割，断面应垂直平整，不应有损坏。

（6）硬聚氯乙烯承插口管安装，在一般情况下插口插入方面应与水流方向一致，由低点向高点依次安装。管道接头采用弹性密封圈柔性接头。公称直径小于 DN200mm 的平壁管亦可采插入式黏接接口。

（7）承插式接口安装在连接前，先检查弹性密封橡胶圈是否配套完好，确认胶圈安放位置及插口插入的深度；然后先将承口（或插口）的内（或外）工作面用棉纱清理干净，在承口内工作面涂上润滑剂，然后立即将插口端的中心对准承口的中心轴线就位。

（8）插口插入承口时，小口径管可用人力，可在管端部设置木挡板，用撬棍将被安装的管材沿着对准的轴线徐徐插入承口内，逐节依次安装。公称直径大于 DN400mm 的管道，可用缆绳系住管材用捯链等工具安装。严禁采用施工机械强行推顶管子插入承口。

（9）螺旋肋管的安装，应采用由管材生产厂提供的特制管接头，用粘接接口连接。连接前将插口外侧和承口内侧表面擦拭干净，表面沾有油污时，必须用棉纱蘸丙酮等清洁剂擦净。

（10）黏接前必须将两管试插一次，插入深度及松紧度配合应符合要求，在插口端表面宜划出插入承口深度的标线。在承插接头表面用毛刷涂上专用的胶黏剂，先涂承口内面后涂插口外面，顺轴向由里向外涂抹均匀，不得漏涂或涂抹过量。

（11）涂抹胶黏剂后，立即找正对准轴线，将插口插入承口，用力推挤至所划标线。插入后将管旋转 1/4 圈，在规定时间内保持施加外力不变，并保持接口在正确位置。插接完毕及时将挤出接口的胶黏剂擦拭干净，静止固化。固化时间应符合生产胶黏剂厂的规定。

（二）聚乙烯（PE）排水管道安装

1. 管材的运输与贮存

（1）管材、管件在装卸、运输、堆放时，应轻抬轻放，严禁抛落、拖滚和相互撞击。管材成批运输时，承、插口应分层交错排放，用缆绳捆扎成整体，并固定牢固。在缆绳固定处和管端宜用软质材料妥加保护。

（2）管材、管件如需长时间存放，应置于库房内，当露天堆放时，必须加以遮盖，防止暴晒。管材存放场地应平整，必须远离热源，并有防水、防火措施。管材堆放应整齐，两侧应采用木楔和木板挡住，防止滑动，并应注明类型、规格和数量，聚乙烯双壁波纹排水管堆放高度不得超过 4m，聚乙烯缠绕结构壁排水管堆放高度不超过 2m。

（3）聚乙烯双壁波纹排水管管材、管件自生产之日起，存放时间不宜大于 18 个月；聚乙烯缠绕结构壁排水管管材、管件自生产之日起，存放时间不宜大于 12 个月。

2. 管材的检验

（1）管材在使用前应进行外观质量检查和环向弯曲刚度检测，同时对密封橡胶圈等附件也应进行检查。

（2）管材外观结构特征应明显、颜色一致、内壁光滑平整。管体不得有破裂、凹陷及可见的缺损，管口不得有损坏、裂口、变形等缺陷，管外壁不应有气泡和明显杂质。管端面应平整，与管中心轴线垂直。

（3）管材应根据管道承受外压荷载的受力条件选择适当的环向弯曲刚度，并应按照批次，对不同规格管材随机抽取试样送国家认证的检测部门进行环向弯曲刚度检测。

（4）密封橡胶圈的外观应光滑平整，不得有气孔、裂缝、卷褶、破损、重皮等缺陷。

3. 管道安装及连接

硬聚氯乙烯双壁波纹管安装要点：

（1）管道可采用人工安装及连接。槽深大于 3m 或管径大于 DN400mm 的管道时，可用非金属绳索溜管。勾住两端管口或将管道抛入槽中。

（2）承插口管安装应将插口顺水流方向，承口逆水流方向，由低点向高点依次安装。

承口不得留在井壁内。

（3）管道可用手锯切割，但断面应垂直平整。

（4）双壁波纹管连接一般采用承插口和橡胶圈连接或哈夫固件连接。见图 3-14。

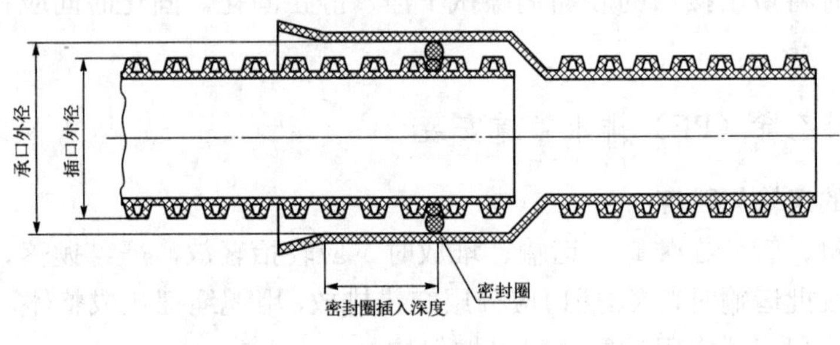

（a）承插式连接

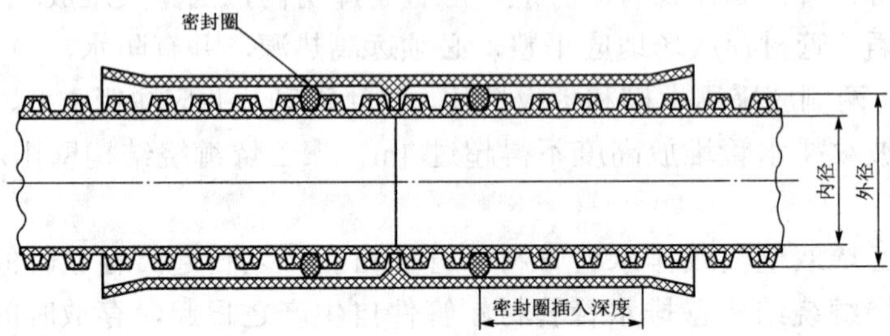

（b）管件连接

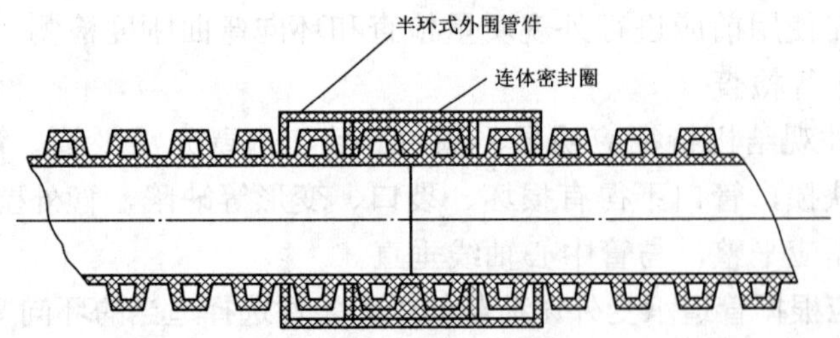

（c）哈夫外固连接

图 3-14 管材连接示意

①管道采用带有密封橡胶圈的套管或承插口连接时，可采用便携式的专用连接机具，将密封橡胶圈安装到位，不得扭曲、翻边，然后将连接的管端套上连接机具，操作机具使管段准确就位，严禁使用施工机械强行推顶就位。

②采用哈夫固件连接时，先将连体胶圈套上其中一根管端，翻起外侧边缘，再将另一根管对正靠紧，放下胶圈，套进肋槽，确认安装平整后，将哈夫件安好，均匀拧紧螺栓。

聚乙烯缠绕管安装要点：

（1）管道应直线敷设，对采用承插式接头的管道，插口插入的方向应与水流方向一致。

（2）承插式密封圈连接时，插口端不得插到承口底部，应留出不小于 10mm 的伸缩空隙。在插入前，应在插口端外壁作出插入深度标记，插入完毕后，插入部分和承插口圆周空缝应均匀，并保持连接管道轴线平直。

（3）对接式热熔连接时，先将 2 根管子夹持固定在装备液压系统的焊接设备上，用特制的切削刀将管端削平，然后将电热板放置于两管端之间，以特定的压力将两管端在电加热板上保持一定时间，在管端材料熔化后抽出电热板，将两管端对压在一起，形成对接式热熔连接，并保持一定的冷却时间。在自然冷却期间不得移动管道，连接的压力和时间须符合管道生产厂的相关技术要求。

（4）承插式电熔连接时，通电前先用锁紧扣带在承口外扣紧，然后根据不同型号的管道设定电流及通电时间。接通电源期间，不得移动管道或在连接件上施加任何外力，通电时要特别注意连接电缆线不能受力，以防短路。通电完成后，适当收紧扣带，并保持一定的冷却时间，在自然冷却期间，不得移动管道。

（5）套筒式热熔连接加热时，套管允许受热温度不得超过 250℃，施工环境温度应为 0 ～ 60℃，若环境温度低于 0℃，应对套管采取保温措施。

（6）承插式密封圈连接、套筒连接、法兰连接等采用的密封件、套筒件、法兰连接用的法兰、紧固件等配套用件，必须由管材生产厂配套供应。热熔连接、电熔连接、焊接连接采用的专用电器设备和挤出焊接设备和工具，当施工单位不具备符合要求的设施及技术时，应由管材生产厂提供并进行连接技术指导。当连接需要采用润滑剂等辅助材料时亦应由管材生产厂提供。机械连接用的钢制套筒、法兰、螺栓等金属制品，应根据现场土质并参照相应的标准采取防腐措施。

（7）管道敷设后，因意外造成的管壁局部损坏，当局部损坏的孔径不大于 60mm 或环向、纵向裂缝不超过管周长的 1/12 时，可采用焊枪进行修补。当局部损坏超过以上范围时，应切除破损管段，采取换管或砌筑检查井、连接井等措施。

（8）当聚乙烯管与其他管道交叉作倒虹管使用时，其工作压力除应符合管材产品标准外，还应小于 0.05MPa；聚乙烯排水管不宜用于穿越河道的倒虹管。

（9）聚乙烯排水管道不能在建筑物和各类构筑物的基础下穿越。当穿越铁路和公路时，应设置钢筋混凝土、钢、铸铁等材料制作的保护套管，套管内径应大于聚乙烯管外径 30mm。

表 3-8 聚乙烯缠绕结构壁排水管连接方式

连接方式	示意图	说明
弹性密封件连接	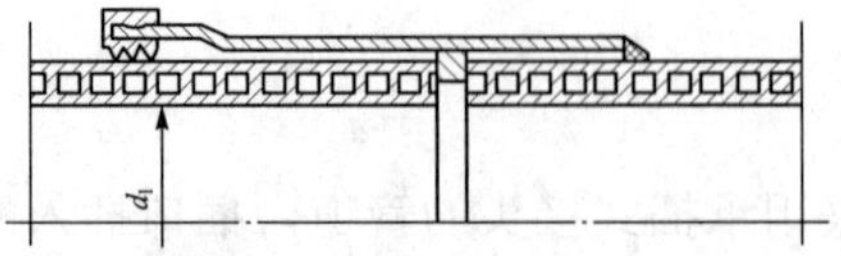 d_1	宜在环境温度较高时进行
承插口电熔焊接连接	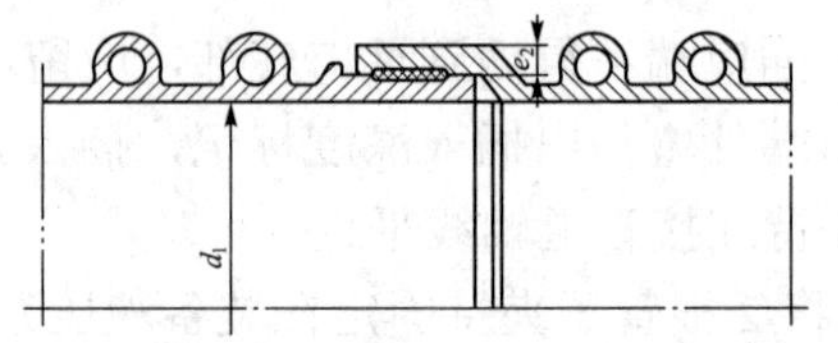 e_2 d_1	在生产管材时，将电热元件埋入承口端。连接时利用电源加热使管道连接
双向承插弹性密封件连接	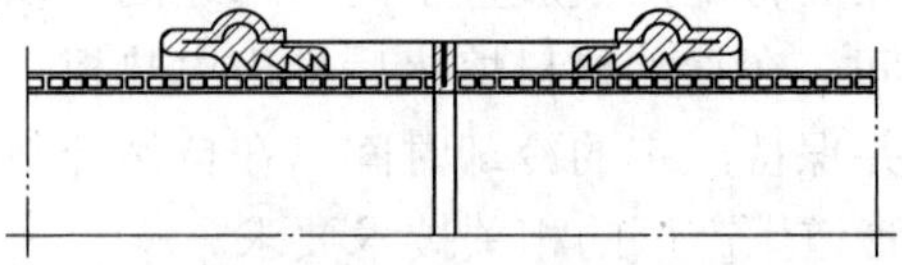	
位于插口的密封件连接	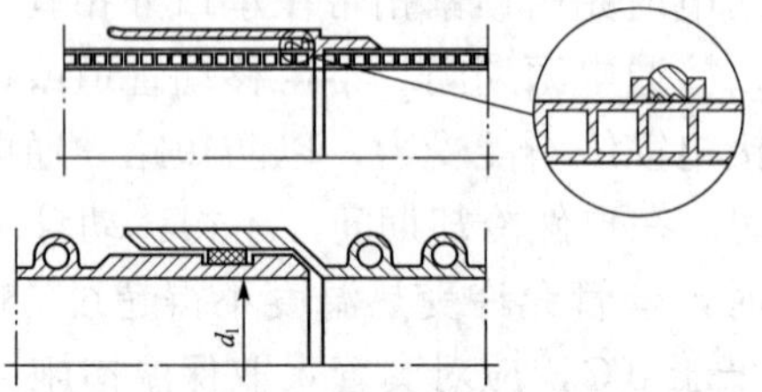 d_1	
承插口焊接连接	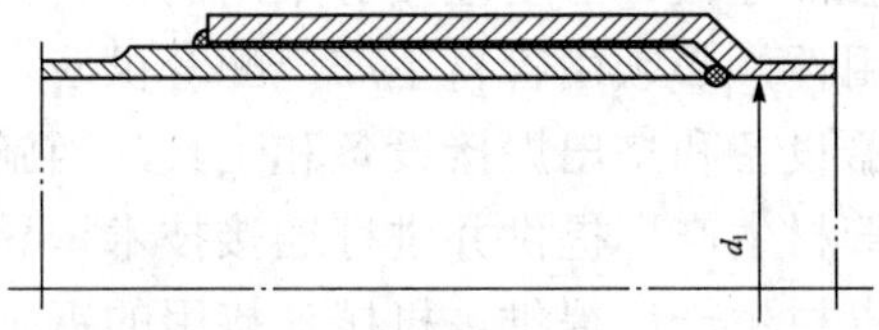 d_1	用专用的挤出式焊枪，使用与管材同材质的焊条，在管道对接处进行均匀焊接，焊接的质量应符合管道生产厂的相关技术要求
热熔对焊连接	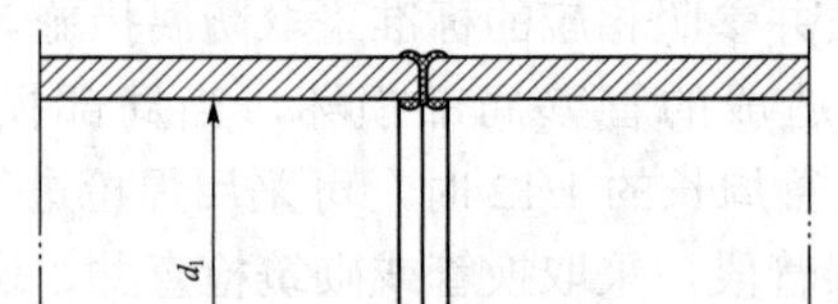 d_1	

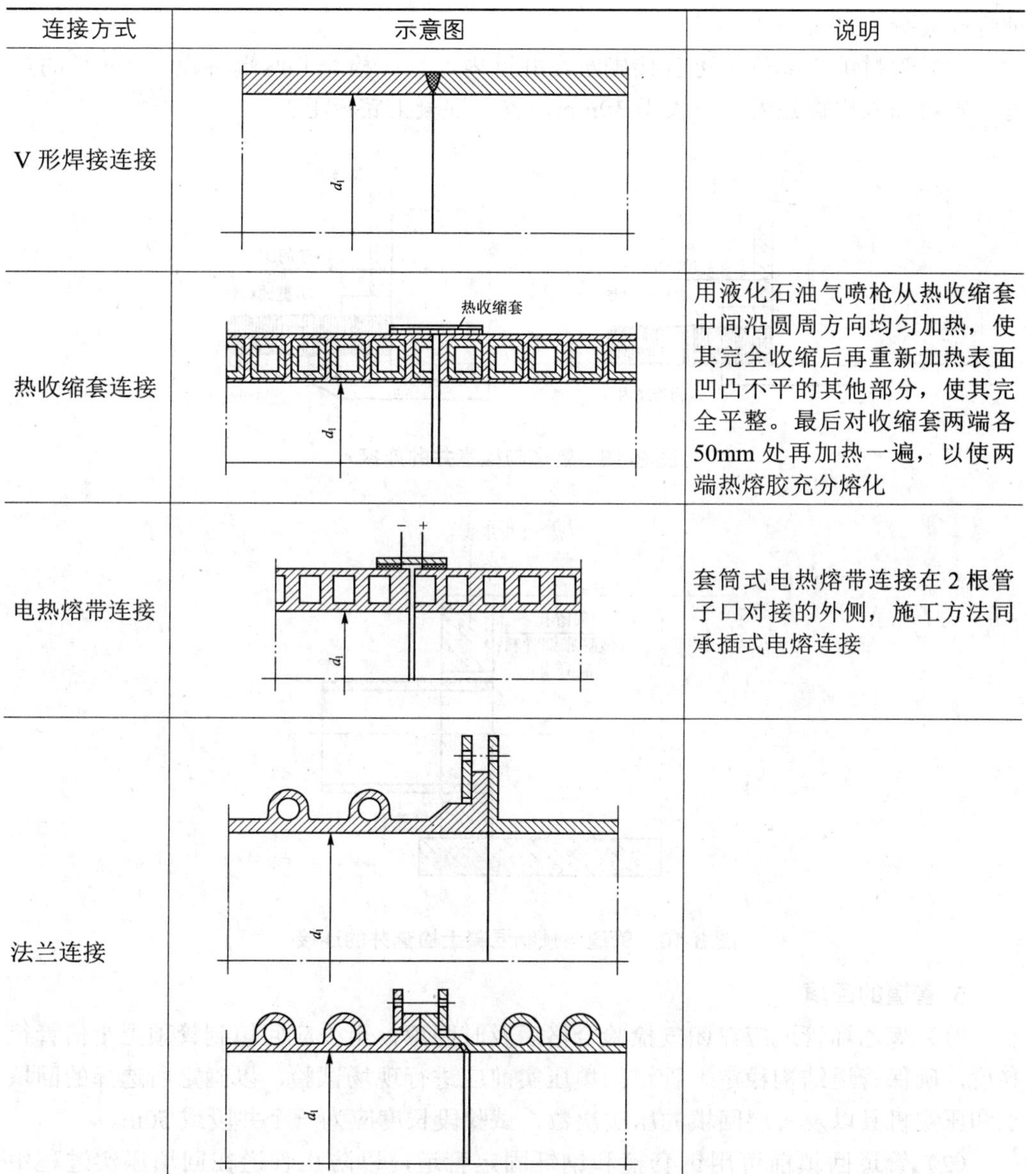

连接方式	示意图	说明
V形焊接连接		
热收缩套连接		用液化石油气喷枪从热收缩套中间沿圆周方向均匀加热，使其完全收缩后再重新加热表面凹凸不平的其他部分，使其完全平整。最后对收缩套两端各50mm处再加热一遍，以使两端热熔胶充分熔化
电热熔带连接		套筒式电热熔带连接在2根管子口对接的外侧，施工方法同承插式电熔连接
法兰连接		

4. 管道与检查井的连接

（1）聚乙烯管与检查井连接时，管道与井壁连接处砂浆饱满密实，沿管道中心的井壁外一侧须浇筑不少于1.5倍管道内径的C10混凝土或砖砌保护体，检查井井底基础也应相应延伸。见图3-15。

（2）预制混凝土检查井与聚乙烯管道采用刚性连接时，预制井的预留孔应比管径大20mm（图3-16），在安装前预留孔周表面应凿毛处理，连接处宜采用微膨胀细骨标混凝土封堵。

（3）管材承口部位不可直接砌筑在井壁内，宜在检查井两端各设置 2m 长的短管。管材插入检查井内壁应大于 30mm，置于混凝土底板上。

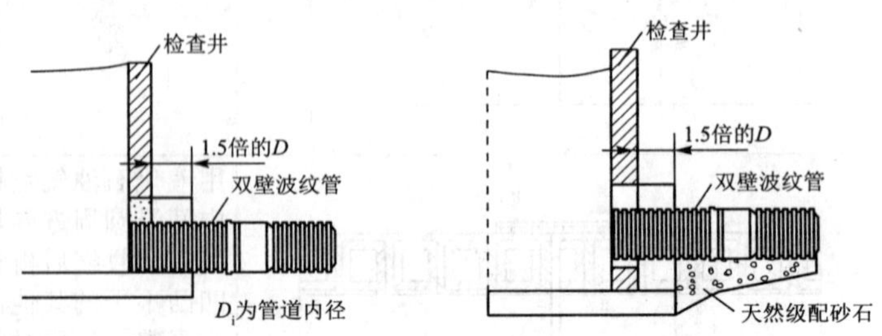

图 3-15　管道与检查井的连接

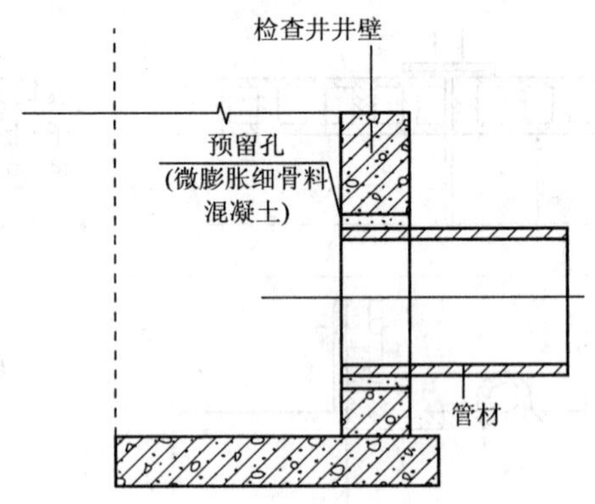

图 3-16　管道与预制混凝土检查井的连接

5. 管道的回填

（1）聚乙烯管道应在闭气检验合格后及时回填，至少应回填到管顶上 1 倍管径高度，确保管道结构稳定。管道回填压实前应进行现场试验，以确定所选择的回填土和压实机具以及每层回填的压实次数，试验段长度应为一个井段或 50m。

（2）管道回填前可用钢套箍和钢钎固定管道，以防止管道在回填压实过程中发生移动。钢钎应打入未经扰动的原状土，管径小于 500mm 时，打入深度不小于 100mm，管径大于 500mm 时，打入深度不小于 200mm。

（三）钢带增强聚乙烯（HDPE）螺旋波纹管

1. 管材的运输及储存

（1）钢带增强聚乙烯螺旋波纹管管材、管件的装卸、运输、堆放要求与聚乙烯排水管道相同。

（2）管材、管件自生产之日起，存放时间不宜大于 12 个月，超过 12 个月的管材应重新作出厂检验。管材存放场地应平整，必须远离热源，并有防水、防火措施。当露天堆放时，必须加以遮盖，防止曝晒，但应注意保持通风。

（3）管材堆放时两侧应用本模和木板挡住，防止滑动，并应注明类型、规格及数量。叠放高度不得超过 3m。

2. 管道连接及安装

（1）钢带增强聚乙烯螺旋波纹管管材的连接方式应根据其端口面形式确定。

表 3-9　钢带增强聚乙烯螺旋波纹管管材连接方式

管端口形式	连接方式	示意图	连接类型	连接原理
螺旋形端口	热熔挤出焊接连接	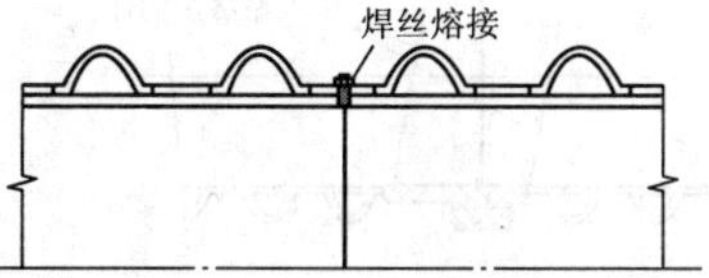 焊丝熔接	刚性连接方式	通过专用挤出焊接工具及挤出焊条将相邻管端加热，使聚乙烯材料熔融成整体
	电熔带连接	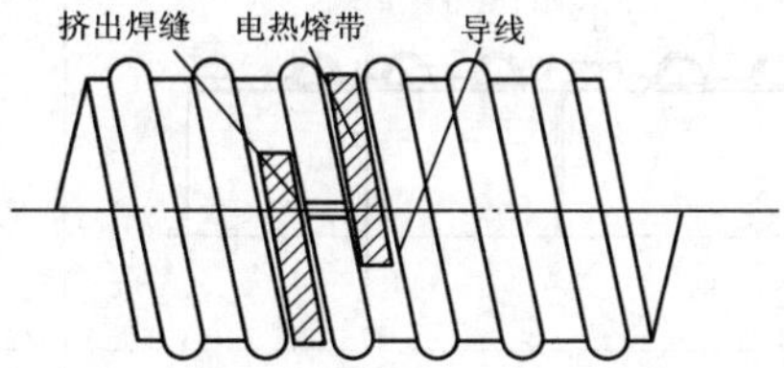 挤出焊缝　电热熔带　导线		通过对镶嵌在电熔带内表面的电热网加热，使电熔带与管材波谷间的聚乙烯层熔融为整体
	热收缩管（带）连接	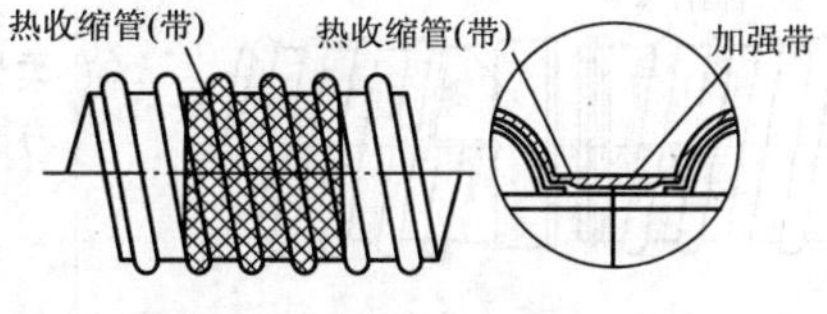 热收缩管(带)　热收缩管(带)　加强带		通过对热收缩管（带）进行火焰加热，使其收缩后内表面的热熔胶与管材外表面黏接成一体
	卡箍连接	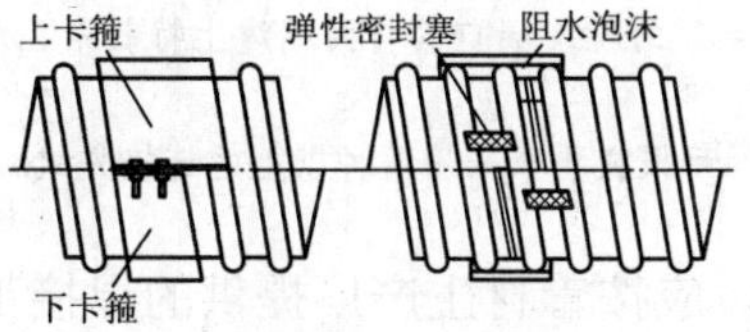 上卡箍　下卡箍　弹性密封塞　阻水泡沫		通过螺栓卡紧两个半圆形外套管，从而使相邻管端紧固，并采用套管与管壁间的橡胶塞达到密封要求

管端口形式	连接方式	示意图	连接类型	连接原理
垂直轴线平面形端口	法兰端卡箍对接连接	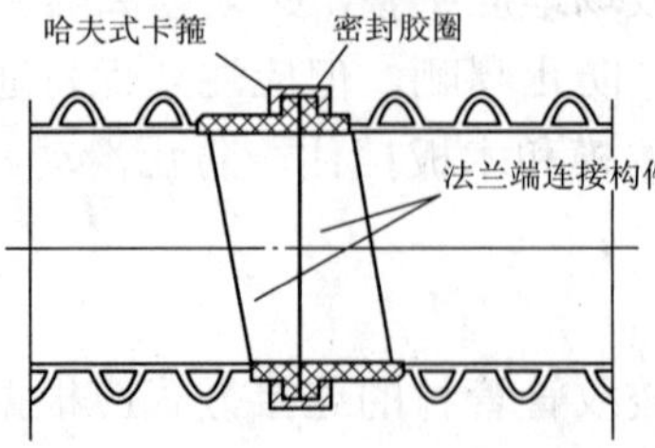 哈夫式卡箍 密封胶圈 法兰端连接构件		将法兰端连接构件转为平口端，用金属卡箍将待连接法兰卡紧，嵌入端面的“O”形橡胶圈起到密封作用
	法兰端热熔对接连接	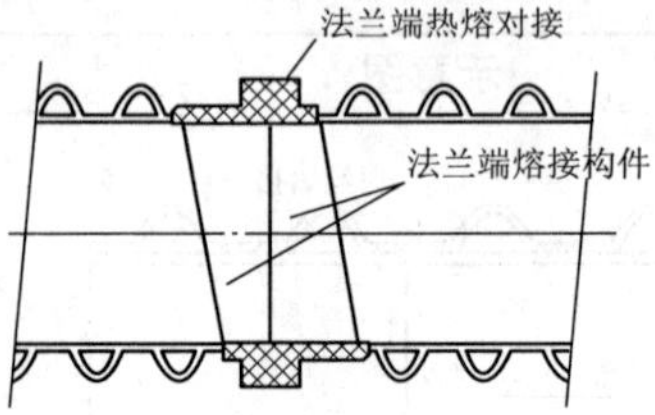 法兰端热熔对接 法兰端熔接构件		通过法兰端熔接构件转化为平口端，并采用聚乙烯管材对接焊熔机和工艺将法兰端热熔对接
	承插式电熔连接	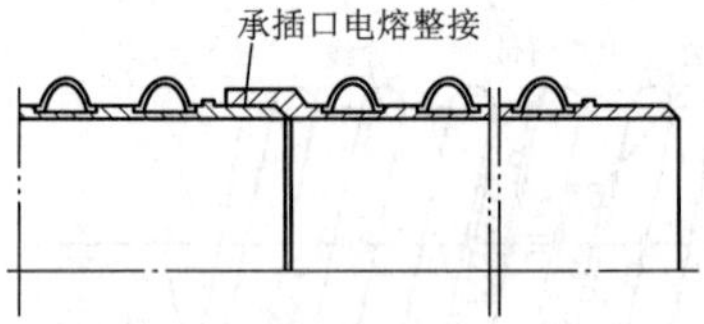 承插口电熔整接		将管材两端连接件分别加工成承口和插口，连接时将预先埋入承口中的电热元件通电，将两管整接
	承插式密封圈连接	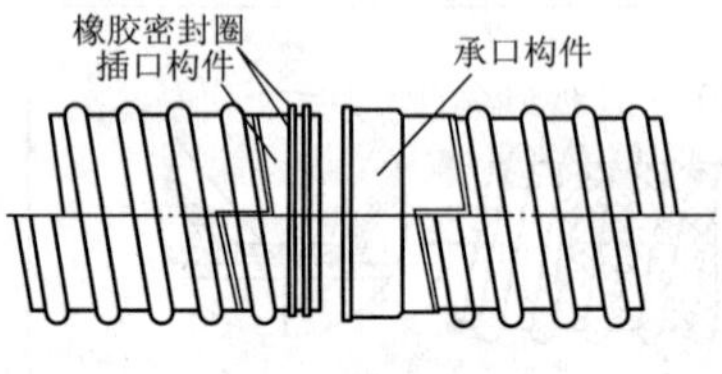 橡胶密封圈 插口构件 承口构件	柔性连接方式	将管材两端的连接构件分别加工成承口和插口，利用套入插口槽中的橡胶圈的弹性变形达到密封连接

注：1. 螺旋形端口：在生产时周向沿螺旋形波谷（此处无钢带）切开，然后将波峰（此处有钢带）割断并封头。
2. 垂直轴线平面形端口：在缠绕生产的螺旋端口管材两端焊上特制聚乙烯管状连接件，该连接件一侧端口为平口。
3. 在要求较高和特殊地质条件下，可根据要求采用两种以上的连接方式。

（2）热熔挤出焊接连接，应按管材生产厂提供的焊接工艺及操作要求进行。焊接时将金属断开部位对齐，用热风装置将待焊部位聚乙烯预热，使挤出的熔融聚乙烯与管材融为一体。管径大于800mm的管材一般应进行内外双面焊接，特别是在波峰（钢带断开处）部位必须进行内外双面焊接。焊接时所有焊接断面必须饱满，不能有漏焊和断口。

（3）电熔带连接，将待焊面对齐并检查电热丝焊线是否完好。然后采用镶嵌在聚乙烯带内表面的电热网作为加热元件，将电熔带与波谷的聚乙烯熔为一体。通电前先用锁紧扣带将电热带扣紧，然后根据不同型号的管道设定电流及通电时间。电熔带长度应大于管材波谷周长的 1.25 倍，且必须对管材波峰钢带断开处进行焊接连接。为保证安全，严禁带水作业。

（4）热收缩管（带）连接，先将热收缩管套在需连接的一个管端，在两管端口处加热缠绕热收缩带，然后按照热收缩管工艺要求加热。加热时既要使热熔胶充分溶化、热收缩管收缩均匀及平整，又不能烧伤热收缩管。热收缩管应选用经交联的圆管扩胀定型的无缝管，不宜采用由交联带材搭接的有缝管。用于 DN1000mm 以上管道连接时，一般与热熔挤出焊连接结合使用。

（5）卡箍连接，必须在待连接管材端的波谷内加填遇水膨胀橡胶塞，保证哈夫套的长期性能和不能在管材外壁有位移或滑动。其金属连接件应有防腐、防锈要求。

（6）法兰卡箍连接，通过卡箍的内锥面与法兰的外锥面压紧，用法兰中间的密封圈进行连接。操作时要注意两个锥面保持清洁，同时注意卡箍的压紧程度。

（7）法兰端热熔对接连接，用对接焊机采用 PE 压力管连接方式将法兰端熔为一体，连接时要注意对齐，严格按照 PE 压力管的焊接工艺进行操作。

（8）承插式电熔连接，通过加热预制在承口内的电热丝，使插口外表面和承口内表面聚乙烯熔为一体，操作时须按生产厂提供的操作规程采用专用焊接设备进行。

（9）承插式密封圈连接，先确认胶圈安放位置及插入承口的深度，将承口和插口的工作面清理干净，并在承口工作面上涂上润滑剂，然后立即将插口端的中心对准承口端的中心就位，润滑剂一般由制管厂配套供应。

（10）管道应直线敷设，对采用承插式接头的管道，插口插入的方向应与水流方向一致。当遇到特殊情况应按照生产厂规定的允许偏转角度和弯曲弧度值进行敷设。

（11）当钢带增强聚乙烯螺旋波纹管与其他管道交双作倒虹管使用时，其工作压力除应符合管材产品标准外，还应小于 0.05MPa；穿越铁路和公路时，应设置套管。

任务五　管道的试验与验收

验收压力管道时必须对管道、接口、阀门、配件、伸缩器及其他附属构筑物仔细进行外观检查，复测管道的纵断面，并按设计要求检查管道的放气和排水条件。地下管道必须在管基检查合格、管身两侧及其上部回填不小于 0.5 m、接口部分尚敞露时，进行初次试压。全部回填土，完成该管段各项工作后，进行末次试压。

压力管道工作压力大于或等于 0.lMPa 时，应进行压力管道的强度及严密性试验，当管道压力小于 0.1MPa 时，除设计另有规定时，应进行无压力管道严密性试验。

试压管段的长度不宜大于 1km，非金属管段不宜超过 500m。地下钢管或铸铁管，在冬季或缺水情况下，可用空气进行压力试验，但均须有防护措施。

一、压力管道的水压试验

压力管道水压试验包括强度试验（又称落压试验）和严密性试验（又称渗水量试验）。试压前管段两端要封以试压堵板，堵板应有足够的强度，试压过程中与管身接头处不能漏水。试压管道两端应设试压后背，后背应有足够的强度来满足试压需要。可用天然土壁作试压后背，也可用已安装好的管道作试压后背。

管道试压前应排除管内空气，灌水进行浸润，试验管段灌满水后，应在不大于工作压力条件充分浸泡不低于 24 小时后进行试压，试验压力按表 3-6 确定。

表 3-10 压力管道水压试验压力值 单位：MPa

管材种类	工作压力 P	试验压力 P
普通铸铁管及球磨铸铁管	$P < 0.5$	$2P$
	$P \geqslant 0.5$	$P+0.5$
预应力钢筋混凝土管	$P < 0.6$	$1.5P$
自应力钢筋混凝土管	$P \geqslant 0.6$	$P+0.3$
给水硬聚氯乙烯管	P	强度试验 $1.5P$；严密试验 $0.5P$
现浇或预制钢筋混凝土管	$P \geqslant 0.1$	$1.5P$
水下管道	P	$2P$
钢管	P	$P+0.5$ 且不小于 0.9

（一）落压试验法

在已充水的管道上用手摇泵向管内充水，待升至试验压力后，停止加压，观察表压下降情况。如 10 min 压力降不大于 0.05MPa，且管道及附件无损坏，将试验压力降至工作压力，恒压 2h，进行外观检查，无漏水现象表明试验合格。落压试验装置见图 3-17。

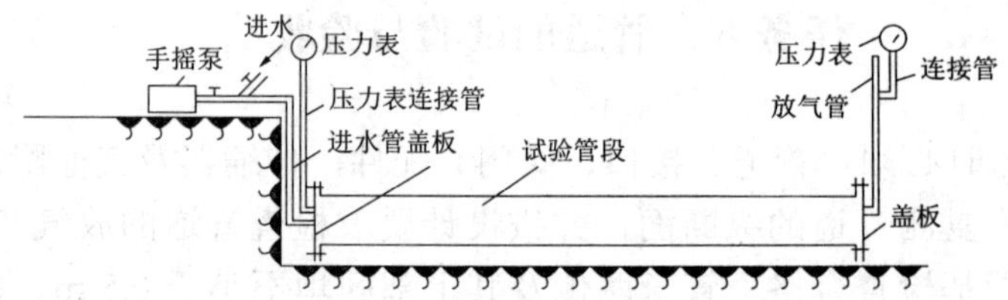

图 3-17 落压试验设备布置示意

（二）渗水量试验法

将管段压力升至试验压力后，记录表压降低 0.1MPa 所需的时间 T_1（min），然后再重新加压至试验压力，从放水阀放水，并记录表压下降 0.1MPa 所需的时间 T_2（min）和此间放出的水量 W。按下式计算渗水率：$q=W/(T_1-T_2)(L)$，式中 L 为试验管段长度（km）。若 q 值小于或等于《给水排水管道工程施工及验收规范》（GB 50268—2008）中压力管道严密性试验允许渗水量，即认为合格。

二、无压管道的严密性试验

污水、雨污水合流及湿陷土、膨胀土地区的雨水管道，回填土前应采用闭水法进行严密性试验。试验管段应按井距分隔，长度不宜大于 1km，带井试验。

试验管段应符合：管道及检查井外观质量已验收合格；管道未回填且沟槽内无积水；全部预留孔应封堵坚固，不得渗水；管道两端堵板承载力经核算应大于水压力的合力。

闭水试验应符合：试验段上游设计水头不超过管顶内壁时，试验水头应以试验段上游管顶内壁加 2m 计；当上游设计水头超过管顶内壁时，试验水头应以上游设计水头加 2 m 计；当计算出的试验水头小于 10m，但已超过上游检查井井口时，试验水头应以上游检查井井口高度为准。无压管道闭水试验装置见图 3-18。

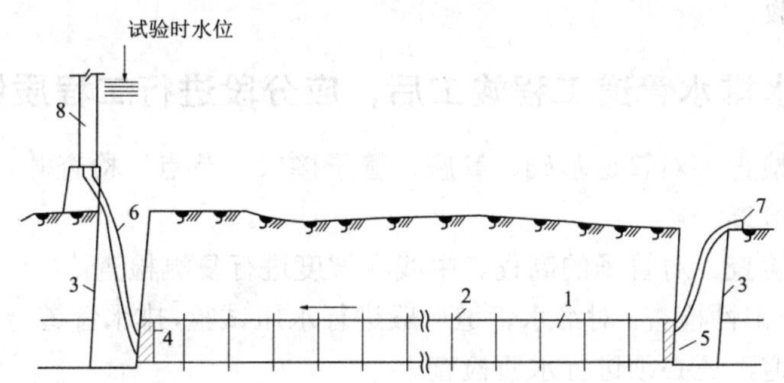

1—试验管段；2—接口；3—检查井；4—堵头；5—闸门；6、7—胶管；8—水筒

图 3-18　闭水试验示意

试验管段灌满水浸泡时间不小于 24h。当试验水头达到规定水头时，开始计时，观测管道的渗水量，观测时间不少于 30min，期间应不断向试验管段补水，以保持试验水头恒定。实测渗水量小于或等于《给水排水管道工程施工及验收规范》（GB 50268—2008）中无压力管道严密性试验允许渗水量，即认为合格。

三、给水管道的冲洗和消毒

给水管道在试验合格验收交接前，应进行一次通水冲洗和消毒，冲洗流量应大于设计流量或流速大于 1.5m/s。冲洗应连续进行，当排水的色、透明度与入口处目测一致时，即为合格。生活饮用水管冲洗后，用含 20 ～ 30mg/L 游离氯的水灌洗消毒，含氯水留置24h以上。消毒后再用饮用水冲洗，直至水质管理部门取样化验合格为止。冲洗时应注意保护管道系统内仪表，防止堵塞或损坏。

工程验收制度是检验工程质量必不可少的一道程序，也是保证工程质量的一项重要措施。如质量不符合规定时，可在验收中发现和处理，并避免影响使用和增加维修费用，为此，必须严格执行工程验收制度。

给水排水管道工程验收分为中间验收和竣工验收，中间验收主要是验收埋在地下的隐蔽工程，凡是在竣工验收前被隐蔽的工程项目，都必须进行中间验收，并对前一工序验收合格后，方可进行下一工序，当隐蔽工程全部验收合格后，方可回填沟槽。竣工验收是全面检验给水排水管道工程是否符合工程质量标准，它不仅要查出工程的质量结果怎样，更重要的还应该找出产生质量问题的原因，对不符合质量标准的工程项目必须经过整修，甚至返工，经验收达到质量标准后，方可投入使用。

地下给水排水管道工程属隐蔽工程。给水管道的施工与验收应严格按国家颁发的《给水排水管道工程施工及验收规范》《工业管道工程施工及验收规范》《室外硬聚氯乙烯给水管道工程施工及验收规程》进行施工及验收；排水管道按建设部《市政排水管渠工程质量检验评定标准》、国家标准《给水排水管道施工及验收规范》进行施工与验收。

四、给水排水管道工程竣工后，应分段进行工程质量检查

（1）外观检查。对管道基础、管座、管子接口、节点、检查井、支墩及其他附属构筑物进行检查。

（2）断面检查。对管子的高程、中线和坡度进行复测检查。

（3）接口严密性检查。对给水管道一般进行水压试验，排水管道一般作闭水试验。生活饮用水管道，还必须进行水质检查。

五、给水排水管道工程竣工后，施工单位应提交下列文件

（1）施工设计图并附设计变更图和施工洽商记录；

（2）管道及构筑物的地基及基础工程记录；

（3）材料、制品和设备的出厂合格证或试验记录；

（4）管道支墩、支架、防腐等工程记录；

（5）管道系统的标高和坡度测量的记录；

（6）隐蔽工程验收记录及有关资料；

（7）管道系统的试压记录、闭水试验记录；

（8）给水管道通水冲洗记录；

（9）生活饮用水管道的消毒通水，消毒后的水质化验记录；

（10）竣工后管道平面图、纵断面图及管件结合图等；

（11）有关施工情况的说明。

思考题与习题

1. 给水排水管道工程开槽施工包括哪些工序？

2. 试述施工测量的目的及步骤。

3. 给水排水管道放线时有哪些要求？

4. 试述地下给水排水管道施工顺序。

5. 地下给水排水管道施工前，应检查的内容有哪些？

6. 人工下管时可采取哪些方法？

7. 机械下管时应注意哪些问题？

8. 稳管工作包括哪些环节？

9. 室外排水管道常用的管材有哪几种？各使用在什么场合？

10. 什么叫平基法施工？施工程序如何？平基法施工操作要求是什么？

11. 什么叫垫块法施工？施工程序如何？垫块法施工操作要求是什么？

12. 试述“四合一”施工法的定义以及施工顺序。

13. 排水管道常采用的刚性接口和柔性接口有哪些？各适用在什么场合？

14. 水压试验设备由哪几部分组成？

15. 试述室外给水管道水压试验的方法及其适用条件？

16. 室外给水管道水压试验压力有何规定？

17. 室外排水管道严密性试验的方法有哪些？各适用哪些场合？

18. 室外排水管道闭水试验的步骤是什么？

19. 室外给水管道试验合格后如何进行冲洗消毒工作？

20. 室外给排水管道质量检查的内容是什么？

项目四　市政管道不开槽施工

项目概述

了解不开槽施工管道主要形式，根据现场具体情况进行不开槽施工方案的编制，并进行管道的顶进，并完成管道的压力试验、严密性试验等验收工序。

学习目标

通过本章学习，要求了解室外不开槽施工在管道工程施工中的优缺点；掌握掘进顶管法的工作坑的形式、主要的工具设备及施工中要注意的问题；掌握管道误差的校正方法；了解掘进的几种方法；了解挤压土顶管和管道牵引不开槽铺设的施工方法；了解浅埋暗挖法和盖挖逆作法的施工工艺；了解盾构施工的类别、准备工作、掘进和衬砌方法，掌握盾构施工的主要构造和施工工艺。

敷设市政管道，一般采用开槽方法。开槽施工时要开挖大量土方，并要有临时存放场地，以便安好管道后进行回填。这种施工方法污染环境，占地面积大、阻碍交通，给工农业生产和人们日常生活带来极大不便。而不开槽施工可以避免以上问题。

不开槽施工的适用范围很广，一般遇到下列情况时可采用：

（1）管道穿越铁路、公路、河流或建筑物时；

（2）街道狭窄，两侧建筑物多时；

（3）在交通量大的市区街道施工，管道既不能改线又不能断绝交通时；

（4）现场条件复杂，与地面工程交叉作业，相互干扰，易发生危险时；

（5）管道覆土较深，开槽土方量大，并需要支撑时。

与开槽施工比较，不开槽施工具有如下特点：

（1）施工面占地面积少，施工面移入地下，不影响交通、污染环境；

（2）穿越铁路、公路、河流、建筑物等障碍物时可减少拆迁，节省资金与时间，降低工程造价；

（3）施工中不破坏现有的管线及构筑物，不影响其正常使用；

（4）大量减少土方的挖填量，利用管底下边的天然土作地基，可节省管道的全部混凝土基础；

（5）不开槽施工较开槽施工降低 40% 左右的工程造价。

但是，该技术也存在以下问题：

（1）土质不良或管顶超挖过多时，竣工后地面下沉，路表裂缝，需要采用灌浆处理；

（2）必须要有详细的工程地质和水文地质勘探资料，否则将出现不易克服的困难；

（3）遇到复杂的地质情况时，如松散的砂砾层、地下水位以下的粉土，施工困难、工程造价增高。

因此，不开槽施工前，应详细勘察施工场地的工程地质、水文地质和地下障碍物等情况。不开槽施工一般适用于非岩性土层。在岩石层、含水层施工或遇坚硬地下障碍物，都需有相应的附加措施。

地下给水排水管道不开槽施工方法有很多种，主要分为掘进顶管、挤压土顶管、盾构掘进衬砌成型管道或管廊。采用哪种方法，取决于管道用途、管径、土质条件、管长等因素。

用不开槽施工方法敷设的给水排水管道种类有：钢管、钢筋混凝土管及预制或现浇的钢筋混凝土管沟（渠、廊）等。采用较多的管道种类还是各种圆形钢管、钢筋混凝土管、玻璃钢管。

任务一　掘进顶管法

掘进顶管法的施工过程如图 4-1 所示。

施工前先在管道两端开挖工作坑，再按照设计管线的位置和坡度，在起点工作坑内修筑基础、安装导轨，把管道安放在导轨上顶进。顶进前，在管前端开挖坑道，

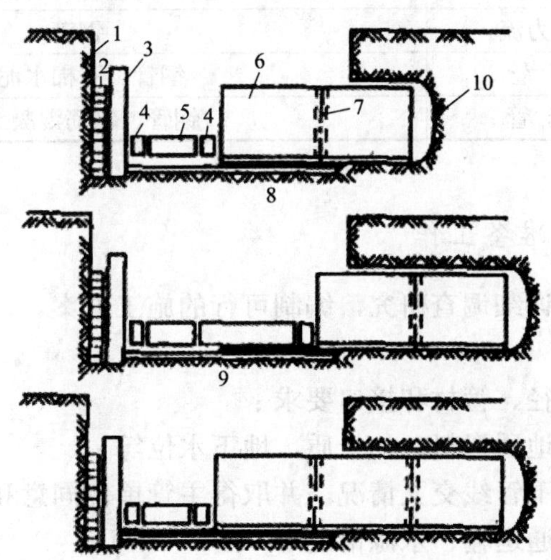

1—后坐墙；2—后背；3—立铁；4—横铁；5—千斤顶；6—管子；
7—内胀圈；8—基础；9—导轨；10—掘进工作面

图 4-1　掘进顶管示意

然后用千斤顶将管道顶入。一节顶完，再连接一节管道继续顶进，直到将管道顶入终点工作坑为止。在顶进过程中，千斤顶支承于后背，后背支承于原土后坐墙或人工后坐墙上。

根据管道前端开挖坑道的不同方式，掘进顶管法可分为人工取土掘进顶管和机械取土掘进顶管两种方法。

一、人工取土掘进顶管法

人工取土掘进顶管法是依靠人力在管内前端掘土，然后在工作坑内借助顶进设备，把敷设的管道按设计中线和高程的要求顶入，并用小车将前方挖出的土从管中运出。这是目前应用较为广泛的施工方法，适用于管径不小于 800mm 的大口径管道的顶进施工，否则人工操作不便。

在掘进顶管中，常用的管材为普通和加厚的钢筋混凝土圆管，管口形式以平口和企口为宜，特殊情况下也可采用钢管。市政管道工程中根据工程性质的不同，经常采用的管道材料见表 4-1。

表 4-1 掘进顶管中不同工程性质采用的管道材料

管道种类	管道性质	管道材料
排水管道	重力流	钢筋混凝土管、混凝土管、铸铁管
给水管道	压力流	预应力钢筋混凝土管、钢管、铸铁管
燃气管道	压力流	钢管、铸铁管、石棉水泥管
热力管道	压力流	钢管
电缆管	套 管	钢管、石棉水泥管
跨越管	套 管	钢管、钢筋混凝土管

（一）顶管施工的准备工作

顶管施工前，进行详细调查研究，编制可行的施工方案。

1. 掌握下列情况

（1）管道埋深、管径、管材和接口要求；

（2）管道沿线水文地质资料，如土质、地下水位等；

（3）顶管地段内地下管线交叉情况，并取得主管单位同意和配合；

（4）现场地势、交通运输、水源情况；

（5）可能提供的掘进、顶管设备情况；

（6）其他有关资料。

2. 编制施工方案主要内容

（1）选定工作坑位置和尺寸，顶管后背的结构和验算；

（2）确定掘进和出土的方法，下管方法和工作平台支搭形式；

（3）进行顶力计算，选择顶进设备，是否采用中继间、润滑剂等措施，以增加顶管段长度；

（4）遇有地下水时，采取的降水方法；

（5）顶进钢管时，确定每节管长、焊缝要求、防腐绝缘保护层的防护措施；

（6）保证工程质量和安全的措施。

（二）工作坑的布置

工作坑是掘进顶管施工的工作场所。其位置可根据以下条件确定：

（1）根据管线设计，排水管线可选在检查井下面；

（2）单向顶进时，应选在管道下游端，以利排水；

（3）考虑地形和土质情况，有无可利用的原土后背；

（4）工作坑与被穿越的建筑物要有一安全距离；

（5）距水、电源较近的地方等。

（三）工作坑的种类及尺寸

工作坑有单向坑、双向坑、转向坑、多向坑、交汇坑、接收坑之分，如图 4-2 所示。

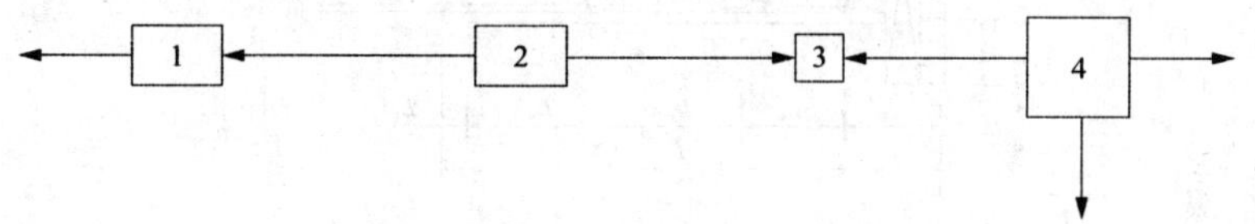

1—单向坑；2—双向坑；3—交汇坑；4—多向坑

图 4-2　工作坑种类

只向一个方向顶进管道的工作坑称为单向坑。向一个方向顶进而又不会因顶力增大而导致管端压裂或后背破坏所能达到的最大长度，称为一次顶进长度，它因管材、土质、后背和后坐墙的种类及其强度、顶进技术、管道埋设深度的不同而异。单向坑的最大顶进距离为一次顶进长度。双向坑是向两个方向顶进管道的工作坑，因而可增加从一个工作坑顶进管道的有效长度。转向坑是使顶进管道改变方向的工作坑。多向坑是向多个方向顶进管道的工作坑。接收坑是不顶进管道，只用于接收管道的工作坑。若几条管道同时由一个接收坑接收，则这样的接收坑称为交汇坑。

工作坑的平面形状一般有圆形和矩形两种。圆形工作坑的占地面积小，一般采用沉井法施工，竣工后沉井可作为管道的附属构筑物，但需另外修筑后背。矩形工作坑是顶管施工中常用的形式，其短边与长边之比一般为 2 ∶ 3。此种工作坑的后背布置比较方便，坑内空间能充分利用，覆土厚度深浅均可使用。如顶进小口径钢管，可采用条形工作坑，其短边与长边之比很小，有时可小于 1 ∶ 5。

工作坑应有足够的空间和工作面，以保证顶管工作正常进行。工作坑的各部位尺寸按如下方法考虑。

工作坑的长度如图 4-3 所示。

其计算公式：

$$L=L_1+L_2+L_3+L_4+L_5$$

式中，L——矩形工作坑的底部长度，m；

L_1——工具管长度，m。当采用管道第一节作为工具管时，钢筋混凝土管不宜小于 0.3m；钢管不宜小于 0.6m；

L_2——管节长度，m；

L_3——运土工作间长度，m；

L_4——千斤顶长度，m；

L_5——后背墙的厚度，m。

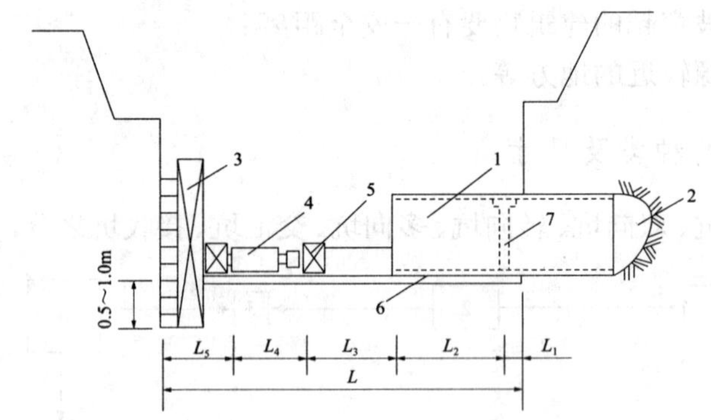

1—管子；2—掘进工作面；3—后背；4—千斤顶；5—顶铁；6—导轨；7—内涨圈

图 4-3 工作坑底的长度

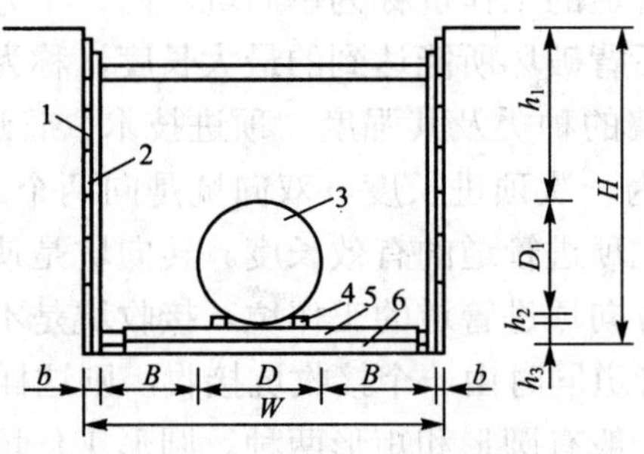

1—撑板；2—支撑立木；3—管子；4—导轨；5—基础；6—垫层

图 4-4 工作坑的底宽和高度

工作坑的宽度和深度如图 4-4 所示。

其计算公式：

$$W=D+2B+2b$$

式中，W——工作坑底宽，m；

D——顶进管节外径，m；

B——工作坑内稳好管节后两侧的工作空间，m；

b——支撑材料的厚度。

木撑板时，b=0.05m；

木板桩时，b=0.07m。

$$H=h_1+h_2+h_3+D$$

式中，H——顶进坑地面至坑底的深度，m；

h_1——地面至管道顶部外缘的深度，m；

h_2——管道外缘底部至导轨底面的高度，m；

h_3——基础及其垫层的厚度，m。

工程施工中，可以根据经验，估算工作坑的长度和宽度。

工作坑的长度可以用下式估算：

$$L=L_4+2.5\text{m}$$

工作坑的宽度可以用下式估算：

$$W=D+（2.5\sim3.0）\text{m}$$

（四）工作坑、导轨及基础

1. 工作坑

工作坑的施工方法有开槽式、沉井式及连续墙式等。

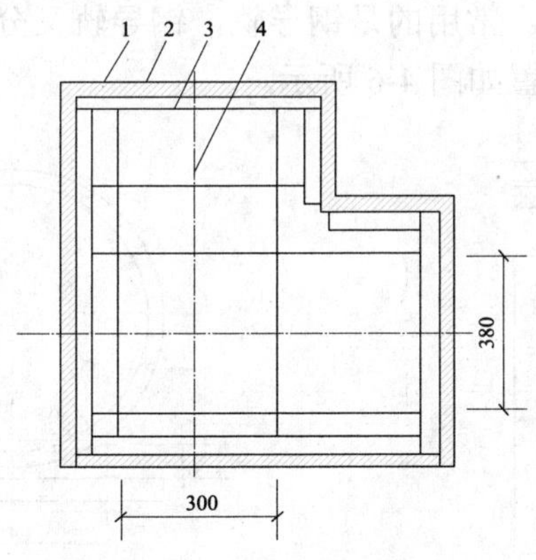

1—坑壁；2—撑板；3—横木；4—撑杠

图 4-5 工作坑壁支撑

（1）开槽式工作坑

开槽法是常用的施工方法。在土质较好、地下水位低于坑底、管道覆土厚度小于2m的地区，可采用浅槽式工作坑。其纵断面形状有直槽形、阶梯形等。根据操作要求，工作坑最下部的坑壁应为直壁，其高度一般不少于3m。如须开挖斜槽，则管道顶进方向的两端应为直壁。土质不稳定的工作坑，坑壁应加设支撑，如图4-5所示，撑杠到工作坑底的距离一般不小于3.0m，工作坑的深度一般不超过7.0m，以便于操作施工。在地下水位高、地基土质为粉土或砂土时，为防止产生管涌，可采用围堰式工作坑，即用木板桩或钢板桩以企口相接形成圆形或矩形的围堰支撑工作坑的坑壁。

（2）沉井式工作坑

在地下水位以下修建工作坑，可采用沉井法施工。

首先预制不小于工作坑尺寸的钢筋混凝土井筒，将预制好的井筒吊运至需开挖工作坑处，然后在钢筋混凝土井筒内挖土，随着不断挖土，井筒靠自身的重力就不断下沉，当沉到要求的深度后，再用钢筋混凝土封底。在整个下沉的过程中，依靠井筒的阻挡作用，消除地下水对施工的影响。

（3）连续墙式工作坑

连续墙式工作坑采取先深孔成槽，用泥浆护壁，然后放入钢筋网，浇筑混凝土时将泥浆挤出形成连续墙段，再在井内挖土封底而形成工作坑。与同样条件下施工的沉井式工作坑相比，可节约一半的造价及全部的支模材料，工期缩短。

2. 导轨

导轨的作用是引导管子按设计的中心线和坡度顶进，保证管子在顶入土之前位置正确。导轨安装的牢固与准确对管子的顶进质量影响较大，因此，安装导轨必须符合管子中心、高程和坡度的要求。

导轨有木导轨和钢导轨。常用的是钢导轨，钢导轨又分为轻轨和重轨，管径大的采用重轨。导轨与枕木装置如图4-6所示。

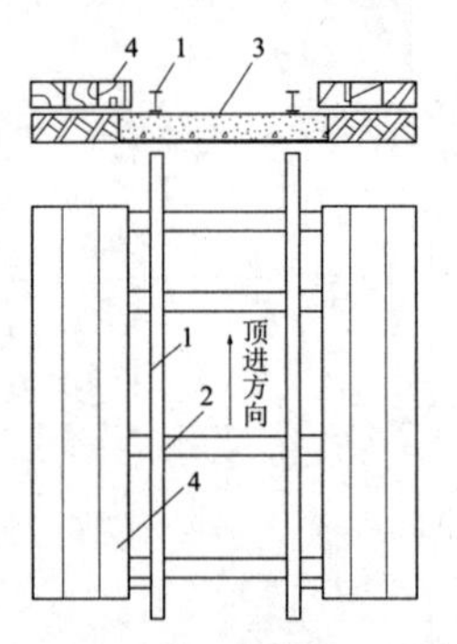

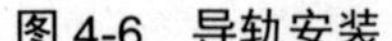
1—导轨；2—枕木；3—混凝土基础；4—木板

图4-6 导轨安装

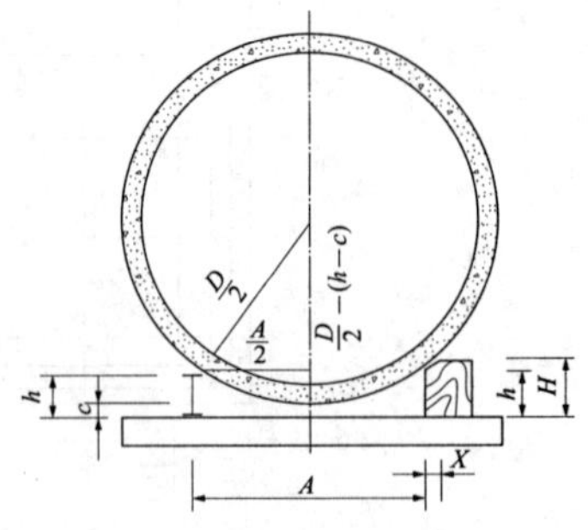

图4-7 导轨安装间距

两导轨间净距按下式确定，如图 4-7 所示。

$$A=2\sqrt{(D/2)^2-[D/2-(h-e)]^2}=2\sqrt{[D-(h-e)](h-e)}$$

式中，A——两导轨内净距，mm；

D——管外径，mm；

h——导轨高，木导轨为抹角后的内边高度，mm；

e——管外底距枕木或枕铁顶面的间距，mm。

若采用木导轨，其抹角宽度可按下式计算：

$$X=\sqrt{[D-(H-e)](H-e)}-\sqrt{[D-(h-e)](h-e)}$$

式中，X——抹角宽度，mm；

H——木导轨高度，mm；

h——抹角后的内边高度，一般 $H-h$=50mm；

e——管外底距木导轨底面的距离，mm；10 ～ 20mm。

一般的导轨都采取固定安装，但有一种滚轮式的导轨（图 4-8），具有两导轨间距调节的功能，以减少导轨对管子摩擦。这种滚轮式导轨用于钢筋混凝土管顶管和外设防腐层的钢管顶管。

导管的安装应按管道设计高程、方向及坡度铺设导轨。要求两轨道平行，各点的轨距相等。

导轨装好后应按设计检查轨面高程、坡度及方向。检查高程时在第 n 条轨道的前后各选 6 ～ 8 点，测其高程，允许误差 0 ～ 3mm。稳定首节管后，应测量其负荷后的变化，并加以校正，还应检查轨距，两轨内距 ±2mm。在顶进过程中，还应检查校正。保证管节在导轨上不产生跳动和侧向位移。

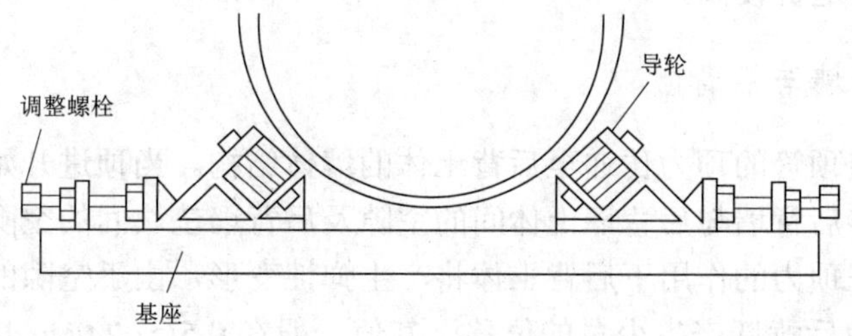

图 4-8 滚轮式导轨

3. 基础

施工过程中为了防止工作坑地基沉降，导致管道顶进误差过大，应在坑底修筑基础或加固地基。基础的形式取决于坑底土质、管节重量和地下水位等因素。一般有以下三种形式：

（1）枕木基础

工作坑底土质好、坚硬、无地下水，可采用埋设枕木作为导轨基础，如图 4-9

所示。

枕木一般采用 15cm×15cm 方木，方木长度 2 ～ 4m，间距一般 40 ～ 80cm 一根。

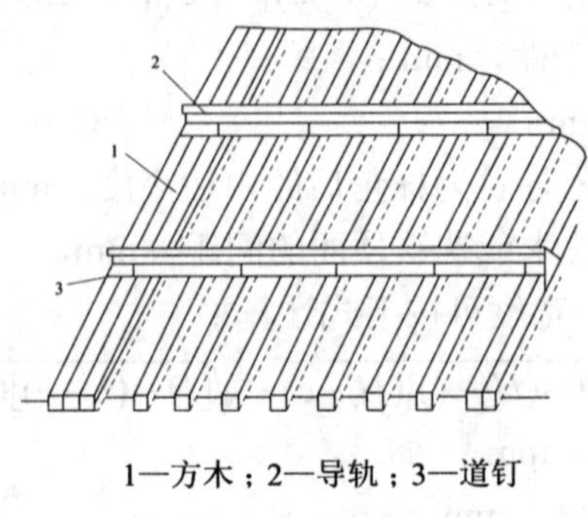

1—方木；2—导轨；3—道钉

图 4-9　枕木基础

（2）卵石木枕基础

适用于虽有地下水但渗透量不大，且地基土为细粒的粉砂土。为了防止安装导轨时扰动基土，可铺一层 10cm 厚的卵石或级配砂石，以增加其承载能力，并能保持排水通畅。在枕木间填粗砂找平。这种基础形式简单实用，较混凝土基础造价低，一般情况下可代替混凝土基础。

（3）混凝土木枕基础

适用于地下水位高、地基承载力又差的地方，在工作坑浇筑 20cm 厚的 C10 混凝土，同时预埋方木作轨枕。这种基础能承受较大的荷载，工作面干燥无泥泞，但造价较高。

此外，在坑底无地下水，但地基土质很差，可在坑底铺方木形成木筏基础，方木可重复利用，造价较低。

（五）后背墙与后背

后背墙是将顶管的顶力传递至后背土体的墙体结构。当顶进开始时，由于顶力的作用，首先将后背墙与后背墙土体间的空隙及后背墙垫块间的空隙压缩，待这些空隙密合后，在顶力的作用下后背土体将产生弹性变形，由于空隙的密合和土体的弹性变形，将使后背墙产生少量的位移，其值一般在 0.5 ～ 2.0cm 是正常的，当顶力逐渐增大，后背土体将产生被动压力。在顶进的过程中，必须防止后背墙的大位移及上、下、左、右不均匀位移，这些现象的出现，往往是顶进管道出现偏差的诱因。为了避免出现后背大位移或不均匀位移的现象，必须使后背的垫块之间接触紧密，后背与后背土体间应采取砂石料填实。

后背墙最好依靠原土加排方修建，据以往经验，当顶力小于 400t 时，后背墙后的原土厚度不小于 7.0m，就不致发生大位移现象（墙后开槽宽度不大于 3.0m），如图 4-10 所示。

原土后背墙安装时，应满足下列要求：

（1）后背土壁应铲修平整，并使土壁墙面与管道顶进方向相垂直；

（2）靠土壁横排方木面积，一般土质可按承载不超过 150kPa 计算；

（3）方木应卧入工作坑底 0.5 ～ 1.0m，使千斤顶的着力中心高度不小于方木后背高度的 1/3；

（4）方木断面可用 15cm×15cm，立铁可用 20cm×30cm 工字钢，横铁可用 15cm×40cm 工字钢两根。

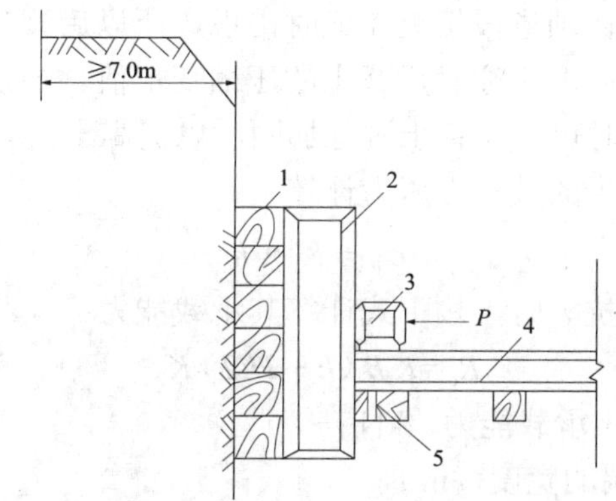

1—方木；2—立铁；3—横轨；4—导轨；5—导轨方木

图 4-10　原状土后背

无法利用原土作后背墙时，可修建人工后背墙，人工后背墙做法很多，其中一种如图 4-11 所示。在双向坑内进行双向顶进时，利用已顶进的管段作为后背，由此可以不设后墙与后背。

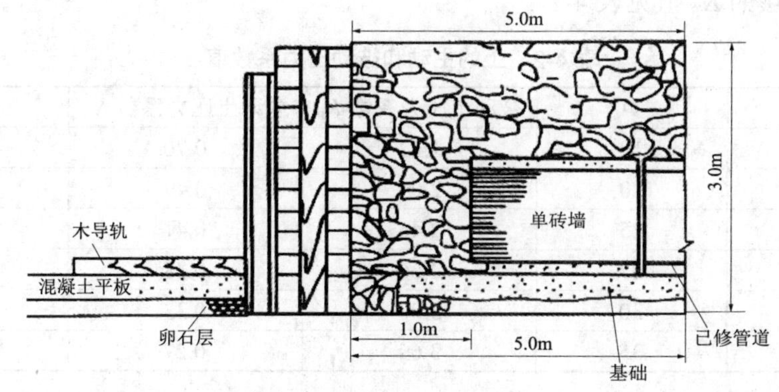

图 4-11　人工后背墙

后背和后坐墙在后坐力作用下产生压缩，压缩方向与后坐力的作用方向一致，停止顶进，顶力及后坐力消失，压缩变形也随之消失，这种弹性变形现象称为后坐现象。由于后坐墙土体和后背材料的弹性性质以及后背各部件间和后背与后坐墙之间存在着安装孔隙，当后坐力作用时，首先是安装孔隙“消失”，随即是土体和材料的弹性压缩。位移量为 5 ～ 20mm 的轻微后坐现象是正常的。大位移量会使千斤顶的有效顶程减小，而且后坐墙的大量位移会导致被动土压力的出现。施工中应保证后背在后坐力或后坐墙的被动土压力作用下不发生破坏，不产生不允许的压缩变形。

减少大位移量后坐现象的有效措施之一就是在后背与后坐墙之间的孔隙中灌砂并捣实，以保证后背各部件之间接触紧密。

为了保证顶进质量和施工安全，应进行后背的强度和刚度计算。

由于最大顶力一般在顶进段接近完成时出现，所以后背计算时应充分利用土抗力。而且在工程进行中应严密注意后背土的压缩变形值。当发现变形过大时，应考虑采取辅助措施，必要时可对后背土进行加固，以提高土抗力。

后背土体受力后产生的被动土压力计算：

$$\sigma_P = K_P \gamma \cdot h$$

在考虑后背土的土抗力时，按下式计算其承载能力：

$$R_c = K_r B\,(h + H/2)\,K_P$$

式中，R_c——后背土承载能力，kN；

B——后背墙的宽度，m；

H——后背墙的高度，m；

h——后背墙顶到地面的高度，m；

γ——土的重力密度，KN/m^2；

K_P——被动土压力系数；

K_γ——后背的土抗力系数。

不同土壤的 K_P 值见表 4-2。

表 4-2　土的主动和被动压力系数值

土名称	Φ	被动土压力系数 K_P	主动土压力系数 K_A	K_P/K_A
软土	10	1.42	0.70	2.03
黏土	20	2.04	0.49	4.16
砂黏土	25	2.46	0.41	6.00
粉土	27	2.66	0.38	7.00
砂土	30	3.00	0.33	9.09
沙砾土	35	3.69	0.27	13.69

在考虑后背土的土抗力时，按下式计算其承载能力：

$$R_C = K_r \cdot B \cdot H(h + H/2) \cdot K_P$$

式中，R_C——后背土承载能力，kN；

B——后背墙的宽度，m；

H——后背墙的高度，m；

h——后背墙顶到地面的高度，m；

γ——土的重力密度，kN/m^3；

K_P——被动土压力系数；

K_γ——后背的土抗力系数。

后背结构形式不同，使土受力状况也不一样，为了保证后背的安全，根据不同的后背形式，采用不同的土抗力系数值。

1）管顶覆土浅

后背不需要打板桩，而背身直接接触土面，如图 4-12 所示。

2）管顶覆土深

当管顶覆土厚度大时，后背需打入钢板桩，顶力通过钢板传递给后坐墙，如图 4-13 所示。此时土的抗力系数取决于不同的后背形式及后背的覆土高度，覆土高度 h 值越小，土抗力系数也就越小，一般按 K_r=0.9+5h/H 计算。

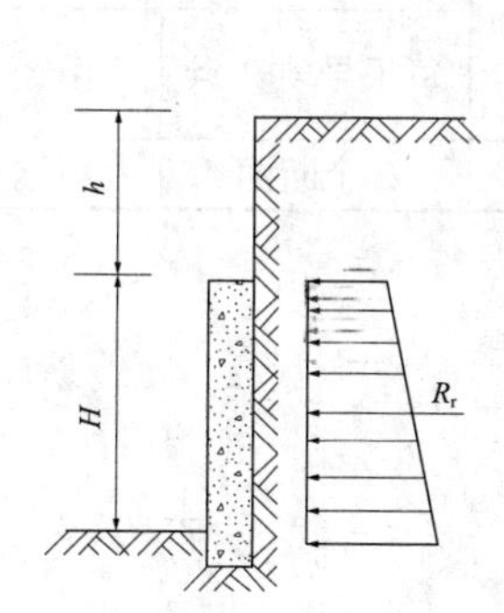

图 4-12　无板柱支承的后背

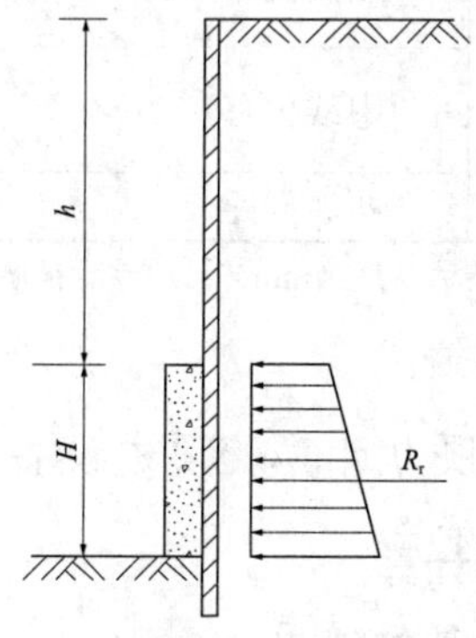

图 4-13　板桩后背

（六）工作坑的附属设施

工作坑的附属设施主要有工作台、工作顶进口装置等。

1. 工作台

位于工作坑顶部地面上，由 U 形钢支架而成，上面铺设方木和木板。在承重平台的中部有下管孔道，盖有活动盖板。下管后，盖好盖板。管节堆放平台上，卷扬机将管提起，然后推开盖板再向下吊放。

2. 工作棚

工作棚位于工作坑上面，目的是防风雨、雪，以利操作。工作棚的覆盖面积要大于工作坑平面尺寸。工作棚多采用支拆方便、重复使用的装配式工作棚。

3. 顶进口装置

管子入土处不应支设支撑。土质较差时，在坑壁的顶口处局部浇筑素混凝土壁，混凝土壁当中预埋钢环及螺栓，安装处留有混凝土台，台厚最少为橡胶垫厚度与外部安装环厚度之和。在安装环上将螺栓紧固压紧橡胶垫止水，以防止采用触变泥浆顶管时，泥浆从管外壁外溢。

工作坑内还要解决坑内排水、照明、工作坑上下扶梯等问题。

《给水排水管道工程施工及验收规范》（GB 50268—2008）中，关于顶管工作坑允许偏差的规定见表 4-3。

表 4-3 顶管工作坑允许偏差

<table>
<tr><th rowspan="2">序号</th><th colspan="2" rowspan="2">项目</th><th rowspan="2">允许偏差</th><th colspan="2">检验频率</th><th rowspan="2">检验方法</th></tr>
<tr><th>范围</th><th>点数</th></tr>
<tr><td>1</td><td colspan="2">工作坑每侧宽度、长度</td><td>不小于设计规定</td><td>每座</td><td>2</td><td>挂中线用尺量</td></tr>
<tr><td rowspan="2">2</td><td rowspan="2">后背</td><td>垂直度</td><td>0.1% H</td><td rowspan="2">每座</td><td>1</td><td rowspan="2">用垂线与角尺</td></tr>
<tr><td>水平扭转度</td><td>0.1% L</td><td>1</td></tr>
<tr><td rowspan="3">3</td><td rowspan="3">导轨</td><td>顶面高程</td><td>+3mm
0</td><td rowspan="2">每座</td><td>每根导轨 2 点</td><td>用水准仪测</td></tr>
<tr><td>中线位移</td><td>左 3mm
右 3mm</td><td>每根导轨 2 点</td><td>用经纬仪测</td></tr>
<tr><td>两轨间距</td><td>±2mm</td><td>每座</td><td>2 个断面</td><td>甲钢尺量测</td></tr>
</table>

注：H 为后背墙的高度（mm）；L 为后背墙的长度（mm）。

（七）顶力计算及顶进设备

1. 顶力计算

（1）计算的通用公式

顶管的顶力可按下式计算：

$$P = f\gamma D_1[2H + (2H + D_1)\text{tg}^2(45° - \varphi/2) + \omega/\gamma D_1]L + P_F$$

式中，P——计算的总顶力，kN；

γ——管道所处土层的重力密度，kN/m^3；

D_1——管道直径，m；

H——管道顶部以上覆盖土层的厚度，m；

φ——管道所处土层的内摩擦角；

ω——管道单位长度的自重，kN/m；

L——管道的计算顶进长度，m；

f——顶进时，管道表面与其周围土层之间的摩擦系数，其取值可按表 4-4 所列数据选用；

P_F——顶进时，工具管的迎面阻力（kN），其取值，宜按不同顶进方法由表 4-5 所列计算。

表 4-4　顶进时，管道与其周围土层的摩擦系数

土类	灌	干
黏土、粉质黏土	0.2 ～ 0.3	0.4 ～ 0.5
砂土、砂质粉土	0.3 ～ 0.4	0.5 ～ 0.6

表 4-5　顶进时，工具管迎面阻力（P_F）的计算公式

顶进方法		顶进时，工具管迎面阻力（P_F）的计算公式 /kN
手工	工具管顶部及两侧允许超挖	0
掘进	工具管顶部及两侧不允许超挖	$\pi \cdot D_\omega \cdot t \cdot R$
挤压法		$\pi \cdot D_\omega \cdot t \cdot R$
网格挤压法		$\alpha \cdot \pi/4 \cdot D \cdot R$

注：D_ω——工具管刃脚挤压喇叭口的平均直径，m；

t——工具管理体制刃脚厚度或挤压喇叭口的平均宽度，m；

R——手工掘进顶管的工具管迎面阻力，或挤压、网格挤压管法的挤压阻力。前者可采用（500kN/m^2）；

α——网格截面参数，可取 0.6 ～ 1.0。

顶管的顶力应大于工具管的迎面阻力，管道周围土压力对管道产生的阻力以及管道自重与周围土层产生阻力之和。即：

$$P \geqslant (P_1+P_2)L+P_F$$

式中，P——计算的总顶力，kN；

P_1——顶进时，管道单位长度上周围土压力对管道产生的阻力，kN/m；

P_2——顶进时，管道单位长度的自重与其周围土层之间产生的阻力，kN/m；

L——管道的计算顶进长度，m；

P_F——顶进时，工具管的迎面阻力，kN。

影响顶力的因素很多，主要包括土层的稳定性及覆盖厚度，地下水的影响，管道的材料、管道的重量，顶进的方法和操作的熟练程度，顶力计算方法和选用，计算顶进长度，减阻措施以及经验等。在这些因素中，土层的稳定性、覆盖土层的厚度和顶力计算方法的选用尤为突出，而且彼此具有密切的关系。

（2）估算

顶力估算采用经验公式法，目前常用的方法有两种。

一种经验公式：

$$P=2\pi D_0 L_f$$

式中，P——顶力，KN；

D_0——管子外径，m；

L——管子顶进长度，m。

另一种经验公式包括两种情况：

1）黏土、天然含水量的砂土、人工挖土形成打拱顶管用下式计算：

$$P=(1.5\sim3.0)W$$

式中，P——顶力，kN；

W——待顶管段全部重量，kN。

2）适用于含水量低的砂质土、沙砾、回填土、人工挖土不形成土拱顶管采用下式计算：

$$P=3.0W$$

式中，P——顶力，kN；

W——待顶管段全部重量，kN。

2. 顶进设备

顶进设备主要包括千斤顶、高压油泵、顶铁、下管及运出设备等。

（1）千斤顶（也称顶镐）

千斤顶是掘进顶管的主要设备，目前多采用液压千斤顶。液压千斤顶的构造形式分活塞式和柱塞式两种，其作用方式有单作用液压千斤顶和双作用液压千斤顶，如图 4-14 所示。由于单作用液压千斤顶只有一个供油孔，只能向一个方向推动活塞杆，回镐时须借助外力（或重力），在顶管施工中使用不便，所以一般顶管施工中采用双作用活塞式液压千斤顶。液压千斤顶按其驱动方式分为手压泵驱动、电泵驱动和引擎驱动三种方式，顶管施工中大多采用电泵驱动或手压泵驱动。

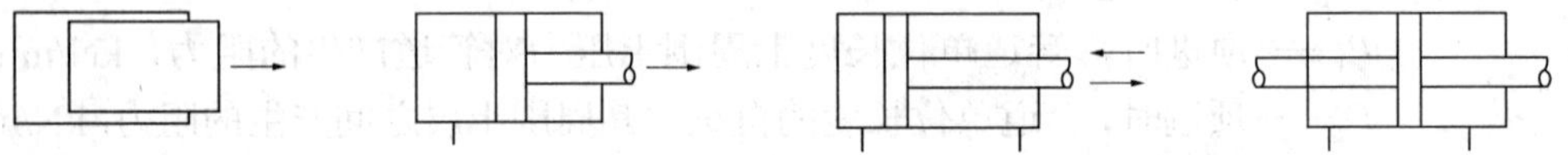

（a）柱塞式单作用千斤顶　（b）活塞式单作用千斤顶　（c）活塞式单杆千斤顶　（d）活塞式双杆千斤顶

图 4-14　液压千斤顶

顶管施工中常用千斤顶的顶力为 2 000 ～ 4 000kN，冲程有 0.25m、0.5m、0.8m、1.2m、2.1m 几种，其技术性能见表 4-6。

千斤顶在工作坑内的布置与采用的个数有关，如 1 台千斤顶，其布置为单列式；如为两台千斤顶，其布置为并列式；如为多台千斤顶，宜采用环周式布置。使用两台以上的千斤顶时，应使顶力的合力作用点与管壁反作用力作用点在同一轴线上，以防止产生顶进力偶，造成顶进偏差。根据施工经验，采用人工挖土，管道上半部管壁与土壁有间隙时，千斤顶的着力点作用在管道垂直直径的$\frac{1}{5}\times\frac{1}{4}$处。千斤顶的布置方式如图 4-15 所示。

表 4-6　常用千斤顶的技术性能

单位	形式 l	顶力 /kN	冲程 /mm	油压 /MPa	缸体内径 /mm	重量 /kg
上海基础公司	双作用	2 000	1 200	32	—	—
上海基础公司	双作用	4 000	1 200	40	360	2 474
上海市政公司	双作用	2 000	1 200	40	—	2 000
天津市政公司	双作用	5 000	200	70	—	—
天津市政公司	双作用	2 000	500	24	325	—
沈阳建设公司	双作用	4 000	800	32	400	3 630
北京市政公司	双作用	2 500	2 100	20	400	—

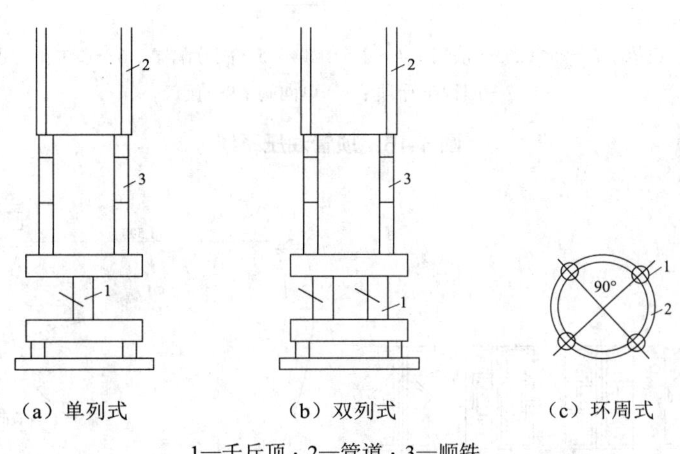

（a）单列式　（b）双列式　（c）环周式

1—千斤顶；2—管道；3—顺铁

图 4-15　千斤顶布置方式

（2）高压油泵

顶管施工中的高压油泵一般采用轴向柱塞泵，借助柱塞在缸体内的往复运动，造成封闭容器体积的变化，不断吸油和压油。施工时电动机带动油泵工作，把工作油加压到工作压力，由管路输送，经分配器和控制阀进入千斤顶。电能经高压油泵转换为压力能，千斤顶又把压力能转换为机械能，对负载做功——顶入管道。机械能输出后，工作油以一个大气压状态回到油箱，进行下一次顶进，如图 4-16 所示。

（3）顶铁

顶铁的作用是延长短冲程千斤顶的顶程、传递顶力并扩大管节断面的承压面积。要求它能承受顶力而不变形，并且便于搬动。顶铁由各种型钢焊接而成。根据安放位置和传力作用的不同，可分为横铁、顺铁、立铁、弧铁和圆铁等，如图 4-17 所示。

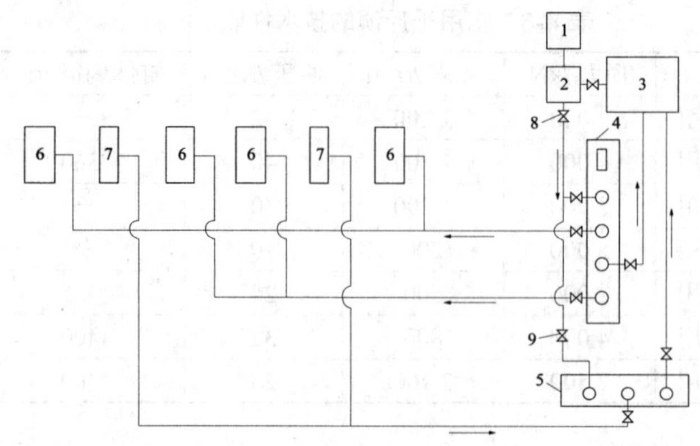

1—电机；2—油泵；3—油箱；4—主分配器；5—副分配器；6—顶进千斤顶；7—回程千斤顶；8—单向阀；9—闸门

图 4-16 顶管油压系统

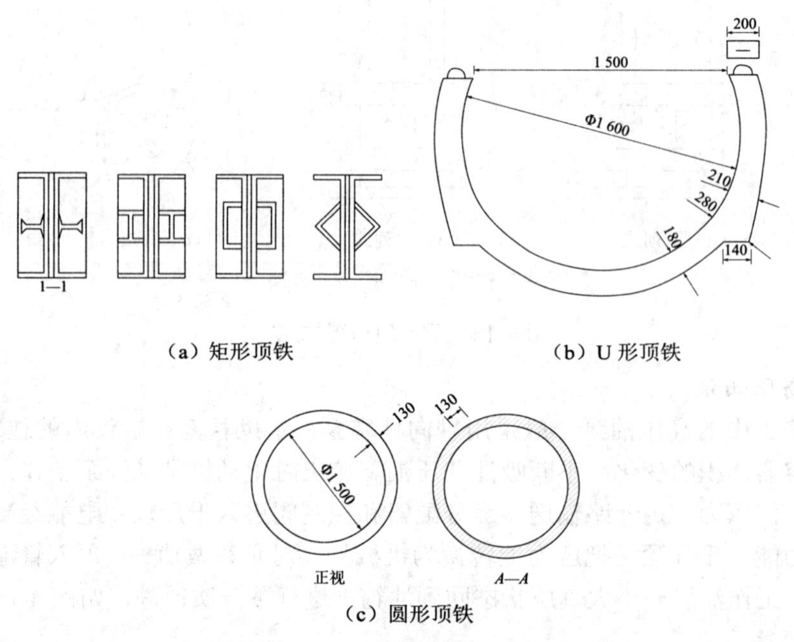

（a）矩形顶铁　（b）U 形顶铁

（c）圆形顶铁

图 4-17 顶铁（单位：mm）

横铁即横向顶铁，它安放在千斤顶与顺铁之间，将千斤顶的顶力传递到两侧的顺铁上。使用时与顶力方向垂直，起梁的作用。在后背结构中，横铁起保护立铁的作用。

顺铁即纵向顶铁，安放在横铁和被顶的管道之间，使用时与顶力方向平行，起柱的作用。在顶管过程中，顺铁还起调节间距的作用，因此顺铁的长度取决于千斤顶的顶程、管节长度和出口设备等。通常有 100mm、200mm、300mm、400mm、

600mm 等几种长度，横截面为 250mm×300mm，两端面用厚 25mm 的钢板焊平。顺铁的两端面加工应平整且平行，防止作业时顶铁外弹。

立铁即竖向顶铁，安放在后背与千斤顶之间，起保护后背的作用。

弧铁和圆铁，安放在管道端面，顺铁作用在其上。其作用是使顺铁传递的顶力较均匀地分布到被顶管端断面上，以免管端局部顶力过大压坏管口。其材料可用铸钢或用钢板焊接成型内灌注 C30 混凝土，它的内外径尺寸都要与管道断面尺寸相适应。大口径管道采用圆形，小口径管道采用弧形。

（4）*刃脚*

刃脚是装于首节管前端，先贯入土中以减少贯入阻力，并防止土方坍塌的设备。一般由外壳、内环和肋板三部分组成，如图 4-18 所示。外壳以内环为界分成两部分，前面为遮板，后面为尾板。遮板端部呈 20° ～ 30° 角，尾部长度为 150 ～ 200mm。

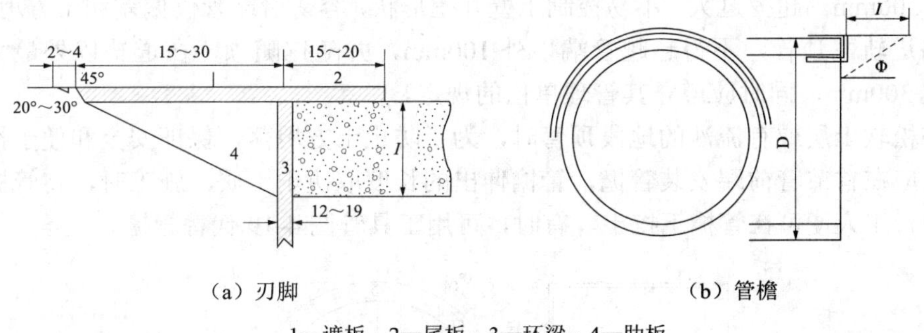

（a）刃脚　　（b）管檐

1—遮板；2—尾板；3—环梁；4—肋板

图 4-18　刃脚和管檐（单位：cm）

对于半圆形的刃脚，则称为管檐，它是防止塌方的保护罩，檐长常为 600 ～ 700mm，外伸 500mm，顶进时至少贯入土中 200mm，以避免塌方。

（八）顶进

管道顶进的过程包括挖土、顶进、测量、纠偏等工序。从管节位于导轨上开始顶进起至完成这一顶管段止，始终控制这些工序，就可保证管道的轴线和高程的施工质量。开始顶进的质量标准为：轴线位置 3mm，高程 0 ～ 13mm。

1. 下管就位

首先用起重设备将管道由地面下放到工作坑内的导轨上，就位以后装好顶铁，校测管中心和管底标高是否符合设计要求，满足要求后即可挖土顶进。下管就位时应注意如下问题：

（1）下管前应对管道进行外观检查，保证管道无破损和纵向裂缝；端面平直；管壁光洁无坑陷或鼓包。

（2）下管时工作坑内管道正下方严禁站人，当管道距导轨小于 500mm 时，操作人员方可近前工作。

（3）首节管道的顶进质量是整段顶管工程质量的关键，当首节管安放在导轨上后，应测量管中心位置和前后端的管内底高程，符合要求后才可顶进。

2. 管前挖土与运土

管前挖土是保证顶进质量和地上构筑物安全的关键，挖土的方向和开挖的形状，直接影响到顶进管位的准确性，因此应严格控制管前周围的超挖现象。对于密实土质，管端上方可有不超过 15mm 的间隙，以减少顶进阻力，管端下部 135° 范围内不得超挖，保持管壁与土基表面吻合，也可预留 10mm 厚土层，在管道顶进过程中切去，这样可防止管端下沉。在不允许上部土壤下沉的地段顶进时，管周围一律不得超挖。

管前挖土深度，一般等于千斤顶冲程长度，如土质较好，可超越管端 300 ～ 500mm。超挖过大，不易控制土壁开挖形状，容易引起管位偏差和土方坍塌。在铁路道轨下顶管，不得超越管端以外 100mm，并随挖随顶，在道轨以外最大不得超过 300mm，同时应遵守其管理单位的规定。

在松软土层或有流沙的地段顶管时，为了防止土方坍落，保证安全和便于挖土操作，应在首节管前端安装管檐，管檐伸出的长度取决于土质。施工时，将管檐伸入土中，工人便可在管檐下挖土。有时，可用工具管图 4-19 代替管檐。

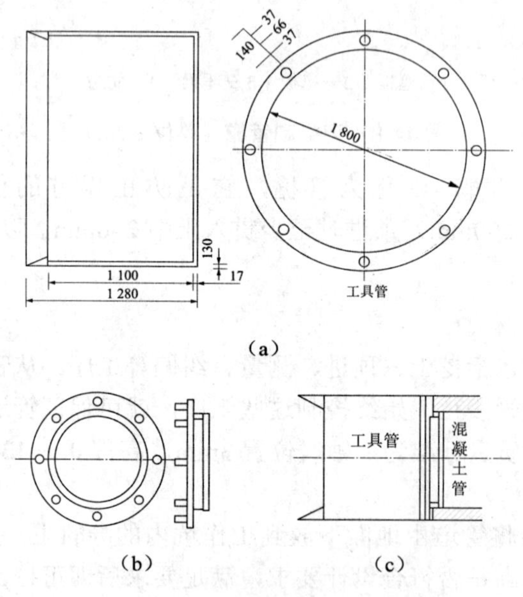

图 4-19　工具管（单位：mm）

根据土质情况，管檐的长度可按经验公式计算：

$$L=\frac{D}{\tan\varphi}$$

式中，L——管檐的长度，mm；

D——管道外径，mm；

φ——土壤的内摩擦角。

管前挖出的土，应及时外运，避免管端因堆土过多下沉而引起施工误差，并可改善工作环境。如图 4-20 所示，管径大于 800mm 时，可用四轮土车推运；管径大于 1 500mm 时，采用双轮手推车推运；管径较小时，应采用双筒卷扬机牵引四轮小车出土。

土运至管外，再用工作平台上的起重设备提升到地面，运至他处或堆积于地面上。

管内挖土工作条件差，劳动强度大，应组织专人轮流操作。

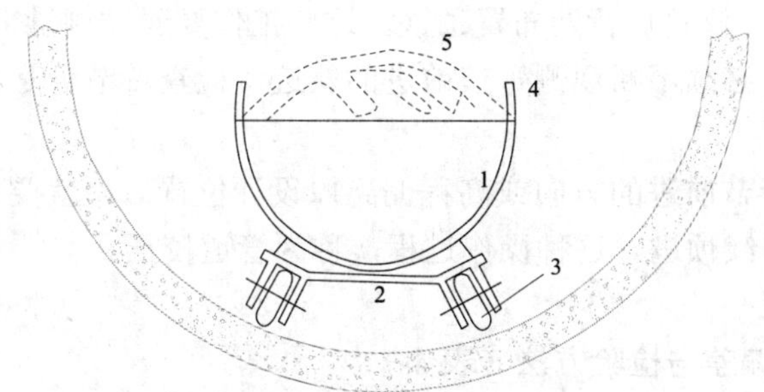

1—装土斗；2—小车；3—车轮；4—挂钩；5—土

图 4-20　管内运土小车

3. 顶进

顶进是利用千斤顶出镐，在后背不动的情况下，将被顶进的管道推向前进。其操作过程如下：

（1）安装好顶铁并挤牢，当管前端已挖掘出一定长度的坑道后，启动油泵，千斤顶进油，活塞伸出一个工作冲程，将管道向前推进一定距离；

（2）关闭油泵，打开控制阀，千斤顶回油，活塞缩回；

（3）添加顶铁，重复上述操作，直至安装下一整节管道为止；

（4）卸下顶铁，下管；

（5）管道接口；

（6）重新装好顶铁，重复上述操作。

顶进开始时，应缓慢进行，待各接触部位密合后，再按正常顶进速度顶进。顶进过程中，要及时检查并校正首节管道的中线方向和管内底高程，确保顶进质量。如发现管前土方塌落、后背倾斜、偏差过大或油泵压力骤增等情况，应停止顶进，查明原因排除故障后，再继续顶进。

顶进时应注意事项：

（1）顶进时应遵照“先挖后顶，随挖随顶”的原则。应连续作业，避免中途停止，造成阻力增大，增加顶进的困难。

（2）首节管子顶进的方向和高程，关系到整段顶进质量，应勤测量、勤检查，及时校正偏差。

（3）安装顶铁应平顺，无歪斜扭曲现象，每次收回活塞加放顶铁时，应换用可能安放的最长顶铁，使连接的顶铁数目为最少。

（4）顶进过程中，发现管前土方坍塌、后背倾斜、偏差过大或油泵压力表指针骤增等情况，应停止顶进，查明原因，排除故障后，再继续顶进。

4. 顶管测量与偏差校正

顶管施工时，为了使管节按规定的方向前进，在顶进前要求按设计的高程和方向精确地安装导轨、修筑后背及布置顶铁。这些工作要通过测量来保证规定的精度。

在顶进过程中必须不断观测管节前进的轨迹，检查首节管是否符合设计规定的位置。

当发现前端管节前进的方向或高程偏离原设计位置后，就要及时采取措施迫使管节恢复原位再继续顶进。这种操作过程，称为管道校正。

（1）**顶管测量**

1）顶管允许偏差与检验方法（表 4-7）

表 4-7　顶管允许偏差与检验方法

<table>
<tr><th colspan="2" rowspan="2">项目</th><th rowspan="2">允许偏差 /mm</th><th colspan="2">检验频率</th><th rowspan="2">检验方法</th></tr>
<tr><th>范围</th><th>点数</th></tr>
<tr><td colspan="2">中线位移</td><td>50</td><td>每节管</td><td>1</td><td>测量并查阅测量记录</td></tr>
<tr><td rowspan="2">管内底高程</td><td>DN < 1 500（mm）</td><td>+30
−40</td><td>每节管</td><td>1</td><td rowspan="2">用水准仪测量</td></tr>
<tr><td>DN ≥ 1 500（mm）</td><td>+40
−50</td><td>每节管</td><td>1</td></tr>
<tr><td colspan="2">相邻管间错口</td><td>15% 错管壁厚，且不大于 20</td><td>每个接口</td><td>1</td><td>用尺量</td></tr>
<tr><td colspan="2">对顶时管子错口</td><td>50</td><td>对顶接口</td><td>1</td><td>用尺量</td></tr>
</table>

2）顶管测量

①水准仪测平面与高程位置。用水准仪测平面位置的方法是在待测管首端固定一小十字架，在坑内设一架水准仪，使水准仪十字丝对准十字架，顶进时，若出现十字架与水准仪上的十字丝发生偏离，即表明管道中心发生偏差。

用水准仪测高程的方法如图 4-21 所示，在待测管首端固定一个小十字架，在坑内架设一台水准仪，检测时，若十字架在管首端相对位置不变，其水准仪高程必然固定不变，只要量出十字架交点偏离的垂直距离，即可读出顶管进中的高程偏差。

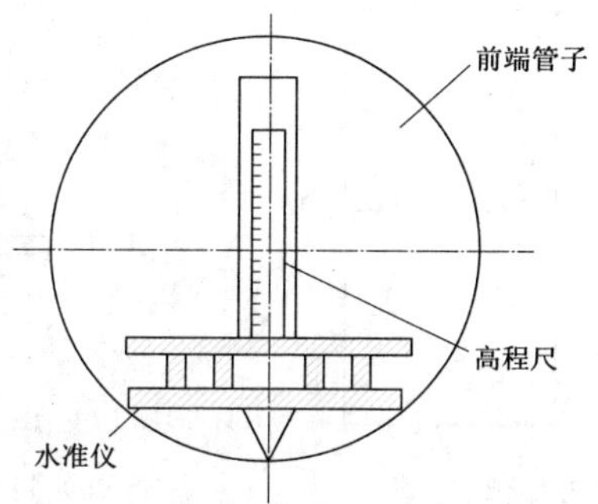

图 4-21　水准仪测高程位置示意

②垂球法测平面与高程位置，如图 4-22 所示。在中心桩连线上悬吊的垂球显示出了管道的方位，顶进中，若管道出现左右偏离，则垂球与小线必然偏离；再在第一节管道中心沿顶进方向放置水准仪，若管道发生上下移动，则水准仪气泡亦会出现偏移。

③激光经纬仪测平面与高程位置。采用架设在工作坑内的激光照射到待测管首端的标示牌，即可测定顶进时的平面与高程的误差值，激光测量如图 4-23 所示。接收靶如图 4-24 所示。

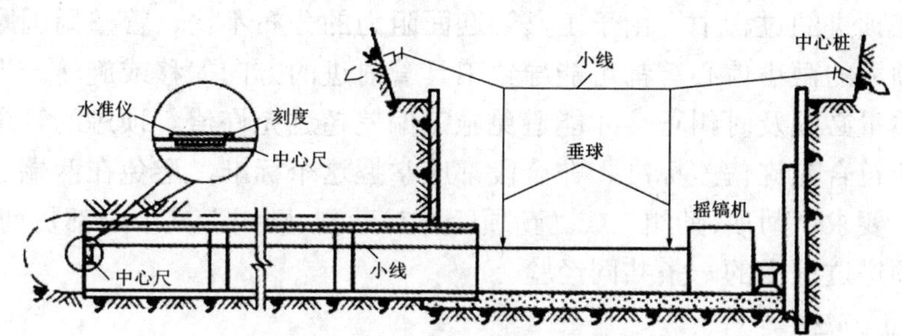

图 4-22　垂球法测平面与高程位置示意

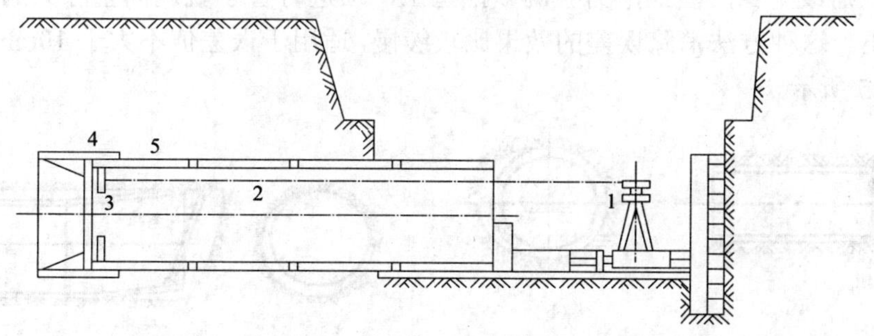

1—激光经纬仪；2—激光束；3—激光接收靶；4—刃角；5—管节

图 4-23　激光测量

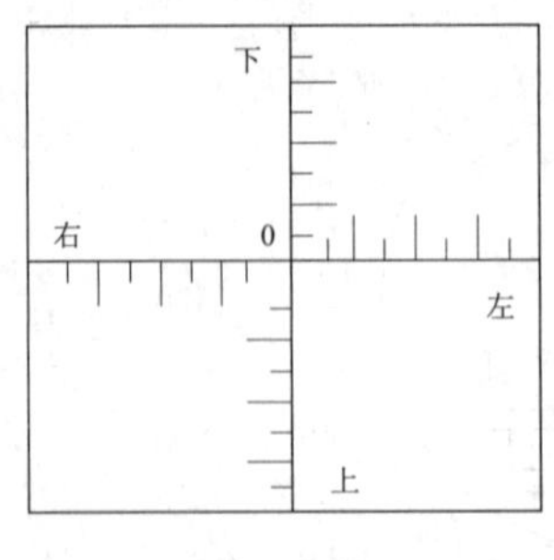

（a）方形靶

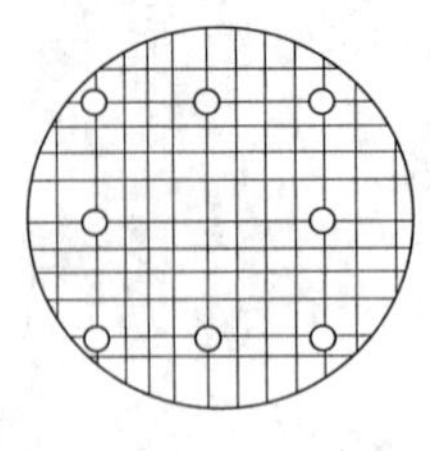

（b）装有硅光电池的圆形靶

图 4-24　接收靶

④测量次数。测量工作应及时、准确，以使管节正确地就位于设计的管道轴线上。测量工作应频繁地进行，以便较快地发现管道的偏移。当第一节管就位于导轨上以后即进行校测，符合要求后开始进行顶进。一般在工具管刚进入土层时，应加密测量次数。常规做法每顶进 100cm 测量不少于 1 次，每次测量都以测量管子的前端位置为准。

（2）顶管校正

1）出现偏差的原因、校正的原则

管道在顶进的过程中，由于工具管迎面阻力的分布不均、管壁周围摩擦力不均和千斤顶顶力的微小偏心等都可能导致工具管前进的方向偏移或旋转。为了保证管道的施工质量必须及时纠正，才能避免施工偏差超过允许值。顶进的管道不只在顶管的两端应符合允许偏差标准，在全段都应掌握这个标准，避免在两端之间出现较大的偏差。要求“勤顶、勤纠”或“勤顶、勤挖、勤测、勤纠”，其中心都贯彻一个“勤”字，这是顶进过程中的一条共同经验。

2）校正方法

①挖土校正。采用在不同部位减挖土量的方法，以达到校正的目的。即管子偏向一侧，则该侧少挖些土，另一侧多挖些土，顶进时管子就偏向空隙大的一侧而使误差校正。这种方法消除误差的效果比较缓慢，适用于误差值不大于 10mm 的范围，如图 4-25 所示。

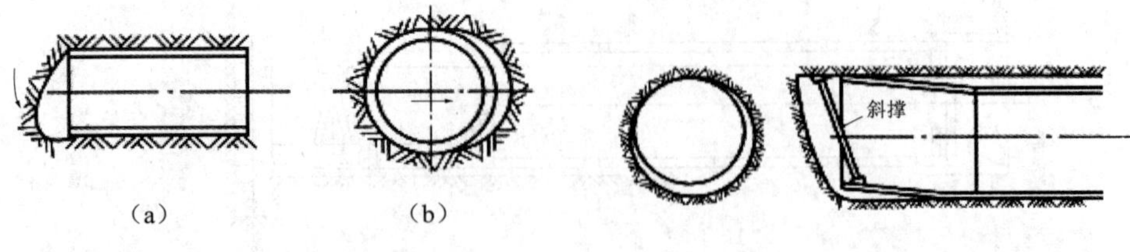

图 4-25　挖土校正法

图 4-26　斜撑校正

②斜撑校正法。偏差较大时或采用挖土校正法无效时，可用圆木或方木，一端支撑于管子偏向一侧的内管壁上，另一端支撑在垫有木板的管前土层上，开动千斤顶，利用木撑产生的分力，使管子得到校正，斜撑校正如图4-26所示，下陷管段校正如图4-27所示，错口管校正如图4-28所示。

③工具管校正。校正工具管是顶管施工的一项专用设备。根据不同管径采用不同直径的校正工具管。校正工具管主要由工具管、刃脚、校正千斤顶、后管等部分组成，如图4-29所示。

校正千斤顶按管内轴向均匀布设，一端与工具管连接，另一端与后管连接。工具管与后管之间留有10～15mm的间隙。

当发现首节工具管位置误差时，启动各方向千斤顶的伸缩，调整工具管刃脚的走向，从而达到校正的目的。

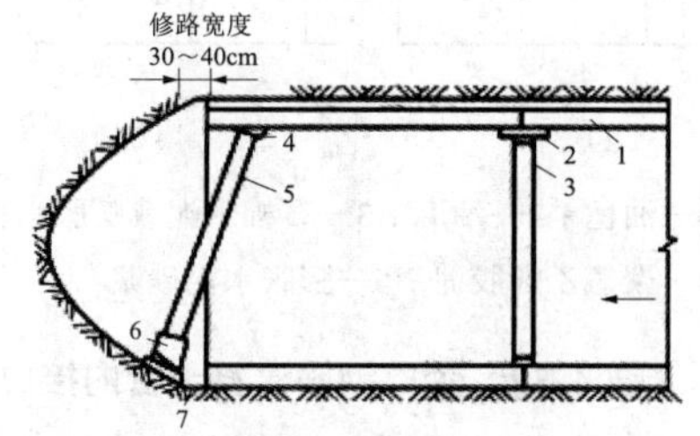

1—管子；2—木楔；3—内胀圈；4—楔子；5—支柱；6—校正千斤顶；7—垫板

图4-27 下陷校正

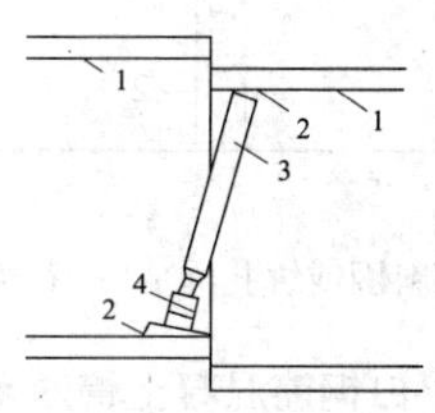

1—管子；2—木楔；3—支柱；4—校正千斤顶

图4-28 错口校正

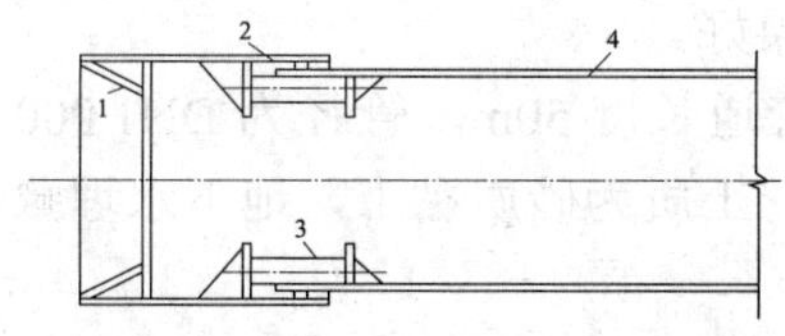

1—刃脚；2—工具管；3—校正千斤顶；4—后管

图4-29 校正工具管设备组成

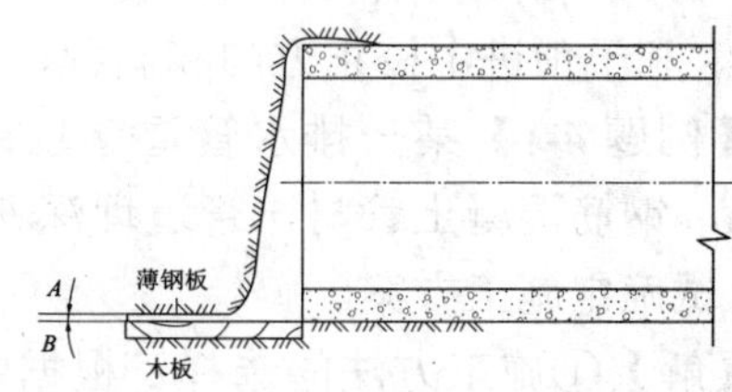

图4-30 衬垫法

④衬垫校正。对淤泥、流砂地段的管子，因其基础承载力弱，常出现管子低头现象，这时在管底或管子的一侧加木楔，使管道沿着正确的方向顶进。正确的方法是将木楔做成光面或包一层薄钢板，稍有些斜坡，使之慢慢恢复原状。使管道由B方向A方前进（A是正确方向），如图4-30所示。

5. 顶管接口

掘进顶管完毕，拆除临时连接，进行内接口，接口形式根据现场条件、管道使用要求、管口形式等因素选择。

钢筋混凝土管常采用如下接口形式：

（1）平口钢筋混凝土管油麻石棉水泥或膨胀水泥接口

接口形式如图 4-31 所示。

施工时，在内脚圈安装前将麻辫填入两个管口之间，顶进完毕后，拆除内脚圈。在管口缝隙处填石棉水泥后打实，也可以填塞膨胀水泥（膨胀水泥：砂：水 =1 ：1 ：0.3）。还可采取油毡垫接口，此种接口方法简单，施工方便，用于无地下水处。油毡垫可以使顶力均匀分布到管节面上。一般采用 3 ～ 4 层油毡垫于管节间，在顶进中越压越紧。顶管完毕后在两管间用水泥砂浆勾内缝。

（2）企口钢筋混凝土管内接口。接口方式如图 4-32 所示。

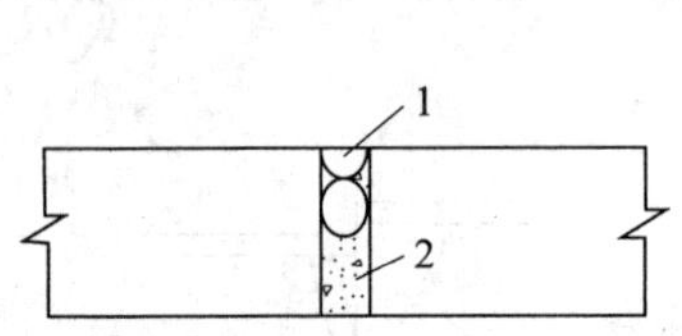

1—麻辫或塑料圈或绑扎绳；2—石棉水泥

图 4-31　平口钢筋混凝土管油麻石棉水泥内接口

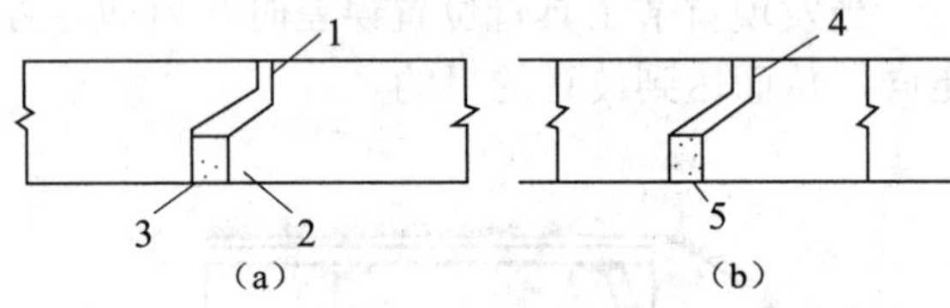

1—油毡；2—油麻；3—石棉水泥或膨胀水泥砂浆；4—聚氯乙烯胶泥；5—膨胀水泥砂浆

图 4-32　企口钢筋混凝土管内接口

企口钢筋混凝土管的接口有油麻石棉水泥或膨胀水泥内接口，如图 4-32（a）所示，管壁外侧油毡为缓压层。还有一种聚氯乙烯胶泥膨胀水泥内接口。这种接口的抗渗性优于油麻石棉水泥或膨胀水泥接口，如图 4-32（b）所示。

此外，还可以采取麻辫沥青冷油膏接口。该接口施工方便，管接口具有一定的柔性，利于顶进中校正方向和高程，密封效果好。

【例题 4-1】某一排水管道穿越铁路，管道长度 50m，管径为 DN1 000，壁厚 11cm，钢筋混凝土管材，管道埋深 h 为 4m。土质为砂质黏土，地下水埋藏深度为 6m。试确定施工方案。

【解】①施工方法的选择：根据本地区的土质、地下水的情况，结合铁路部门的要求，本工程采用人工掘进顶管法施工。

②工作坑的布置：本工程所需顶管长度为 50m，在管道的一端检查井处布置工作坑，采用单向坑。

③工作坑尺寸的确定：根据施工经验，按经验公式计算。

工作坑长度 $L=d+2.5=1.5+2.5=4.0\text{m}$

工作坑宽度 $W=\text{D}+2.5=1.0+2.5=3.5\text{m}$

工作坑深度 $H=h+0.2=4.0+0.2=4.2\text{m}$

④工作坑基础及后背：工作坑基础采用 20cm×20cm、长 3.5cm 的木方满铺；工作坑后背采用 20cm×20cm，长 3.5cm 的木方堆放高度 1.5m，竖向用 50mm 钢轨

加固木方。

⑤工作坑支撑及工作平面：工作坑四周采用60mm木板密铺，采用20cm×20cm木方横撑加固；工作平面由吊装架、卷扬机组成，吊装架由双排6根Φ300圆木构成，横梁采用DN219厚钢管，平台采用Φ200圆木及60mm板铺设，且预留有下管孔及人孔。卷扬机采用一台19620kN的电动卷扬机。

⑥导轨选择：顶进导轨采用18号轻轨，导轨轨距：

$$A_0=2[R^2-(R-h)^2]^{1/2}$$

$$A_0=2[0.61^2-(0.61-0.18)^2]^{1/2}$$

$$A_0=2[0.61^2-0.43^2]^{1/2}$$

$$A_0=0.864\text{m}$$

⑦顶进设备的选择：

（A）千斤顶顶力计算。

根据经验公式：

$$P=3.0W$$

式中，W——每米管重，取为8 800kN；

$$P=3\times 8\ 800=26\ 400\text{kN}$$

选用YCZ300型千斤顶，满足要求。

（B）千斤顶布置。其布置形式采用单列式，使千斤顶中心与管中心的垂线对称。根据施工经验，千斤顶的著力点作用在管子垂直直径的1/4～1/5处，采用顶铁传递顶力，所用顶铁由型钢及铁板制成，按其安放位置或传力作用分为：顺铁、横铁、立铁。

⑧顶进：

（A）挖土与运土：根据YCZ300型千斤顶的一次顶程为0.5m，按照施工规范每次挖土的深度不大于0.5m，采用人工开挖，管内水平运土采用专用运土小车将土运到工作坑，垂直运输采用卷扬机将土运到工作坑外。

（B）顶进：依据“先挖后顶，随挖随顶”的原则，严格按照操作规程进行。

⑨质量控制：每顶进一次，要进行一次测量，其偏差为：中心位移小于50mm，高程偏差+30mm、－40mm，管间错口偏差小于20mm。

二、机械掘进顶管法

机械掘进与人工掘进的工作坑布置基本相同，不同处主要是管端挖土与运土。机械取土顶管是在被顶进管子前端安装机械钻进的挖土设备，配上皮带运土，可代替人工挖、运土。

当管前土被切削形成一定的孔洞后，开动千斤顶，将管子顶进一段距离，机械不断切削，管子不断顶入。同样，每顶进一段距离，需要及时测量及纠偏。

（一）伞式挖掘机

如图 4-33 所示，用于 800mm 以上大管内。是顶进机械中最常见的形式。挖掘机由电机通过减速机构直接带动主轴，主轴上装有切削盘或切削臂，根据不同土质安装不同形式的刀齿于盘面或臂杆上，由主轴带动刀盘或刀臂旋转切土。再由提升环的铲斗将土铲起、提升、倾卸于皮带运输机上运走。典型的伞式掘进机的结构一般由工具管、切削机构、驱动机构、动力设施、装载机构及校正机构组成。伞式挖掘机适合于黏土、粉质黏土、砂质粉土和砂土中钻进，不适合弱土层或含水土层内钻进。

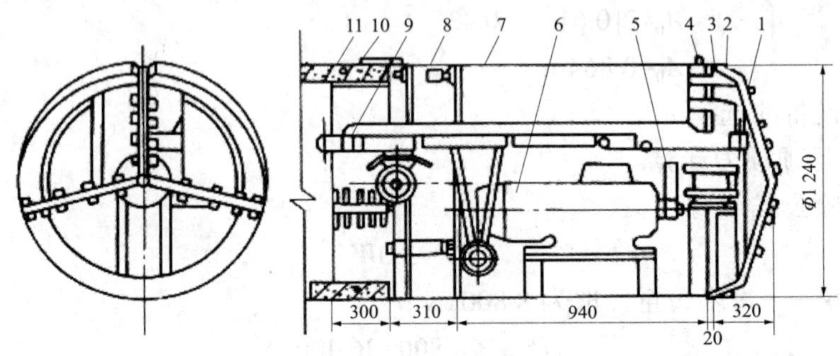

1—刀齿；2—刀架；3—刮泥板；4—超挖机；5—齿轮变速；6—电机；
7—工具管；8—千斤顶；9—皮运机；10—支撑杆；11—顶进管

图 4-33 上海 ø1 050 掘进

（二）螺旋掘进机

如图 4-34 所示，主要用于小口径（管径小于 800mm）的顶管。管子按设计方向和坡度放在导向架上，管前由旋转切削式钻头切土，并由螺旋输送器运土。螺旋式水平钻机安装方便，但是顶进过程中易产生较大的下沉误差。而且，误差产生不易纠正，故适用于短距离顶进，一般最大顶进长度为 70 ～ 80m。800mm 以下的小口径钢管顶进方法有很多种，如真空法顶进。这种方法适用于直径为 200 ～ 300mm 管子在松散土层，如松散砂土、砂黏土、淤泥土、软黏土等土内掘进，顶距一般为 20 ～ 30m。

（三）“机械手”挖掘机

如图 4-35 所示，“机械手”挖掘机的特点是弧形刀臂以垂直于管轴小的横轴为轴，作前后旋转，在工作面上切削。挖成的工作面为半球形，由于运动是前后旋转，不会因挖掘而造成工具管旋转，同时靠刀架高速旋转切削的离心力将土抛出离工作面较远处，便于土的管内输出。该机械构造简单、安装维修方便，便于转向，挖掘效率高，适用于黏性土。

采用机械顶管法改善了工作条件，减轻劳动强度，一般土质均能顺利顶进。但在使用中也存在一些问题，影响推广使用。

（四）水力掘进顶管法

水力掘进主要设备在首节混凝土管前端装工具管。工具管内包括封板、喷射管、真空室、高压水管、排泥系统等。其装置如图 4-36 所示。

水力掘进顶管依靠环形喷嘴射出的高压水，将顶入管内的土冲散，利用中间喷射水枪将工具管内下方的碎土冲成泥浆，经过格网流入真空室，依靠射流原理将泥浆输送至地面储泥场。

校正管段设有水平铰、垂直铰和相应纠偏千斤顶。水平铰起纠正中心偏差作用，垂直铰起高程纠偏作用。

水力掘进便于实现机械化和自动化，边顶进，边水冲，边排泥。

水力掘进是控制土壤冲成的泥浆在工具管内进行，要防止高压水冲击管外，造成扰动管外土层，影响顶进的正常进行或发生较大偏差。所以顶入管内土壤应有一

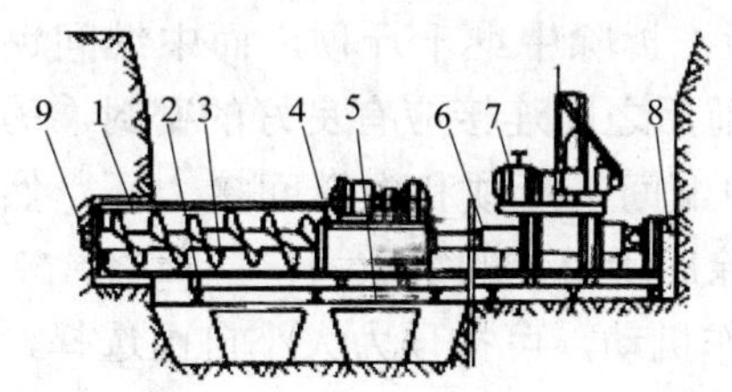

1—管节；2—道轨机架；3—螺旋输送器；4—传送机构；5—土斗；6—液压机构；7—千斤顶；8—后背；9—钻头

图 4-34　螺旋掘进机

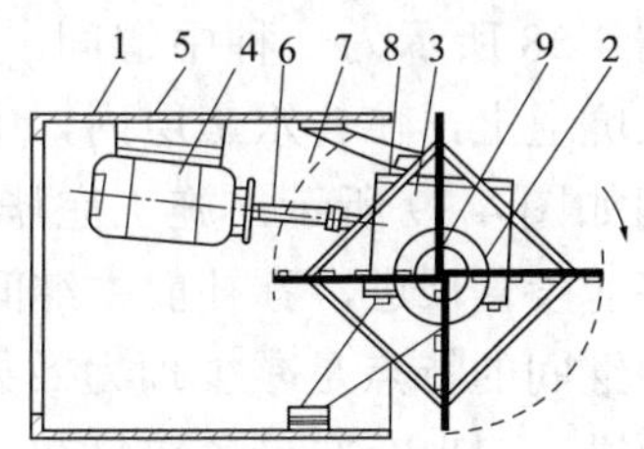

1—工具管；2—刀臂；3—减速箱；4—电机；5—机座；6—传动轴；7—底架；8—翼板；9—锥形圆筒

图 4-35　“机械手”挖掘机

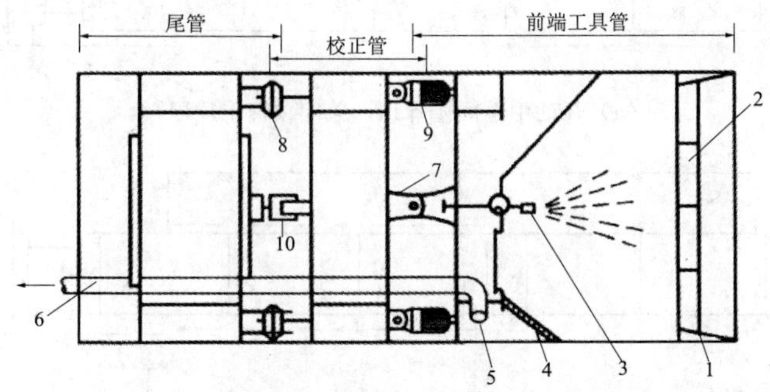

1—刀刃；2—格栅；3—水枪；4—格网；5—泥浆吸入口；6—泥浆管；7—水平铰；8—垂直铰；9—上下纠偏千斤顶；10—左右纠偏千斤顶

图 4-36　水力掘进装置

段长度，俗称土塞。

水力拥进顶管法的优点是：生产效率高，其冲土、排泥连续进行；设备简单，成本低；改善劳动条件，减轻劳动强度。但是，需要耗用大量的水，顶进时，方向不易控制，容易发生偏差；而且需要有存泥浆场地。

三、延长顶进技术

在最佳施工条件下，普通顶管法的一次顶进长度为百米左右，当铺设长距离管道时，为了减少工作坑，提高施工进度，可采用延长顶进技术。延长顶进技术可分为中继间顶进、泥浆套顶进和蜡覆顶进。

（一）中继间顶进

中继间是在顶进管段中间设置的接力顶进工作间，此工作间内安装中继千斤顶，担负中继间之前的管段顶进。中继间千斤顶推进前面管段后，主压千斤顶再推进中继间后面的管段。此种分段接力顶进方法，称为中继间顶进。如图 4-37 所示。

图 4-38 所示为一种中继间。施工结束后，拆除中继千斤顶，而中继间钢外套环留在坑道上，在含水土层内，中继间与管前后之间连接应有良好的密封。另一类中继间如图 4-39 所示。施工完毕时，拆除中继间千斤顶和中继间接力环。然后中继间将前段管顶进，弥补前中继间千斤顶拆除后所留下的空隙。

中继间的特点是减少顶力效果显著，操作机动，可按顶力大小自由选择，分段接力顶进。但也存在设备较复杂、加工成本高、操作不便、降低工效的不足。

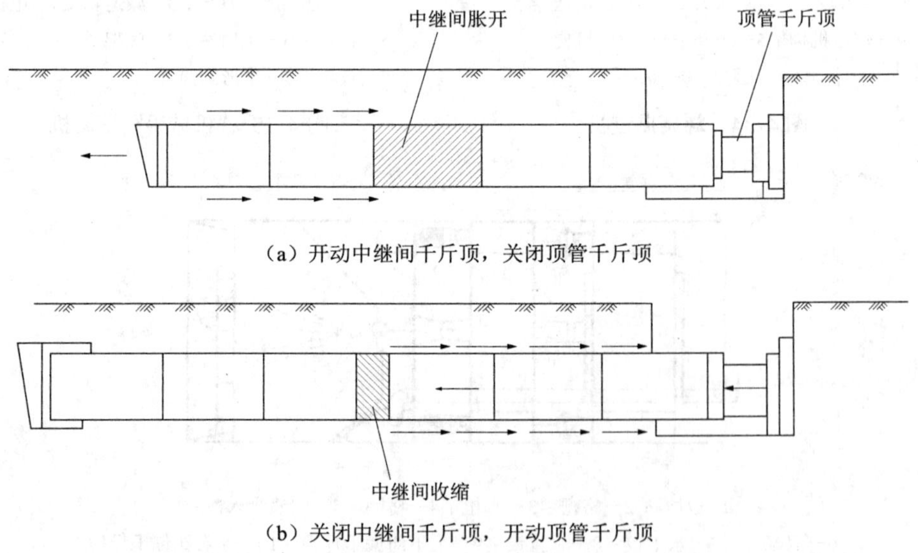

（a）开动中继间千斤顶，关闭顶管千斤顶

（b）关闭中继间千斤顶，开动顶管千斤顶

图 4-37　中继间顶进

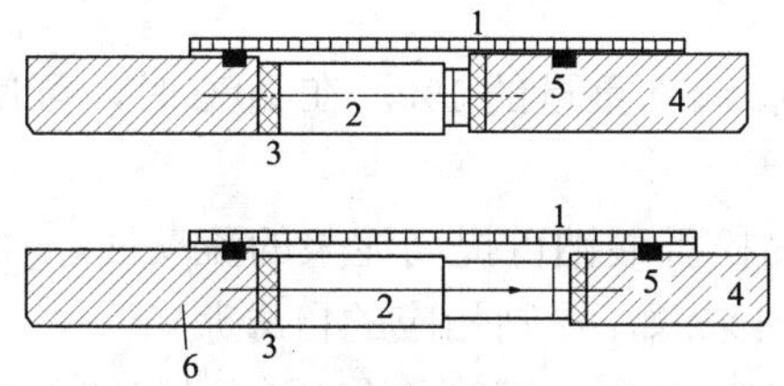

1—中继间钢套；2—中继间千斤顶；3—垫料；
4—前管；5—密封环；6—后背

图 4-38 顶进中继间一

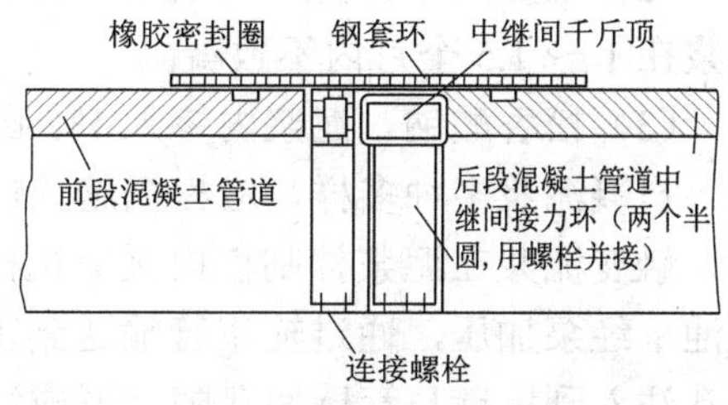

图 4-39 顶进中继间二

（二）泥浆套顶进

在管壁与坑壁间注入触变泥浆，形成泥浆套，可减少管壁与土壁之间的摩擦阻力，一次顶进长度可较非泥浆套顶进增加 2 ～ 3 倍。长距离顶管时，经常采用中继间—泥浆套顶进。

对触变泥浆的要求是泥浆在输送和灌注过程中具有流动性、可变性和一定的承载力，经过一定的固结时间，产生强度。

触变泥浆主要成分是膨润土和水。膨润土是粒径小于 2μm，主要矿物成分是 Si-Al-Si（硅—铝—硅）的微晶高岭土。膨润土的相对密度为 2.5 ～ 2.95，密度为 $0.83 \sim 1.13 \times 10^3 kg/m^3$。对膨润土的要求为：

（1）膨润倍数一般要大于 6。膨润倍数越大，造浆率越大，制浆成本越低。

（2）要有稳定的胶质价，保证泥浆有一定的稠度，不致因重力作用而使颗粒沉淀。造浆用水除对硬度有要求外，并无其他特殊要求，用自来水即可。

为提高泥浆的某些性能而需掺入各种泥浆处理剂。常用的处理剂有：

（1）碳酸钠。可提高泥浆的稠度。但泥浆对碱的敏感性很强，加入量的多少，应事先作模拟确定。一般为膨润土重量的 2% ～ 4%。

（2）羟甲基纤维素。能提高泥浆的稳定性，防止细土粒相互吸附凝聚。掺入量为膨润土重量的 2% ～ 3%。

（3）腐殖酸盐。是一种降低泥浆黏度和静切力的外掺剂。掺入量占膨润土重量的 1% ～ 2%。

（4）铁铬木质素磺酸盐。其作用与腐殖酸盐相同。

在地面不允许产生沉降的顶进时，需要采取自凝泥浆。自凝泥浆除具有良好的润滑性和造壁性外，还具有后期固化后有一定强度，达到加大承载效果的性能。

常用自凝泥浆的外掺剂：

（1）氢氧化钙。氢氧化钙膨润土中的二氧化硅经化学作用生成水泥的主要成分硅酸钙，经过水化作用而固结，固结强度可达 0.5 ～ 0.6MPa。氢氧化钙用量为膨润土重量的 20 倍。

（2）工业六糖。是一种缓凝剂，掺入量为膨润土重量的 1%。在 20℃时，可使泥浆在 1 ～ 1.5 个月内不致凝固。

（3）松香酸钠。泥浆内掺入 1% 膨润土重的松香酸钠可提高泥浆的流动性。

自凝泥浆多种多样，应根据施工情况、材料来源，拌制相应的自凝浆。

触变泥浆在泥浆拌制机内采取机械或压缩空气拌制；拌制均匀后的泥浆储于泥浆池；经泵加压，通过输浆管输送到工具管的泥浆封闭环，经由封闭环上开设的注浆孔注入到坑壁与管壁间孔隙，形成泥浆套，如图 4-40 所示。

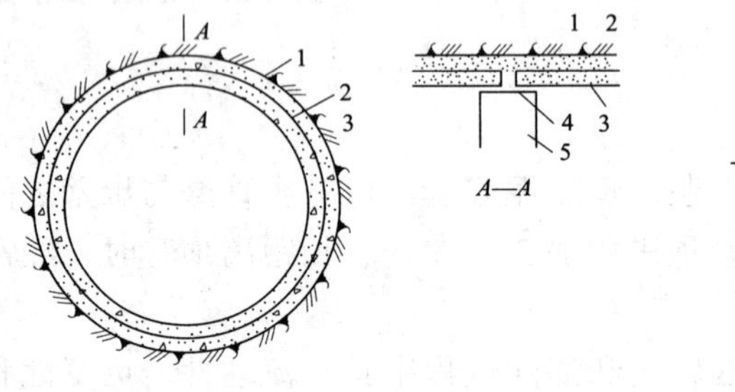

1—土壁；2—泥浆套；3—混凝土管；4—内胀圈；5—填料

图 4-40　泥浆套

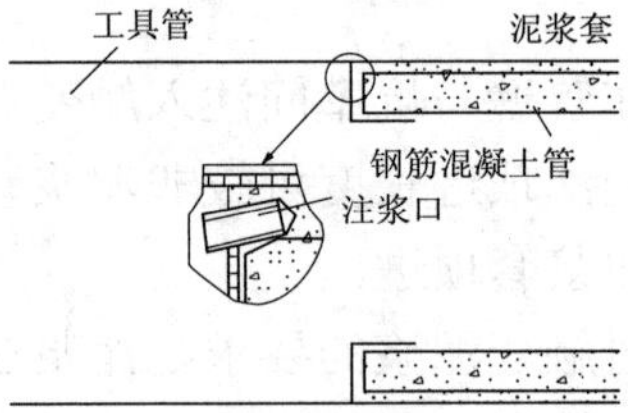

工具管
泥浆套
钢筋混凝土管
注浆口

图 4-41　泥浆工具管

泥浆注入压力根据输送距离而定。一般采用 0.1 ～ 0.15MPa 泵压，输浆管路采用 DN50 ～ 70 的钢管，每节长度与顶进管节长度相等或为顶进管的两倍。管路采取法兰连接。

输浆管前的工具管应有良好的密封，防止泥浆从管前端漏出，如图 4-41 所示。

泥浆通过管前和沿程的灌浆孔灌注。灌注泥浆分为灌浆和补浆两种，如图 4-42 所示。

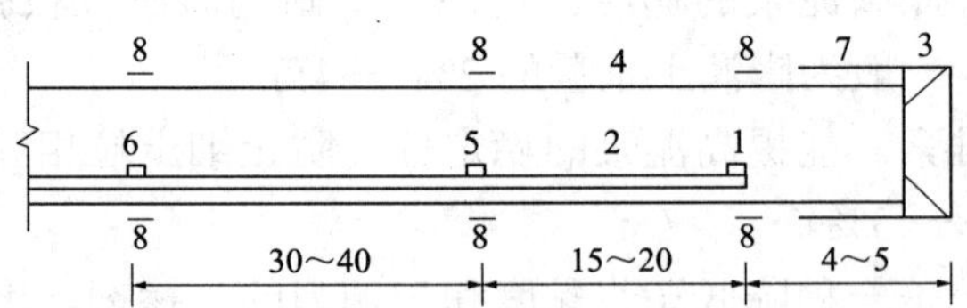

1—灌浆罐；2—输浆管；3—刃；4—管体；5、6—补浆罐；7—工具管；8—泥浆套

图 4-42　泥浆罐与补浆罐位置（单位：m）

为防止灌浆后泥浆自刃脚处溢入管内，一般离刃脚 4 ～ 5m 处设灌浆罐，由罐向管外壁间隙处灌注泥浆，要保证整个管线周壁为均匀泥浆层所包围。为了弥补第一个灌浆罐的不足并补足流失的泥浆量，还要在距离灌浆罐 15 ～ 20m 处设置第一个补浆罐，此后每隔 30 ～ 40m 设置补浆罐，以保证泥浆充满管外壁。

为了在管外壁形成浆层，管前挖土直径要大于顶节管节的外径，以便灌注泥浆。泥浆套的厚度由工具管的尺寸而定，一般厚度为 15 ～ 20mm。

任务二　挤压土及管道牵引施工

一、挤压土顶管

挤压土顶管不用人工挖土装土，甚至顶管中不出土。使顶进、挖土、装土三个工序成一个整体，提高了劳动生产率。

挤压顶管的应用取决于土质、覆土厚度、顶进距离、施工环境等因素。

挤压土顶管分为出土挤压顶管和不出土顶管两种。

（一）出土挤压土顶管

主要设备包括带有挤压口的工具管、割土工具和运土工具。

工具管如图 4-43 所示，工具管内部设有挤压口，工具管口直径应大于挤压口直径，两者或偏心布置。挤压口的开口率一般取 50%。工具管一般采用 10 ～ 20mm 厚的钢板卷焊而成。要求工具管的椭圆度不大于 3mm，挤压口的椭圆度不大于 1mm，挤压口中心位置的公差不大于 3mm。其圆心必须落于工具管断面的纵轴线上。刃脚必须保持一定的刚度。焊接刃脚时坡口一定要用砂轮打光。

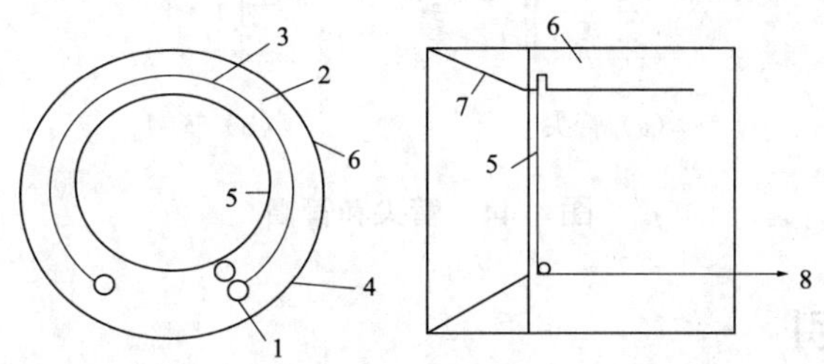

1—钢丝绳固定点；2—钢丝绳；3—R 形卡子；4—定滑轮；5—挤压口；
6—工具管；7—刃角；8—钢丝绳与卷扬机连接

图 4-43　挤压切土工具管

割土工具沿挤压口周围布置成一圈且用钢丝绳固定，每隔 200mm 左右使用 R 形卡子。用卷扬机拖动旋转进行切割土柱。

运土工具是将切割的土柱运至工作坑，再经吊车吊出工作坑的斗车。

主要工作程序为：安管→顶进→输土→测量。

正常操作，在激光测量导向下，能保证上下左右的误差在 10 ～ 20mm 以内，方向稳定。

（二）不出土顶管

不出土顶管是利用千斤顶将管子直接顶入土内，管周围的土被挤压密实。

出土顶管的应用取决于土质，一般应用在天然含水量的黏性土、粉土。

管材以钢管为主、也可以用于铸铁管。管径一般要小于 300mm，管径愈小效果愈好。

不出土顶管的主要设备是挤密土层的管尖和挤压切土的管帽，如图 4-44 所示。

管尖安装在管子前端，顶进时，土不能挤进管内。

管帽安装在管子前端，顶进时，管前端土挤入管帽内，挤进长度为管径的 4 ～ 6 倍时，土就不再挤入管帽内，而形成管内土塞。再继续顶进，土沿管壁挤入邻近土的空隙内，使管壁周围形成密实挤压层、挤压层和原状层三种土层。

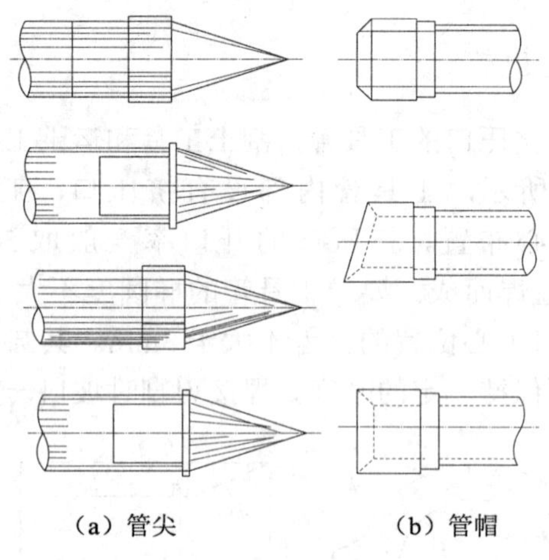

图 4-44　管尖和管帽

二、管道牵引

管道牵引则是依靠前端工作坑的千斤顶，通过两个工作坑的钢索，将管节逐节拉入土内，这种不开槽的施工方法称为管道牵引。牵引设备有水平钻孔机、张拉千斤顶、钢索、锚具等。

牵引管施工时，先在埋管段两端修建两座工作坑，在工作坑间用水平钻钻成略大于穿过钢丝绳直径的通孔。在后方工作坑内安管、挖土、出土等操作与普通顶管法相同，但不需要后背设施。在前方工作坑内安装张拉千斤顶，通过张拉千斤顶牵引钢丝绳拉着管节前进，直到将全部管节牵引入土达到设计要求为止。

管道牵引可分为：普通牵引、顶进牵引、贯入牵引、挤压牵引。

（一）普通牵引

此种方法与普通顶管法相似，只是将普通顶管法的后方顶进改为在前方用钢丝绳牵引。

普通牵引适用直径大于 800mm 的钢筋混凝土管、短距离穿越障碍物的钢管管道敷设。在地下水位以上的黏性土、粉细砂土内均能采用。

（二）顶进牵引

顶进牵引是在前方工作坑牵引导向的盾头，而在后方工作坑顶入管节的方法。这种方法与盾构法相似，不同者只是盾头不是用千斤顶顶进，而是在前坑用张拉千斤顶牵引。

顶进牵引适用于黏土、砂土，尤其是较坚硬的土质最适合。牵引管径不小于 800mm，主要用于钢筋混凝土管的敷设，与覆土深度关系不大。

顶进牵引是牵引和顶进技术的综合，它利用牵引技术保证管道敷设位置的精确度，同时减少主压千斤顶的负担，从而延长了顶进距离。

（三）贯入牵引

在土内牵引盾头式工具管前进，并在工具管后面不断焊接薄壁钢管随同前进，待钢管全部牵引完毕再挖去管内土。

贯入牵引只能用于淤泥、饱和粉土、粉土类软土，并且只适用于钢管。钢管壁薄体轻有利于贯入土内。管节最小直径为 800mm，以便进入管内挖土。牵引距离一般为 40 ～ 50m，最多不超过 60m。

（四）挤压牵引

在前面工作坑内牵引锥式刃脚，在刃脚后面不断焊接加长钢管，靠刃脚将管子周围土层挤压而不需出土。

挤压牵引适用于天然含水量黏性土、粉土和砂土。管径最大不超过 400mm，管顶覆土厚度一般不小于 5 倍牵引管子外径，以免地面隆起。牵引距离不大于 40m，否则牵引力过大不安全。常用管材为钢管，接口为焊接。

任务三　盾构法施工

盾构根据挖掘方式可分为手工挖掘和机械挖掘式盾构，根据切削环与工作面的关系可分为开口形与密闭形盾构。

盾构法施工具有以下优点：

（1）因需顶进的是盾构本身，在同一土层中所需顶力为一常数，不受顶力大小的限制；

（2）盾构断面形状可以任意选择，而且可以形成曲线走向；

（3）操作安全，可在盾构设备的掩护下，进行土层开挖和衬砌；

（4）施工时不扰民，噪声小，影响交通少；

（5）盾构法进行水底施工，不影响航道通行；

（6）严格控制正面超挖，加强衬砌背面空隙的填充，可控制地表沉降。

一、盾构的组成

盾构是用于地下开槽法施工时进行地层开挖及衬砌拼装起支护作用的施工设备。基本构造由开挖系统、推进系统和衬砌拼装系统三部分组成。

（一）开挖系统

盾构壳体形状可任意选择，用于给排水管沟，多采用钢制圆形筒体，由切削环、支撑环、盾尾三部分组成，由外壳钢板连接成一个整体。如图 4-45 所示。

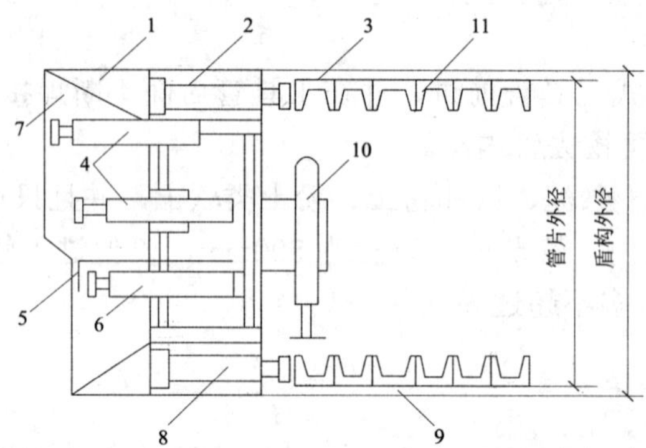

1—切口环；2—支撑环；3—盾尾部分；4—支撑千斤顶；5—活动平台；6—活动平台千斤顶；7—切口；8—盾构推进千斤顶；9—盾尾空隙；10—管片拼装管；11—管片

图 4-45 盾构构造简图

（1）切削环部分。位于盾构的最前端，它的前端做成刃口，以减少切土时对地层的扰动。切削环也是盾构施工时容纳作业人员挖土或安装挖掘机械的部位。

盾构开挖系统均设置于切削环中。根据切削环与工作面的关系，可分开放式和密闭式两类。当土质不能保持稳定，如松散的粉细砂、液化土等，应采用密闭式盾构。当需要对工作面支撑，可采用气压盾构或泥水压力盾构，这时在切削环与支撑环之间设密封隔板分开。

（2）支撑环部分。位于切削环之后，处于盾构中间部位。它承担地层对盾构的土压力、千斤顶的顶力以及刃口、盾尾、砌块拼装时传来的施工荷载等。它的外沿布置千斤顶，大型盾构将液压、动力设备、操作系统、衬砌拼装机等均集中布置在支撑环中。在中、小型盾构中，可把部分设备放在盾构后面的车架上。

（3）盾尾部分。它的作用主要是掩护衬砌的拼装，并且防止水、土及注浆材料从盾尾间隙进入盾构。盾尾密封装置由于盾构位置千变万化，极易损坏，要求材质耐磨、耐拉并富有弹性。曾采用单纯橡胶的、橡胶加弹簧钢板的、充气式的、毛刷型的等多种盾尾密封装置，但至今效果不够理想，一般多采用多道密封及可更换盾尾密封装置。

（二）推进系统

推进系统是盾构核心部分，依靠千斤顶将盾构向前移动。千斤顶控制采用油压系统，其组成由高压油泵、操作阀件和千斤顶等设备构成。盾构千斤顶液压回路系统如图 4-46 所示。

图 4-47 为阀门转换器工作示意图。当滑块 2 处于左端时，高压油自进油管 1 流入经分油箱 4 将千斤顶 5 出镐；若需回镐时，将滑块 2 移向右端，高压油从阀门转换器 4，推动千斤顶回镐，并将回油管中的油流向分油箱。

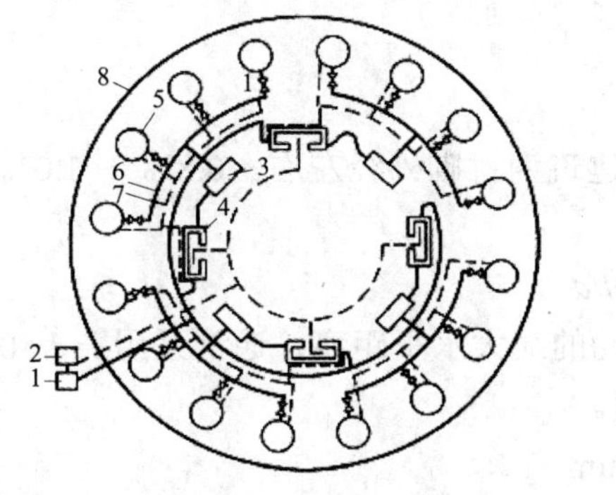

1—高压油泵；2—总油箱；3—分油箱；4—闭口转筒辊；5—千斤顶；6—进油管；7—回油管；8—结构体壳

图 4-46　千斤顶液压回路系统

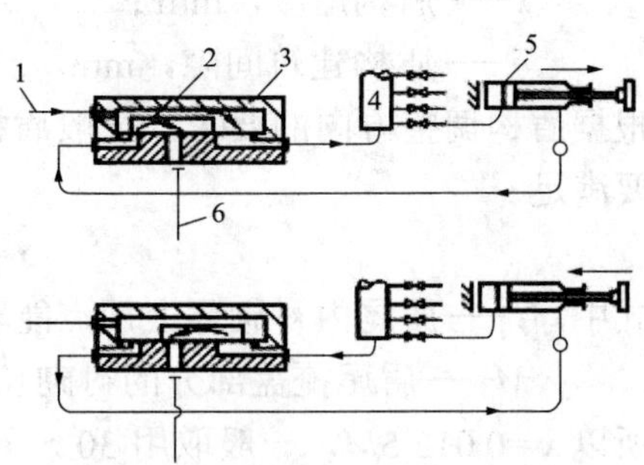

1—进油管；2—滑块；3—阀门转换器；4—分油箱；5—千斤顶；6—回油管

图 4-47　阀门转换器工作示意

（三）衬砌拼装系统

盾构顶进后应及时进行衬砌工作，衬砌块作为盾构千斤顶的后背，承受顶力，施工过程中作为支撑结构，施工结束后作为永久性承载结构。

砌块采用钢筋混凝土或预应力钢筋混凝土，砌块形状有矩形、梯形、中缺形等，砌块尺寸视衬砌方法而定。如图 4-48 所示。

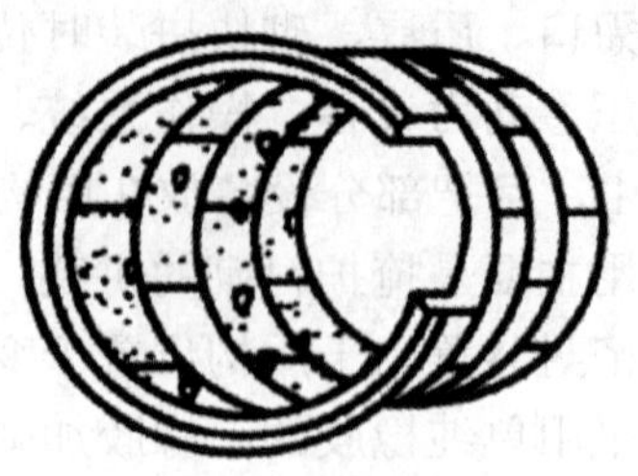

图 4-48 砌块形式

二、盾构壳体尺寸的确定

盾构壳体尺寸应适应隧道的尺寸，一般按下列几个模数确定。

（一）盾构外径

盾构的内径 $D_{内}$应大于隧道衬砌的外径。

$$D=d+2（x+\delta）$$

式中，D——盾构外径，mm；

d——衬砌外径，mm；

x——盾构厚度，mm；

δ——盾构建筑间隙，mm。

根据盾构调整方向的要求，一般盾构建筑为衬砌外径左右。0.8% ～ 1.0% 其最小值要满足：

$$x=Ml/d$$

式中，l——盾尾内衬砌环上顶点能转动的最大水平距离，通常采用 l=d/80；

M——盾尾掩盖部分的衬砌长度。

所以 x =0.012 5M，一般取用 30 ～ 60mm。

（二）盾构长度

盾构全长为前檐、切削环、支撑环和盾尾长度的总和，其大小取决于盾构开挖方法及预制衬砌环的宽度。也与盾构的灵敏度有关系。盾构灵敏度指盾构总长度 L 与其外径 D 的比例关系。灵敏度一般采用：

小型盾构（D=2 ～ 3m），L/D=1.5 左右；

中型盾构（D=3 ～ 6mm），L/D=1.0 左右；

大型盾构 L/D=0.75 左右。

盾构直径确定后，选择适当灵敏度，即可决定盾构长度。

三、盾构推进时系统顶力计算

盾构的前进是靠千斤顶来推进和调整方向，所以千斤顶应有足够的力量，来克服盾构前进过程中所遇到的各种阻力。

1. 外壳与周围土层间摩擦阻力 F_1

$$F_1=\upsilon_1 \left[2\left(P_v+P_h\right) L \cdot D\right]$$

式中，P_v——盾构顶部的竖向土压力，kN/m²；

P_h——水平土压力值，kN/m²；

υ_1——土与钢之间的摩擦系数，一般取 0.2 ～ 0.6；

L——盾构长度，m；

D——盾构外径，m。

2. 切削环部分刃口切入土层阻力 F_2

$$F_2=D\pi \mathrm{L}(P_v \mathrm{tg}\varphi+C)$$

式中，φ——土的内摩擦角；

C——土的内聚力，kN/m²。

3. 砌块与盾尾之间的摩擦力 F_3

$$F_3=\upsilon_2 \cdot G' \cdot L'$$

式中，υ_2——盾尾与衬砌之间的摩擦系数，一般为 0.4 ～ 0.5；

G'——环衬砌重量，kN；

L'——盾尾中衬砌的环数。

4. 盾构自重产生的摩擦阻力 F_4

$$F_4=G \cdot \upsilon_1$$

式中，G——盾构自重，kN。

四、盾构施工

盾构法施工概貌，如图 4-49 所示。

（一）施工准备工作

盾构施工前根据设计提供图纸和有关资料，对施工现场应进行详细勘察，对地上、地下障碍物，地形、土质、地下水和现场条件等诸方面进行了解，根据勘察结果，编制盾构施工方案。

盾构施工的准备工作还应包括测量定线、衬块预制、盾构机械组装、降低地下水位、土层加固以及工作坑开挖等。上述这些准备工作视情况选用，并编入施工方案中。其允许偏差见表 4-8。

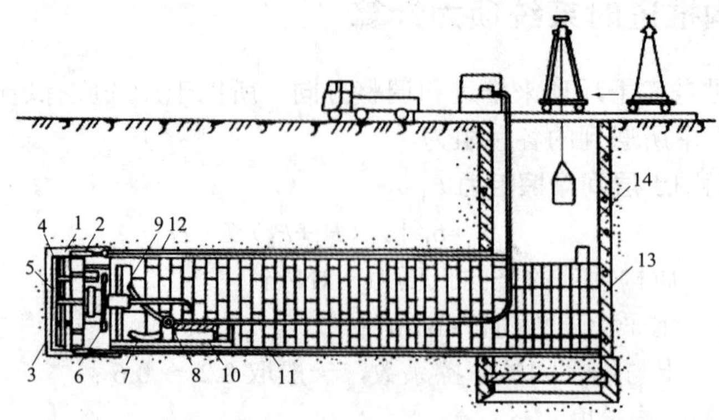

1—盾构；2—盾构千斤顶；3—盾构正面网格；4—出土转盘；5—出土皮带动输机；6—管片拼装机；
7—管片；8—压浆泵；9—压浆孔；10—出土机；11—由管片组成的隧道衬砌结构；
12—在盾尾空隙中的压浆；13—后盾管片；14—竖片

图 4-49　盾构法施工概貌

表 4-8　盾构法施工的给水排水管道允许偏差

项目		允许偏差	项目	允许偏差
高程	排水管道	+15 ～ -150（mm）	圆环变形	8%
	套管或管廊	每环 ±100（mm）	初期衬砌相邻环高差	≤ 20（mm）
轴线位移		150（mm）		

注：圆环变形等于圆环水平及垂直直径差值与标准内径的比值。

（二）盾构工作坑及始顶

盾构法施工也应当设置工作坑（也称工作室），作为盾构开始、中间、结束井。开始工作坑作为盾构施工起点，将盾构下入工作坑内；结束工作坑作为全线顶进完毕，需要将盾构取出；中间工作坑根据需要设置，如为了减少土方、材料地下运输距离或者中间需要设置检查井、车站等构筑物时而设置中间工作坑。

开始工作坑与顶管工作坑相同，其尺寸应满足盾构和其顶进设备尺寸的要求，工作坑周壁应做支撑或采用沉井或连续加固，防止坍塌，同样盾构顶进方向对面做好牢固后背。

盾构在工作坑导轨上至盾构完全进入土中的这一段距离，借助外部千斤顶顶进。与顶管方法相同，如图 4-50（a）所示。

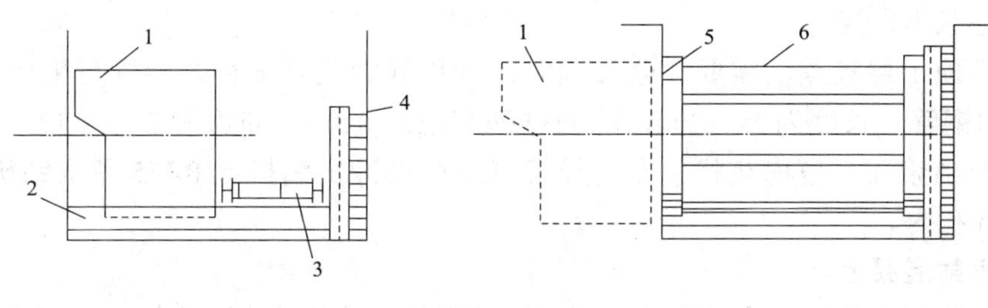

（a）盾构台工作坑始顶 （b）始顶段支撑结构

1—盾构；2—导轨；3—千斤顶；4—后背；5—木环；6—撑木

图 4-50 始顶工作坑

当盾构已进入土中以后，在开始工作坑后背与盾构衬砌环，各设置一个木环，其大小尺寸与衬砌环相等，在两个木环之间用圆木支撑，如图 4-50（b）所示。作为始顶段的盾构千斤顶的支撑结构。一般情况下，衬砌环长度达 30 ～ 50m 以后，才能起后背作用，拆除工作坑内圆木支撑。

始段开始后，即可起用盾构本身千斤顶，将切削环的刃口切入土中，在切削环掩护下进行掘土，一面出土一面将衬砌块运入盾构内，待千斤顶回镐后，其空隙部分进行砌块拼装。再以衬砌环为后背，启动千斤顶，重复上述操作，盾构便不断前进。

（三）衬砌和灌浆

按照设计要求，确定砌块形状和尺寸以及接缝方法，接口有平口、企口和螺栓连接。企口接缝防水性能好，但拼装复杂；螺栓连接整体性好，刚度大。

砌块接口涂抹胶黏剂，提高防水性能，常用的胶黏剂有沥青、玛蹄脂、环氧胶泥等。

砌块外壁与土壁间的间隙应用水泥砂浆或豆石混凝土灌注，通常每隔 3 ～ 5 个衬砌环有一灌注孔环，此环上设有 4 ～ 10 个灌注孔。灌注孔直径不小于 36mm。

灌浆作业应及时进行。灌入按自下而上，左右对称地进行。灌浆时应防止浆液漏入盾构内，在此之前应做好止水。

砌块衬砌和缝隙注浆合称为一次衬砌。

二次衬砌按照功能要求，在一次衬砌合格后，可进行二次衬砌。二次衬砌浇筑豆石混凝土、喷射混凝土等。

1. 无注浆钢筋超前锚杆

锚杆可采用 ϕ22mm 螺纹钢筋，长度一般为 2.0 ～ 2.5m，环向排列，其间距视土壤情况确定，一般为 2.0 ～ 0.4m，排列至拱脚处为止。锚杆每一循环掘进打入一次。可用风动凿岩机打入拱顶上部，钢锚杆末端要焊接在拱架上，此法适用于拱顶土壤较好的情况下，是防止坍塌的一种有效措施。

2. 注浆小导管

当拱顶土层较差，需要注浆加固时，利用导管代替锚杆。导管可采用直径为32mm的钢管，长度为3～7m，环向排列间距为0.3m，仰角为7°～12°。导管管壁设有出浆孔，呈梅花状分布。导管可用风动冲击钻机或PZ75型水钻机成孔，然后推入孔内。

3. 喷射混凝土

喷射混凝土是借助喷射机械，利用压缩空气或其他动力，将按一定配合比的拌合料，通过管道输送并以高速喷射到受喷面上凝结硬化而成的一种混凝土。

根据喷射混凝土拌和料的搅拌和运输方式，喷射方式一般分为干式和湿式两种。常采用干式。图4-51和图4-52为干式和湿式喷射混凝土工艺流程图。

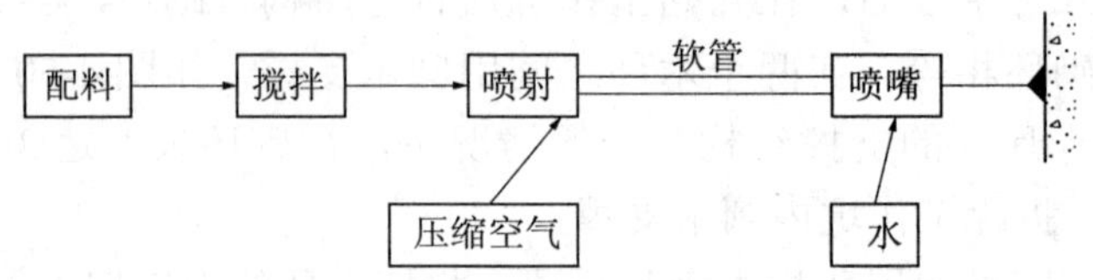

图4-51 干式喷射工艺流程

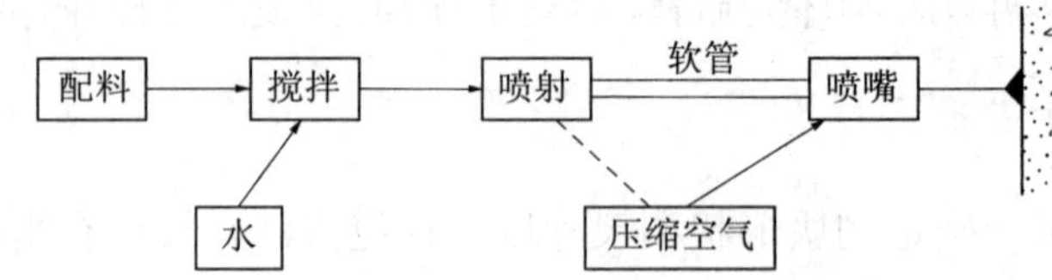

图4-52 湿式喷射工艺流程

干式喷射是依靠喷射机压送干拌合料，在喷嘴处加水。在国内外应用较为普遍，它的主要优点是设备简单，输送距离长，速凝剂可在进入喷射机前加入。

湿式喷射是用喷射机压送湿拌和料（加入拌和水），在喷嘴处加入速凝剂。它的主要优点是拌和均匀，水灰比能准确控制，速凝剂加入也较容易。

4. 回填注浆

在暗挖法施工中，在初期支护的拱顶上部，由于喷射混凝土与土层未密贴，拱顶下沉形成空隙，为防止地面下沉，采用水泥浆液回填注浆。这样不仅挤密了拱顶部分的土体，而且加强了土体与初期支护的形体性，有效防止地面的沉降。

注浆设备可采用灰浆搅拌机和柱塞式灰浆泵，根据地层覆盖条件确定注浆压力，一般为50～200kPa范围内。

（四）二次衬砌

完成初期支护施工之后，需进行洞体二次衬砌，二次衬砌采用现浇钢筋混凝土结构。混凝土强度选用 C20 以上，坍落度为 18 ～ 20cm 高流动混凝土。采用墙体和拱顶分步浇筑方案，即先浇侧墙，后浇拱顶。拱顶部分采用压力式浇筑混凝土。

任务四　其他暗挖法

一、浅埋暗挖法

浅埋暗挖法是一种在离地表很近的地下进行各种类型地下洞室暗挖施工的方法。在明挖法、盾构法不适应的条件下，如北京长安街下的地铁修建工程，浅埋暗挖法显示了巨大的优越性。

浅埋暗挖法施工步骤是：先将钢管打入地层，然后注入水泥或化学浆液，使地层加固；开挖面土体支护是采用浅埋暗挖法的基本条件；地层加固后，进行短进尺洞体开挖；随后即作洞体初期支护；最后，完成三次支护。若遇有地下水，则增加了施工难度。采用何种方法降水和防渗成为施工关键。

浅埋暗挖法的施工需利用监控测量获得的信息进行指导，这对施工的安全与质量都是重要的。

二、盖挖逆作法

盖挖逆作法可作为市区修建地下人行通道、地铁车站等工程的施工方法。其施工程序概括为：开挖路面及土槽至顶板底面标高处，制作土模、两端防水，绑扎顶板钢筋，浇筑顶板混凝土，重做路面、恢复交通，开挖竖井，转入地下暗挖导洞、喷锚支护侧壁，分段浇筑 L 形墙基及侧墙，开挖核心土体，浇筑底板混凝土，装修等过程。

三、管棚法

管棚法与盖挖逆作法主要不同点是不需要破坏路面，不影响地面交通。在管棚的保护下，可安全地进行施工。

管棚法的施工程序为：开挖工作竖井，水平钻孔，安设管棚钢管，向管内注入砂浆，按次序暗挖管棚下土体，立钢框架并喷射混凝土作为初期支护，绑扎钢筋，支设模板，浇筑混凝土衬砌，拆除支撑，进行装修等过程。

思考题与习题

1. 试述地下给排水管道不开槽施工的特点及其适用范围。
2. 地下给水排水管道不开槽施工的方法有哪几种？各有何特点？
3. 人工掘进顶管的工作坑如何选择？
4. 人工掘进顶管工作坑分为几种？各适合什么条件？
5. 试述掘进顶管工作坑的施工方法。
6. 掘进顶管常用哪些工作坑基础？各适合哪些场合？
7. 掘进顶管工作坑内导轨的作用是什么？如何选择？
8. 简述掘进顶管后背墙的要求和形式。
9. 人工掘进顶管时，对管前挖土有何要求？
10. 掘进顶管时，有哪些挖土与运土方式？各自特点如何？
11. 试述延长顶管方法与特点。
12. 掘进顶管中，管道测量的目的是什么？有哪些测量方法？其特点如何？
13. 掘进顶管的质量要求有哪些？
14. 掘进顶管施工中，出现管道误差的原因是什么？如何防止？
15. 掘进顶管中，若出现管道误差，可采取哪些方法进行校正？
16. 掘进顶管常采取哪些内接口？各适合什么条件？
17. 试述挤密土顶管的特点及其适用条件。
18. 出土挤压顶管施工的特点及其适用条件是什么？
19. 简述不出土挤压施工的特点及其适用条件。
20. 试述管道牵引不开槽施工的特点及其适用条件。
21. 管道牵引不开槽施工可分为哪几种？各适合什么条件？
22. 盾构法施工的特点是什么？适用于哪些场合？
23. 盾构由哪几部分组成？各部分有何作用？

项目五　给水排水设备和构筑物施工

项目概述

给排水设备和构筑物是市政工程的重要的分部工程；该项目主要阐述了水泵和鼓风机的安装方法和要求；检查井和钢筋混凝土构筑物等各种大小构筑物的施工的方法和施工的步骤和要求。

学习目标

掌握水泵和鼓风机的安装方法，在各种给排水构筑物施工中，能按照要求完成施工步骤，达到施工和验收要求。

任务一　水泵的安装

常用水泵有叶片式泵、容积式泵两大类。离心式水泵是应用最广的水泵，掌握了离心泵的安装，其他泵的安装按照样本说明也可以安装。

一、水泵的安装

安装水泵的步骤依次是：安装前的检查，基础施工及验收，机座安装、水泵泵体安装、水泵电动机安装。

（一）安装前的检查

水泵安装前应对水泵进行以下检查：

（1）按水泵铭牌检查水泵性能参数，即水泵规格型号、电动机型号、功率、转速等；

（2）设备不应该有损坏和锈蚀等情况，管口保护物和堵盖应完整；

（3）用手盘车应灵活、无阻滞、卡住现象，无异常声音。

（二）水泵基础施工及验收

小型水泵多为整体组装式，即在出厂时已把水泵、电动机与铸铁机座组合在一起，安装时只需将机座安装在混凝土基础上即可。另一类是水泵泵体与电机分别装箱出厂的，安装时要分别把泵体和电机安装在混凝土基础上。

水泵基础应按设计图纸确定中心线、位置和标高，有机座的基础，其基础各向尺寸要大于机座 100 ～ 150mm，无机座的基础，外缘应距水泵或电机地脚螺栓孔中心 150mm 以上。基础顶面标高应满足水泵进出口中心高度要求，并不低于室内地坪 100mm。当基础的尺寸、位置、标高符合设计要求后，办理水泵基础交接验收手续，然后将底座置于基础上，套上地脚螺栓，调整底座的纵横中心位置与设计位置相一致。测定底座水平度：用水平仪（或水平尺）在底座的加工面上进行水平度的测量。其允许误差纵、横向均不大于 0.1‰。底座安装时应用平垫铁片使其调成水平，并将地脚螺栓拧紧。

基础一般用混凝土、钢筋混凝土浇筑而成，强度等级不低于 C15。固定机座或泵体、电机的地脚螺栓，可随浇筑混凝土同时埋入，此时要保证螺栓中心距准确，一般要依尺寸要求用木板把螺栓上部固定在基础模板上，螺栓下部用 φ6 圆钢相互焊接固定。另一种做法是，在地脚螺栓的位置先预留埋置螺栓的深孔，待安装机座时再穿上地脚螺栓进行浇筑，此法叫二次浇筑法。由于土建施工先作基础，水泵及管道安装后进行，为了安装时更为准确，所以常采用二次浇筑。

地脚螺栓直径 d 是根据水泵底座上的螺栓孔直径确定的，一般 d 比孔径小 2 ～ 10mm，可参见表 5-1。地脚螺栓埋入基础的尾部做成弯钩或燕尾式，埋入深度可参照直径确定。地脚螺栓的不垂直度不大于 1%；地脚螺栓距孔壁的距离不应小于 15mm，其底端不应碰预留孔底；安装前应将地脚螺栓上的油脂和污垢消除干净；螺栓与垫圈、垫圈与水泵底座接触面应平整，不得有毛刺、杂屑；地脚螺栓的紧固，应在混凝土达到设计要求或相应的验收规范要求后进行，拧紧螺母后，螺栓必须露出螺母的 1.5 ～ 5 个螺距。地脚螺栓拧紧后，用水泥砂浆将底座与基础之间的缝隙填实，再用混凝土将底座下的空间填满填实，以保证底座的稳定。

表 5-1　地脚螺栓直径及埋深　　单位：mm

螺孔直径	12 ～ 13	14 ～ 17	18 ～ 22	23 ～ 27	28 ～ 33	34 ～ 40	41 ～ 47	48 ～ 55
螺栓直径	10	12 ～ 14	16	20	24	30	36	42
埋深尺寸	200 ～ 400				500		600	700

水泵基础深度一般比地脚螺栓埋深 200mm。

水泵基础验收主要内容有：基础混凝土强度等级是否符合设计要求，外表面是否平整光滑，浇筑和抹面是否密实，可用手锤轻打，声音实脆且无脱落为合格。尺寸检查有平面位置、标高、外形尺寸、地脚螺栓留孔数量、位置、大小、深度。在基础强度达到设计要求或相应的验收规范要求后，方可进行水泵安装。在气温 10 ～ 15℃时，一般要在 7 ～ 12 天以后才可进行二次浇筑并进行安装。

（三）水泵泵体安装

水泵整机在基础上就位，机座中心线应与基础中心线重合，因此安装时首先在基础上划出中心线位置。机座用调整垫铁的方法进行找平，垫铁厚度依需要而定，垫铁组在能放稳和不影响灌浆的情况下，应尽量靠近地脚螺栓。每个垫铁组应尽量减少垫铁块数，一般不超过 3 块，并少用薄垫铁。放置平垫铁时，最厚的放在下面，最薄的放在中间，并将各垫铁相互焊接（铸铁垫铁可不焊），以免滑动影响机座稳固。机座的水平误差沿水泵轴方向，不超过 0.lmm/m，沿与水泵轴垂直方向，不超过 0.3mm/m。

水泵泵体、电机如已装为一体，机座就位后找正、找平即完成安装。如分体安装时，还要进行水泵泵体和电机的安装和连接。此时应按图纸要求在机座上定出水泵纵横中心线，纵中心线就是水泵轴中心线，横中心线是以出水管的中心线为准。水泵找平的方法有：把水平尺放在水泵轴上测量轴向水平或用吊垂线的方法，测量水泵进出口的法兰垂直平面与垂线是否平行，若不平行，可以用泵体基座与泵体螺栓相接处加减薄钢片调整。水泵找正，在水泵外缘以纵横中心线位置立桩，并在空中拉中心线交角 90°，在两根线上各挂垂线，使水泵的轴心和横向中心线的垂线相重合，使其进出口中心与纵向中心线相重合。

电动机的安装主要是把电动机轴的中心调整到与水泵轴的中心线在一条直线上，一般用钢板尺立在联轴器上做接触检查，转动联轴器，两个靠背轮与钢板尺处处紧密接触为合格。这是水泵安装中最关键的工序。另外，还要检查靠背轮之间的间隙能否满足在两轴作少量自由窜动时，不会发生顶撞和干扰。规定其间隙为：小型水泵 2 ～ 4mm，中型水泵 4 ～ 5mm，大型水泵 4 ～ 8mm。

水泵安装允许偏差应符合表 5-2 的规定；水泵安装基准线与建筑轴线、设备平面位置及标高的允许误差和检验方法见表 5-3。

表 5-2　水泵安装允许偏差

<table>
<tr><th rowspan="2">序号</th><th rowspan="2" colspan="3">项目</th><th rowspan="2">允许偏差 / mm</th><th colspan="2">检验频率</th><th rowspan="2">检验方法</th></tr>
<tr><th>范围</th><th>点数</th></tr>
<tr><td>1</td><td colspan="3">底座水平度</td><td>±2</td><td>每台</td><td>4</td><td>用水准仪测量</td></tr>
<tr><td>2</td><td colspan="3">底脚螺栓位置</td><td>±2</td><td>每只</td><td>1</td><td>用尺量</td></tr>
<tr><td>3</td><td colspan="3">泵体水平度、铅垂度</td><td>0.1/m</td><td rowspan="5">每台</td><td>2</td><td>用水准仪测量</td></tr>
<tr><td>4</td><td rowspan="2">联轴器同心度</td><td colspan="2">轴向倾斜</td><td>0.8/m</td><td>2</td><td rowspan="2">用水平尺、百分表、测微螺钉和塞尺检查</td></tr>
<tr><td>5</td><td colspan="2">径向位移</td><td>0.1/m</td><td>2</td></tr>
<tr><td>6</td><td rowspan="2">皮带传动</td><td rowspan="2">轮宽中心平面位移</td><td>平皮带</td><td>1.5</td><td>2</td><td rowspan="2">在主从动皮带轮端拉线用尺检查</td></tr>
<tr><td>7</td><td>三角皮带</td><td>1.0</td><td>2</td></tr>
</table>

表 5-3　水泵安装基准线的允许误差和检验方法

项次	项目			允许偏差 /mm	检验方法
1	安装基准线	与建筑轴线距离		±20	用钢卷尺检查
2		与设备	平面位置	±10	用水准仪和钢板尺检查
3			标高	+20，−10	

（四）水泵的配管

泵的连接管有吸入管和压出管两部分，吸入管上装有闸阀（截断关闭用阀门），吸入口若在水池中，还装有底阀和过滤器，压出管上装有闸阀或截止阀（作为截断关闭或作调节流量用阀门）及止回阀。止回阀的作用是防止水泵停泵时压出水的倒流。连接管路应有牢固的独立支撑。

管道与泵的连接为法兰连接，要求法兰连接同心并平行。为了减少水泵配管对水泵本身产生的应力和泵运转时通过管道传递振动和噪声，可在水泵进出水管上安装可曲挠性接头。

吸水管路安装应该满足以下要求：

（1）吸水管路必须严密，不漏气，在安装完成后应和压水管一样，要求进行水压试验。

（2）建筑给水系统加压水泵，一般采用离心式清水泵。水泵宜设计成自动控制运行方式，间接抽水时应尽可能采用自灌式。当泵中心线高出吸水井或贮水池水位时，需设置引水装置，以保证水泵的正常启动。常用的引水装置有底阀、水环式真空泵、水射器和水上式底阀等。

（3）每台水泵宜设单独的吸水管（特别是消防泵），尤其是吸上式水泵，若共用吸水管，运行时可能影响其他水泵的启动，吸水管不少于 3 根，并在连通管上装阀门，吸水管合用部分应处于自灌状态。如水泵为自灌式或水泵直接从室外管网抽水时，吸水管末端必须安装吸水底阀。

（4）每台水泵出水管上应装设闸阀、止回阀和压力表。消防水泵的出水管应不少于两条，与环状管网相连，并应装设试验和检查用的放水阀门。

（5）当水泵直接从室外给水管网抽水时，应在吸水管上装设阀门、止回阀和压力表，并绕水泵设置装有阀门的旁通管，如图 5-1 所示。室外给水管网允许直接抽水时，应保证室外给水管网压力不得低于 100kPa（从室外地面算起）。

（6）吸入式水泵吸水管应有向水泵方向上扬且大于 0.005 的坡度，以免空气及水蒸气（水在负压区可能汽化）存在管内。吸水管路安装时不能出现空气囊，如吸水管水平管段变径时，偏心异径管的安装要求管顶平接，水平管段不能出现中间高的现象等，并应防止由于施工误差和泵房与管道产生不均匀沉降而引起的吸水管路的倒坡。

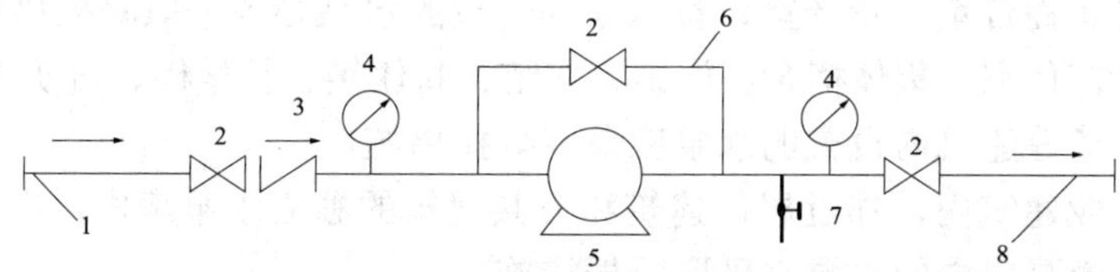

1—来自室外管网；2—阀门；3—止回阀；4—压力表；5—水泵；6—旁通管；
7—泄水阀；8—接至室内管网

图 5-1　从室外管网抽水管道连接方式

（7）水泵备用泵设置应视建筑物的重要性、对供水安全性的要求等因素确定。

（8）吸水管在水池中的位置应满足的要求是：吸水管入口应做成喇叭口，喇叭口直径 D 等于 1.3 ～ 1.5 倍吸入管直径 d。喇叭口悬空高度不少于 0.8D，且不宜少于 0.5m。其最小淹没深度一般为 0.5 ～ 1m。喇叭口与水池壁的净距为（0.75 ～ 1）D，喇叭口之间净距不少于 1.5D，如图 5-2 所示，避免相互干扰。

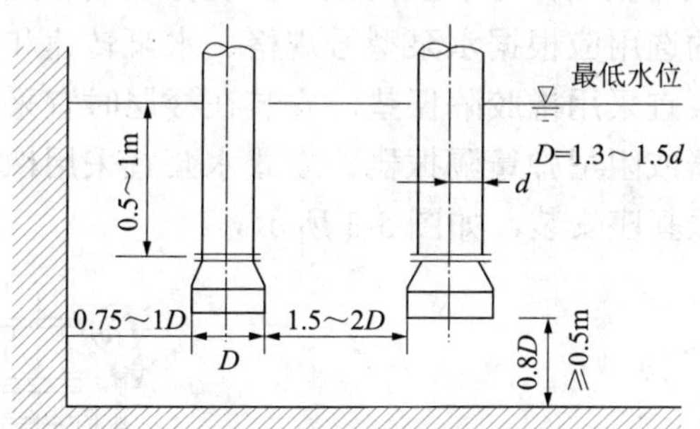

图 5-2　吸水管在水池中的位置要求

压水管一般比吸水管小一号管径。铸铁变径管与泵出口连接，并作为泵体配件一同供货。在大流量供水系统中通常用微阻缓闭止回阀代替普通止回阀。在正常运行时，微阻缓闭止回阀是常开的，因此阻力小，当停泵，水停止流动时，阀板先速闭并剩余 20% 左右开启面积，以缓解回流水击作用力，然后阀板徐徐关闭，关闭时间可在 0 ～ 60s 范围内调节。与普通旋启式止回阀相比，减少阻力 20% ～ 50%，节电率大于 20%，并起到防止水击的安全作用。

（五）水泵基础的减振

1. 水泵应采取隔振措施的场所

在建筑给水系统中，水泵是产生噪声的主要来源，而水泵工作时产生的噪声主要来自振动。为了确保正常生活、生产和满足环境保护的要求，根据《水泵隔振技术规程》（CECS59：94）规定，下列场合设置水泵应采取隔振措施：

（1）设置在播音室、录音室、音乐厅等建筑的水泵必须采取隔振措施。

（2）设置在住宅、集体宿舍、旅馆、宾馆、商住楼、教学楼、科研楼、化验楼、综合楼、办公楼等建筑内设置的水泵应采取隔振措施。

（3）在工业建筑内，邻近居住建筑和公共建筑的独立水泵房内，有人操作管理的工业企业集中泵房内的水泵宜采取隔振措施。

（4）在有防振和安静要求的房间，其上下和毗邻的房间内，不得设置水泵。

2. 水泵隔振的内容和措施

水泵隔振的内容：水泵的振动是通过固体传振和气体传振两条途径向外传送的。固体传振防治重点在于隔振，空气传振防治重点在于吸声。一般采用隔振为主，吸声为辅。固体传振通过泵基础、泵进出水管道和管支架。因此水泵隔振包括三项内容：水泵机组隔振、管填隔振、管支架隔振。这三项隔振必须同时配齐，以保证整体隔振效果。在必要时，对设置水泵的房间，建筑上还可采取隔振吸声措施。

水泵隔振措施：

（1）水泵机组应设隔振元件。水泵机座下安装橡胶隔振垫、橡胶隔振器、弹簧减振器等。隔振元件的选用应根据水泵型号规格、水泵转速和安装位置等因素由设计人员选定。卧式水泵宜采用橡胶隔振垫，安装在楼层时宜采用多层串联叠加的橡胶隔振垫或橡胶隔振器或阻尼弹簧隔振器。立式水泵宜采用橡胶隔振器。采用橡胶隔振垫的卧式水泵隔振基座安装，如图 5-3 所示。

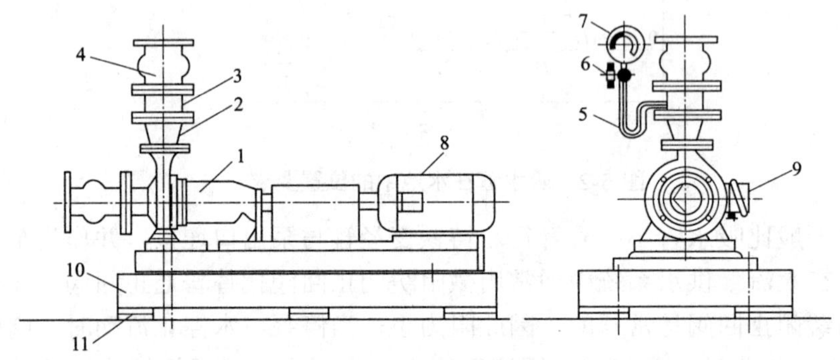

1—水泵；2—吐出锥管；3—短管；4—可曲挠接头；5—表弯管；6—表旋塞；
7—压力表；8—电机；9—接线盒；10—钢筋混凝土基座；11—减振垫

图 5-3 水泵隔振基座安装

（2）在水泵进出水管上宜安装曲挠橡胶接头。曲挠橡胶接头安装，如图 5-4 所示。

（3）管道支架宜采用弹性吊架、弹性托架。弹性吊架安装如图 5-5 所示。

（4）管道穿墙或楼板处，应有防振措施，其孔口外径与管道间宜填玻璃纤维。

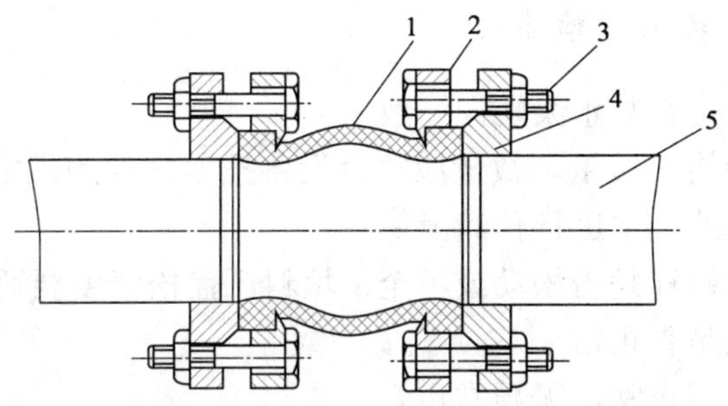

1—可曲挠橡胶接头；2—特制法兰；3—螺杆；4—普通法兰；5—管道

图 5-4　可曲挠橡胶接头安装示意

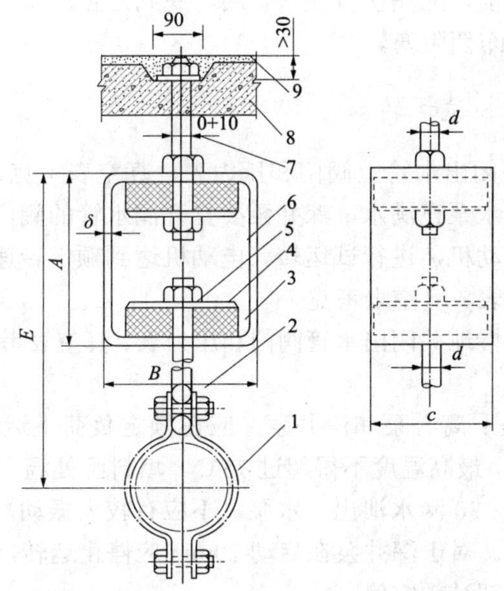

1—管卡；2—吊架；3—橡胶隔振器；4—钢垫片；5—螺母；6—框架；
7—螺栓；8—钢筋混凝土板；9—预留洞填水泥砂浆

图 5-5　弹性吊架安装

二、水泵试运转

水泵机组安装完毕，经检验合格，应进行试运转以检查安装质量。水泵长期停用，在运行前也应进行试运行。

试运转前应做好准备工作，新装水泵由施工单位制定试运转方案，包括试运转的人员组织、应达到的要求、操作规程、注意事项、记录表格、安全措施等。并对设备、仪表进行检查，电气部分除必须与机械部分同时运行者外，应先行试运转。

（一）水泵试运转前的检查

（1）电动机转向是否与水泵转向一致；

（2）润滑油的规格、质量、数量应符合设备技术文件的规定；有润滑要求的部位应按设备技术文件的规定进行预润滑；

（3）检查各部位螺栓是否松动或不全；填料压盖松紧度要适宜；

（4）吸水池水位是否正常；

（5）盘车应灵活、正常，无异常声音；

（6）安全保护装置应灵活可靠；

（7）压力表、真空表、止回阀、蝶阀（闸阀）等附件是否安装正确并完好；

（8）离心泵开动前，应先检查吸水管路、底阀是否严密；传动皮带轮和顶丝是否牢固；叶轮内有无东西阻塞。

（二）水泵启动、试运转

试运转时首先关闭出水管上阀门和压力表、真空表考克，打开吸水管上阀门，灌水或开动真空泵使水泵充满水；深井泵要打开润水管的阀门，对橡皮轴承进行润湿。此时即可启动电动机，进行试运转。电动机达到额定转速后，应逐渐打开出水管阀门，并打开压力表、真空表考克。

试运转合格后慢慢地关闭出水管阀门和压力表、真空表考克，停止电动机运行。试运转完毕。

试运转的要求是：离心泵和深井泵，应在额定负荷下运转 8h，轴承温升应符合产品说明书的要求，最高温度不得超过 75℃。填料函处温升很小，压盖松紧适度，只允许每分钟有 20 ～ 30 滴水泄出。水泵，不应有较大振动，声音正常。各部位不得有松动和泄漏现象。对于深井泵在启动 20min 应停止运转，进行轴向间隙终调节。电动机的电流值不应超过额定值。

水泵房中各种接头、部件均无泄漏现象。各种信号装置、计量仪表工作正常。从水泵房中输出的水应具有设计要求的水量、水压。水泵停止运转后，泵房内水管中的积水应全部放空。

试运转结束后要断开电源，排除泵和管道中存水，复查水泵轴向间隙和地脚螺栓、靠背轮螺丝、法兰螺栓等紧固部分，最后清理现场，整理各项记录，施工和使用单位在记录上签字。

（三）水泵运行故障及排除方法

离心水泵的常见故障及其原因和排除方法分别见表 5-4。

表 5-4 离心水泵常见故障及排除方法

故障现象	原因	排除方法
水泵不吸水，压力表及真空表的指针剧烈跳动，电流表指针接近零位	吸水管、水泵内尚有空气； 吸水管或真空表管漏气	再往水泵内灌水； 检查和堵塞漏气处
水泵不吸水，真空表的指示高度真空	底阀没打开； 吸水管阻力太大； 吸水高度太大	检修底阀； 放大吸水管径，换用局部阻力小的管件
压力表指示有一定压力，但不出水	压力管阻力太大或逆止阀装反、闸阀损坏； 水泵叶轮转向不对； 水泵转速低于正常数； 叶轮流道阻塞	检查压水管，清除阻塞； 检查电动机转向，并改变转向； 调整水泵转速； 清理叶轮流道
水泵流量过小，电流表指示数值较低	水泵内部有淤塞； 密封环磨损，间隙过大	清除水泵内杂物、水垢； 更换密封环
电动机过载，内部声音不正常，类似振动	填料压盖过紧； 水泵叶轮损坏； 流量过大	拧松压盖； 更换叶轮； 关小闸门，减少流量
水泵内部声音时大时小，电流表指针波动	吸水水面过低，开始吸入空气； 吸水管阻力过大	降低出水量以减少出水量； 检查底阀及吸水管，清除阻塞物
水泵振动	泵轴与电动机轴不在一条中心线上； 有的轴承损坏； 水泵轴与电动机轴中心不在一条中心线上	加注或更换润滑油； 检修或更换泵零件； 紧固地脚螺栓，加固水泵基础
轴承过热	缺少润滑油； 滑动轴承的油圈损坏； 水泵轴与电动机轴中心不在一条中心线上	加注或更换润滑油； 检查并清洗轴承； 重校联轴器，使中心线重合

任务二 鼓风机的安装

鼓风机安装主要包括离心式鼓风机（压缩机）和罗茨鼓风机的安装。

离心式鼓风机（压缩机）装配精度要求严格。必须安全、稳定地运行。所以，从鼓风机本身和使用要求出发，都要求鼓风机在安装施工过程中，必须严格按照随机技术文件精心地操作，确保安装质量。

离心鼓风机机组安装完毕后必须保证：

（1）机组各机器牢固而不变形地固定在设计的空间坐标位置上。

（2）调整机组各机器，使之符合各自的出厂检验要求。

（3）机组各转子的轴心线在运行中能形成一条连续光滑的曲线。

（4）机组和管道的热胀冷缩应不影响机组的正常运行。

（5）在规定的连续运转时间内，运行稳定、安全可靠、性能符合设计要求。

离心式鼓风机安装必须符合随机图样和技术文件的规定、依据国家行业标准《压缩机、风机、泵安装工程施工及验收规范》（GB 50275—2010）和各工业部的有关安装规范。

罗茨鼓风机系属容积回转式鼓风机，其最大特点是，当压力在允许范围内加以调节时，流量变化甚微；压力的选择范围也很广，具有强制输气的特征，结构简单、维修方便、使用寿命长、整机振动小。

一、离心式鼓风机安装

（一）机组安装前的施工准备

机组正式安装前，用户和施工单位必须做好充分的准备工作，以保证施工质量和施工进度。准备工作主要包括：施工技术资料的准备、施工现场的准备、机具材料和人员的准备；设备的开箱、检查和清洗；基础的验收和放线；垫铁的准备和安置；地脚螺栓的检查和处理等。

1. 设备的开箱、检查与清洗

机器在出厂时，大多是经过良好的防锈处理包装的，包装箱运抵现场后由用户交给安装施工单位，其中就有开箱检查的交接手续。开箱检查的具体内容有：

（1）根据设备装箱单清点检查机器零部件是否齐全。

（2）根据随机技术文件核对叶轮、机壳和其他部件的主要安装尺寸是否符合设计要求。

（3）叶轮旋转方向和定子导流叶片的导流方向是否符合随机技术文件的规定。

（4）检查鼓风机外露各加工表面的防锈情况和主要零部件是否碰伤和明显的变形。

（5）整体出厂的鼓风机，进排气口应有盖板严密遮盖。

设备的吊运、清洗，主要需注意吊运应平稳安全，不得损伤加工表面；在清洗时，转动部件应彻底清理干净，以免影响平衡。

2. 基础的检验与放线

为了保证安装工作顺利进行，施工单位一般应会同土建单位对基础的外形尺寸、与安装有关的尺寸以及基础表面的质量进行检查。

基础放线是正确地找出并划出设备安装基准线和施工线，以便将设备坐落在正确的空间位置上。安装基准线是指平面基准线（纵轴线和横向线）和标高基准线。安装施工线是指地脚螺孔中心线、设备底座边框线和安装垫铁的位置线。

基础的检验、定位的方法，一般采用拉钢丝挂线坠法和墨斗弹线法。如图 5-6

所示，单台基础可按现有孔位定轴线，按轴线固定标靶和钢丝固定架，再通过钢丝和线坠对基础进行检验和放线。标靶可用一块钢板埋设在基础上，然后打上冲眼。钢丝固定架的结构如图 5-7 所示。标高座是机器标高的标准，其结构如图 5-8 所示。

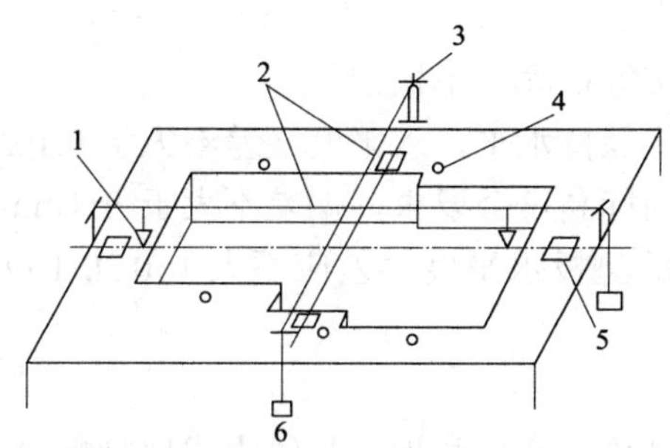

1—线锤；2—0.5mm 钢丝；3—固定架；4—标高座；5—标靶；6—重物

图 5-6　基础的定位与测量

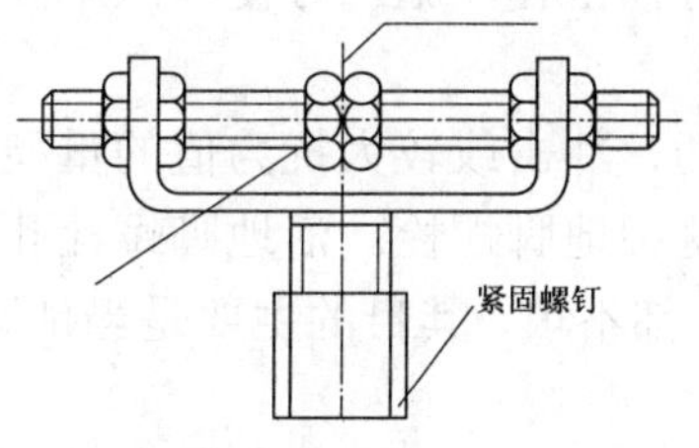

图 5-7　固定架

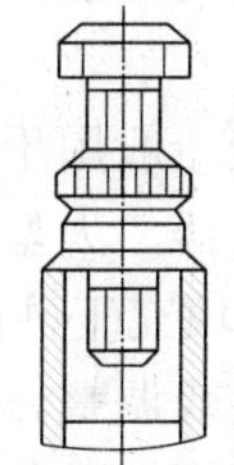

图 5-8　标高座

3. 垫铁的安装

垫铁是调整机器高低、水平、承担机器质量和地脚螺栓紧力、传递振动的主要途径，它对设备运行的平稳性影响很大。

有垫铁安装法如图 5-9 所示，无垫铁安装法如图 5-10 所示。

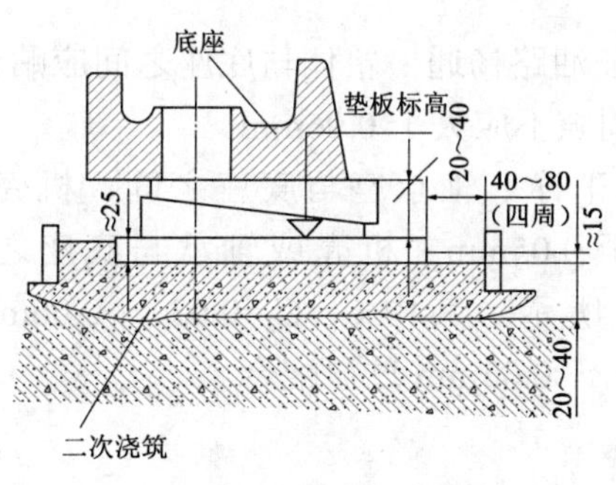

图 5-9　有垫铁安装法

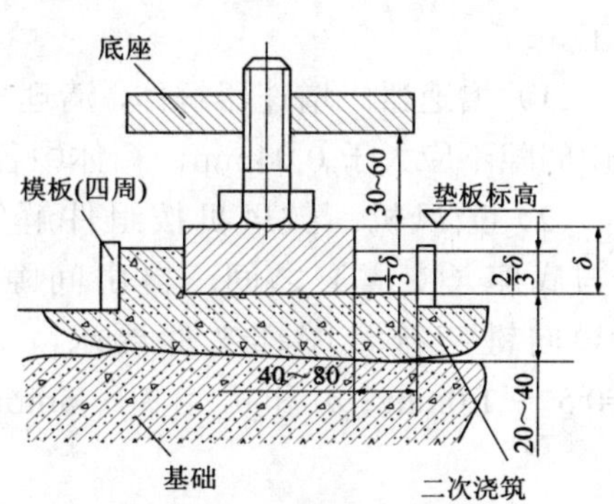

图 5-10　无垫铁安装法

有垫铁安装法。垫铁的数量和位置由机器的结构决定。其原则是每个地脚螺栓配备两组垫铁（左右各一）；地脚螺栓之间视距离可增设辅助垫铁；垫铁长度（位置）必须超过地脚螺栓中心。

平垫铁的安置要求为：

（1）平垫铁与基础接触稳固，不摇摆。

（2）平垫铁上表面应保持水平，水平度误差不大于 0.10/1 000。

（3）平垫铁上表面的标高符合要求，偏差不大于 ±1mm。

（4）无垫铁安装法的垫板水平度误差应不大于 0.20/1 000，标高偏差应不大于 ±2mm。

4. 地脚螺栓的准备

地脚螺栓有死地脚螺栓、活地脚螺栓和锚固式地脚螺栓三种类型。

死地脚螺栓通常用来固定工作时没有强烈振动和冲击的各种设备，它与基础浇灌在一起。中小型鼓风机、辅助机械、塔罐类设备常用这种地脚螺栓。施工中有一次灌浆法和二次浇灌法。二次浇灌法要求有预留孔，施工方便，但牢固程度较一次法稍差。

活地脚螺栓一般用于工作时有强烈振动、冲击或较大扰力值的重型设备，大中型鼓风机、变速器、大型电动机等均采用这种地脚螺栓。活地脚螺栓孔内一般不填充混凝土，而是填充干砂或塑料颗粒或什么都不填，其目的主要是当地脚螺栓振断、振松后易于更换或调整。

锚固式地脚螺栓又称膨胀螺栓，一般用于无振动的小型设备和一些电器仪表柜，具有施工简单、定位准确的优点。

在安装施工前，应根据设计要求准备好地脚螺栓，并要求各地脚螺栓孔垂直并有调整的余地，同时要求螺栓安放垂直，不得歪斜，否则应予以修整。

5. 机组的准备

机组在就位之前，除了开箱检查清洗之外，还应作一些检查和修整工作，以防返工。

（1）增速器。增速器解体，清理干净，保证油路畅通；箱体与底座之间应贴合，自由间隙不应大于 0.04mm，箱体中各面自由间隙不应大于 0.06mm。

（2）鼓风机。鼓风机按组件解体，清理干净；轴承座与底座之间、机壳锚爪与底座（支撑）之间，自由间隙应不大于 0.05mm；机壳或轴承与底座之间的导向键应符合图样文件要求，如图 5-11 所示。其中 $C_1+C_2=0.03 \sim 0.06$mm；$C=0.5 \sim 1.0$mm；δ_1 和 $\delta_2 > 3 \sim 5$mm，G 为 0 ～ 0.03mm 过盈配合。

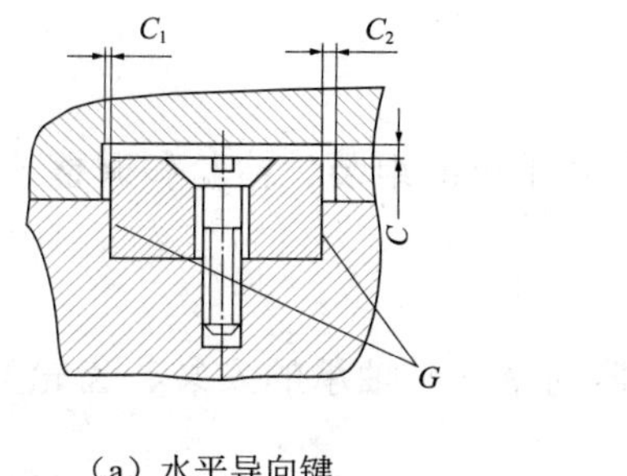

(a) 水平导向键

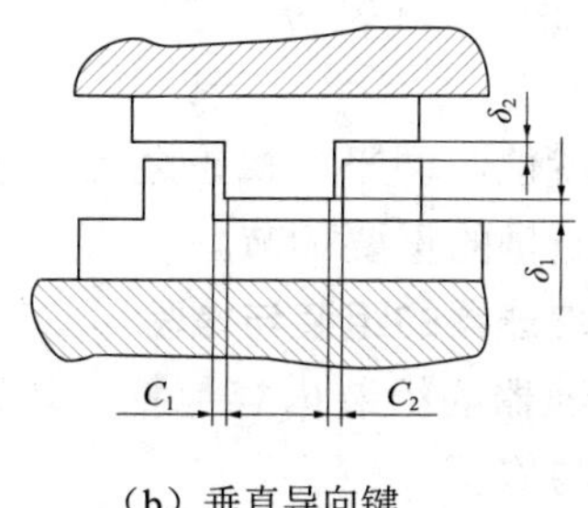

(b) 垂直导向键

图 5-11　导向键安装间隙示意

(3) 电动机。按电动机出厂随机技术文件要求进行。除将其清理干净外，还有装配半联轴器的工作。由于电动机是由厂直发用户的，所以鼓风机制造厂配套的电动机端半联轴器也发至用户，在安装时装配，应在电动机就位前完成。联轴器的装配关键在于测量相关配合尺寸公差、修整键和键槽及控制热装时的加热温度。

(二) 机组的就位与找正

1. 增速器的就位与初找正

设备安装前的准备工作完成以后，就可分别将增速器的下箱体、鼓风机下机壳以及与之相连的支撑底座和电动机等穿上地脚螺栓，并分别吊装在基础的各自位置上。假如整个机组是以中间位置的增速器为基础的。机组就位后，应首先进行增速器的位置找正及其调平工作。位置找正是指三坐标中的空间位置。

2. 鼓风机和电动机的就位与初找正

以增速器下箱体为基准，对鼓风机、电动机进行整个机组的初步调平和找正。鼓风机、电动机就位找正时注意事项如下：

(1) 联轴器之间的距离，必须按联轴器或者总装布置图的尺寸要求执行。

(2) 在测量联轴器间距时，鼓风机转子应紧靠主推力轴承侧，电动机转子应位于磁力中心位置上。

(3) 鼓风机轴承箱与底座之间或机壳锚爪与底座之间应贴合，局部间隙应不大于 0.05mm。

(4) 有导向键的轴承座或机壳锚爪与底座之间（即滑动支撑）的限位螺栓应正确固定，有利于热膨胀。

3. 机组的找正

所谓机组的找正是指机组同轴度的找正。在安装过程中，机组的找正是非常关键的工序，它贯穿安装工作的始终。机组的找正按程序可分为初找正、精找正和终找正三个阶段，无论哪个阶段，找正方法和精度要求都是相同的。机组找正的测量方法有单表法、两表法和三表法、光学准直仪找正法几种。

（三）机组的组装与检验

在机组就位、调平、找正之后，进行各单机的组装、检验和调整工作，这是保证内在安装质量的重要环节。

1. 齿轮增速器的组装与检验

齿轮增速器的组装内容包括：增速器的精平、轴承的安装、齿轮的啮合调整、轴承的检查与修正。

（1）增速器精平。齿轮增速器在正式组装前应首先复查增速器的水平状态，纵横向水平度误差为0.05/1 000。

（2）齿轮对啮合的检查与调整。齿轮对啮合检查之前，应首先确认各轴承下瓦是否安装合格。

（3）轴承的检查与修整。在齿轮接触符合要求后，这就要求下瓦不再进行影响到轴心位置的调整，否则前功尽弃。

2. 鼓风机的组装与检验

鼓风机组装包括：轴承的安装、隔板和密封的安装、转子的打表和定位、机壳的扣合等。

（1）轴承的安装。轴承的安装是一个十分重要的工作，轴承安装质量会直接影响到鼓风机运转的平稳性和可靠性。轴承安装应达到的要求是：

1）轴承本身各零件之间配合紧密。

2）轴承在轴承箱孔中安置稳固。

3）转子在轴承中具有良好的润滑和冷却条件。

4）保证转子在定子中的位置符合要求。

（2）隔板和密封的安装。隔板在安装前应进行清洗和检查，清除磕碰和堆起，在配合面涂以二硫化钼油，既润滑又可防锈。

（3）转子的打表和定位。转子在出厂时已经作了径向跳动的检查，并记录在产品证明书中。但是从工厂试车后一直到现场运转前这段时间内，可能会有些时效变化，同时为了给下次检修留下依据，所以在安装时，应对转子的重要部位的跳动作一次准确的检查。记录值应有角度和数值两项内容。

转子在定子中位置确定之后，应把转子相对于轴承箱孔的位置值（径向和轴向）记录下来，以供检修时参考。

（4）机壳的扣合。鼓风机在组装合格后，应复测并校正与增速器齿轮的同轴度，然后就可以扣合机壳上半，要求上下机壳结合面应贴合，在未把中分面螺栓拧紧前，中分面的自由间隙一般不应大于0.12～0.16mm。为了防止在机壳中分面处漏气，可在中分面上均匀涂一层厚度为0.2mm、宽度为10～15mm的密封涂料，涂在螺栓的内侧和外侧。

机壳中分面在打紧定位销钉后方可拧紧螺栓，并按规定的力矩和顺序拧紧。总的顺序是：先中间，后两端，左右对称，两轮拧紧，如图 5-12 所示。

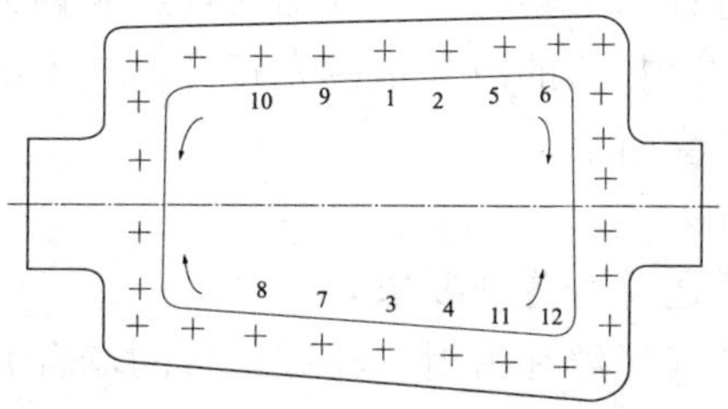

图 5-12　机壳螺栓拧紧的顺序

3. 电动机的组装与检验

对于滚动轴承的电动机，只需要清洗轴承、加注润滑脂和进行绝缘检查。

对于滑动轴承的电动机，需要对轴承的安装进行检验和调整，同时还要对气息和转子的绝缘值进行检测和调整。

4. 其他辅机的安装

机组在精确找正之后，就可进行润滑油系统、气体管道系统的配管和连接。这两个系统应注意的问题是：清洁、无泄漏、与主机的连接部位无过大的应力、管道的热胀冷缩不影响机组的正常运行。

管道无应力连接的具体要求是：管道与鼓风机连接时，法兰面应对中贴平，即螺栓能够自由地穿入螺栓孔，相连接的两个法兰端面平行度误差不大于 0.2mm，管道连接后机器的跑位位移不得大于 0.025mm。注意避免配管中的假相，例如，有时从配管外表看，好像做到了对中贴平，但是管道消声器等重物是在临时支撑的情况下与鼓风机连接的，当支撑撤掉时，这些重物的重量就全部落在鼓风机上了。润滑油系统的总回油管坡度不得小于 4%，轴承箱的排油管的坡度一般为 6% ～ 8%，同时要注意油管应便于拆卸和清洗。

（四）机组的试运行

机组试运行的目的是：考核、调整机组的技术性能；检验安装的质量、消除缺陷；保证投产后能稳定可靠的运行。

在机组试运转前，首先要完成润滑油系统的冲洗、调试和电动机的试运转。

润滑油系统的冲洗要求是：冲洗时间不得少于 24h，整个管路系统必须冲洗干净。

1. 机组试运转前的准备工作

机组试运转之前应检查油、水、气各个系统管道的连接，是否达到了使用条件，管道是否已经清理干净；检查仪表、阀门的开启情况，仪表的灵敏度是否合格；盘动转子应无碰擦声响，联轴器及其保护罩已连接就位；进口节流阀（蝶阀）应开至便于启动的位置（一般应开至 15° ～ 20°），开启放空阀和旁通阀；对于具有浮环密封的鼓风机，当用空气进行试运转时，应取出浮环座和内外浮环，换上预先准备的梳齿型试运转密封；气体冷却器的冷却水应先打开，冷油器的冷却水在开车时不必打开，待开车后视供油温度而定。

2. 机组的试运转

（1）启动润滑系统使之符合各项要求。

（2）启动密封油系统（指浮环密封参与试运转的场合）使之达到运行要求。

（3）机组启动。用电动机拖动的机组，应先点动启动，以检查转子与定子之间有无不正常的摩擦和碰刮现象；用汽轮机拖动的机组的启动，按产品说明书的规定分阶段升速。

（4）机组的高负荷运行。机组启动后，在不改变节流阀开度的状态下运行 30 ～ 60min，使增速器齿轮、轴承的轴颈在小载荷下进行跑合运行。然后，停机检查轴承、轴颈的润滑情况，如有磨损情况应及时修整。

（5）机组的低负荷运行。机组的低负荷运行是为了进一步跑合机械摩擦表面，同时考核机械运转性能。运转时间一般为：工作转速小于或等于 3 000r/min 的机组为 4h；工作转速大于 3 000r/min 的机组为 8h。

（6）机组的满负荷运转。在机组低负荷运转合格后，可以不停机直接进行满负荷运转，即打开进口节流阀，逐渐关小放空阀和排气阀，应注意是排气升压应当缓慢进行，每 5min 升压不得高于 0.1MPa，逐步达到设计工况。满负荷运转时间一般不少于 24h。

3. 机组的停车

（1）紧急停机。在机组的试运转过程中，遇有下列情况之一时，应立即按动主电动机的停车按钮紧急停机，然后再进行停机后的善后处理工作。

1）机组突然发生强烈振动，并已超过跳闸值。

2）机体内部有碰刮或者不正常摩擦声音。

3）任一轴承或密封处出现冒烟现象，或者某一轴承温度急剧上升到报警值。

4）油压低于报警值并无法恢复正常时。

5）油箱液位低，已有吸空现象。

6）轴位移值出现明显的持续增长，达到报警值时。

（2）正常停机。机组正常停机按如下程序进行操作：

1）逐步打开放空阀（或出口旁通阀），同时逐步关闭排气阀。

2）逐步关小进气节流门至 20° ～ 25°。

3）按动停车按钮，并注意停机过程中有无异常的现象。

4）机组停止 5 ～ 10min 后，切断气体冷却器和冷油器冷却水。

5）机组停止 20min 以后，或者轴承温度降到 45℃以下时方可停止供油。对于具有浮环密封的机组，密封油泵必须继续供油，直至机体温度低于 80℃为止。

机组停止后，在 2 ～ 4h 内应定期盘动转子 180°。

（五）离心式鼓风机的维护

离心式鼓风机、压缩机是气体压缩、输送的核心装置，因此，不仅要求操作者能正确地使用和操作，还要求维修人员能正确认真地进行维护，以保持机组长期稳定、安全运行。有关离心鼓风机组常见故障的原因分析、排除故障方法见表 5-5。

表 5-5　机组常见故障的原因及其排除方法

故障现象	原因	排除方法
振动过大	轴系找正偏差过大	检查对中情况，调整符合要求
	转子不平衡	检查是否由于叶轮积垢或者磨损不均匀而引起的，应清除后重新校验动平衡检查转子的跳动，判断是否弯曲变形，若变形较小可重校验动平衡，若变形大，则应更换备件转子，将原转子进行全面检查，确定修正调直方案检查转子配合的零件有无松动、平衡块是否移位，如果移位，应纠正复位
	轴承安装不当或轴承磨损	检查轴承安装状态和轴承的润滑状态，必要时应予修正或更换
	气体管路给机壳以大的附加应力	检查和校正管路与机壳的无应力连接；选择合理的支撑固定管路的方法，避免管路由于冷热变化使机壳产生较大的变形和位移
	联轴器不平衡	卸下联轴器的转动件，检查其动平衡质量，检查联轴器与转子的同轴度，改变轴承参数或者更正抗振性高的轴承，改变鼓风机运行工况，迅速离开喘振区
	轴承油膜振荡 鼓风机喘振 对邻近机器的影响	相关的基础要彼此分开，并增加连接管线的弹性
支撑轴承故障	润滑油不合格，造成轴承磨损和温度过高	定期检查润滑油的性能指标，严格控制润滑油中的水分和脏物的含量
	轴承安装不恰当，松动或接触不良而造成振动和局部磨损	检查轴承安装状态，必要时进行调整
	轴承间隙不符合要求，造成磨损、振动	检查轴承间隙，必要时进行调整或者更换轴承
	润滑油量小，温度高	加大润滑油量，检查进油管路有无阻塞
	轴承质量差或挤压、合金脱壳	找出原因，更换轴承
	转子振动造成轴承的磨损和裂纹	检查转子振动原因，采取相应措施消除

故障现象	原因	排除方法
止推轴承故障	轴向推力过大造成磨损或温度高	检查和调整轴承的接触情况，保证符合要求，检查鼓风机平衡盘密封间隙，使之符合要求
	润滑油不合格造成磨损或温度高	定期检查润滑油的性能指标
	进油量小、排油不畅，造成温度高	加大进油量和排油量
浮环密封故障	安装偏差和振动造成不均匀磨损、泄漏量大造成磨损和温度过高	重新检查和找正浮环密封的安装状态、采取措施减小转子的振动检查过滤器，更换过滤器芯子检查油管路是否清洁
	浮环间隙不符合规定造成不均匀磨损或泄漏量大	检查浮环间隙，必要时进行调整
	油压不足	检查参考气压力，使其不小于最低值
润滑系统故障	油泵内漏或过滤器脏堵，造成油压降低	检查油泵，清洗过滤器
	润滑油管路系统振动	校正油泵与电动机的对中
		定期排放有压管路中的空气
齿轮增速故障	齿轮单端啮合，出现齿轮脱落现象	安装精度差或者箱体变形，应重新校正调整达到要求，检查油质、清洗油管路
	油脏或油量不足，使齿面产生划痕	
	胶合	保证齿面有足够的润滑油
鼓风机性能下降	机体内流道积累太多，使通流面积小	清理流道积垢进气管路应设置空气过滤器
	气体密封间隙过大，而使鼓风机内泄流量过大	检查气体密封间隙，并更换不合格的密封

二、罗茨鼓风机安装

罗茨鼓风机系属容积回转式鼓风机，其最大特点是，当压力在允许范围内加以调节时，流量变化甚微；压力的选择范围也很广，具有强制输气的特征，结构简单、维修方便、使用寿命长、整机振动小。

（一）装配间隙及调整

罗茨鼓风机的叶轮与叶轮之间及叶轮与机体之间存在的相对运动，处于非接触式的，所以，必须有合适的工作间隙，才能既达到密封作用又能保证风机正常运转。

装配间隙是20℃时的理论静态间隙值，能保证在额定工况下满足动态时所需的工作间隙。为此，装配间隙乃是保证风机性能和安全运转的重要因素。每台风机出厂时，都已对装配间隙经运行调整，用户不得随意变动。

（二）润滑

采用飞溅润滑，润滑部位分为同步齿轮和前后轴承。

1. 主油箱

箱内置有冷却器和冷却润滑油。该油系提供同步齿轮和自由端轴承润滑之用。同步齿轮浸入规定油位的油池内，通过齿轮旋转以及甩油盘的作用形成飞溅供油系统。

2. 副油箱

油箱内的油系提供定位轴承润滑之用，通过甩油盘的作用形成飞溅供油系统。

（三）安装

L 型鼓风机的安装，可参阅一般机械设备安装规范，除此以外尚需注意下列各项：

（1）地脚螺栓采用二次灌浆法。

（2）机组安装的基础面应浇成凸面并平整，根据进排气口的方向和维修需要，基础面四周应留有适当宽裕的地面。

（3）安装时首先检查机体内并确认无杂物时，即封闭进排气口，彻底清除管道内的铁锈、焊渣等杂物，然后与风机接通；要求各法兰结合面不漏气，清洗主副油箱。

（4）当输送空气介质，其含尘量超过 $100mg/m^3$ 时，建议在进气口消声器前端装置空气过滤器。

（5）消声器应设置于靠近鼓风机进排气口处（压力仪表之前）。

（6）在靠近鼓风机进排气口的直管段上，应装置压力仪表，当风机处于超负荷运行时，仪表应能反映出或发出报警信号。

（7）为了保证鼓风机安全运行，机器不允许承载管道、阀门、框架等外加负荷；此种负荷必须设法用支撑承托。要求在进排气口管道上装置波纹管等以消除管道振动和热变形影响。

（8）安装时必须找准风机与电动机的正确位置，允许底座与地面采用调整垫铁来进行调整水平，其允许差为 0.2mm/1000mm。

（9）安装时绝对不允许破坏风机的装配间隙。安装后，盘动鼓风机转子，应转动灵活，无撞击和摩擦现象。

（10）冷却水的进水口前需配置调节阀，但不应将调节阀装置在出水口端。

（四）使用

1. 使用要求

（1）进气口气体温度不大于 40℃。

（2）气体中固体微粒含量不大于 100mg/m³。微粒最大尺寸应不大于装配间隙表中所规定的最小工作间隙的 1/2。

（3）轴承温度最高不超过 95℃。

（4）润滑油温度最高不超过 65℃。

（5）不得超过标牌规定的升压范围。

2. 鼓风机启动前的准备工作

（1）检查紧固件和定位销的安装质量。

（2）检查进、排气管道和阀门的安装质量。

（3）检查鼓风机的装配间隙是否符合要求。

（4）检查鼓风机与电动机的找中、找正。

（5）检查机组的底座四周是否全部垫实，地脚螺栓是否紧固。

（6）向油箱注入规定牌号的全损耗系统用油至两条油位线的中间，润滑油牌号随季节温度或工作环境温度的变化而定。

（7）向冷却部分通水，冷却水温度不高于 25℃。

（8）全部打开鼓风机进、排气口阀门、盘转子，注意倾听各部分有无不正常的杂声。

（9）检查电动机转向是否符合指向要求，把负载控制器调整到允许额定值。

3. 鼓风机空负载试运转

（1）新安装或大修后的风机都应经过空负载试运转。

（2）罗茨鼓风机空负载运转的概念是：在排气口阀门全开的条件下投入运转。

（3）试运转时应观察润滑油的飞溅情况是否正常，如过多或过少都应调整油量。

（4）没有不正常的气味或冒烟现象及碰撞或摩擦声，轴承部位的径向振动速度不大于 6.3mm/s。

（5）空负载运行 30min 左右，如情况正常，即可投入带负载运转；如发现不正常，进行检查排除后仍需作空负载试运转。

4. 鼓风机正常带负荷持续运转

（1）要求逐步缓慢的调节，带上负载，直至额定负载，不允许一次调节至额定负载。

（2）所谓额定负载，系指进、排气口之间的静压差，在排气口压力正常情况下，须注意进气口压力变化，以免超负载。

（3）风机正常工作中，严禁完全关闭进、排气口阀门，也不准超负载运行。

（4）由于罗茨鼓风机的特性，不允许将排气口气体长时间地直接回流入鼓风机的进气口（改变了进气口温度），否则必将影响机器的安全。如需采取回流调节，则必须采用冷却措施。

（5）鼓风机在额定工况下运行时，各滚动轴承的表面温度一般不超过 95℃，油箱内润滑油温度不超过 65℃，轴承部位的振动速度不大于 6.3mm/s。

（6）要经常注意润滑油飞溅情况，及油量位置。

（五）维护与检修

鼓风机的安全运行及使用寿命，取决于正确而经常的维护和保养，除了要注意一般性的维修规程外，对下述各点要着重注意。

（1）检查各部位的紧固情况及定位销是否有松动现象。

（2）鼓风机的机体内部无漏水、漏油现象。

（3）鼓风机的机体内部不能有结垢、生锈和剥落现象存在。

（4）注意润滑和冷却情况是否正常，注意润滑油的质量、经常倾听鼓风机运行有无杂声，注意机组是否在不符合规定的工况下运行。

（5）鼓风机的过载，有时不是立即显示出来的，所以要注意进、排气压力、轴承温度和电动机电流的增加趋势来判断机器是否运行正常。

（6）拆卸机器前，应对机器各配合尺寸进行测量，做好记录，并在零部件上做好标记，以保证装配后维持原来配合要求。

（7）新机器或大修后的鼓风机，油箱应加以清洗，并按使用步骤投入运行，建议运行 8h 后更换全部润滑油。

（8）维护检修应按具体使用情况拟订合理的维修制度，按期执行，并做好记录；每年大修一次，并更换轴承和有关易损件。

（六）故障及排除方法

由于罗茨鼓风机所发生的故障原因涉及使用条件和运行情况等多方面因素，难以阐明其原因和排除方法，需根据实际情况予以分析后排除，见表 5-6 所列常规故障及排除方法。

表 5-6　常规故障及排除方法

故障现象	发生原因	排除方法
风量不足	1. 叶轮与机体因磨损而引起间隙增大	更换磨损零件
	2. 配合间隙有变动	按要求调整
	3. 系统有泄漏	检查后排除
电动机超载	1. 系统压力变化	
	（1）进口过滤器堵塞造成阻力增高，形成负压	检查后排除

故障现象	发生原因	排除方法
电动机超载	（2）出口系统压力增加	检查后排除
	2. 零件不正常所引起	
	（1）静、动件发生摩擦	调整间隙
	（2）齿轮损坏	更换
	（3）轴承损坏	更换
温度过高	1. 机体	
	（1）压力比值（出口 / 进口）增大	检查后排除
	（2）进口气体温度增高	检查后排除
	（3）静、动件发生摩擦	调整间隙
	2. 轴承	
	（1）轴承损坏	更换
	（2）润滑油过多或不足	调整油量
	（3）润滑油油温过高或油质欠佳	改变油质
	3. 润滑油	
	（1）冷却水系统断路或水量不足	检查后排除或调节
	（2）齿轮不正常或损坏	检查后排除或更换
	（3）轴承损坏	更换
	（4）油质欠佳	更换
叶轮与叶轮之间发生撞击	1. 齿轮圈与尺毂紧固件松动，发生位移	调整间隙后定位并紧固
	2. 齿面磨损，导致叶轮之间间隙变化	调整间隙
	3. 齿轮与齿轮键松动	更换键
	4. 主从动轴弯曲超限	校正或更换
	5. 机体内混入杂质或由于介质所形成结垢	清楚结垢和杂质
	6. 滚动轴磨损、间隙增大	更换
	7. 超额定压力运行	检查原因并排除
叶轮与机壳径向发生摩擦	1. 间隙超限	调整间隙
	2. 滚动轴磨损、间隙增大	更换
	3. 主从动轴弯曲超限	调直或更换
	4. 超额定压力运行	检查原因并排除
振动超限	1. 转子平整精度过低	按要求校正
	2. 转子平整被破坏	检查后排除
	3. 轴承磨损或损坏	更换
	4. 地脚螺栓或紧固件松动	检查后紧固
齿轮损坏	1. 超负荷运行或承受不正常冲击	更换
	2. 润滑油量过少，油质欠佳	更换
	3. 齿轮磨损，间隙超限	更换

故障现象	发生原因	排除方法
轴承损坏	1. 润滑油质量不佳或不足	更换
	2. 超负荷运行	更换

（七）ZLX 系列消声器的安装

ZLX 型罗茨鼓风机消声器，如图 5-13 所示，是为全国联合设计的 L 型罗茨鼓风机系列产品而研制的消声器，它采用带有中间吸声芯的阻性环形结构，用超细玻璃棉作为吸声材料，并且有压力损失小、消声效果好、结构简单、装拆方便等优点，可适配于罗茨鼓风机，也可用于其他离心鼓风机、离心通风机。

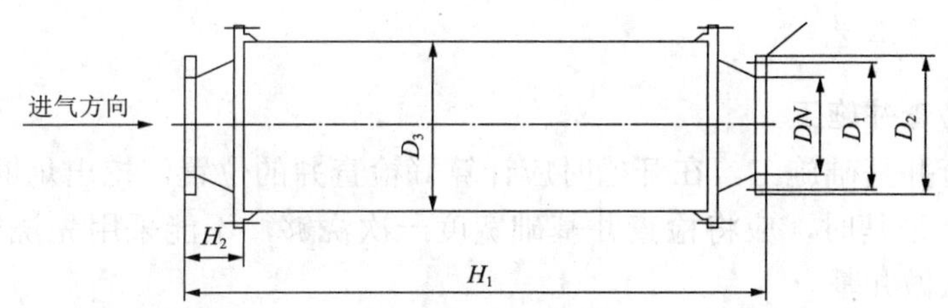

图 5-13 ZLX 系列消声器外形及安装尺寸

ZLX 系列消声器的安装须注意事项：

（1）ZLX 型消声器直接安装于罗茨鼓风机敞开的进、出气口上，也可以串接在进、出气口管道上，允许垂直或水平安装，但应以近风机安装为宜。

（2）安装时，消声器连接法兰面上应使用橡胶板等弹性垫以隔断固体传声，并保证气密。

（3）安装时，消声器本身的质量不应直接支撑在风机上，以免引起变形，可以用适当的支架在消声器外壳或法兰部位支撑其重量。

（4）在可能有杂物吸入消声器的环境下，消声器进气口应加装钢板网等必要的防护网罩。消声芯应定期检修。

（5）当消声器的法兰尺寸与连接管道不相适配时，允许通过变径管连接。

（6）消声器也可以安装在密闭的机房侧墙或屋顶上，而不与风机直接连接，以达到密闭隔声及通风的目的，一般可以取得良好的效果。

（7）安装消声器时应按具体情况采用相应的隔声、吸声等必要措施，以降低机壳辐射噪声，达到综合治噪的目的。

（8）消声器使用、运输、储存过程中应避免雨水、油雾、水蒸气等直接进入消声器，并应避免大量含尘气体或腐蚀性气体进入消声器以延长使用寿命。

（9）ZLX 型消声器除了与 L 型罗茨鼓风机配套外，也可以在本消声器允许范围内与其他风机配套使用。

（10）本系列消声器两端采用平面对焊钢制管法兰（PN 0.25MPa，GB 9115.1—88）。也可根据用户要求另行制作。

任务三　检查井、阀门井、雨水口等施工

一、检查井施工

检查井一般分为现浇钢筋混凝土、砖砌、石砌、混凝土或钢筋混凝土预制拼装等结构形式，其中以砖（或石）砌检查井居多。

（一）施工工艺

1. 砌筑检查井施工

（1）检查井基础施工。在开槽时应计算好检查井的位置，挖出足够的肥槽。浇筑管道混凝土平基时，应将检查井基础宽度一次浇够，不能采用先浇筑管道平基，再加宽的办法做井基。

（2）排水管道检查井内的流槽及井壁应同时进行浇筑，当采用砖块砌筑时，表面应用水泥砂浆分层压实抹光，流槽与上、下游管道接顺。

（3）砌筑时管口应与井内壁平齐，必要时可伸入井内，但不宜超过 30mm。不准将截断管端放入井内；预留管的管口应封堵严密，并便于拆除。

（4）检查井的井壁厚度常为 240mm，用水泥砂浆砌筑。圆形砖砌检查井采用全丁式砌筑，收口时，如四面收口则每次收进不超过 30mm；如为三面收口则每次收进不超过 50mm。矩形砖砌检查井采用一顺一丁式砌筑。检查井内的踏步应随砌随安，安装前应刷防锈漆，砌筑时用水泥砂浆埋固，在砂浆未凝固前不得踩踏。

（5）检查井内壁应用原浆勾缝，有抹面要求时，内壁用水泥砂浆抹面并分层压实，外壁用水泥砂浆搓缝严实。抹面和搓缝高度应高出原地下水位以上 0.5m。

（6）井盖安装前，井室最上一皮砖必须是丁砖，其上用 1 ∶ 2 水泥砂浆座浆，厚度为 25mm，然后安放盖座和井盖。

（7）检查井接入较大管径的混凝土管道时，应按规定砌砖券。管径大于 800mm 时砖券高度为 240mm；小于 800mm 时砖券高度为 120mm。砌砖券时应由两边向顶部合拢砌筑。

（8）有闭水试验要求的检查井，应在闭水试验合格后再回填土。

（9）砌筑井室应符合下列要求：

1）砌筑井壁应位置准确、砂浆饱满、灰缝平整、抹平压光，不得有通缝、裂缝等现象；

2）井底流槽应平顺、圆滑、无杂物；

3）井圈、井盖、踏步应安装稳固，位置准确；

4）砂浆标号和配合比应符合设计要求。

2. 预制检查井安装

（1）应根据设计的井位桩号和井内底标高，确定垫层顶面标高、井口标高及管内底标高等参数，作为安装的依据。

（2）按设计文件核对检查井构件的类型、编号、数量及构件的重量。

（3）垫层施工不得扰动井室地基，垫层厚度和顶面标高应符合设计规定，长度和宽度要比预制混凝土底板的长、宽各大100mm，夯实后用水平尺校平，必要时应预留沉降量。

（4）标示出预制底板、井筒等构件的吊装轴线，先用专用吊具将底板水平就位，并复核轴线及高程，底板轴线允许偏差 ±20mm，高程允许偏差为 ±10mm。底板安装合格后再安装井筒，安装前应清除底板上的灰尘和杂物，并按标示的轴线进行安装。井筒安装合格后再安装盖板。

（5）当底板、井筒与盖板安装就位后，再连接预埋连接件，并做好防腐。然后将边缝润湿，用1 ∶ 2水泥砂浆填充密实，做成45° 抹角。当检查井预制件全部就位后，用1 ∶ 2水泥砂浆对所有接缝进行里、外勾平缝。

（6）最后将底板与井筒、井筒与盖板的拼缝，用1 ∶ 2水泥砂浆填满密实，抹角应光滑平整，水泥砂浆标号应符合设计要求。当检查井与刚性管道连接时，其环形间隙要均匀、砂浆应填满密实；与柔性管道连接时，胶圈应就位准确、压缩均匀。

3. 现浇检查井施工

（1）按设计要求确定井位，井底标高、井顶标高、预留管的位置与尺寸。

（2）按要求支设模板。

（3）按要求拌制并浇筑混凝土。先浇底板混凝土，再浇井壁混凝土，最后浇顶板混凝土。混凝土应振捣密实，表面平整、光滑，不得有漏振、裂缝、蜂窝和麻面等缺陷；振捣完毕后进行养护，达到规定的强度后方可拆模。

（4）井壁与管道连接处应预留孔洞，不得现场开凿。

（5）井底基础应与管道基础同时浇筑。

（二）质量要求

检查井施工允许误差应符合表5-7的规定。

表 5-7 检查井施工允许误差 单位：mm

项目			允许偏差	检验频率		检验方法
				范围	点数	
井深尺寸	长、宽		±20	每座	2	用尺量，长宽各计一点
	直 径		±20	每座	2	用水准仪测量
井口高程	非路面		±20	每座	1	用水准仪测量
	路 面		与道路规定一致	每座	1	用水准仪测量
井底高程	安管	$D \leqslant 1\,000$	±10	每座	1	用水准仪测量
		$D > 1\,000$	±15	每座	1	用水准仪测量
	顶管	$D < 1\,500$	+10，–20	每座	1	用水准仪测量
		$D \geqslant 1\,500$	+10，–40	每座	1	用水准仪测量
踏步安装	水平及竖直间距外露长度		±10	每座	1	用尺量，计偏差较大者
脚窝	高、宽、深		±10	每座	1	用尺量，计偏差较大者
流槽宽度			+10	每座	1	用尺量

注：表中 D 为管径（mm）。

二、雨水口施工

（一）施工工艺

雨水口一般采用砖、石砌筑施工，砌筑工艺与检查井相同，要点如下：

（1）按道路设计边线及支管位置，定出雨水口中心线桩，使雨水口的长边与道路边线重合（弯道部分除外）。

（2）根据雨水口的中心线桩挖槽，挖槽时应留出足够的肥槽，如雨水口位置有误差应以支管为准进行核对，平行于路边修正位置，并挖至设计深度。

（3）夯实槽底。有地下水时应排除并浇筑 100mm 的细石混凝土基础；为松软土时应夯筑 3 ∶ 7 灰土基础，然后砌筑井墙。

（4）砌筑井墙

1）按井墙位置挂线，先干砌一层井墙，并校对方正。一般井墙内口为 680mm×380mm 时，对角线长 779mm；内口尺寸为 680mm×410mm 时，对角线 794mm；内口尺寸为 680mm×415mm 时，对角线长 797mm。

2）砌筑井墙。雨水口井墙厚度一般为 240mm，用 MIJ10 砖和 M10 水泥砂浆按一顺一丁的形式组砌，随砌随刮平缝，每砌高 300mm 应将墙外肥槽及时填土夯实。

3）砌至雨水口连接管或支管处应满卧砂浆，砌砖已包满管道时应将管口周围用砂浆抹严抹平，不能有缝隙，管顶砌半圆砖券，管口应与井墙面平齐。当雨水连接管或支管与井墙必须斜交时，允许管口进入井墙 20mm，另一侧凸出 20mm，超过此限时必须调整雨水口位置。

4）井口应与路面施工配合同时升高，当砌至设计标高后再安装雨水箅。雨水箅安装好后，应用木板或铁板盖住，以免在道路面层施工时，被压路机压坏。

5）井底用 C10 细石混凝土抹出向雨水口连接管集水的泛水坡。

（5）安装井箅。井箅内侧应与道牙或路边成一条直线，满铺砂浆，找平坐稳，井箅顶与路面平齐或稍低，但不得凸出。现浇井箅时，模板支设应牢固、尺寸准确，浇筑后应立即养护。

（二）施工注意事项

（1）位置应符合设计要求，不得歪扭；
（2）井箅与井墙应吻合；
（3）井箅与道路边线相邻边的距离应相等；
（4）内壁抹面必须平整，不得起壳裂缝；
（5）井箅必须完整无损、安装平稳；
（6）井内严禁有垃圾等杂物，井周回填土必须密实；
（7）雨水口与检查井的连接应顺直、无错口；坡度应符合设计规定。

（三）质量要求

雨水口施工允许误差应符合表 5-8 的规定。

表 5-8　雨水口允许误差

顺序	项目	允许偏差 /mm	检验频率		检验方法
			范围	点数	
1	井圈与井壁吻合	10	每座	1	用尺量
2	井口高	0 –10	每座	1	与井周路面比
3	雨水与路边线平等位置	20	每座	1	用尺量
4	井内尺寸	+20 0	每座	1	用尺量

三、阀门井施工

阀门井一般采用砖、石砌筑施工，砌筑工艺与检查井相同，要点如下：

1. 井底施工要点

（1）用 C10 混凝土浇筑底板，下铺 150mm 厚碎石（或砾石）垫层，无论有无地下水，井底均应设置集水坑；

（2）管道穿过井壁或井底，须预留 50 ～ 100mm 的环缝，用油麻填塞并捣实或用灰土填实，再用水泥砂浆抹面。

2. 井室砌筑要点

（1）井室应在管道铺设完毕、阀门装好之后着手砌筑，阀门与井壁、井底的距离不得小于 0.25m；雨天砌筑井室，须在铺设管道时一并砌好，以防雨水汇入井室而堵塞管道。

（2）井壁厚度为 240mm，通常采用 MU10 砖、M5 水泥砂浆砌筑，砌筑方法同检查井。

（3）砌筑井壁内外均需用 1 ：2 水泥砂浆抹面，厚 20mm，抹面高度应高于地下水最高水位 0.5m。

（4）爬梯通常采用 ф16 钢筋制作，并防腐，水泥砂浆未达到设计强度的 75% 以前，切勿脚踏爬梯。

（5）井盖应轻便、牢固、型号统一、标志明显；井盖上配备提盖与撬棍槽；当室外温度小于等于 –21℃时，应设置为保温井口，增设木制保温井盖板。安装方法同检查井盖。

（6）盖板顶面标高应与路面标高一致，误差不超过 ±50mm，当在非铺装路面上时，井口须略高于路面，但不得超过 50mm，并有 2% 的坡度做护坡。

3. 施工注意事项

（1）井壁的勾缝抹面和防渗层应符合质量要求；

（2）井壁同管道连接处应严密，不得漏水；

（3）阀门的启闭杆应与井口对中。

4. 质量要求

阀门井施工允许误差应符合表 5-9 的规定。

表 5-9 阀门井施工允许误差

项目		允许偏差 /mm	检验频率		检验方法
			范围	点数	
井身尺寸	长、宽	±20	每座	2	用尺量，长宽各计一点
	直径	±20	每座	2	用尺量
井盖高程	非路面	±20	每座	1	用水准仪测量
	路面	与道路规定一致	每座	1	用水准仪测量
底高程	$D<1\,000$mm	±10	每座	1	用水准仪测量
	$D>1\,000$mm	±15	每座	1	用水准仪测量

四、支墩施工

（一）材质要求

材料要求支墩通常采用砖、石砌筑或用混凝土、钢筋混凝土现场浇筑，其材质要求如下：

（1）砖的强度等级不应低于 MU7.5；

（2）片石的强度等级不应低于 MU20；

（3）混凝土或钢筋混凝土的强度等级不应低于 C10；

（4）砌筑用水泥砂浆的强度等级不应低于 M5。

（二）支墩施工

（1）平整夯实地基后，用 MU7.5 砖、M10 水泥砂浆进行砌筑。遇到地下水时，支墩底部应铺 100mm 厚的卵石或碎石垫层。

（2）水平支墩后背土的最小厚度不应小于墩底到设计地面深度的 3 倍。

（3）支墩与后背的原状土应紧密靠紧，若采用砖砌支墩，原状土与支墩间的缝隙，应用砂浆填实。

（4）对水平支墩，为防止管件与支墩发生不均匀沉陷，应在支墩与管件间设置沉降缝，缝间垫一层油毡。

（5）为保证弯管与支墩的整体性，向下弯管的支墩，可将管件上箍连接，钢箍用钢筋引出，与支墩浇筑在一起，钢箍的钢筋应指向弯管的弯曲中心，钢筋露在支墩外面部分，应有不小于 50mm 厚的 1 ∶ 3 水泥砂浆作保护层；向上弯管应嵌入支墩内，嵌进部分中心角不宜小于 135°。

（6）垂直向下弯管支墩内的直管段，应包玻璃布一层，缠草绳两层，再包玻璃布一层。

（三）施工注意事项

（1）位置设置要准确，锚定要牢固；

（2）支墩应修筑在密实的土基或坚固的基础上；

（3）支墩应在管道接口做完、位置固定后再修筑；

（4）支墩修筑后，应加强养护、保证支墩的质量；

（5）在管径大于 700mm 的管线上选用弯管，水平设置时，应避免使用 90° 弯管，垂直设置时，应避免使用 45° 弯管；

（6）支墩的尺寸一般随管道覆土厚度的增加而减小；

（7）必须在支墩达到设计强度后，才能进行管道水压试验，试压前，管顶的覆土厚度应大于 0.5m；

（8）经试压支墩符合要求后，方可分层回填土，并夯实。

五、阀件安装

（一）安装要求

（1）阀件安装前应检查填料是否完好，压盖螺栓是否有足够的调节余量。

（2）法兰或螺纹连接的阀件应在关闭状态下进行安装。

（3）焊接阀件与管道连接焊缝的封底宜采用氩弧焊施焊，以保证其内部平整光洁。焊接时阀件不宜关闭，以防止过热变形。

（4）阀件安装前，应按设计核对型号，并根据介质流向确定其安装方向。

（5）水平管道上的阀件，其阀杆一般应安装在上半圆范围内。

（6）阀件传动杆（伸长杆）轴线的夹角不应大于30°，有热位移的阀件，传动杆应有补偿措施。

（7）阀件的操作机构和传动装置应做必要的调整和固定，使其传动灵活，指示准确。

（8）安装铸铁、硅铁阀件时，须防止因强力连接或受力不均而引起损坏。

（9）安装高压阀件前，必须复核产品合格证。

（二）阀件安装

1. 水表的安装

（1）水表设置位置应尽量与主管道靠近，以减少进水管长度，并便于抄读、安拆，必要时应考虑防冻与卫生条件。

（2）注意水表安装方向，使进水方向与表上标志方向一致。旋翼式水表应水平安装，切勿垂直安装；螺翼式水表可水平、倾斜、垂直安装，但倾斜、垂直安装时，须保证水流流向自上而下。

（3）为使水流稳定地流经水表，使其计量准确，表前阀门与水表之间的稳流段长度应大于或等于8～10倍管径。

（4）小口径水表在水表与阀门之间应装设活接头，以便于拆卸更换水表；大口径水表前后采用伸缩节相连，或者水表两侧法兰采用双层胶垫，以便于拆卸水表。

（5）大口径水表安装时应加旁通管，以便于当水表出现故障时，不影响通水。

2. 室外消火栓安装

（1）安装位置通常选定在交叉路口或醒目地点，距建筑物距离不小于5m，距路边不大于2m，地下式消火栓应在地面上明显标示，并保证栓口处接管方便。

（2）消火栓连接管管径应不小于100mm。

（3）消火栓安装时，凡埋入土中的法兰接口均涂沥青，冷底子池一道，热沥青两道，并用沥青麻布或塑料薄膜包严，以防锈蚀。

（4）寒冷地区应考虑防冻措施。

3. 安全阀安装

（1）安装方向应使管内水由阀盘底向上流出。

（2）安装弹簧式安全阀时，应调节螺母位置，使阀板在规定的工作压力下可以自动开启。

（3）安装杠杆式安全阀时，须保持杠杆水平，根据工作压力将重锤的重量与力臂调整好，并用罩盖住，以免重锤移动。

（4）安全阀应垂直安装，当发现倾斜时，应予纠正。

（5）在管道试运行时，应及时调校安全阀。

（6）安全阀的最终调整宜在系统上进行，开启压力和回座压力应符合设计规定，当设计无规定时，其开启压力为工作压力的 1.05 ～ 1.15 倍，回座压力应大于工作压力的 0.9 倍。调整时每个安全阀的启闭试验不得少于 3 次。安全阀经调整后，在工作压力下不得有泄漏。

4. 排气阀安装

（1）排气阀应设在管线的最高点处，一般管线隆起处均应设排气阀。

（2）在长距离输水管线上，每隔 50 ～ 100m 应设置一个排气阀。

（3）排气阀应垂直安装，不得倾斜。

（4）地下管道的排气阀应安装在排气阀门井内，安装处应环境清洁，寒冷地区应采取保温措施。

（5）管道施工完毕试运行时，应对排气阀进行调校。

5. 排泥阀安装

（1）安装位置应有排除管内污物的场所。

（2）安装时应采用与排污水流成切线方向的排泥三通。

（3）安装完毕后应及时关闭排泥阀。

6. 泄水阀安装

（1）泄水阀应安装在管线最低处，用来放空管道及排除管内污水，一般常与排泥管合用。

（2）泄水阀放出的水，可直接排入附近水体；若条件不允许则设湿井，将水排入湿井内，再用水泵抽送到附近水体。

（3）安装完毕后应及时关闭泄水阀。

任务四　渠道施工

当市政管道所需的管径较大时，为方便施工，降低工程造价，通常采用渠道，如给水工程中的输水渠道和排水工程中的排水明渠（或暗渠）等。渠道的施工一般有现场开挖、现场浇筑、现场砌筑和预制钢筋混凝土构件装配等方法。

一、渠道现场开挖

（一）开挖方法

渠道开挖有人工开挖、机械开挖和爆破开挖等方法，一般根据应现场施工条件、土壤特性、渠道横断面尺寸、地下水位等因素综合考虑确定。

1. 人工开挖

渠道人工开挖时首先要消除地表水或地下水对施工的影响，一般采用明沟排水，方法详见本教材项目一。

人工开挖，应自渠道中心向外分层下挖，先深后宽。为方便施工，加快工程进度，在边坡处可按设计边坡先挖成台阶状，待挖至设计深度时再进行削坡。开挖后的弃土，应先行规划，尽量做到挖填平衡。一般有以下两种开挖方法：

（1）一次到底法。该法适用于土质较好、含水量低、挖深为 2 ～ 3m 的渠道。开挖时先将排水沟挖到低于渠底设计标高 0.5m 处，然后按阶梯状向下逐层开挖至渠底，如图 5-14 所示。

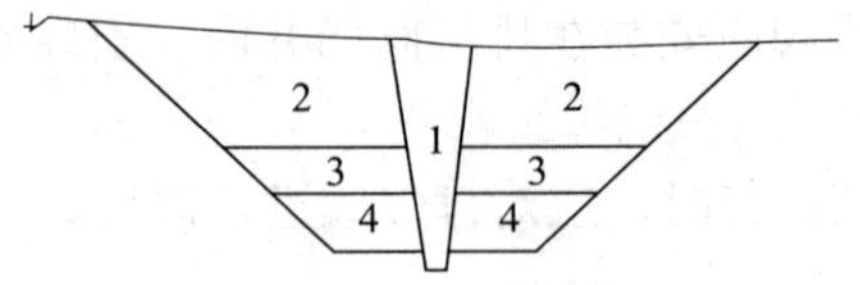

1—排水沟；2、3、4—开挖顺序

图 5-14 一次到底法

（2）分层下挖法。该法适用于土质较软、含水量高、挖深较大的渠道。一般有中心排水沟法和翻滚排水沟法两种方法。

当渠道较窄时，可采用中心排水沟法，如图 5-15（a）所示。施工时将排水沟布置在渠道中部，逐层下挖排水沟，直至渠底，此法适用于工期短、地下水量较小、平地开挖的渠道。

当渠道较宽时，可采用翻滚排水沟法，如图 5-15（b）所示。该法排水沟断面小、施工安全、布置灵活，适用于开挖深度大、土质差、地下水来量大、可以双面出土的渠道。

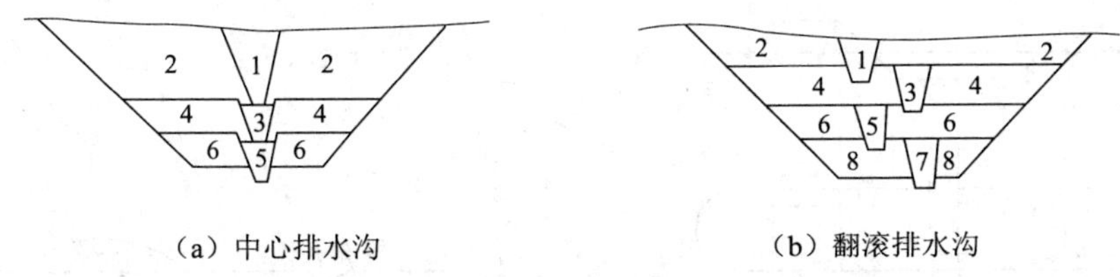

（a）中心排水沟　　（b）翻滚排水沟

2、4、6、8—开挖顺序；1、3、5、7—排水沟

图 5-15　分层下挖法

2. 机械开挖

机械开挖可以减轻工人的劳动强度，加快施工进度，降低工程造价，适用于土方较集中的大型渠道的施工。但施工场地必须便于机械施工，而且常需辅以人工清边清底，以保证开挖质量，使渠道达到设计要求。常用的开挖机械有：

（1）铲运机开挖。铲运机最适宜开挖全挖方渠道或半挖半填渠道。对需要在纵向调配土方的渠道，如运距不远时，也可用铲运机开挖。铲运机的开挖线路宜布置成“8”字形或环行，如图 5-16（a）所示。

（2）推土机开挖。推土机适用于开挖深度不超过 2.0m，填筑渠堤高度不超过 3.0m，边坡不陡于 1 ∶ 2 的渠道。此外，还可用于平整渠底，清除腐殖土层、压实渠堤等。其工作方式如图 5-16（b）所示。

3. 爆破开挖

对于岩基渠道、盘山渠道或施工机械难以开挖的渠道，宜采用爆破开挖法进行施工。

采用爆破法开挖渠道时，药包应根据开挖断面的大小沿渠道成排布置，如图 5-16（c）所示。当渠底宽度为渠道深度的 2 倍以上时，一般布置 2 ～ 3 排药包，爆破作用指数可取为 1.75 ～ 2.0。单个药包的装药量以及药包的间距和排距应根据爆破试验确定，宜请专业队进行爆破施工，爆破后应辅以人工清边清底，使渠道达到设计要求。

4. 开挖质量要求

渠道的开挖必须达到以下质量要求：

（1）不扰动天然地基或地基处理符合设计要求；

（2）渠壁平整，边坡坡度符合设计规定；

（3）渠道高程允许偏差：开挖土方时为 ±20 mm，开挖石方时为 +20 mm，–200 mm。

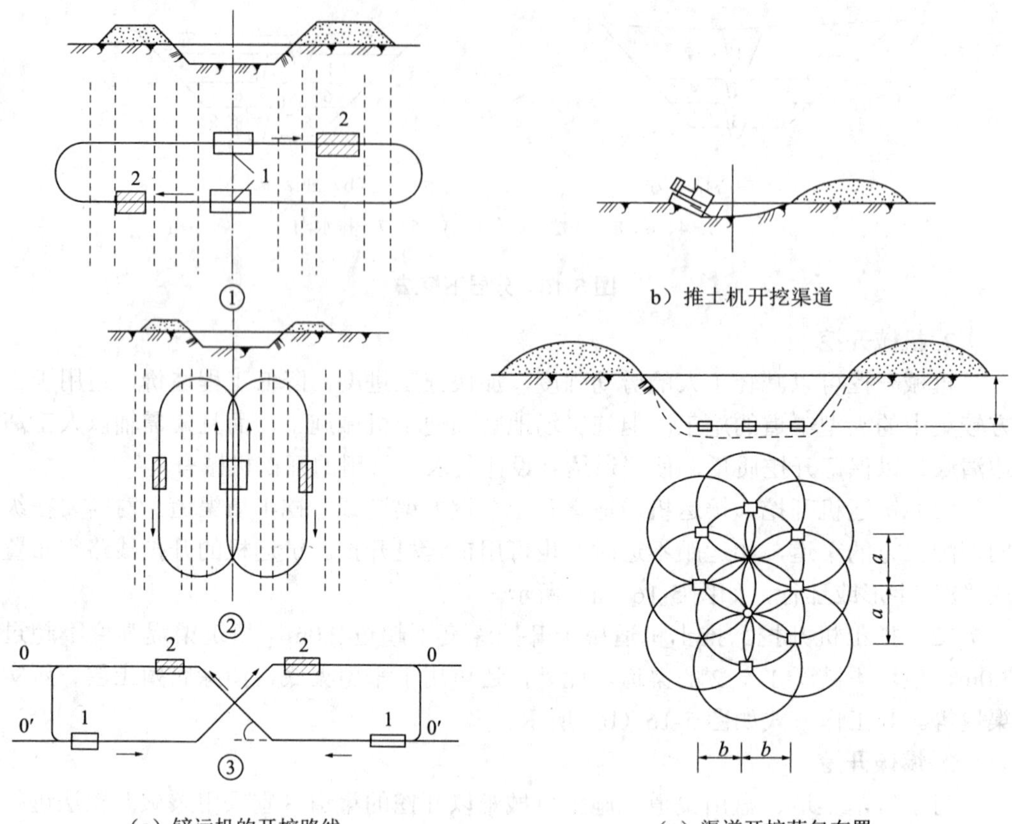

(a）铲运机的开挖路线

b）推土机开挖渠道

(c）渠道开挖药包布置

①环形横向开行；②环形纵向开行；③“8”字形开行；
1—铲土；2—填土；O—O—填方轴线；O′—O′—挖方轴线

图 5-16 机械开挖渠道

（二）渠道衬护

现场开挖的渠道应进行衬护，即用灰土、水泥土、块石、混凝土、沥青、土工织物等材料在渠道内壁铺砌一衬护层，以防止渠道受冲刷；减少输水时的渗漏，提高渠道输水能力；减小渠道断面尺寸，降低工程造价；便于维护和管理。常用的衬护方法有以下几种。

1. 灰土衬护

灰土由石灰和土料混合而成，灰土比为1 ：2～1 ：6（重量比)，衬护厚度一般为200～400mm。灰土衬护的渠道，防渗效果较好，一般可减少渗漏量的85%～95%，造价较低。但其不耐冲刷。

施工时，先将过筛后的细土和石灰粉干拌均匀后，再加水拌和，然后堆放一段时间，使石灰充分熟化，待稍干后，即可分层铺筑夯实，拍打坡面消除裂缝。对边坡较缓的渠道，可不立模板直接填筑，铺料要自下而上，先渠底后边坡。对边坡较陡的渠道必须立模填筑，一般模板高 0.5m，分三次上料夯实。灰土夯实后应养护一段时间再通水。

2. 砌石衬护

砌石衬护有干砌块石、干砌卵石和浆砌块石三种形式。干砌块石和干砌卵石用于土质较好的渠道，主要起防冲刷作用；浆砌块石用于土质较差的渠道，起抗冲防渗的作用。

在砂砾石地区，对坡度大、渗漏较大的渠道，采用干砌卵石衬护是一种经济的防渗措施，一般可减少渗漏量 40% ～ 60%。但卵石表面光滑，尺寸和重量较小，形状不一，稳定性差，砌筑质量要求较高。

干砌卵石施工时，应按设计要求先铺设垫层，然后再砌卵石。砌筑用卵石以外形稍带扁平且大小均匀为好。砌筑时宜采用直砌法，即卵石的长边要垂直于渠底，并砌紧、砌平、错缝，且位于垫层上。砌筑坡面时，要挂线自上而下分层砌筑，渠道边坡以 1 ∶ 1.5 左右为宜，太陡会使卵石不稳，易被水流冲走，太缓则会减少卵石之间的挤压力，增加渗漏损失。为了防止砌筑面被局部冲毁，通常每隔 10 ～ 20m 用较大卵石在渠底和边坡干砌或浆砌一道隔墙，隔墙深 600 ～ 800mm，宽 400 ～ 500mm，以增加渠底和边坡的稳定性。渠底隔墙可做成拱形，其拱顶迎向水流，以提高抗冲能力。

砌筑顺序应遵循“先渠底，后边坡”的原则。砌筑质量要达到“横成排、三角缝、六面靠、踢不动、拔不掉”的要求。

砌筑完后还应进行灌缝和卡缝。灌缝是将较大的石子灌进砌缝中；卡缝是用木榔头或手锤将小片石轻轻砸入砌缝中。灌缝和卡缝完毕后在砌体表面扬铺一层砂砾，用少量水进行放淤，一边放水，一边投入砂砾石碎土，直至砌缝被泥沙填实为止。这样既可保证渠道运行安全，又可提高防渗效果。

3. 混凝土衬护

混凝土衬护具有强度高、糙率小、防渗性能好（可减少渗漏 90% 以上）、适用性强和维护工作量小等优点，因而被广泛采用。混凝土衬护有现浇式、预制装配式和喷混凝土等几种形式。

（1）现浇混凝土衬护

大型渠道的混凝土衬护多采用现浇施工。在渠道开挖和压实后，先排水、铺设垫层，然后再浇筑混凝土。浇筑时按结构缝分段，一般段长为 10m 左右，先浇渠底混凝土，后浇坡面混凝土。混凝土浇筑宜采用跳仓浇筑法，溜槽送混凝土入仓，平板振捣器或直径 30 ～ 50mm 的插入式振捣棒振捣。为方便施工，坡面模板可边浇筑边安装。结构缝应根据设计要求做好止水措施，安装填缝板，混凝土拆模后，灌注填缝材料。

（2）预制装配式混凝土板衬护

装配式混凝土板衬护，是在预制厂制作混凝土衬护板，运至现场后进行安装，然后灌注填缝材料。混凝土预制板的尺寸应与起吊、运输设备的能力相适应，人工安装时，单块预制板的面积一般为 0.4 ～ 1.0m^2。铺砌时应将预制板四周刷净，并铺于已夯实的垫层上。砌筑时，横缝可以砌成通缝，但纵缝必须错开。装配式混凝土预制板衬护，施工受气候条件影响小，易于保证质量。但接缝较多，防渗、抗冻性能较差，适用于中小型渠道的衬护。

（3）喷混凝土衬护

喷混凝土衬护前，对石砌渠道应将砌筑面冲洗干净，对土质渠道应修整平整。喷混凝土时，应一次完成，达到平整光滑。混凝土要按顺序一块一块地喷施，喷施时从渠道底向两边对称进行，喷射枪口与喷射面应尽量保持垂直，距喷射面一般为 0.6 ～ 1.0m，喷射机的工作风压在 0.1 ～ 0.2MPa。喷后应及时洒水养护。

4. 土工织物衬护

土工织物是用锦纶、涤纶、丙纶等高分子合成材料通过纺织、编制或无纺的方式加工成的一种新型土工材料，广泛用于工程的防渗、反滤、排水等施工中，一般采用混凝土模袋衬护或土工膜衬护。

（1）混凝土模袋衬护

先用透水不透浆的土工织物缝制成矩形模袋，把拌好的混凝土装入模袋中，再将装了混凝土的模袋铺砌在渠底或边坡处（也可先将模袋铺在渠底或边坡，再将混凝土灌入模袋中），混凝土中多余的水分可从模袋中挤出，从而使水灰比迅速降低，形成高密度、高强度的混凝土衬护。衬护厚度一般为 150 ～ 500mm，混凝土坍落度为 200mm。利用混凝土模袋衬护渠道，衬护结构柔性好、整体性强，能适应基面变形。

（2）土工膜衬护

渠道防渗以前多采用普通塑料薄膜，因塑料薄膜容易老化，耐久性差，现已被新型防渗材料——复合防渗土工膜取代。复合防渗土工膜是在塑料薄膜的一侧或两侧贴以土工织物，以此保护防渗薄膜不受破坏，增加土工膜与土体之间的摩擦力，防止土工膜滑移，提高铺贴稳定性。复合防渗土工膜有一布一膜、二布一膜等形式，具有极高的抗拉、抗撕裂能力和良好的柔性，可使因基面的凸凹不平产生的应力得以很快分散，适应变形的能力强；由于土工织物具有一定的透水性，使土工膜与土体接触面上的孔隙水压力和浮托力易于消散；有一定的保温作用，减小了土体冻胀对土工膜的破坏。为了减少阳光照射，增加其抗老化性能，土工膜要采用埋入法铺设。

施工时，先用粒径较小的砂土或黏土找平基础，然后再铺设土工膜。土工膜不要绷得太紧，两端埋入土体部分呈波纹状，最后在土工膜上铺一层 100mm 厚的砂或黏土作过渡层，以避免将块石直接砸在土工膜上。在过渡层上砌 200 ～ 300mm 厚的块石或预制混凝土块作防冲保护层，宜边铺膜边进行保护层的施工。施工中应做好土工膜的接缝处理，一般常用的接缝方式有：

1）搭接，要求搭接长度在 150mm 以上；

2）缝纫后用防水涂料进行处理；

3）热焊，对于较厚的无纺布基材，可焊接处理；

4）黏接，将与土工膜配套供应的黏合剂涂在要接缝部位上，在压力作用下进行黏合，使接缝达到最终强度。

（三）渠堤填筑

渠道开挖完毕后要进行渠堤的填筑。渠堤填筑前要清除基础范围内的块石、树根、草皮、淤泥等杂质，并将基面略加平整，然后进行刨毛。如基础过于干燥，还应洒水湿润，然后再填筑。

渠堤填筑以粒径小的湿润散土为宜，如砂质壤土或砂质黏土。要求将透水性小的土料填筑在迎水面，透水性大的土料填筑在背水面。土料中不得掺有杂质，并应保持一定的含水量，以利压实。严禁使用冻土、淤泥、净砂、砂礓土等。半挖半填渠道应尽量利用挖方筑堤，只有在土料不足或土质不能满足填筑要求时，才取土填筑。

取土时，取土处应距堤脚一定距离，宜分层取土，每层挖土厚度不宜超过 1m，不得使用地下水位以下的土料。取土时应清除表层 150 ～ 200mm 的浮土或种植土。取土点宜先远后近，合理布置运输线路，避免陡坡和急弯，上、下坡路线要分开设置。

填筑时，应分层进行，每层土虚铺厚度以 200 ～ 300mm 为宜，铺土要均匀，每层铺土应保证土堤断面略大于设计宽度，以免削坡后断面不足。堤顶应有 2% ～ 4% 的坡度，坡向堤外，以利排除降水。筑堤时要考虑土堤在施工期间和日后的沉陷，填筑高度可预加 5% 的沉陷量。

二、砌筑渠道施工

砌筑渠道在国内外给水排水工程中应用较早，虽然它的施工进度较慢，砌筑技术较为复杂，但由于它可以充分利用当地材料，目前在各地仍普遍使用。砌筑渠道常用的断面形式有圆形、矩形、半椭圆形等，可用普通黏土砖或特制的楔形砖砌筑，在石料丰富的地区，还可采用料石或毛石砌筑。当砖的质地良好时，砖砌渠道能抵抗污水或地下水的腐蚀作用，经久耐用。

（一）材料要求

砌筑渠道施工中所用材料应符合表 5-10 的要求。

表 5-10　砌筑渠道施工中材料要求

材料名称	具体要求
砖	砌筑用砖应采用机制普通黏土砖，其强度等级不应低于 MU7.5，并应符合国家现行《普通黏土砖》标准的规定
石料	石料应采用质地坚实无风化和裂纹的料石或毛石，其强度等级不应低于 MU20
砌块	混凝土砌块的抗压强度、抗渗、抗冻指标应符合设计要求，其尺寸允许偏差应符合国家现行有关标准和规范的规定
水泥砂浆	1. 材料要求 砌筑应采用水泥砂浆。水泥强度等级不应低于 42.5；砂宜采用质地坚硬、级配良好而洁净的中砂或粗砂，含泥量不应大于 3%；掺用防水剂或防冻剂时，应符合国家现行有关标准和规范的规定 2. 水泥砂浆配制和应用要求 （1）砂浆应按设计配合比配制；（2）砂浆应搅拌均匀，稠度应符合施工规范要求；（3）砂浆应随拌随用，在初凝前使用完毕。使用中出现泌水现象时，应重新拌合后再用

（二）砌筑施工

1. 砖砌渠道墙体和拱圈施工

（1）墙体砌筑要点

1）墙体宜采用“五顺一丁”式砌筑，但顶皮与底皮均须用丁砖砌筑；

2）墙体有抹面要求时，应随砌随将挤出的砂浆刮平；墙体为清水墙时，应随砌随搂出深度 10mm 的凹槽。

（2）拱圈砌筑要点

1）拱圈砌筑前应将拱胎充分湿润，冲洗干净，并均匀涂刷隔离剂。

2）拱圈在拱胎上砌筑，当拱圈较大时，拱胎顶部可留一定的预加高度，以弥补拆除拱胎后拱圈的微量下沉。

3）拱圈须用丁砖砌筑，各砖缝的延长线应穿过拱心。当砌到拱顶最后一砖时，则用木槌轻轻敲入，以使灰缝密实。

4）砌筑时应自两侧向拱中心采用退茬法对称进行，每块砌块退半块留茬，必须当日封顶，拱顶上不得堆置器材和重物。

5）拱胎的拆除随拱圈直径而异，拱圈直径较小时，拱胎可在砌筑后一天进行拆除，以加速其周转使用；当直径较大时，则应养护 3 ～ 7d 后再拆除。

6）当渠道沉降缝中填塞沥青玛蹄脂时，施工时应先在沉降缝的砖面上涂冷底子油，然后把预制的沥青玛蹄脂块塞入缝中，砌完后再用喷灯烤热玛蹄脂，使其与砖块黏接牢固。

（3）质量要求

1）砖砌渠道应满铺满砌、上下错缝、内外搭砌，水平灰缝厚度和竖向灰缝宽度宜为10mm，并不得有竖向通缝；曲线段的竖向灰缝，其内侧灰缝宽度不应小于5mm，外侧灰缝宽度不应大于13mm。

2）灰缝匀称，砂浆饱满严密，拱中心位置正确。

2. 石砌渠道墙体和拱圈施工

（1）墙体砌筑要点

砌筑前应清除石块表面的污垢和水锈，并用水湿润。砌筑时采用铺浆法分层卧砌，上下错缝，内外搭接，并应在每0.7m^{2}墙内至少设置拉结石一块，拉结石在同皮内的中距不应大于2m，每日砌筑高度不宜超过1.2m。

（2）拱圈砌筑要点

石砌拱圈时，相邻两行拱石的砌缝应错开，砌体必须错缝、咬茬紧密，不得采用外贴侧立石块、中间填心的砌筑方法。

（3）质量要求

灰缝宽度均匀，嵌缝饱满密实。

3. 反拱砌筑

有些渠道根据设计要求需做成拱底弧形，此时在渠底就要用砖（或石）砌筑反拱。

（1）砌筑要点

1）砌筑前应根据设计要求制作反拱样板，沿设计轴线每隔10m左右设一块样板；

2）根据反拱样板挂线，先砌中心的一列砖石，找准高程后再接砌两侧砖石。砌筑灰缝不得凸出墙面，砌筑完毕当砂浆强度达到设计抗压强度标准值的25%以上时，方可踩压。

（2）质量要求

反拱表面应平顺光滑，高程允许偏差为±10mm。

4. 砌筑渠道抹面

砌筑渠道应用水泥砂浆进行抹面，以减少渗漏。.

（1）砌筑要点

1）抹面前应将渠道表面黏接的杂物清理干净，并洒水湿润。

2）水泥砂浆抹面宜分两道抹成，第一道抹成后应刮平并使表面成粗糙纹，初凝后再抹第二道水泥砂浆。第二道砂浆抹平后，应分两次压实抹光。

3）抹面砂浆初凝后，应及时湿润养护，养护时间不宜小于14d。

（2）质量要求

1）砂浆与基层及各层间应黏接紧密牢固，不得有空鼓和裂纹等缺陷；

2）抹面平整度不应大于5mm；

3）接茬平整，阴阳角清晰顺直。

5. 矩形渠道的钢筋混凝土盖板安装

对于暗渠，一般均要加设钢筋混凝土盖板，以保证水量和保护水质。其施工要点如下：

（1）盖板安装前，应将墙顶清扫干净，洒水湿润，而后坐浆安装。

（2）盖板安装时，应按设计吊点起吊、搬运和堆放，不得碰撞和反向放置。盖板安装的板缝宽度应均匀一致。

（3）盖板就位后，相邻板底错台不应大于 10mm；板端压墙长度应满足设计要求，允许偏差为 ±10mm。板缝及板底的三角灰，应用水泥砂浆填抹压实。

6. 渠道砌筑质量标准

渠道砌筑允许偏差应符合表 5-11 的要求。

表 5-11　管渠砌筑质量允许偏差　　单位：mm

<table>
<tr><th colspan="2" rowspan="2">项目</th><th colspan="4">允许误差</th></tr>
<tr><th>砖砌</th><th>料石</th><th>石块</th><th>混凝土块</th></tr>
<tr><td colspan="2">轴线位置</td><td>15</td><td>15</td><td>20</td><td>15</td></tr>
<tr><td rowspan="2">渠底</td><td>高程</td><td>±10</td><td colspan="2">±20</td><td>±10</td></tr>
<tr><td>中心线每侧宽</td><td>±10</td><td>±10</td><td>±20</td><td>+10</td></tr>
<tr><td colspan="2">墙高</td><td>±20</td><td colspan="2">±20</td><td>±20</td></tr>
<tr><td colspan="2">墙厚</td><td colspan="4">不小于设计规定</td></tr>
<tr><td colspan="2">墙面垂直度</td><td>15</td><td colspan="2">15</td><td>15</td></tr>
<tr><td colspan="2">墙面平整度</td><td>10</td><td>20</td><td>30</td><td>10</td></tr>
<tr><td colspan="2">拱圈断面尺寸</td><td colspan="4">不小于设计规定</td></tr>
</table>

三、装配式钢筋混凝土渠道施工

装配式钢筋混凝土渠道（或管沟）一般用于重力流管线上。它的优点是施工速度快，造价低，工程质量有保证，施工时受季节影响小。其缺点是机械化程度要求较高，接缝处理比较复杂。

装配式管沟预制块的大小，主要取决于施工条件，为了增强渠道的结构整体性，提高其水密性，加快施工速度，应在施工条件许可的条件下，尽量加大预制块的尺寸。

（一）施工要点

1. 渠底基础与墙体的连接

装配式渠道的基础与墙体等上部构件采用杯口连接时，杯口宜与混凝土一次连续浇筑；当采用分期浇筑时，应在基础面凿毛、清洗干净后再浇筑混凝土。

2. 构件安装

1）构件应待基础杯口混凝土达到设计抗压强度的 75% 以后，再进行安装；

2）安装前应将与构件连接部位凿毛清洗，杯底铺设水泥砂浆；

3）安装时应使构件稳固，接缝间隙符合设计要求，上、下构件的竖向企口接缝应错开。

3. 接缝处理

（1）管渠侧墙两板间的竖向接缝应用细石混凝土或水泥砂浆嵌填密实。

（2）矩形或拱形构件进行装配施工时，其水平企口应铺满水泥砂浆，使接缝咬合，且安装后应及时对接缝内外面勾抹压实。

（3）矩形或拱形构件的嵌缝或勾缝应先做外缝，后做内缝，并适时洒水养护。内部嵌缝或勾缝，应在管渠外部还土后进行。

（4）矩形或拱形管渠顶部的内接缝，采用石棉水泥嵌缝时，宜先填入 3/5 深度的麻辫，然后再填打石棉水泥至缝平。

（二）施工注意事项

（1）矩形或拱形管渠构件的运输、堆放及吊装，应采取措施防止构件失稳和受损。

（2）管渠采用先浇底板后装配墙板法施工时，安装墙板应位置准确，与相邻板顶平齐；采用钢管支撑器临时固定时，支撑器应待板缝及杯口混凝土达到规定强度，盖好盖板后方可拆除。

（三）装配式管渠构件安装质量标准

装配式管渠构件安装允许偏差应符合表 5-12 的规定。

表 5-12　装配式管渠构件安装允许偏差　　单位：mm

项目	允许偏差	项目	允许偏差
轴线位置	10	墙板、拱构件间隙	±10
高程（墙板、拱）	±5	杯口底、顶宽度	+10
垂直度（墙板）	5		−5

四、现浇钢筋混凝土渠道施工

现浇钢筋混凝土渠道，施工时不需大型吊装设备，不必进行接缝处理，易于保证渠道的水密性，施工方法与一般水工混凝土相同，包括支模、安放钢筋骨架、浇筑混凝土、养护等工序。本教材不做介绍，施工时请参见有关书籍，但应注意以下问题：

1. 施工缝的设置

施工缝应设置在底角加腋的上皮以上不小于200mm处，在其上浇筑混凝土之前，应将接槎处混凝土表面的水泥砂浆或松散层清除，用水冲洗干净充分湿润后，均匀铺15～25mm厚与混凝土同级配的水泥砂浆，然后再浇筑混凝土。

2. 混凝土的浇筑

混凝土宜按渠道变形缝分段连续浇筑，渠道两侧应对称进行，严防一侧浇筑量过大，使模板产生弯曲变形和位移。当渠道深度超过2m时，为防止混凝土产生离析现象，应采用溜槽、串筒或导管浇筑。混凝土浇至墙顶并间歇1～1.5h后，再继续浇筑顶板。

3. 止水处理

在施工缝、变形缝等处，应用止水带做好止水，严防漏水。

4. 施工允许偏差

现浇钢筋混凝土渠道允许偏差见表5-13。

表5-13　现浇钢筋混凝土渠道允许偏差　　单位：mm

项目	允许偏差	项目	允许偏差
轴线位置	15	渠底中线每侧宽度	±10
渠底高程	±10	墙面垂直度	15
管、拱圈断面尺寸	不小于设计规定	墙面平整度	10
盖板断面尺寸	不小于设计规定	墙厚	+10
墙高	±10		0

管渠施工完毕后应及时回填。回填时，两侧应同时进行，以保证砌块不发生错位和移动，每层虚铺厚度以不超过250mm为宜。两侧同时轻夯，以免拱圈受力不匀左、右移动而造成拱圈开裂。拱顶部分的还土应薄铺轻夯，直到拱顶覆土厚度在30cm以上时，方可逐渐增大夯力，但仍需两侧同时夯打。

任务五　沉井工程施工

一、概述

在高地下水位地段、流砂地段、软土地段和现场狭窄地段，采用大开槽方法修建深埋构筑物，在施工技术方面会遇到很多困难。在这些现场条件下，可采用沉井方法施工。

沉井施工过程，如图5-17所示。在地面制备井筒，然后在井筒内挖土，由于支承井筒的土被挖空，井筒靠自重（有时附加荷载）克服井外壁与土之间的摩擦力，逐渐下沉到设计标高，浇灌混凝土底板封底，固定井筒位置，然后再完成内部工程。

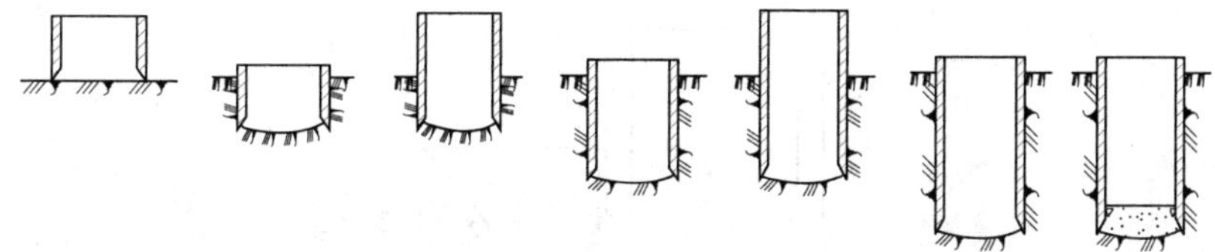

图 5-17　沉井下沉示意

沉井施工比开槽施工减少大量挖方。下沉时井筒起支撑作用。在浅水区可以采用筑岛沉井；在深水区可以采用气压沉井。

在给水排水工程中，地表水取水构筑物、地下水源井、各种深埋水池、地下泵房或泵房的地下部分等，都常采用沉井施工。

沉井大多为钢筋混凝土结构，常用横断面为圆形和矩形，纵断面形状大多为阶梯形，如图 5-18 所示。井筒内壁与底板相接处有环形凹口，下部为刃脚。井筒下沉过程中，刃脚切入土层，因此用型钢加固，如图 5-19 所示。

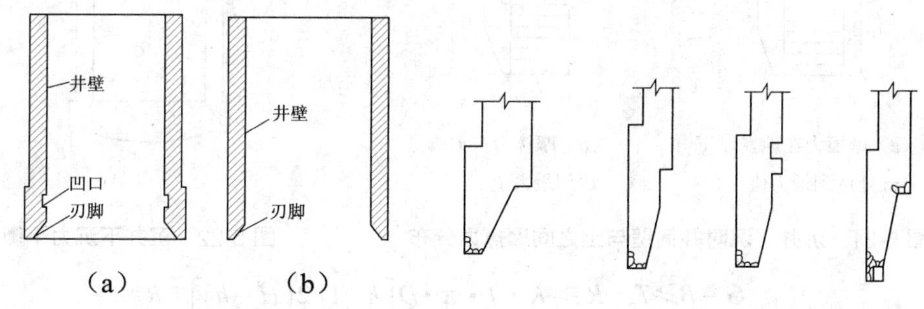

图 5-18　沉井纵断面　　图 5-19　沉井刃脚加固

井筒在原地面制备。有时，为了减少井内开挖土方量，也可在基坑内制备。井筒分一次制备和分段制备。分段制备适用分段下沉。在水中施工时，除在下沉地点筑岛制备井筒外，也可在陆地上制备，浮运到下沉地点下沉。

沉井下沉过程中，可能产生破坏土的棱体，如图 5-20 所示。土质松散时，更易产生。因此，当土的破坏棱体范围内有已建构筑物时，应采取措施，保证构筑物安全，并对构筑物进行沉降观察。

二、沉井下沉计算

沉井下沉时，必须克服井壁与土间的摩擦力和地层对刃脚的反力。井壁与土间的摩擦力有两种计算方法：一种认为，摩擦力随土深而增加，并且在深 5m 时达到最大值，5m 以下保持常值，如图 5-21（a）所示。另一种认为，摩擦力随土深而增加，在刃脚台阶处达到最大值，以下即保持常值，如图 5-21（b）所示。根据对若干个沉井下沉的观察，后一种比较符合实际情况。沉井下沉重量应满足下列公式，如图 5-22 所示。

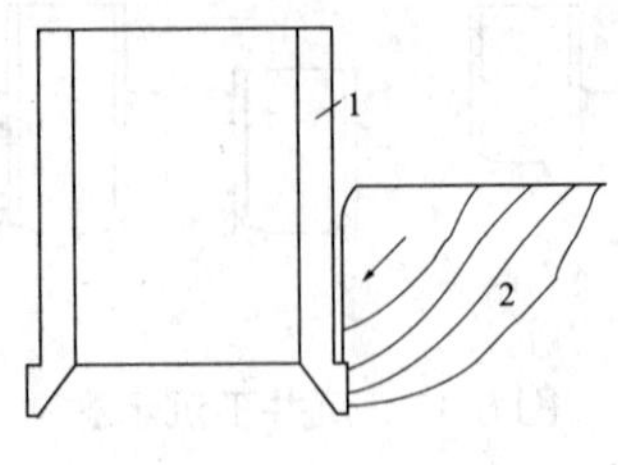

1—沉井；2—土破坏棱体

图 5-20 沉井施工的土破坏棱体

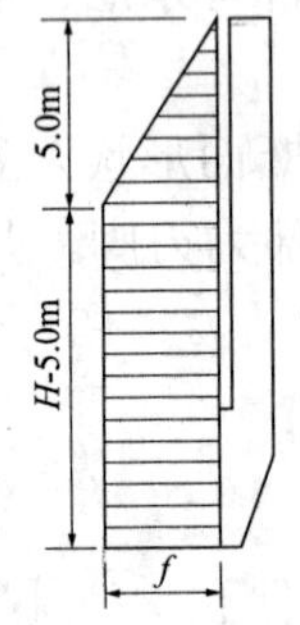

（a）摩擦力在地表以下5m 处达到最大值

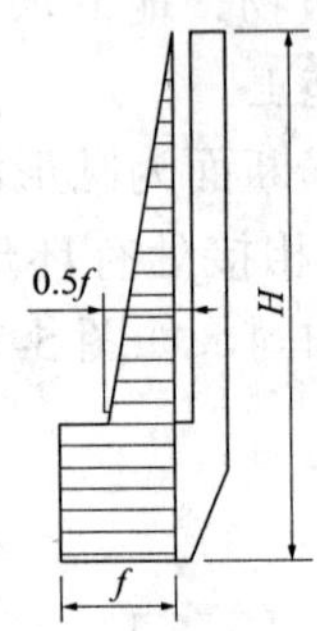

（b）摩擦力在刃脚处达到最大值

图 5-21 沉井下沉时井筒壁与土之间摩擦力分布

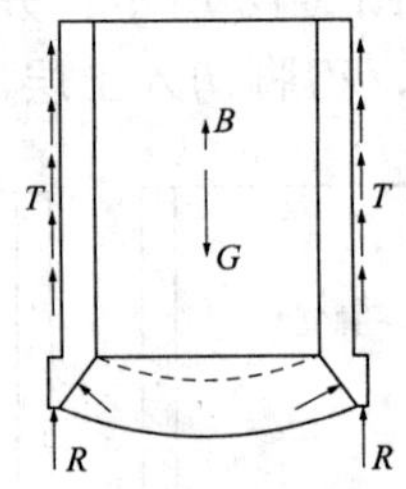

图 5-22 沉井下沉力平衡

$$G-B \geqslant T+R \geqslant K \cdot f \cdot \pi \cdot D\left[h+1/2(H-h)\right]+R$$

式中，G——沉井下沉重量，kN；

B——井筒所受浮力，kN；

T——井壁与土间的摩擦力，kN；

R——刃脚反力，kN；

K——安全系数，取 1.15 ～ 1.25；

f——摩擦系数，kN/m^2；

D——井筒外径，m；

H——井筒高，m；

h——刃脚高度，m。

如果将刃脚底面及斜面的土方挖空，则 $R=0$。

当下沉地点是由不同土层组成时，则平均摩擦系数 f 由下式决定：

$$f=\frac{f_1 n_1+f_2 n_2+\cdots+f_n n_n}{n_1+n_2+\cdots+n_n}$$

式中，f_1、f_2…f_n——各层土与井筒壁的摩擦系数；

n_1、n_2…n_n——各土层的厚度。

根据沉井受压条件而设计的井壁厚度，往往使沉井不能有足够的自重而下沉，过分增加沉井壁厚，又不合理。可以采取附加荷载以增加沉井下沉重量；或采用振动方法使之下沉；或采用泥浆套或气套方法，减少下沉摩擦力。

三、井筒制备

（一）基坑及坑底处理

沉井采用在基坑内制备具有以下优点：减少自地面算起的浇灌高度，便于垂直运输；减少下沉时井内挖方量；易于清除表土层中的障碍物；降低轻型井点系统总管埋设标高，增加降水深度等。坑底标高以在地下水水位以上 0.5m 为宜，使坑底具有一定承载能力。干燥土层则根据技术经济条件确定基坑开挖深度。

井筒制备时，其重量借刃脚底面传递给地基。为了防止在井筒制备过程中产生地基沉降，应进行地基处理或增加传力面积。

当原地基承载力较大，可进行浅基处理，即在与刃脚底面接触的地基范围内，进行原土夯实、砂垫层、砂石垫层、灰土垫层等处理，垫层厚度一般为 30 ～ 50cm。然后在垫层上浇灌混凝土井筒。这种方法称无垫木法。

若坑底承载力较弱，应在人工垫层上设置垫木，增大受压面积。所需垫木的面积，应符合下式：

$$F \geqslant Q/P_0$$

式中，F——垫木面积，m^2；

Q——沉井制备重力，当沉井是分段制备时，应采用第一节井筒制备重力，kN；

P_0——地基允许承载力，kN/m^2。

垫木铺设，如图 5-23 所示。通常先铺设圆形片筒纵横轴线的四点或方形井筒的四角，然后按间距铺设其他垫木。垫木面必须严格找平，垫木之间用砂石找平。垫木在沉井下沉前拆除，并在垫木拆除处用砂卵石填平。但是，施工经验表明，垫木拆除和砂卵石回填不易保证质量，容易引起沉井偏斜。

为了避免采用垫木，可采用无垫木刃脚斜土模的方法，如图 5-24 所示。沉井重量由刃脚底面和刃脚斜面传递给土台，增大承压面积。土台用开挖或填筑而成。与刃脚接触的坑底和土台处，抹厚 2cm 的 1 ∶ 3 水泥砂浆，以保证刃脚制备的质量。

在沼泽地区或深度不大的水中，采用筑岛方法制备和下沉井筒。岛的面积应满足施工的需要，一般井筒外边与岛岸间的最小距离不应小于 5 ～ 6m。岛面高程应高于施工期间最高水位 0.75 ～ 1.0m，并考虑风浪高度。筑岛宜用砂卵石土。水深在 1.5m、流速在 0.5m/s 以内时，筑岛可直接抛土而不需围堰。当水深和流速较大时，可将岛筑于板桩围堰内。

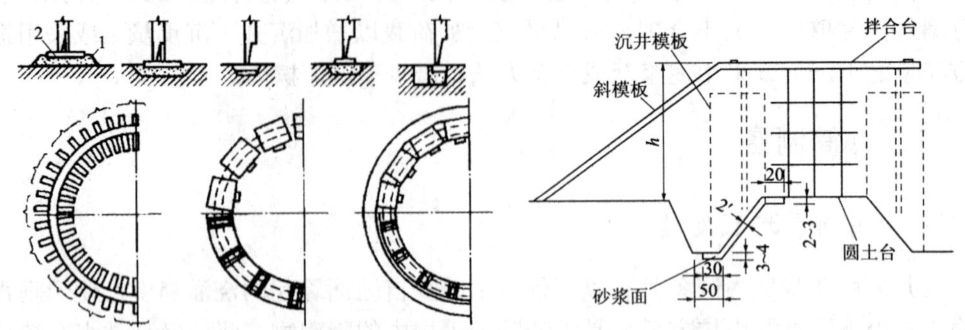

图 5-23 垫木铺设　　　图 5-24 无垫木刃脚斜土模（单位：cm）

（二）井筒的混凝土浇灌

钢筋混凝土井筒制备过程与一般钢筋混凝土构筑物施工相同。

刃脚模板的支设，如图 5-25 所示，托架与预制块可按刃脚形状支设。刃脚支模的底部与人工垫层，如图 5-26 所示。

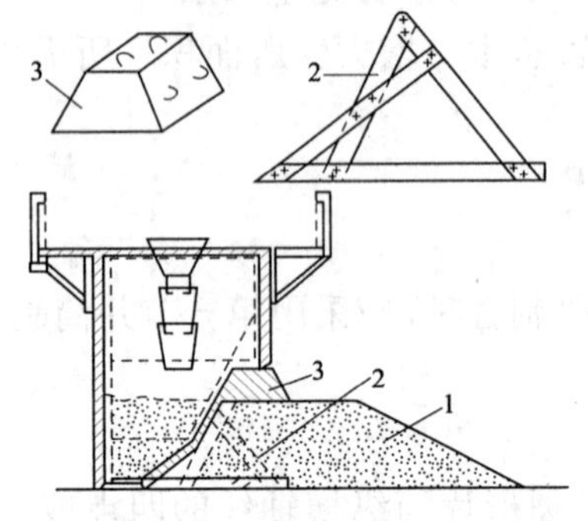

1—碎石垫层；2—板条托架；3—预制块

图 5-25 刃脚模板支设

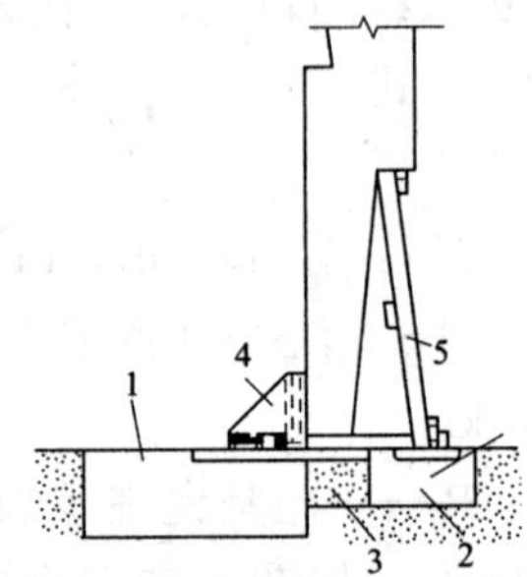

1—固紧块；2—临时基础；3—碎石捣实；4—加固角钢；5—木撑条

图 5-26 刃脚支模的底部构造

井筒壁模板的支设方法与水池壁模板支设方法相同。井筒还可采用预制钢筋混凝土壁板装配，壁板构造，如图 5-27 所示。板厚见表 5-14，混凝土强度等级为 300 号。壁板间的连接与装配式水池相同。

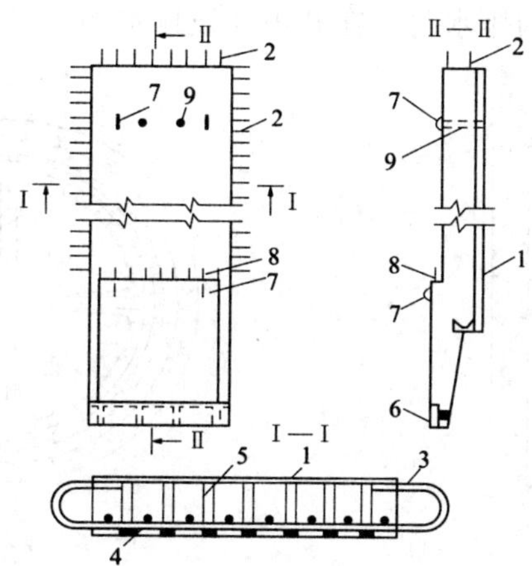

1—钢板防水层；2、3—伸出钢筋；4—纵向筋；5—连接扁铁；6—刃脚加固型钢；7、9—吊环和插孔；8—固紧螺栓

图 5-27 沉井井壁的装配式构件

表 5-14 装配式沉井的壁厚

井筒半径 /m	井筒长度 /m		
	10	20	30
5	0.25	0.3	—
8	0.3	0.3	—
10	0.3	0.3	0.4
12.5	0.4	0.4	0.4
15	0.4	0.5	0.5
18	0.5	0.6	0.6
20	0.5	0.6	0.7

四、沉井下沉

井筒混凝土强度达到设计强度 70% 时开始下沉。下沉前要封堵井壁各处的预留孔。如设有垫木的井筒，应对称地拆除垫木。

沉井下沉有两种方法：排水下沉和不排水下沉。

（一）排水下沉

排水下沉，直接用水泵将井筒内地下水排除或采用人工降低地下水位方法。井筒内明沟排水时，根据沉井下沉深度，或将水泵放在筒顶支搭的平台上，或放在井壁内预留支架或吊架上，如图 5-28 所示。

大型沉井下沉采用明沟排水时，在井内开设排水沟，设置多台水泵，如图 5-29 所示。

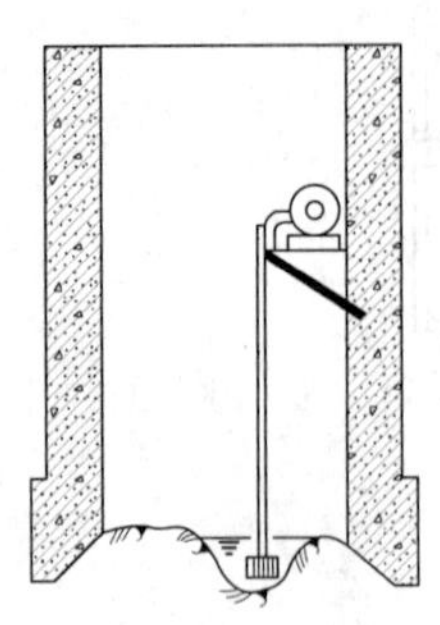

图 5-28 钢筋支架设置水泵

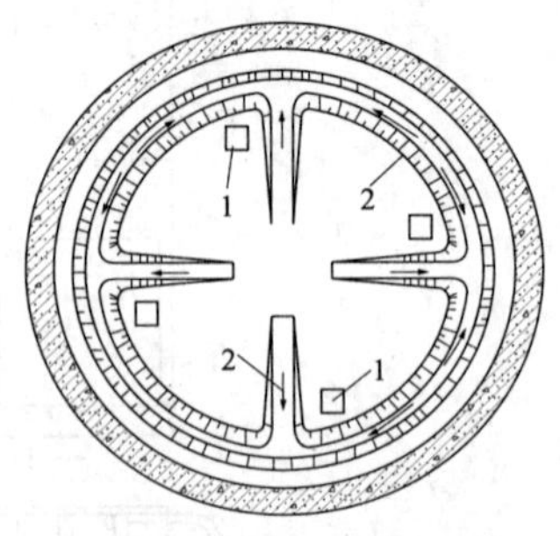

1—水泵；2—排水沟

图 5-29 大型沉井井内明沟排水

当沉井下沉较深时，明沟排水使井筒内外地下水动水压力差增大，导致流砂涌入井内，虚挖方量增加，并造成周围地层中空，引起地面沉陷。这种排水方法工作条件较差，但所用设备较简单。

为了避免明沟排水的缺点，采用人工降低地下水位方法，如图 5-30 所示。

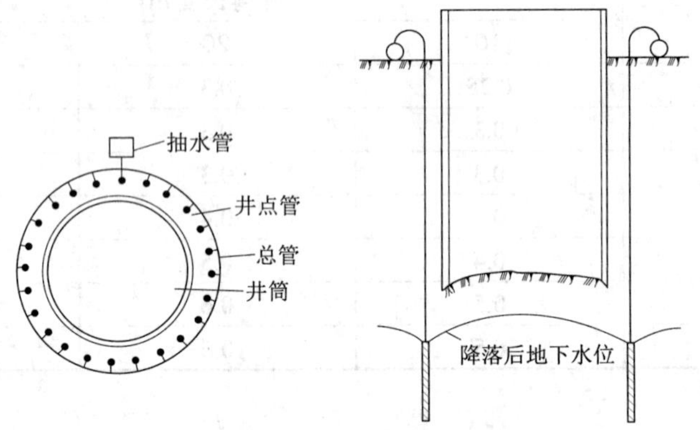

图 5-30 排水下沉时井点系统布置

在流砂现象严重或沼泽地区，可采用冻结法施工。

井筒内挖土一般采用合瓣式挖土机，如图 5-31 所示。土斗在井中部挖土，四周由人工挖土，土方全部由挖土机运出。

沉井高度较大，无法采用合瓣铲时，可在井筒壁上安装台令把杆，用抓斗挖土。垂直运土机具，有少先式起重机、台令把杆、卷扬机等。卸土地点距井壁一般不小于 20m，以免堆土过近井壁土方坍塌，导致沉井下沉摩擦力增大。台令把杆，如图 5-32 所示安装在井壁上。这种运土设备使用方便，不占井口面积，把杆旋转后，即可卸土，改变把杆倾角可达较大的工作范围。把杆的起重索由卷扬机控制。还可采用桅杆起重杆如图 5-33 所示。

采用水枪冲泥和水力吸泥机排泥进行排水下沉，如图 5-34 所示。高压水供给水枪冲泥，同时高压水又供给水力吸泥机，如图 5-35 所示。把泥浆排出井筒外。大型沉井下沉还可采用塔式起重机吊运土方到井外，如图 5-36 所示。

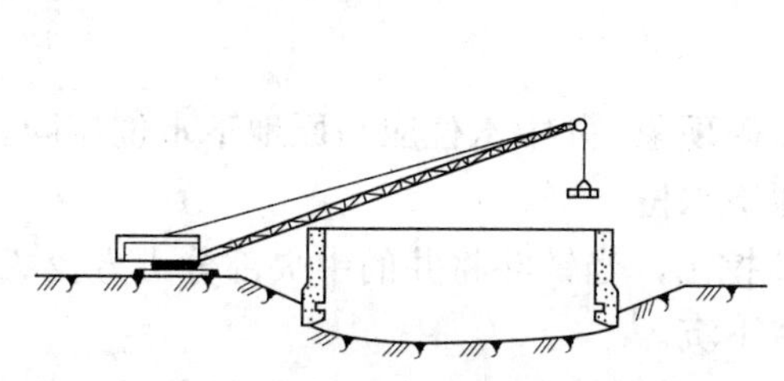

图 5-31 机械开挖

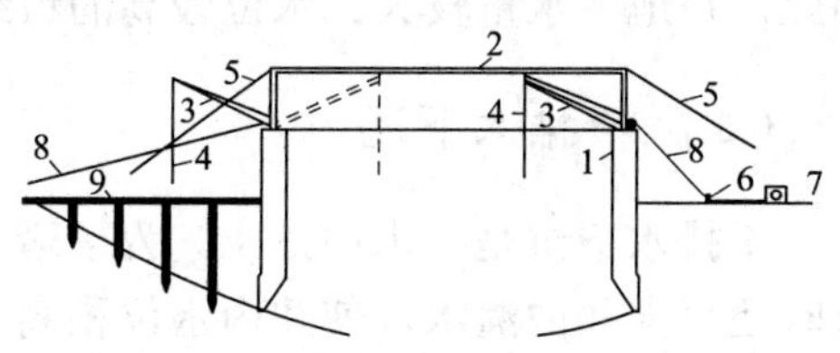

图 5-32 台令把杆运土

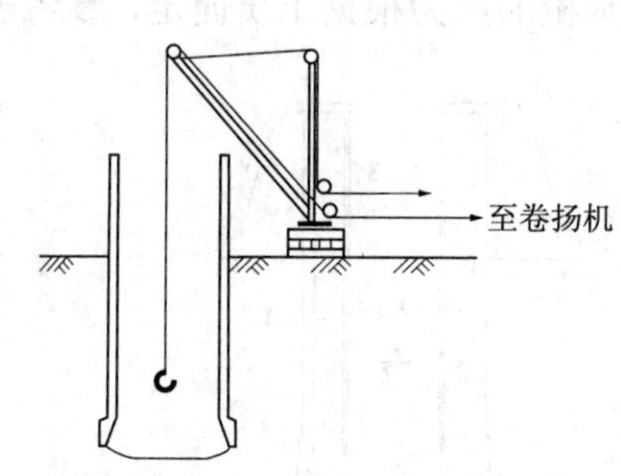

图 5-33 桅杆起重杆运土

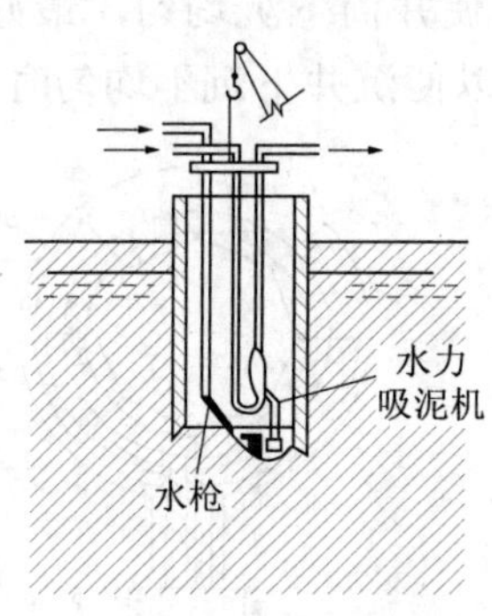

图 5-34 水枪冲土下沉

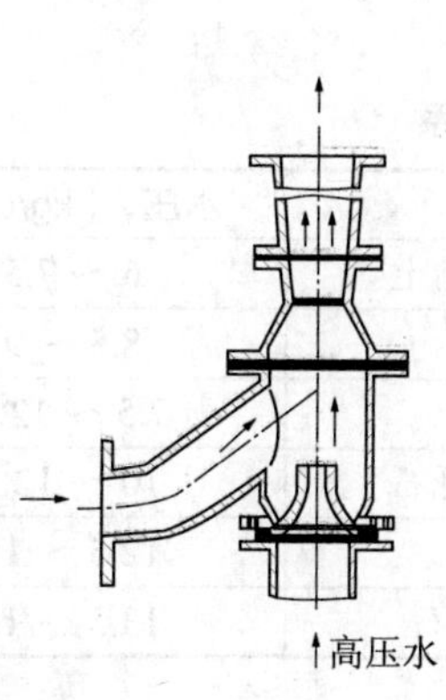

图 5-35 水力吸泥机

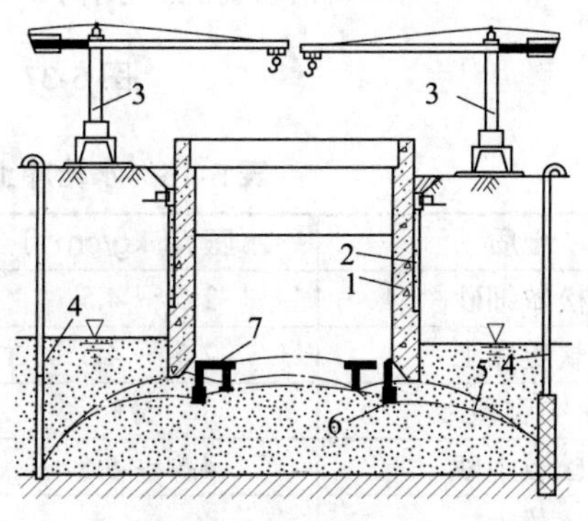

图 5-36 大型沉井下沉

人工挖土沿刃脚四周均匀而对称地进行，以保持沉井均匀下沉。

人工开挖方法，只有在小型沉井、下沉深度较小，而机械设备不足的情况下才采用。

排水下沉具有挖土和排除障碍物方便等优点，但细颗粒土容易产生流砂现象。因此，在地下水量较大、水位较高的粉细砂层，经常采用不排水下沉。

（二）不排水下沉

不排水下沉是在水中挖土。为了避免流砂现象，井中水位应与原地下水位相同。有时还可向井内灌水，使井内水位稍高于地下水位。

不排水下沉时，土方亦由合瓣铲或抓斗挖出，当铲斗将井的中央部分土方挖成锅底形时，井壁四周的土涌向中心，沉井就下沉。

如井壁四周的土不易下溜时，可用高压水枪进行水下冲土。水枪沿井壁布置，冲动刃脚部分的土。

为了使井筒下沉均匀，最好设置几个水枪，如图 5-37 所示。每个水枪均应设置阀门，以便沉井下沉不均匀时，进行调整水枪的压力根据土质而定，参考表 5-15。

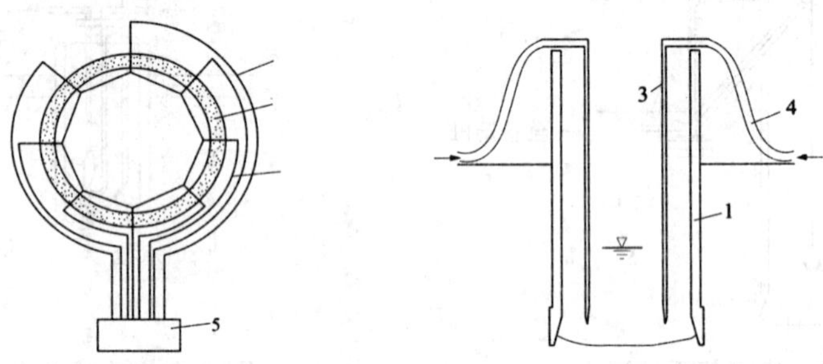

1—井筒；2—水管；3—水枪；4—胶管；5—泵站

图 5-37　水枪布置

表 5-15　水枪冲土的水压与土的关系

土质	水压 /（kg/cm²）	土质	水压 /（kg/cm²）
松散细砂	2.5 ～ 4.5	中等密实黏土	6 ～ 7.5
软质黏土	2.5 ～ 4.5	砾石	8.5 ～ 9
密实腐殖土	5	密实黏土	7.5 ～ 12.5
松散中砂	4.5 ～ 5.5	中等颗粒砾石	10 ～ 12.5
黄土	6 ～ 6.5	硬黏土	12.5 ～ 15
原状中砂	6 ～ 7	原状颗粒石	13.5 ～ 15

水枪直径一般为 63 ～ 100mm，喷嘴直径为 10 ～ 12mm。

合瓣铲水下开挖时，大颗粒砂、石由铲斗挖出后，泥砂将沉于井底。可用吸泥机吸出。

（三）触变泥浆沉井

为了减少井筒下沉的摩擦力，可以采用泥浆套施工方法，在井壁与土之间注入触变泥浆。井筒只要其重量克服井壁与泥浆之间的摩擦力就可下沉。由于摩擦力减少，可减薄筒壁，降低井筒造价。

为了在井壁与土之间造成泥浆套，井筒制备时，在井壁内埋入钢制泥浆管，或在混凝土中直接留设压浆通道。井筒下沉时，泥浆从刃脚台阶处的泥浆通道出口向外挤出，形成泥浆套，如图 5-38 所示。

为了防止泥浆直接喷射至土层，并使泥浆分布均匀，在压浆管的出口处设置泥浆射口围圈，如图 5-39 所示。

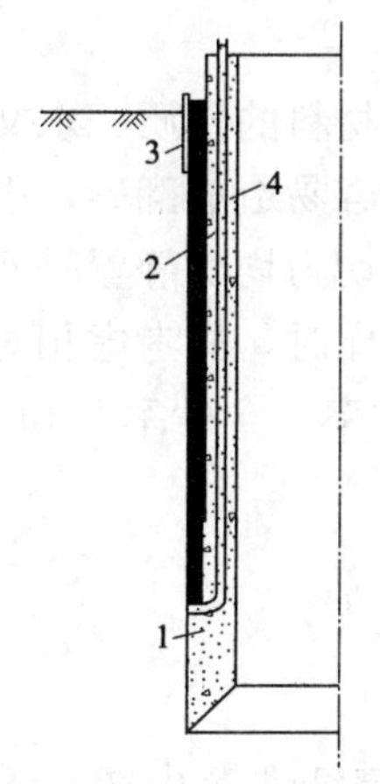

1—刃脚；2—泥浆套；3—地表围圈；4—泥浆套

图 5-38　泥浆套下沉示意

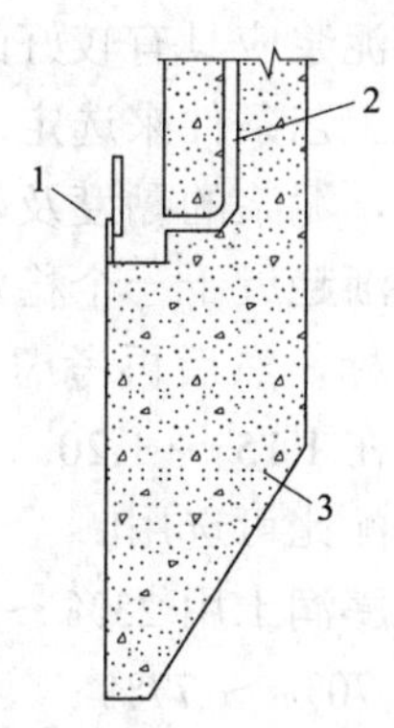

1—射口围圈；2—泥浆套道；3—刃脚

图 5-39　泥浆射口围圈

为了在沉井下沉过程中储备一定数量的泥浆，补充泥浆套失浆，同时，预防地表土滑塌，在井筒壁上沿设置泥浆地表围圈。泥浆地表围圈用薄钢板制成，拼装后的直径略大于井筒外径。埋设时，其顶面露出地表 0.5m 左右。

沉井井壁顶部泥浆输入口，如图 5-40 所示。

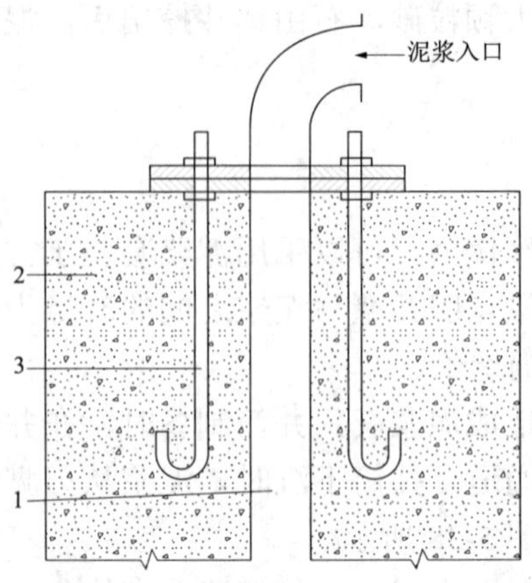

1—泥浆套道；2—井壁；3—预埋螺栓

图 5-40 沉井井壁顶部泥浆输入口

选用的泥浆应具有较好的固壁性能。泥浆指标根据原材料的性质、水文地质条件以及施工工艺条件来选定。在饱和的粉细砂层下沉时，容易造成翻砂，引起泥浆漏失，因此，泥浆的黏度及静切力都应较高。但黏度和静切力均随静置时间增加而增大，并逐渐趋近于一个稳定值。为此，在选择泥浆配合比时，先考虑相对密度与黏度两个指标，然后再考虑失水量、泥皮、静切力、胶体率、含砂率及 pH 值。泥浆相对密度在 1.15 ～ 1.20。

泥浆的配比可选用：

（1）纯膨润土用 23% ～ 30%；

（2）水 70% ～ 77%；

（3）化学接合剂：碱（Na_2CO_3）0.4% ～ 0.6%，羧甲基纤维素 0.03% ～ 0.06%。

下沉过程中，应对已压入的泥浆定期取样检查。

施工过程中，泥浆套厚度不要过大，否则易造成井筒倾斜和位移。泥浆会沉井，由于下沉摩擦力减少，容易造成下沉超过设计标高，应做好及时封底的准备工作。尤其要注意在吸泥下沉过程中，避免由于翻砂而引起泥浆破坏，应正确处理好井内外水位及泥浆面高度等方面的关系。

五、井筒下沉的质量检查与控制

沉井下沉过程中，由于水文地质资料掌握不全，下沉控制不严，以及其他各种原因，可能发生井筒倾斜、筒壁裂缝、下沉过快或不继续下沉等事故，应及时采取措施加以校正。

（一）井筒倾斜的观测

沉井下沉时，可能发生井筒倾斜，如图 5-41 所示。*A*、*B* 为井筒外径的两端点，由于倾斜而产生高差 *h*。倾斜误差校正结果有可能发生井筒轴线水平位移，如图 5-42 所示，井筒在倾斜位置 I 绕 *A* 转动，校正到垂直位置 II，如果继续转动到位置III，下沉至IV，再绕 *B* 转动到垂直位置 V，II 和 V 两个垂直位置的轴线水平位移 *a*。允许井筒按高度倾斜 1%，而且，轴线位移值不超过 50mm。

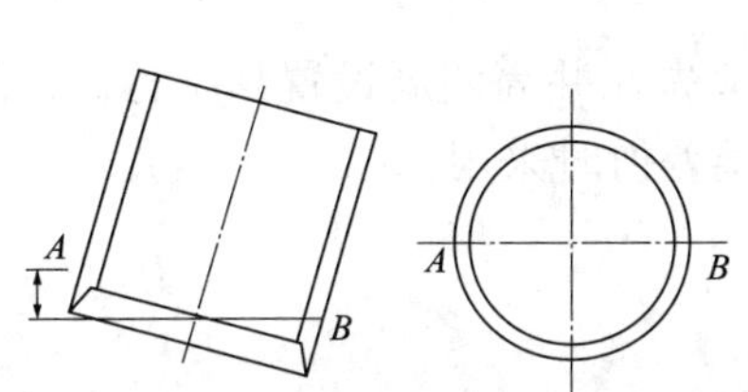

图 5-41　井筒下沉时倾斜

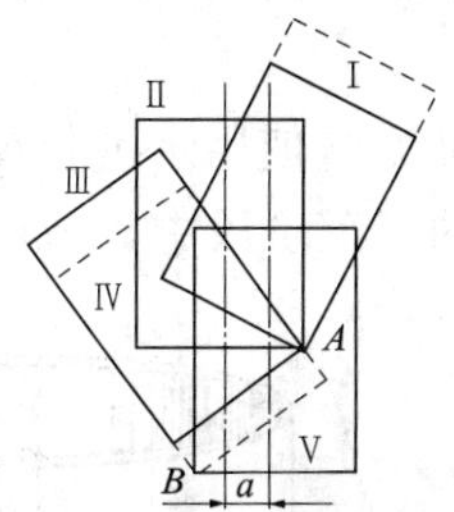

图 5-42　井筒倾斜的校正过程

井筒发生倾斜的原因很多，主要是刃脚下面的土质不均匀，井壁四周压力不均衡，挖土操作不对称，以及双刃脚下某一处遇有障碍物所造成。

倾斜观测分井内和井外两种，井内观测可采用垂球观测、电测等。

垂球观测是在井筒内壁四个对称点悬挂垂球。下沉位置正确时，垂球线应与井壁上所画的竖直标志线平行且重合。如井筒倾斜，则垂球位置，如图 5-43 所示。这种方法简单实用，但不能定量观测。

电测布置，如图 5-44 所示。当井筒倾斜时，垂球与裸露导线接触通电，发出信号。校正倾斜直至信号消失。为了安全，电测设备的电压应为 24 ～ 36V。这种方法可自动观察，易于倾斜初发时即行校正，但也无法定量观测。

上述井内观测方法，只适用于排水下沉。

图 5-43　垂球法观测轴线倾斜

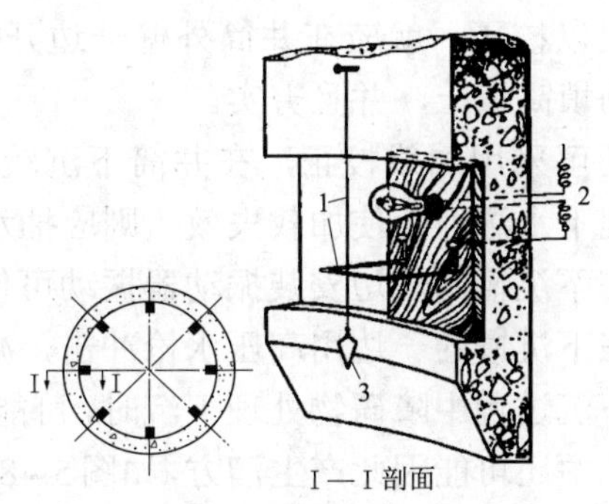

1—裸露电线；2—电源；3—垂球

图 5-44　电测方法

井外观测可采用标尺测定和水准测量两种，后者较正确。

采用标尺测定时，下沉前在井筒外壁四个对称点（即沉井的两个互相垂直外径的端点）绘出高程标记，如图 5-45（a）所示。并对准高程标记设置水平标尺，如图 5-45（b）所示。水平标尺位置与井壁距离应保证不受井筒下沉所产生的破坏棱体影响。

观测时移动水平标尺，使其一端与井壁接触，读出下沉高程数，在固定尺槽的刻度上得出井筒水平移动数值。相应两次读数之差即为井筒水平位移与垂直下沉的距离。

水准测量使用水准仪或激光水准仪，需率先在井筒四周设置高况标志。这在比较重要的下沉阶段中，或已产生倾斜而需求误差值时采用。

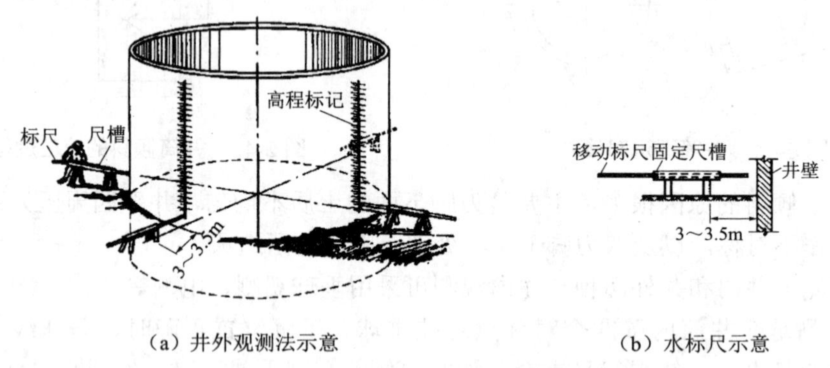

（a）井外观测法示意　　（b）水标尺示意

图 5-45　标尺测定法

（二）井筒倾斜的校正

由于挖土不匀而引起井筒轴线倾斜时，用挖土方法校正。在下沉较慢的一边多挖土，下沉快的一边刃脚处将土夯实或做人工垫层，使井筒恢复垂直。如果这种方法不足以校正，就应在井筒外壁一边开挖土方，相对另一边回填土方。如果需要，可以回填高填土，并且夯实。

还可采用加载校正，在井筒下沉较慢的一边增加荷载，如图 5-46 所示。如果由于地下水浮力而使加载失效，则应抽水后进行校正。

在下沉慢的一边安装振动器振动可使井筒下沉，如图 5-47 所示。

在下沉慢的一边用高压水枪冲击，减少土与井壁摩擦力，也有助于轴线纠正。

下沉过程中障碍物处理下沉时，可能因刃脚遇到弧石或其他障碍物而无法下沉；松散土中还可能因此产生溜方，如图 5-48 所示，引起井筒倾斜。弧石用刨挖方法去除，或用风镐凿碎，坚硬弧石用炸药清除。

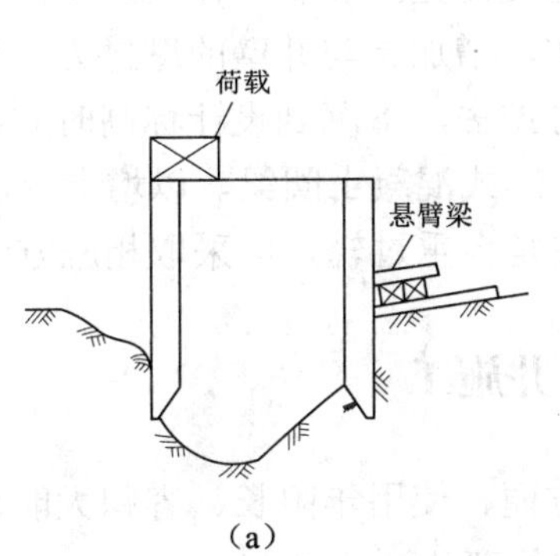

(a)

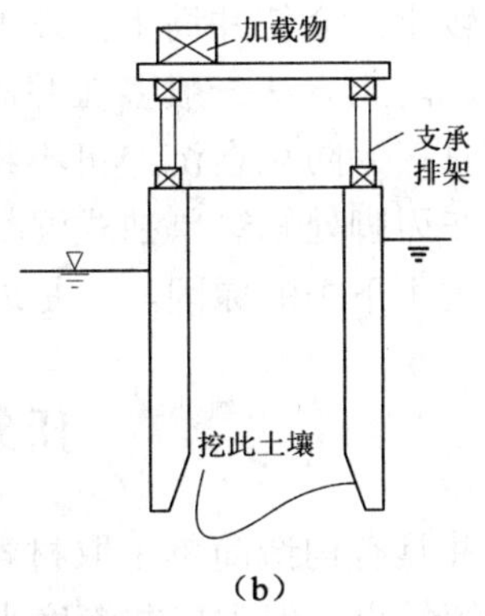

(b)

图 5-46　加荷载纠正井筒倾斜

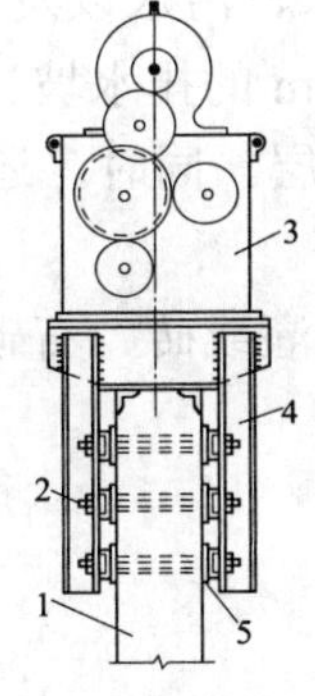

1—沉井井壁；2—连接螺栓；3—振动器；4—机架；5—垫块

图 5-47　振动器使沉井下沉

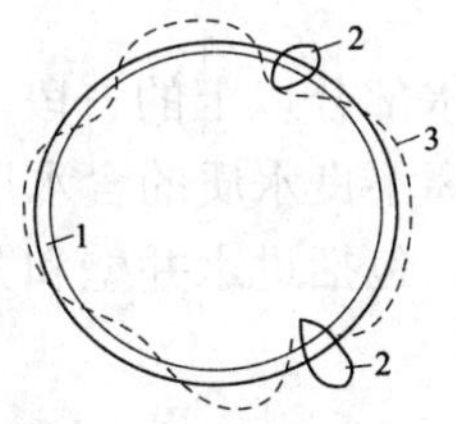

1—井筒；2—弧石（块石）；3—刃脚处实际挖土范围（溜方范围）

图 5-48　弧石产生溜方

（三）井筒裂缝

下沉过程中产生的井筒裂缝有环向和纵向两种。环向裂缝是由于下沉时井筒四周土压力不均造成的。为了防止井筒发生裂缝，除了保证必要的井筒设计强度外，施工时应使井筒达到规定强度后才能下沉。此外，也可在井筒内部安设支撑，但会增加挖运土方困难。井筒的纵向裂缝是由于在挖土时遇到弧石或其他障碍物，而井筒又仅支于若干点上，混凝土强度又较低时产生的。采用爆破下沉，亦可能产生裂缝。如果裂缝已经发生，必须在井筒外面挖土，以减少该方向的土压力，或撤除障碍物，防止裂缝继续扩大，同时用水泥砂浆、环氧树脂或其他补强材料涂抹裂缝进行补救。

（四）下沉过快和沉不下去

由于长期抽水，或因砂的流动，使井筒外壁与土之间的摩擦力减少；或因土的耐压强度较小，会使井筒下沉速度超过挖土速度而无法控制。在流砂地区常会产生这种情况。防止方法一般多在井筒外将土夯实，增加土与井壁的摩擦力。再下沉到设计标高时，为防止自沉，可不将刃脚处土方挖去，下沉到设计标高时立即进行封底。也可在刃脚处修筑单独式混凝土支墩或连续式混凝土圈梁，以增加受压面积。

沉井沉不下去的原因，一是遇有障碍，二是自重过轻，应采取相应方法处理。

任务六 大口井施工

大口井具有构造简单、取材容易、施工方便、使用年限长、容积大能兼起调节水量作用等优点。但大口井深度小，对潜水水位变化适应性差。

大口井的一般构造，如图 5-49 所示。主要由井口（井台）、井筒和进水部分组成。

井口，大口井地表以上部分，主要作用是防止洪水、污水以及杂物进入井内，井口应高出地表 0.5m 以上并在井口周边修建宽度为 1.5m 的排水坡。若覆盖层为透水层，排水坡下面还应填以厚度不小于 1.5m 的夯实土层。同时，还要考虑安装扬水设备等。

井筒，进水部分以上的一段，通常用钢筋混凝土浇灌或砖、石砌筑而成，用于加固井壁与隔离不良水质的含水层。

进水部分，包括进水井壁和井底反滤层。

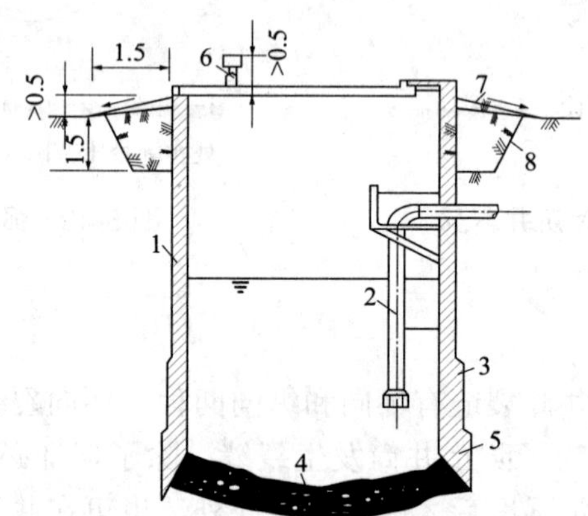

1—井筒；2—吸水管；3—井壁透水管；4—井底反滤层；5—刃脚；6—通风管；7—排水管；8—黏土层

图 5-49 大口井的构造

一、大口井施工

大口井的施工方法主要有大开槽法和沉井法。

（1）大开槽施工法。是将基槽一直开挖到设计井深，并进行排水，在基槽中进行砌筑或浇筑透水井壁和井筒以及铺设反滤层等工作。大开槽施工的优点是：施工方便，便于铺设反滤层，可以直接采用当地的建筑材料。但此法开挖土方量大，施工排水费用高。一般情况下，此法只适用于口径小（$D < 4$m）、深度浅（$H < 9$m），或地质条件不宜采用沉井施工的地方。

（2）沉井施工法。是先在井位处开挖基坑，将带有刃脚的井筒或进水井壁放在基坑中，再在井筒内挖土，让井筒靠自重切土下沉。随着井内继续挖土，井筒不断下沉，于是可在上面续接井筒或进水井壁，直至设计井深。

沉井施工有排水与不排水两种方式。见本章项目五。

二、大口井维护管理

大口井的维护管理基本上与管井相同。值得提出的是，很多大口井建造在河漫滩、河流阶地及低洼地区，需考虑不受洪水冲刷和被洪水淹没。大口井要设置密封井盖，井盖上应设密封人孔（检修孔），并应高出地面 0.5 ～ 0.8m；井盖上还应设置通风管，管顶应高出地面或最高洪水位 2.0m 以上。

三、辐射井

辐射井是由集水井与若干呈辐射状铺设的水平集水管（辐射管）组合而成的，如图 5-50 所示。它与大口井相比，更适用于较薄的含水层和厚度小而埋深大的含水层。辐射井是一种高效能的地下水取水构筑物。辐射井按集水井是否进水又分为两种形式：一是集水井底与辐射管同时进水；二是集水井底封闭，仅靠辐射管集水。前者适用于厚度较大的含水层（5 ～ 10m），后者适用于较薄的含水层。

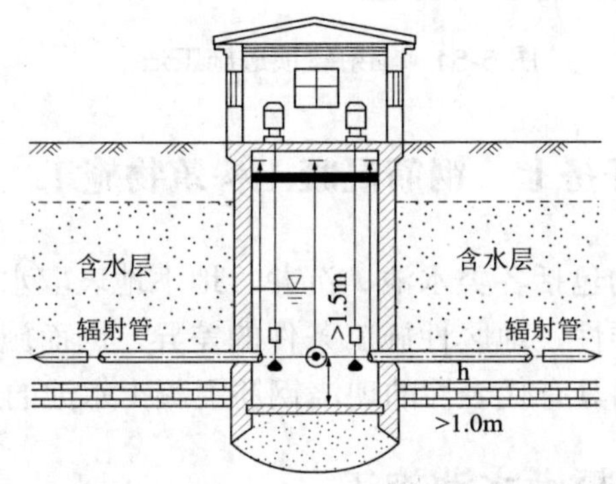

图 5-50　单层辐射管的辐射井

（一）辐射井施工

集水井的施工方法基本上同大口井，多采用沉井法。

辐射管施工多采用顶进法，以集水井为工作间，将油压千斤顶水平放置，由千斤顶将带有顶管帽的厚壁铜质辐射管顶入含水层，辐射管顶入位置对面的井壁为后支撑，如图 5-51 所示。在顶进过程中，在辐射管内放入排砂管，与顶管帽相连接，含水层地下水在压力作用下，携带细粒砂，经顶管帽的孔眼进入排砂管，排至集水井。由于细小砂粒不断自含水层中排走，辐射管则借助顶力得以不断地穿进地层；同时，在辐射管周围可形成透水性良好的天然反滤层。由于井壁处有填料止水装置，在施工过程中，地下水不能由辐射管孔眼进入井内。顶进一节辐射管后，再接一节辐射管，一般用螺纹连接，直至设计长度。由于辐射管在集水井中水平顶入地层，故受井径的限制，一节辐射管的长度一般为 1 ～ 2m。

（二）辐射井维护管理

辐射井的维护管理基本上同大口井。

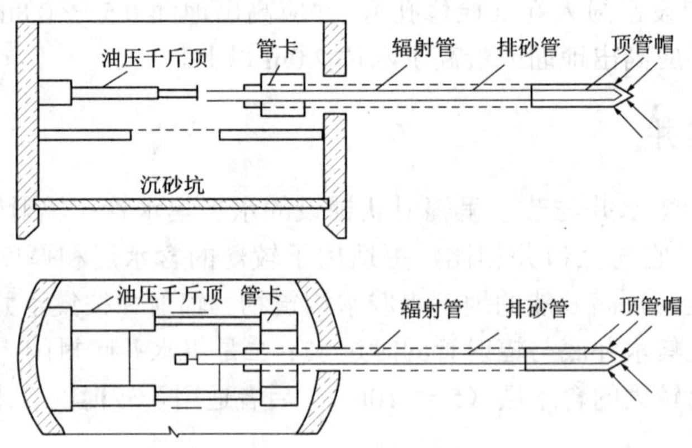

图 5-51 辐射管顶进施工法

任务七 钢筋混凝土构筑物施工

给排水等工程构筑物包括各类水池、沉井、地下地表取水构筑物等工程。考虑到这类构筑物本身的多样性、地区性施工条件的差异，因而施工工艺和方法也是多种多样的。本节主要介绍具有代表性的现浇钢筋混凝土水池的施工技术要点。

一、现浇钢筋混凝土水池施工

在施工实践中，常采用现浇钢筋混凝土建造各类水池等构筑物以满足生产工艺、结构类型和构造的不同要求。现浇混凝土构筑物除了具有常规钢筋混凝土工程的施工工艺和施工方法外，还有其特殊性，本节介绍现浇混凝土水池的施工技术。

（一）提高水池混凝土防水性能的措施

水构筑物经常贮存水体埋于地下或半地下，一般承受较大水压和土压力。因此，除须满足结构强度外，还应保证它具有足够的防水性能以及在长期正常使用条件下具良好的水密性、耐蚀性、抗冻性等耐久性能。

浇筑水池等水构筑物结构的混凝土通常采用外加剂防水混凝土和普通防水混凝土，以提高防水性能。

1. 外加剂防水混凝土

外加剂防水混凝土是指用掺入适量外加剂方法，改善混凝土内部组织结构，增加密实度来提高抗渗性的混凝土。

2. 普通防水混凝土

普通防水混凝土就是在普通混凝土骨料级配的基础上，通过调整和控制配合比方法，来提高自身密实度和抗渗性的一种混凝土。

由于普通混凝土是非匀质性材料，内部分布有许多大小不等以及彼此连通的孔隙。孔隙和裂缝是造成渗漏的主要因素，提高混凝土的抗渗性就要提高其密实、控制孔隙、减少裂缝。

普通防水混凝土是一种富砂浆混凝土，确保水泥砂浆的密实性，使具有一定量和质量的砂浆能在粗骨料周围形成一定浓度的良好的砂浆包裹层，将粗骨料分隔开，混凝土硬化后，密实度高的水泥砂浆不仅起着填充和黏结粗骨料的作用，并切断混凝土内部沿石子表面形成的连通毛细渗水通道，使混凝土具有较好的抗渗性和耐久性。可见，普通防水混凝土具有实用、经济、施工简便的优点。

研究和实践表明，采用普通防水混凝土，为了提高混凝土的抗渗性，在施工中应注意如下问题：

（1）选择合适的配合比。应合理选择调整混凝土配合比的各项技术参数，并须通过试配求得符合设计要求的防水混凝土最佳配合比。

1）水灰比。水灰比值的选择，应以保证混凝土的抗渗性和与之相适应的和易性，便于施工操作为原则，水灰比过大或过小，均不利于防水混凝土的抗渗性。实践表明，当水灰比大于 0.6 时，抗渗和抗冻性将明显下降。一般以 0.5 ～ 0.6 较为适宜。

2）水泥用量。水灰比选定后，水泥用量是直接影响混凝土中水泥砂浆数量和质量的关键。在砂率已定条件下，如水泥用量过小，不仅使混凝土拌合物和易性差，而且会使混凝土内部产生孔隙，从而降低密实度。一般防水混凝土水泥用量以不小于 320kg/m^3 为宜，水泥强度等级也不宜低于 42.5 级。

3）砂率。防水混凝土的砂率以 35% ～ 40% 为宜。

4）灰砂比。对于富砂浆的普通防水混凝土，灰砂比表示水泥砂浆的浓度，水泥包裹砂粒的情况，是衡量填充石子空隙的水泥砂浆质量的指标。灰砂比大小与抗渗性直接有关，根据以往实践经验，灰砂比应控制在 1 ∶ 2 ～ 1 ∶ 2.5 的范围为宜。

5）坍落度。在选定水灰比和砂率后，应控制坍落度。一般防水混凝土的坍落度以 3 ～ 5cm 为宜。泵送混凝土施工时塌落度为 8 ～ 18cm。坍落度过大，易使混凝土拌合物产生泌水现象，泌水通道在混凝土内部形成毛细孔道，使抗渗性下降。为了改善混凝土拌合物的施工和易性，可掺入适量外加剂。

（2）改善施工条件，精心组织施工

普通防水混凝土水池结构的优劣，还与施工质量密切相关。因此，对施工中的各主要工序，如混凝土搅拌、运输、浇筑、振捣、养护等，都应严格遵守施工及验收规范和操作规程的规定组织实施。

1）混凝土搅拌。防水混凝土应采用机械搅拌，搅拌时间比普通混凝土略长，一般不应少于 120s，以保证混凝土拌合物充分均匀。

2）混凝土运输。在运输过程中要防止漏浆和产生离析现象，常温下应在半小时内运至浇筑地点，并及时进行浇灌。在运距远或气温较高时，可掺入适量缓凝剂。

3）混凝土浇筑和振捣。浇筑前，检查模板是否严密并用水湿润。如混凝土拌合物发生显著泌水、离析现象，应加入适量的原水灰比的水泥浆复拌均匀，方可浇灌。浇筑高度大于 2m 时应采用串筒、溜槽，以防发生混凝土拌合物中粗骨料堆积现象。混凝土应分层浇筑，每层厚度不宜超过 30 ～ 40cm，相邻两层浇筑时间间隔不应超过 2h，夏季可适当缩短。

防水混凝土应尽量采用连续浇筑方式对于因结构复杂、工艺构造要求或体积庞大受施工条件限制的池类结构，而须间歇浇筑作业时，应选择合理部位设置施工缝。

混凝土的振捣应采用机械振捣，不应采用人工振捣。机械振捣能产生振幅不大、频率较高的振动，使骨料间摩擦力降低，增加水泥砂浆的流动性，骨料能更充分被砂浆所包裹，同时挤出混凝土拌合物中的气泡，以利增强密实度。

4）混凝土养护。混凝土浇筑达到终凝（一般为 4 ～ 6h）即应覆盖，浇水湿润养护不应少于 14d。防水混凝土的养护对其抗渗性能影响极大。在湿润条件下，混凝土内部水分蒸发缓慢，可使水泥充分水化，其生成物将毛细孔堵塞，使水泥石结晶致密，特别是养护的前 14d，水泥硬化快，强度增长几乎可达 28d 标准强度的 80%。由于对防水混凝土的养护要求较严，故不宜过早拆除模板。拆模时应使混凝土表面温度与环境温度之差不超过 15℃，以防产生裂缝。

此外，为了确保水池的防水性能良好，可在结构表面喷涂防护层或按重量比为 1 ∶ 2 的水泥砂浆（掺适量防水粉）抹面。为防止地下水渗透，亦可在外表面增涂沥青防水层等。

3. 做好施工排水工作

在有地下水地区修建水池结构工程，必须作好排水工作，以保证地基土不被扰动，使水池不因地基沉陷而发生裂缝。施工排水须在整个施工期间不间断进行，防止因地下水上升而发生水池底板裂缝。

（二）钢筋混凝土构筑物的整体浇筑

贮水、水处理和泵房等地下或半地下钢筋混凝土构筑物是给水排水工程中常见的结构，特点是构件断面较薄，有的面积较大且有一定深度，钢筋一般较密。要求其具有高抗渗性和良好的整体性，因此需要连续浇筑。对这类结构的施工，须针对它的特点，着重解决好分层分段流水施工和选择合理的振捣作业。对于面积较小、深度较浅的构筑物，可将池底和池壁一次浇筑完毕。面积较大而又深的水池和泵房地坑，应将底板和池壁分开浇筑。

1. 混凝土底板的浇筑

地下或半地下构筑物底板浇筑时，混凝土拌合物的垂直和水平运输可以采用多种方案。如布料杆混凝土泵车可以直接进行浇灌；塔式起重机、桅杆起重机等可以把拌合物料斗吊运到底板浇筑处。也可以搭设卸料台，用串桶、溜槽下料。

池底分平底和锥底两种。锥形底板从中央均匀向四周浇筑。浇筑时，混凝土不应下坠。因此，应根据底板水平倾角大小，设计混凝土的坍落度。

为了控制水池底板、管道基础等浇筑厚度，应设置高程标志桩，混凝土表面与标志桩顶取平；或设置高程线控制。

混凝土拌合物在硬化过程中会发生干缩。如果混凝土四周有约束，就会对混凝土产生拉应力。当新浇混凝土拌合物的强度还不足以承受拉应力时，就会产生收缩裂缝。钢筋能抵抗这种收缩，因此，素混凝土收缩量较钢筋混凝土收缩量大。同时浇筑的混凝土面积愈大，收缩裂缝愈可能产生。因此，要限制同时浇筑的面积，而且各块面积要间隔浇筑。

分块浇筑的底板，在块与块之间设伸缩缝，宽 1.5 ～ 2cm，用木板预留。在混凝土收缩基本完成后，伸缩缝内填入膨胀水泥或沥青玛蹄脂。这种施工方法的困难在于预留木板很难取出。为了避免剔取预留木板，可以放置止水带。

混凝土板用平板式或插入式振动器捣固。平板式振动器的有效振动深度一般为 20cm 两次振动点之间应有 3 ～ 5cm 搭接。混凝土墙或厚度大于平板式振动器有效捣固深度的板，采用插入式振动器，以振动器插点为中心的受振范围用振动器作用半径来表示。相邻插点应使受振范围有一定重叠。

振动时间与混凝土稠度有关。停振标准一般以混凝土拌合物内气泡不再上升、骨料不再显著下沉、表面已泛光即出现一层均匀水泥砂浆来控制。

底板混凝土振动后用拍杠或抹子将表面压实找平。水池顶板的钢筋混凝土浇筑做法与底板基本相同。

2. 混凝土池壁的浇筑

为了避免施工缝，混凝土池壁一般都采用连续浇筑。连续浇筑时，在池壁的垂直方向分层浇筑。每个分层称为施工层。相邻两施工层浇筑的时间间隔不应超过混凝土拌合物的初凝期。

一般情况下，池壁模板是先支设一侧，另一侧模板随着混凝土浇筑而向上支设。先支起里模还是外模，要根据现场情况而定。同时，钢筋的绑扎、脚手架的搭设也随着浇筑而向上进行。施工层的高度根据混凝土的搅拌、运输、振动的能力确定。

施工时，在同一施工层或相邻施工层进行钢筋绑扎、模板支设、脚手架支架、混凝土拌合物浇筑的平行流水作业。当预埋件和预留孔洞很多时，还应有检查预埋件的时间。

为了使各工序进行平行作业，应将池壁分成若干施工段。每个施工段的长度，应保证各项工序都有足够的工作前线。

如当浇筑工作量较大时，这样划分施工段不易保证两层混凝土浇筑的时间间隔小于混凝土初凝期。因此，当池壁长度很大时，可以划分若干区域，在每个区域实行平行流水作业。

混凝土拌合物每次浇筑厚度为 20 ～ 40cm。使用插入式振动器材，一般应垂直插入下层尚未初凝的拌合物中 5 ～ 10cm，以促使上下层相互结合。振动时，要“快插慢拔”。快插，是防止只将表面的拌合物振实，与下面的混凝土拌合物发生分层、离析现象；慢拔，是使混凝土拌合物能填满振动棒抽出时形成的空洞。

（三）构筑物严密性试验

根据《给水排水构筑物工程施工及验收规范》（GB 50141—2008）要求，对给排水贮水或水处理构筑物，除检查强度和外观外，还应通过满水试验检验其严密性，以满足其功能要求。对消化池还应进行闭气试验。

1. 满水试验

满水试验是按构筑物工作状态进行的检查构筑物的渗漏量和表面渗漏是否满足要求的功能性检验。满水试验不应在雨天进行。

（1）试验条件及工作准备

水池满水试验应满足下列条件：

1）池体的混凝土或砖石砌体的砂浆已达到设计强度；

2）现浇钢筋混凝土水池在防水层、防腐层施工以前以及回填土以前；装配式预应力混凝土水池在施加预应力以后，保护层喷涂以前；

3）砖砌水池在防水层施工以后，石砌水池在勾缝以后；一般在基坑回填以前，若砖、石水池按有填土条件设计时，应在填土后达到设计规定以后。

试验前的准备工作：将池内清理干净，修补池内外的缺陷，临时封堵预留孔洞、预埋管口及进、出水孔等，并检查进水及排水阀门，不得渗漏；设置水位观测标尺，标定水位测计；准备现场测定蒸发量的设备；注水的水源应采用清水且做好注水和放水系统设施的准备工作。

（2）注水

根据验收规范要求，向水池内注水宜分三次进行。第一次注水为设计水深的 1/3；第二次注水为设计水深的 2/3；第三次注水至设计水深。

对于大、中型水池，可先注水至池壁底部的施工缝以上，检查底板和施工缝处的抗渗质量，当无明显渗漏时，再继续注水至第一次注水深度。

注水时的水位上升速度不宜超过 2m/d。相邻两次注水的间隔时间，不应小于 24h。

每次注水宜测读 24h 的水位下降值，计算渗水量，在注水过程中和注水以后，应对水池作外观检查。当发现渗水量过大时，应停止注水。待作出处理后方可继续注水。

当设计单位有特殊要求时，应按设计要求执行。

（3）水位观测

注水时的水位可用水位标尺测定。注水至设计水深进行渗水量测定时，应采用水位测针测定水位。水位测针的读数精度应达 l/10mm，注水至设计水深后至开始进行渗水量测定的间隔时间，应不少于 24h。测读水位的初读数与末读数之间的间隔时间，应为 24h。连续测定的时间可依实际情况而定，如第一天测定的渗水量符合标准，应再测定一天；如第一天测定的渗水量超过允许标准，而以后的渗水量逐渐减少，可继续延长观测。

（4）蒸发量测定

现场测定蒸发量的设备，可采用直径约为 50cm，高约 30cm 的敞口钢板水箱，并设有水位测针。水箱应检验，不得渗漏。水箱应固定在水池中，水箱中注水深度可在 20cm 左右。测定水池中水位的同时，测定水箱中的水位。

（5）水池的渗水量按下式计算

$$q=\frac{A_1}{A_2}\left[\left(E_1-E_2\right)-\left(e_1-e_2\right)\right]$$

式中，q——渗水量，$L/m^2\cdot d$；

A_1——水池的水面面积，m^2；

A_2——水池的浸湿总面积，m^2；

E_1——水池中水位测针的初读数，即初读数，mm；

E_2——测读 E_1 后 24h 水池中水位测针的末读数，即末读数，mm；

e_1——测读 E_1 时水箱中水位测针的读数，mm；

e_2——测读 E_2 时水箱中水位测针的读数，mm。

按上式计算结果，渗水量如超过规定标准，应经检查，处理后重新进行测定。按规范规定对混凝土构筑物，合格条件渗水量不超过 $2L/m^2\cdot d$。

2. 气密性试验

污水处理厂的消化池，除在泥区进行满水试验外，在沼气区尚应进行气密性试验。

气密性试验应在满水试验合格后所需设备准备就绪进行。主要工作就是要观察24h前后的池内压力降是否超标。

（1）主要试验设备

1）压力计。可采用U形管水压计或其他类型的压力计，刻度精确至毫米水柱，用于测量消化池内的气压；

2）温度计。用以测量消化池内的气温，刻度精确至1℃；

3）大气压力计。用以测量大气压力，刻度精确至10Pa；

4）空气压缩机一台。

（2）测读气压

池内充气至试验压力并稳定后，测读池内气压值，即初读数，间隔24h，测读末读数。在测读池内气压的同时，测读池内气温和大气压力，并将大气压力换算为与池内气压相同的单位。

（3）池内气压降可按下式计算

$$P=\left(P_{d1}+P_{a1}\right)-\left(P_{d2}+P_{a2}\right)\times\frac{273+t_1}{273+t_2}$$

式中，P——池内气压降，Pa；

P_{d1}——池内气压初读数，Pa；

P_{d2}——池内气压末读数，Pa；

P_{a1}——测量P_{a1}时的相应大气压力，Pa；

P_{a2}——测量P_{d2}时的相应大气压力，Pa；

t_1——测量P_{a1}时的相应池内气温，℃；

t_2——测量P_{d2}时的相应池内气温，℃。

（4）判定标准

按规范规定，气密性试验达到下列要求，应判为合格：

1）试验压力宜为工作压力的1.5倍；

2）24h压力降不得大于0.2倍试验压力。

思考题与习题

1. 水泵机组安装的要求是什么？
2. 水泵吸水及压水管路的安装要求是什么？
3. 水泵减振措施有哪些？
4. 鼓风机安装的要求是什么？
5. 鼓风机机组常见故障与排除方法有哪些？
6. 简述渠道的基本类型及各类型的施工方法。
7. 倒虹管有几种施工方法？其施工要点各有哪些？
8. 简述检查井的施工要点。
9. 简述雨水口的施工要点。
10. 简述阀门井的施工要点。
11. 简述支墩的设置要求及施工要点。
12. 市政管道维护的内容有哪些？各如何维护？
13. 钢筋混凝土水池的施工要点是什么？
14. 混凝土养护的要求和注意事项是什么？
15. 叙述沉井施工过程。
16. 沉井施工的特点及其应用场合是什么？
17. 沉井井筒倾斜如何校正？
18. 沉井下沉时易发生哪些异常现象？如何处理？
19. 管井施工前应做好哪些准备工作？
20. 大口井施工方法及注意事项有哪些？

项目六　管道及设备的防腐保温和维护

项目概述

在学习市政管道施工技术的基础上，了解管道及设备的防腐与保温是非常必要的。包括管道及设备的表面处理，管道及设备的防腐方法，保温材料的选择以及保温结构及施工方法。另外，市政管网在使用过程中，应当进行必要的维护管理，以保证其正常运行。本项目介绍了室外给排水管道常见的维修方法，见任务二。

学习目标

学会给排水管道及设备锈层的表面处理、防腐方法及保温结构的施工方法。了解室外给排水管道的常见的维修方法。

任务一　管道及设备的防腐与保温

一、管道及设备的表面处理

腐蚀主要是管道及设备等材料在外部环境影响下所产生的化学反应或电化学反应，使材料遭受破坏、发生质变。由于化学反应引起的腐蚀称为化学腐蚀；由于电化学反应引起的腐蚀称为电化学腐蚀。金属材料（或合金材料）上述两种反应均会发生。

一般情况下，金属与氧气、氯气、二氧化硫、硫化氢等气体或与汽油、乙醇、苯等非电解质接触所引起的腐蚀都是电化学腐蚀。腐蚀的危害性很大，它使大量的钢铁和其他宝贵的金属变为废品，使生产和生活使用的设施很快报废。

在室内、外给水排水管道系统中，通常会因为管道腐蚀而引起系统漏水、漏汽（气），这样既浪费能源，又影响生产或生活，如管道中输送有毒、易燃、易爆的介质时，还会污染环境，甚至造成重大事故。为了保证正常的生产秩序和生活秩序，延长系统的使用寿命，除了正确选材外，还必须采取有效的防腐措施。

（一）埋地金属管道腐蚀机理

埋地金属管道主要是电化学腐蚀。按照金属晶格构造学说，金属是由带正电的离子和带负电的自由电子和部分中性原子组成的，当金属浸入电解质溶液中，由于水的极性作用，某些金属的离子脱离金属进入电解质溶液形成水化金属正离子，而将带负电荷的自由电子留在金属表面上。进入电解质溶液的水化金属正离子将受到留在金属表面上的带负电荷的自由电子的吸引，又回到金属同电解溶液接触的界面上，形成一个像电容器那样的双电层电池而处于平衡状态。若把两种不同的金属浸在同一电解质的溶液中，它们将各自形成一个双电层电池，但两个双电层电池的电位不等，金属活泼性强的电池电位低于金属活泼性差的电池电位。如果用导线将两块金属连接起来，就构成了电流的回路，此时自由电子从活泼性强的金属流向活泼性差的金属上。由于自由电子的流失，破坏了双电层电池的平衡，活泼性强的金属正离子将不断地向电解质溶液中溶解。电化学腐蚀过程规定，凡失去自由电子的一方为阳极，得到自由电子的一方为阴极，由于阳极自由电子不断流向阴极，而使阴极的负电子逐渐增多，这些多余的负电子堆积在阴极金属的表面上，吸引着电解质溶液中带正电的氢离子与之接近，最后与氢离子的正电荷中和，使氢离子变为氢气从电解质溶液中逸出，而阳极由于不断地失去自由电子，使金属带正电的离子不断脱离金属而遭腐蚀。

（二）防止金属管道电化学腐蚀的对策

1. 涂防腐层

使金属与水隔离，断绝了形成双电层电池的条件。

2. 牺牲阳极保护法

在钢管道附近，埋设一些比钢活泼的金属，例如锌片，用导线将锌片与管道连接起来，由于锌比钢活泼，锌片遭腐蚀，钢管道得到保护。

3. 外加电流阴极保护

向埋地金属管道通直流电，将电源负极接到钢管上，电源的正极与辅助阳极相连，从而使被保护管道变为阴极而制止钢管道电子的流失，达到防腐蚀的目的。

工程上常根据管道的重要性而确定联合使用以上几种措施。

（三）管道及设备的表面处理

为了使防腐材料能起较好的防腐作用，除所选涂料本身能耐腐蚀外，还要求涂料和管道、设备表面能很好地结合。一般钢管（或薄钢板）和设备表面总有各种污物，如灰尘、污垢、油渍、氧化物、焊渣、毛刺等，这些都会影响防腐涂料对金属表面的附着力。如果铁锈（氧化物）未除尽，油漆涂刷到金属表面后，漆膜下被封闭的空气继续氧化金属，使之继续生锈，以致使漆膜被破坏，锈蚀加剧。为了增加油漆的附着力和防腐效果，在涂刷底漆前，必须将管道或设备表面的污物清除干净，并保持干燥。

管道及设备表面的锈层可用下列方法消除：

1. 人工除锈

人工除锈一般使用刮刀、锉刀、钢丝刷、砂布或砂轮片等摩擦外表面，将金属表面的锈层、氧化皮、铸砂等除掉。对于钢管的内表面除锈，可用两端带拉绳的圆形钢丝刷来回拉擦。内外表面除锈必须彻底，以露出金属光泽为合格，再用干净的废棉纱或废布擦干净，最后用压缩空气吹扫。人工除锈的方法劳动强度大，效率低，质量差，操作环境差。但在施工条件受限、机械设备不足，而劳动力充足时，通常采用人工除锈。

2. 机械除锈

采用金刚砂轮打磨或用压缩空气喷石英砂（喷砂法）吹打金属表面，将金属表面的锈层氧化皮、铸砂等污物除净。

喷砂除锈是加工厂或预制厂常用的一种除污方法，其采用 0. 4 ～ 0. 6MPa 的压缩空气，把粒度为 0.5 ～ 2.0mm 的砂子喷射到有锈污的金属材料表面上，靠砂子的打击使金属材料表面的污物去掉，露出金属的质地光泽来，再用干净的废棉纱或废布擦干净。用这种方法除锈的金属材料表面变得既粗糙又均匀，使油漆能与金属表面很好地结合，并且能将金属表面凹陷处的锈除尽。

喷砂除锈虽然效率高、质量好，但由于喷砂过程中产生大量的灰土，污染环境，影响人们的身体健康。为避免干喷砂的缺点，减少尘埃的飞扬，可用喷湿砂的方法来除污。为防止喷湿砂除锈后的金属表面再度生锈，需在水中加入一定剂量（1% ～ 15%）的缓蚀剂（如磷酸三钠、亚硝酸钠），使除污后的金属表面形成一层牢固而密实的膜（即钝化）。

3. 化学除锈

用酸洗的方法清除金属表面的锈层、氧化皮。化学除锈方法无噪声，无尘埃污染。采用浓度 10% ～ 20% 的稀硫酸溶液，浸泡金属物件 15 ～ 60min；也可用 10% ～ 15% 的盐酸在室温下进行酸洗。钢管一般可采用稀硫酸，铜、铜合金及其他一些有色金属常用硝酸进行酸洗。为使酸洗时不损伤金属，在酸溶液中加入缓蚀剂。酸洗后要用清水洗涤，并用 50% 浓度的碳酸钠溶液中和，然后用热水冲洗 2 ～ 3 次，最后用热空气干燥。

酸洗的方法一般有槽式浸泡法和系统循环法两种。槽式浸泡法是将管子置放在盛有配洗液的容器中用沉浸法将管内锈蚀清除的方法。适当掌握浸泡时间，酸洗后的管子以目测检验内外壁呈金属光泽为合格，并立即将管子放入氨水或碳酸钠溶液的槽中进行中和。最后用热水冲洗后及时干燥。

槽式浸泡法工艺如下：

除锈→脱脂→酸洗→水冲洗→二次酸洗→中和→钝化→水冲洗→蒸汽吹扫→热风干燥→涂油→包扎。

采用该工艺酸洗时其工艺分散，易于控制和检查，缺点是占用施工场地大。

循环酸洗法是将酸液用泵加压后在管道内进行系统循环的方法来脱除锈蚀，循环酸洗法工艺流程如下：

管道完整性检查→通水试漏检查→循环酸洗→中和→钝化→热水冲洗蒸汽吹干→涂油。

循环酸洗法占用施工场地较小，但循环酸洗的除锈程度较难控制。

4. 旧涂料的处理

在旧涂料上重新刷漆时，可根据旧漆膜的附着情况，确定是否全部清除或部分清除。如旧漆膜附着良好，铲刮不掉可不必清除；如旧漆膜附着不好，则必须清除重新涂刷。

二、管道及设备的防腐

管道及设备表面处理完成后，可采用涂刷油漆涂料、施工防腐绝缘层结构或在管内设置衬里材料等方法进行防腐。

（一）涂刷油漆涂料防腐

涂刷油漆涂料方法一般使用在明装管道及设备上，既能防止腐蚀，又有装饰及标志作用。涂刷油漆涂料防腐蚀原理是靠油漆膜将空气、水分、腐蚀介质等隔离开，以保护管道及设备表面不受腐蚀。

1. 常用油漆涂料的选用

油漆的品种繁多，性能各不相同。按施工顺序主要分为底层漆和面层漆。底层漆打底，应采用附着力强并且有良好防腐性能的油漆。面层漆罩面用来保护底层漆不受损伤，并使金属材料表面颜色符合设计和规范规定。

常用的油漆涂料，按其是否加入固体材料（颜料和填料）分为：不加固体材料的清油、清漆和加固体材料的各种颜色涂料。

（1）管道涂料防腐

1）室内和地沟内的管道及设备防腐，所采用的色漆应选用各色油性调和漆、各色酚醛磁漆、各色醇酸磁漆以及各色耐酸漆、防腐漆等。对半通行或不通行地沟内的管道的绝热层，其外表面应涂刷具有一定防潮耐水性能的沥青冷底子油或各色酚醛磁漆、各色醇酸磁漆等。

2）室外管道绝热保护层防腐，应选用耐候性好并具有一定防水性能的涂料。绝热保护层采用非金属材料时，应涂刷两道各色酚醛磁漆或各色醇酸磁漆，也可先涂刷一道沥青冷底子油再刷两道沥青漆。当采用薄钢板做绝热保护层时，在薄钢板内外表面均应先刷两道红丹防锈漆，其外表面再涂两道色漆。

（2）明装管道及设备涂料防腐

明装管道及设备的涂料品种选择，主要根据其所处周围环境来确定涂层类别。

1）室内及通行地沟内明装管道及设备，一般先涂刷两道红丹油性防锈漆或红丹酚醛防锈漆；外面再涂刷两道各色油性调和漆或各色磁漆。

2）室外明装管道及设备、半通行和不通行地沟内的明装管道以及室内的冷水管道，应选用具有一定防潮耐水性能的涂料。其底漆可用红丹酚醛防锈漆，面漆可用各色酚醛磁漆、各色醇酸磁漆或沥青漆。

（3）面漆选择

管道内介质品类繁多，目前还没有对各种介质管道制定统一的涂色规定。对一般介质管道，采用表 6-1 的涂色要求。室内明装给排水管道面漆一般刷两道银粉漆。

表 6-1　管道涂色分类

管道	颜色		备注	管道	颜色	
	底色	色环			底色	色环
工业用水管	黑或灰	—	自流及加压	压缩空气管	浅蓝	—
生活饮用水管	蓝	—		净化压缩空气管	浅蓝	黄
过热蒸汽管	红	黄		乙炔管	白	—
饱和蒸汽管	红	—		氧气管	洋蓝	—
废气管	红	绿		氢气管	白	红
凝结水管	绿	红		氮气管	棕	—
余压凝结水管	绿	白		油管	橙黄	—
热力网送出水管	绿	黄		排水管	绿	蓝
热力网返回水管	绿	褐		排气管	红	黑
疏水管	绿	黑		盐水管	浅黄	—

色环涂刷宽度：

外径小于 150mm，为 50mm；

外径 150 ～ 300mm，为 70mm；

外径大于 300mm，为 100mm。

色环与色环之间的距离视具体情况掌握，以分布匀称、便于观察为原则。除管道弯头及穿墙处必须加色环外，一般直管段上环间距离保持 5m 左右为宜。

管道上还应涂上表示介质流动方向的箭头。有两个方向流动可能时，应标出两个相反方向的箭头。箭头一般漆成白色或黄色，底色浅者则漆深色箭头。

2. 油漆涂料施工

涂刷底层漆或面层漆应根据需要决定每层涂膜厚度。一般可涂刷一遍或多遍。多遍涂刷时必须在前一遍油漆干燥后进行，涂刷第一遍底漆时要用劲刷，必须使油漆全部覆盖金属表面。油漆涂刷的厚度应均匀，不应刷得太厚，不得有脱皮、起泡、流淌和漏涂现象。

涂料施工的环境空气必须清洁，无煤烟、灰尘及水汽。环境温度宜在15 ～ 35℃，相对湿度在 70% 以下。室外涂料遇雨、降露时应停止施工。涂料施工的方式有下述几种：

（1）手工涂刷

手工涂刷是用油漆刷自上而下，从左至右，先里后外，先斜后直，先难后易，纵横交错地进行。手工涂刷应分层涂刷，每层应往复进行，并保持涂层均匀，不得漏涂（快干性漆不宜采用刷涂）。该方法操作简单，适应性强，但效率低，涂刷质量受操作者技术水平的影响较大。

（2）机械喷涂

采用的工具为喷枪，以压缩空气为动力。此喷涂是用喷枪的压缩空气通过喷嘴时产生高速气流，将漆罐内漆液混合成雾状、喷涂于物体表面。喷射的漆流和喷漆面垂直。喷漆面为平面时，喷嘴与喷漆面应相距 250 ～ 350mm；喷漆面如为圆弧面时，喷嘴与喷漆面的距离应为 400mm 左右。喷涂时，喷嘴的移动应均匀，速度宜保持在 10 ～ 18m/min。喷漆使用的压缩空气压力为 0.2 ～ 0.4MPa。这种方法的效率高，漆膜厚薄均匀，表面平整，适合用于大面积物体表面的油漆涂刷。

刷漆的方法还有滚涂、浸涂、高压喷涂等。

（二）绝缘层结构防腐

目前，我国埋地管道的防腐，主要是采用沥青绝缘防腐，对一些腐蚀性高的地区或重要的管线也可采用电化保护防腐措施。埋地管道在穿越铁路、公路、河流、盐碱沼泽地、山洞等地段时一般采用加强防腐，穿越电气铁路的管道需采用特加强防腐。在管道及设备的防腐工程中，常用的沥青型号有 30 号甲、30 号乙、10 号建筑石油沥青和 75 号、65 号、55 号普通石油沥青。埋地管道沥青绝缘防腐层结构见表 6-2。

施工步骤与方法：

（1）管道表面除锈和去污。

（2）将管道架起，将调配好的冷底子油在 20 ～ 30℃时，用漆刷涂刷在除锈后的管道表面上。涂层要均匀，厚度为 0.1 ～ 0.15mm。

（3）将调配好的沥青玛蹄脂，在 60℃以上时用专用设备向管道表面浇洒，同时管子以一定速度旋转，浇洒设备沿管线移动，在管子表面均匀浇上一层沥青玛蹄脂。

（4）若浇洒沥青玛蹄脂设备能起吊、旋转时，宜在水平浇洒沥青玛蹄脂后，再用漆刷平摊开来；如不能，则只能用漆刷涂刷沥青玛蹄脂。

（5）最内层的沥青玛蹄脂，采用人工或半机械化涂刷时，应分两层，每层厚度1.5 ～ 2.0 mm 涂层应均匀、光滑。

（6）用矿棉纸油毡或浸有冷底子油的玻璃丝布制成的防水卷材，应呈螺旋形缠绕在热沥青玛蹄脂层上，相互搭接的压头宽度不小于 50 mm，卷材纵向搭接长度为

80 ～ 100 mm，并用热沥青玛蹄脂将接头黏合。

（7）缠包牛皮纸或缠包没有涂冷底子油的玻璃丝布时，每圈之间应有 15 ～ 20 mm 的搭边，前后搭接长度不得小于 100 mm，接头处用冷底子油或热沥青玛蹄脂黏合。

（8）当管道外壁做特加强防腐层时，两道防水卷材宜反向缠绕。

（9）涂抹热沥青玛蹄脂时，其温度应保持在 160 ～ 180℃，当施工环境气温高于 30℃时，其温度可降至 150℃。

（10）普通、加强和特加强防腐层的最小进取厚度分别为 3 mm、6 mm 和 9 mm，其厚度偏差分别为－ 0.3mm、－ 0.5mm 和－ 0.5mm。

表 6-2 埋地管道沥青绝缘防腐层结构

防腐措施	防腐层结构	每层沥青厚度 /mm	总厚度不小于 /mm
普通防腐	沥青底漆—沥青 3 层、中间夹玻璃布 2 层—塑料布	2	6
加强防腐	沥青底漆—沥青 4 层、中间玻璃布 3 层—塑料布	2	8
特加强防腐	沥青底漆—沥青 5 层或 6 层、中间玻璃布 4 层或 5 层—塑料布	2	10 或者 12

注：沥青底漆（冷底子油）：为增强沥青和管道表面的黏结力，在涂沥青绝缘层前需先刷一层沥青底漆。它是用和沥青绝缘层同类的沥青及不含铅的车用汽油或工业溶剂汽油按 1 ∶ 2.5 ～ 1 ∶ 3.0（体积比）调配而成，其比重为 0.8 ～ 0.82。

沥青：管道绝缘防腐用的沥青一般是石油建筑沥青或专用石油沥青，都属于低蜡沥青，含蜡在 3% 以下。为了提高沥青的强度也可采用加矿物填料（石灰石粉、高岭土、滑石粉等）的办法，沥青绝缘层应具有热稳定性、足够的强度和耐寒性。

玻璃布：为沥青绝缘层中间加强包扎材料，可提高绝缘层强度和稳定性。用于管道绝缘防腐的玻璃布，有无纺布、定长纤维布，目前多采用连续长纤维布，要求玻璃布含碱量为 12% 左右（中碱性）。

塑料布：为沥青绝缘层的外包材料，可增强绝缘层的强度、热稳定性、耐寒性，防止绝缘层机械损伤和日晒变形。目前均采用聚氯乙烯工业或农业用薄膜。为了适应冬季施工的需要，可采用地下管道绝缘防腐专用聚氯乙烯薄膜。

（三）管内设衬里防腐

埋设在地下的钢管和铸铁管，很容易腐蚀。为了延长管子的使用寿命，在管内设置衬里材料。根据介质的种类，设置各种不同的衬里材料，如橡胶、塑料、玻璃钢、涂料等，其中以橡胶衬里和水泥砂浆为最常用。

1. 橡胶衬里

（1）衬胶管道的性能

橡胶具有较强的耐化学腐蚀能力，除可被强氧化剂（硝酸、铬酸、浓硫酸及过氧化氢等）及有机溶剂破坏外，对大多数的无机酸、有机酸及各种盐类、醇类等都是耐腐蚀的。可作为金属设备、管道的衬里。根据管内输送介质的不同以及具体的使用条件，衬以不同种类的橡胶。衬胶管道一般适用于输送 0. 6MPa 以下和 50℃以下的介质。

根据橡胶含硫量的不同，橡胶可分为软橡胶、半硬橡胶和硬橡胶。软橡胶含硫量为 2% ～ 4%，半硬橡胶含硫量为 12% ～ 20%，硬橡胶含硫量为 20% ～ 30%。

橡胶的理论耐热度为 80℃，如果在温度作用时间不长时，也能耐较高的温度（常达到 100℃），但在灼热空气长期作用下，会使橡胶老化。橡胶还具有较高耐磨性，适宜做泵和管子的衬里材料，可输送含有大量悬浮物的液体。

在化学耐腐蚀性方面，硬橡胶比软橡胶性能强，而且硬橡胶比软橡胶更不易氧化，膨胀变形也小。硬橡胶比软橡胶的抵抗气体透过性强，工作介质为气体时，宜以硬橡胶做衬里；当衬胶层工作温度不变、机械作用不大时，宜采用硬橡胶。采取橡胶衬里管材通常为碳素钢管。

（2）衬胶管道的安装

防腐蚀衬胶管道全部用法兰连接，弯头、三通、四通等管件均制成法兰式。预制好的法兰管及法兰管件、法兰阀件均编号，打上钢印，按图安装。法兰间需预留衬里厚度和垫片厚度，用厚垫片或多层垫片垫好，将管子管件连接起来，安装到支架上。

衬胶管道安装好后，需作水压试验。试验压力为 0. 3 ～ 0. 6MPa，历时 15min，水压表指示值不下降则为合格。然后拆下来送橡胶制品厂进行衬里。防腐衬胶管道的第一次安装装配不允许强制对口硬装，否则衬胶后可能安装不上。因此，要求尺寸准确、合理安装。

2. 水泥砂浆衬里

水泥砂浆衬里适用于生活饮用水和常温工业用水的输水钢管、铸铁管道和储水罐的内壁防腐蚀。

水泥砂浆衬里常采取喷涂法施工。衬里用的水泥砂浆应混合得十分均匀，且搅拌时间不宜超过 10min，其重量配和比为水泥：砂：水 =1.0 ：1.5 ：0.32。水泥砂浆衬里厚度与管径有关，厚度从 5 ～ 9mm 不等。

水泥砂浆衬里的质量，应达到表面无脱落、孔洞和突起的最低标准。

3. 衬玻璃管道

（1）衬玻璃管的性质和特点。衬玻璃管是采用一定方法将玻璃衬在金属管内壁，以弥补管强度不高的缺点。

玻璃具有良好的耐腐蚀性特点，但它的耐热稳定性和强度较差，如把它衬到赤红的钢管里，由于钢管冷却收缩，使玻璃处在应力状态下，借助压应力的作用和底釉的作用，使玻璃和铁胎紧密地结合在一起，形成一体。这样就提高了衬玻璃管的耐热稳定性和机械强度。

（2）衬玻璃的方法有吹制法衬玻璃、膨胀法衬玻璃及喷涂法衬玻璃。

4. 衬搪瓷管道

搪瓷管道是由含硅量高的瓷釉通过900℃的高温煅烧，使瓷釉紧密附着在金属胎表面而制成的。瓷釉的厚度一般为0. 8～1. 5mm。由于瓷釉是一种很好的耐腐蚀材料，所以搪瓷管道具有优良的耐腐蚀性能。还具有良好的机械性能，因此能防止某些介质与金属离子起作用而污染物品。它广泛地应用在石油化工、医院、农药、合成材料等生产中。

搪釉管道除有优良的耐腐蚀性能外，还有一定的热传导性能，能耐一定的压力和较高的温度，有良好的耐磨性能和电绝缘性能。同时搪瓷表面很光滑，不易挂料，适于物料洁净的场合。

（1）瓷釉的物理机械性能。搪瓷管道性能主要取决于瓷釉。

（2）搪瓷管道的耐温及耐压性能。瓷釉与钢铁的热膨胀系数不同。搪瓷后的管道，在冷热温度的作用下，瓷釉和钢铁之间可能会产生内应力。搪瓷管道一般在缓慢加热或冷却条件下，使用温度为–30～270℃，但与使用条件（如腐蚀性介质成分、浓度、加热条件等）、制造质量等因素有关。搪瓷管道耐温急变性较差，耐冷冲击（瓷层从热突然受冷）容许温度差小于110℃，耐热冲击（瓷层从冷突然受热）容许温度差小于120℃。其容许温度差与使用温度、使用压力、规格尺寸等因素有关。为了延长搪瓷管道的使用寿命，应避免受冷热冲击。

搪瓷管道的使用压力主要取决于钢板的强度、管道的密封性及制造工艺水平。一般管内使用压力0. 25～1MPa。目前，高压管道已达到5MPa。

（3）搪瓷管道的耐腐蚀性能。搪瓷管道具有良好的耐腐蚀性能。除了氢氟酸、含氟离子的介质、温度大于180℃的浓磷酸、温度大于150℃的盐酸及强碱外，它还能耐各种浓度的无机酸、有机酸、弱碱及有机溶剂。尤其是在盐酸（常温）、硫酸、硝酸等介质中，具有优良的耐腐蚀性能。从某种意义上说，它还优于不锈钢等贵重金属。从耐有机溶剂及使用温度上考虑，它优于工程塑料。

（4）金属胎材料的选择。搪瓷管道用金属胎一般多采用低碳素钢管，也可用铸铁管。金属胎材料选择恰当与否，直接影响搪瓷质量。

钢管的内表面必须平整，不允许有明显的伤疤、麻点、裂缝、氧化皮及夹渣等缺陷。搪瓷用的铸铁管，要求组织结构致密，不允许有粗大的分散石墨、气泡、孔隙、裂纹等缺陷。

（5）防腐蚀衬里管道的搬运和堆放。搬运衬里管道应小心谨慎，防止碰撞和振动，以免损坏衬里。已经做好的衬里管道及其附件应在5～30℃的室内存放，室内应整洁、干净，无有害物质。

（6）管段和配件的检查安装前应检查管段、配件的数量和质量，特别是要检查衬里的完整情况。

三、管道及设备的保温

保温的主要目的是减少冷、热量的损失，节约能源，提高系统运行的经济性。此外，对于蒸汽和热水设备和管道，保温后能改善四周的劳动条件，并能避免或保护运行操作人员不被烫伤，实现安全生产。对于低温设备和管道（如制冷系统）保温能提高外表面的温度，避免在外表面上结露或结霜，也可以避免人的皮肤与之接触受冻。对于高寒地区的室外回水或给水排水管道，保温能防止水管冻结。由此可见，保温对节约能源、提高系统运行的经济性、改善劳动条件和防止意外事故的发生都具有非常重要的意义。

（一）保温材料选用

保温材料应具有：导热系数小，密度在400kg/m^3以下；具有一定的强度，一般应能承受0. 3MPa以上的压力；能耐一定的温度，对潮湿、水分的侵蚀有一定的抵抗力；不应含有腐蚀性的物质；造价低，不易燃，便于施工；保温材料如用涂抹法施工时，要求与管道有一定的黏结力。

在实际工程中，一种材料全部满足上述要求是很困难的，这就需要根据具体情况具体分析、比较，抓主要问题，选择最有利的保温材料。低温系统应首先考虑保温材料的密度小、导热系数小、吸湿率小等特点；高温系统则应着重考虑材料在高温下的热稳定性。在大型工程项目中，保温材料的需要量和品种规格都较多，还应考虑材料的价格、货源以及减少品种规格等。品种和规格多会给采购、存放、使用、维修管理等带来很多麻烦。对于在运行中有振动的管道或设备，宜选用强度较好的保温材料及管壳，以免长期受震使材料破碎。对于间歇运行的系统，还应考虑选用热容量小的材料。

目前，保温材料的种类很多，比较常用的保温材料有岩棉、玻璃棉、矿渣棉、珍珠岩、硅藻土、石棉水泥等类材料及碳化软木、聚苯乙烯泡沫塑料、聚氨酯泡沫塑料、泡沫玻璃、泡沫石棉、铝箔、不锈钢箱等。各厂家生产的同一保温材料的性能均有所不同，选用时应按照厂家的产品样本或使用说明书中所给的技术数据选用。

（二）保温结构及施工方法

1. 一般规定

（1）管道保温工程应符合设计要求。一般保温结构由防锈层、保温层、防潮层、保护层、防腐蚀及识别标志等组成，并按顺序进行施工。

（2）管道保温施工应在管道试压及涂漆合格后进行。施工前必须先清除管子表面脏物及铁锈，再涂刷两遍防锈漆，防锈油漆应采用防锈能力强的油漆，并保持管道外表面的清洁干燥。冬、雨期施工应有防冻、防雨措施。

（3）保温层是保温结构的主要部分，所用保温材料及保温层厚度应符合设计要求。保温层施工一般应单独进行。

（4）非水平管道的保温工程施工应自下而上进行。防潮层、保护层搭接时，其宽度应为 30 ～ 50mm。

（5）保温层毡的环缝和纵缝接头间不得有空隙，其捆扎的镀锌钢丝或箍带间距为 150 ～ 200mm。疏松的毡制品宜分层施工，并扎紧。

（6）阀门或法兰处的保温施工，当有热紧或冷紧要求时，应在管道热、冷紧完毕后进行。保温层结构应易于拆装，法兰一侧应留有螺栓长度加 25mm 的空隙。

（7）防潮层所用材料有沥青及沥青油毡、玻璃丝布、聚乙烯薄膜等。防止水蒸气或雨水渗入保温材料，以保证材料良好的保温效果和使用寿命。油毡防潮层应搭接，搭接宽度为 30 ～ 50mm，缝口朝下，并用沥青玛蹄脂黏结密封。每 300mm 捆扎镀锌钢丝或箍带一道。玻璃丝布防潮层应搭接，搭接宽度为 30 ～ 50mm，应黏贴于涂有 3mm 厚的沥青玛蹄脂的绝缘层上，玻璃丝布外再涂上 3mm 厚的沥青玛蹄脂。

（8）防潮层应完整严密，厚度均匀，无气孔、鼓泡或开裂等缺陷。

（9）保温层上采用石棉水泥保护层时，应有镀锌钢丝网。保护层抹面应分两次进行，要求平整、圆滑，端部棱角整齐，无显著裂缝。

（10）保护层一般采用石棉石膏、石棉水泥、金属薄板及玻璃丝布等材料，主要是保护保温层或防潮层不受机械损伤。

（11）防腐层及识别标志一般采用油漆直接涂刷于保护层上，以防止或保护保护层不受腐蚀，同时也起识别管内流动介质的作用。

（12）缠绕式保护层，重叠部分为其带宽的 1/2。缠绕时应裹紧，不得有松脱、翻边、皱褶和鼓包，起点和终点必须用镀锌钢丝捆扎牢固，并密封。

（13）金属保护层应压边、箍紧，不得有脱壳或凸凹不平现象，其环缝和纵缝应搭接或咬口，缝口应朝下，用自攻螺钉紧固时，不得刺破防潮层。螺钉间距不应大于 200mm，保护层端头应封闭。

2. 管道保温施工

（1）保温结构的组成

管道保温结构由绝热层、防潮层和保护层三部分组成。

绝热层是保温结构的主体部分，可根据介质的温度、材料供应、施工条件来选择绝热材料。

防潮层使得绝热层不受潮，包扎在绝热层外，地沟、直埋供热管道均需做防潮层。常用的防潮层材料有：沥青胶或防水冷胶料玻璃布防潮层、沥青玛蹄脂玻璃布防潮层、聚氯乙烯膜防潮层、石油沥青油毡防潮层等。

保护层具有保护绝热层和防水的性能，且要求其重量轻、耐压强度高、化学稳定性好、不易燃烧、外形美观等。常用的保护层有金属保护层（如镀锌钢板、铝合金板、不锈钢板等)、包扎式复合保护层（如玻璃布、改性沥青油毡、玻璃布铝箔等)、涂抹式保护层（如石棉水泥、沥青胶泥等)。

（2）保温结构施工

管道保温结构的施工方法有涂抹法、绑扎法、预制块法、缠绕法、填充法、黏贴法、浇灌法、喷涂法等。

1）涂抹法。采用如膨胀珍珠岩、石棉纤维等不定型的绝热材料，加入胶黏剂如水泥、水玻璃等，按一定的配料比例加水拌合成塑性泥团，用手或工具涂抹到管道表面上即可，每层涂料厚度为 10 ～ 20mm，直至达到设计要求的厚度为止，但必须在前一层完全干燥后再涂抹下一层，如图 6-1 所示。

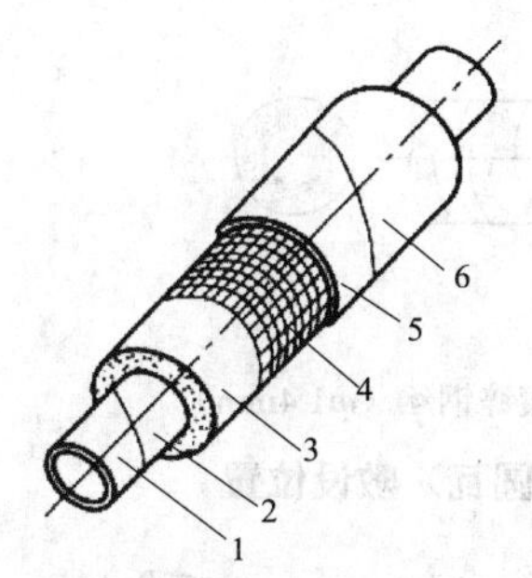

1—管道；2—防锈漆；3—绝热层；
4—钢丝网；5—保护层；6—防腐漆

图 6-1　涂抹法

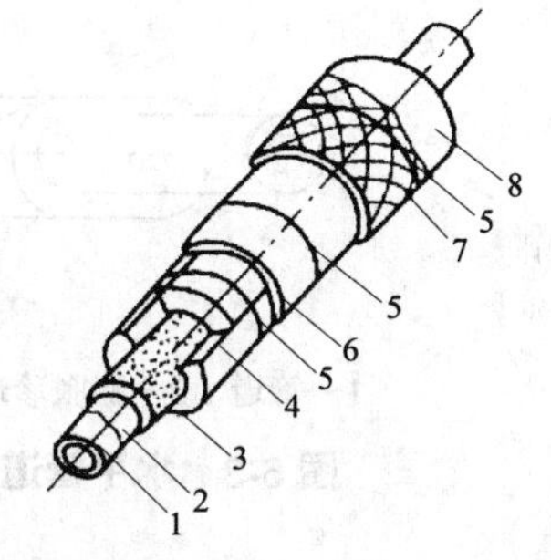

1—管道；2—防锈漆；3—胶泥；4—绝热层；
5—镀锌钢丝；6—沥青油毡；7—玻璃丝布；8—防腐漆

图 6-2　绑扎法

当管道内介质温度超过 100℃时，可采用草绳胶泥结构，先在管道上缠一层草绳，再在草绳上涂抹胶泥，接着再缠一层草绳，再涂抹胶泥，直至达到设计要求的厚度为止。涂抹结构在干燥后即变成整体硬结材料，因此每隔一定距离应留有热胀补偿缝，当管内介质温度不超过 100℃时，补偿缝间距为 7m 左右，缝隙为 5mm；当管内介质温度超过 300℃时，补偿缝间距为 5m，缝隙为 20mm，缝隙内应填石棉绳。

2）绑扎法。将成型布状或毡状的管壳、管筒或弧形毡直接包覆在管道上，再用镀锌铁丝网或包扎带，把绝热材料包扎在管道上。这种绝热材料有岩棉、玻璃棉、矿渣棉、石棉等制品。绑扎法需按管径大小，分别用 1.2 ～ 2.0mm 的镀锌铁丝绑扎固定，见图 6-2。对于软质、半硬质材料厚度要求在 80mm 以上时，应采用分层绝热结构。分层施工时，第一层和第二层的纵缝和横缝均应错开，且其水平管道的绝热层纵缝应布置在管道轴线的左右侧，而不应布置在上下侧，见图 6-3。

3）预制块法。预制块法是将保温材料由专门的工厂或在施工现场预制成梯形、弧形或半圆形瓦块，见图 6-4。预制长度一般在 300 ～ 600mm，根据所用材料不同和管径大小，每一圈为 2 块、3 块、4 块或更多块数，安装时用镀锌铁丝将其绑扎在管子外面。绑扎时应使预制块的纵横接缝错开，并以石棉胶泥或同质绝热材料胶泥黏合，使纵、横接缝无空隙，其结构形式见图 6-5。当管径 DN ≤ 80mm 时，采用半圆形管壳［图 6-4（a)］；管径 DN ≥ 100mm 时，宜采用弧形瓦或梯形瓦［图 6-4（b)、(c)］；当绝热层外径大于 200mm 时，应在绝热层外面用网孔 30mm×30mm ～ 50mm×50mm 的镀锌铁丝网捆扎。

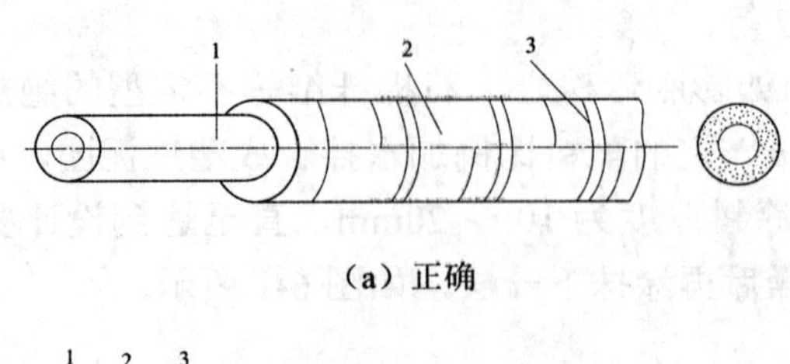

（a）正确

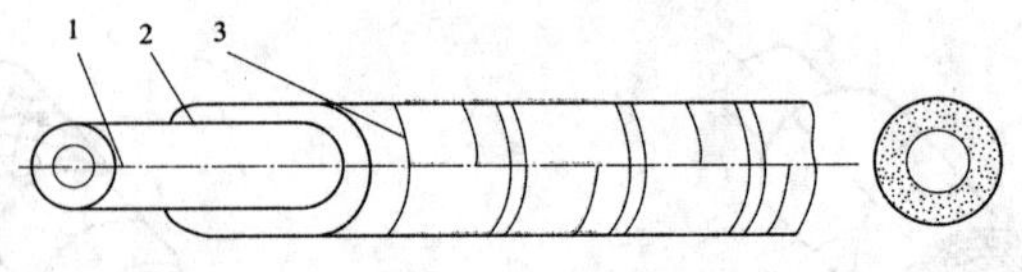

（b）不正确

1—管道；2—膨胀珍珠岩管壳；3—镀锌钢丝（ϕ1.4mm）

图 6-3 水平管道保温管壳（半圆瓦）敷设位置

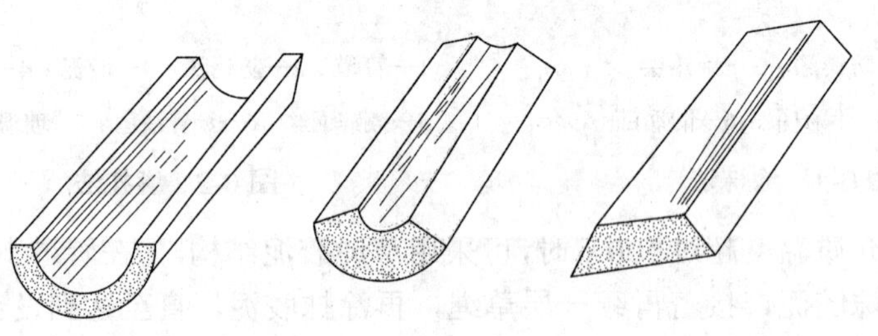

（a）半圆形管壳　（b）弧形瓦　（c）梯形瓦

图 6-4 保温预制品

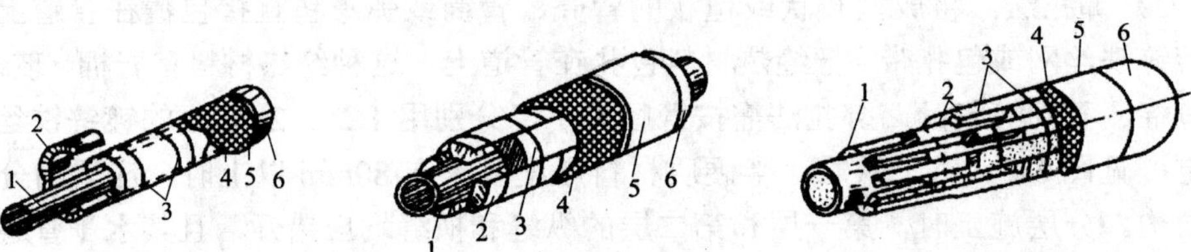

（a）半圆形管壳　（b）弧形瓦　（c）梯形瓦

1—管道；2—绝热层；3—镀锌钢丝；4—镀锌钢丝网；5—保护层；6—油漆

图 6-5 预制品保温结构

4）缠绕法。见图 6-6，缠绕法用于小直径管道，采用的绝热材料如石棉绳、石棉布、高硅氧绳和铝箔进行缠绕。缠绕时每圈要彼此靠紧，以防松动。缠绕的起止端要用镀锌钢丝扎牢，外层一般以玻璃丝布包缠后涂漆。

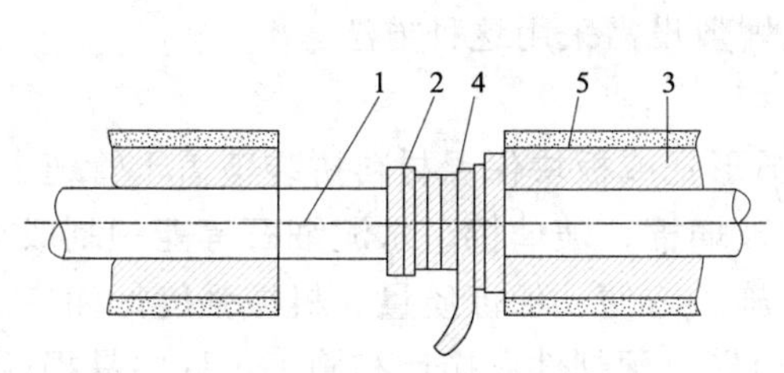

1—管道；2—法兰；3—管道绝热层；4—石棉绳；5—石棉水泥保护壳

图 6-6　缠绕式保温结构

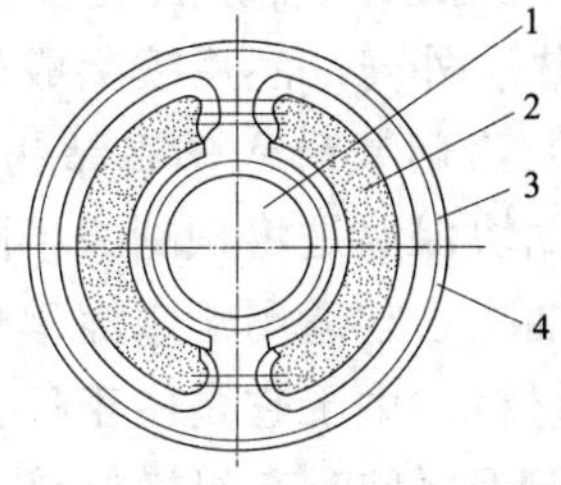

1—管子；2—绝热材料；3—支撑环；4—保护壳

图 6-7　填充保温结构

5）填充法。见图 6-7。填充法是用钢筋或扁钢做一个支撑环套在管道上，在支撑环外面包扎镀锌钢丝网，中间填充散状绝热材料。施工时，根据管径的大小及绝热层厚度，预先做好支撑环套在管子上，其间距一般为 300 ～ 500mm，然后再包钢丝网，在上面留有开口，以便填充绝热材料，最后用镀锌铁丝网缝合，在外面再做保护层。

6）黏贴法。将胶黏剂涂刷在管壁上，将绝热材料粘贴上去，再用胶黏剂代替对缝灰浆勾缝黏结，然后再加设保护层，保护层可采用金属保护壳或缠玻璃丝布。粘贴绝热结构如图 6-8 所示。

7）套筒法。套筒法绝热是将矿纤材料加工成型的保温筒直接套在管子上，施工时，只要将保温筒上轴向切口扒开，借助矿纤材料的弹性便可将保温筒紧紧套在管子上。套筒式绝热结构如图 6-9 所示。

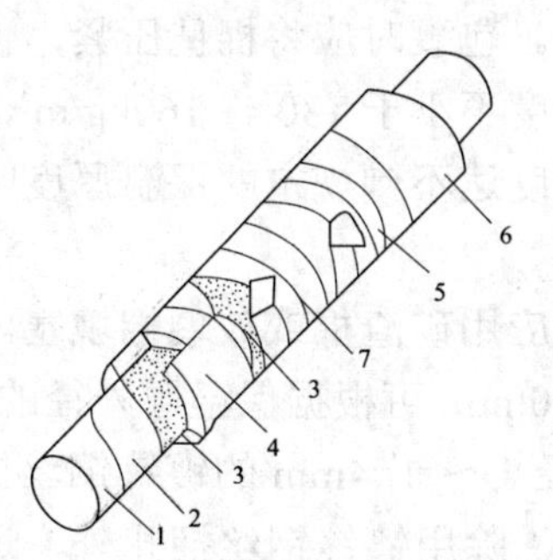

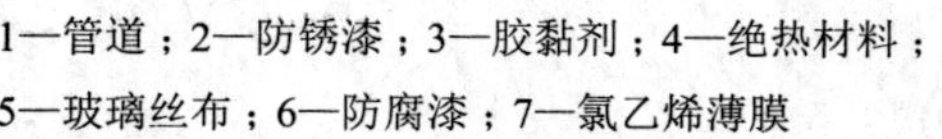
1—管道；2—防锈漆；3—胶黏剂；4—绝热材料；5—玻璃丝布；6—防腐漆；7—氯乙烯薄膜

图 6-8　粘贴绝热结构

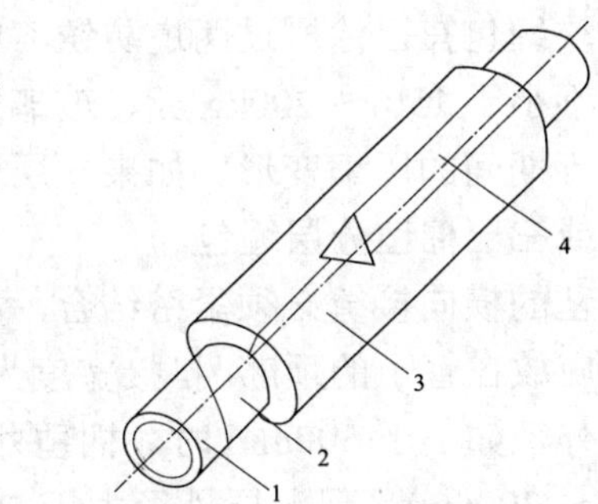

1—管道；2—防锈漆；3—绝热瓦；4—带胶铝箔带

图 6-9　套筒式绝热结构

8）浇灌法。浇灌法绝热结构分有模浇灌和无模浇灌两种，浇灌用的绝热材料大多用泡沫混凝土，浇灌时多采用分层浇灌的方式，根据设计绝热层厚度分 2 ～ 3 次浇灌，浇灌前应将管子的防锈漆面上涂一层机油，以保证管子的自由伸缩。

9）喷涂法。喷涂法适用于现场发泡的聚氨酯泡沫塑料。喷涂时可先在管外做一个绝热层外壳，然后喷涂成型。管道直埋敷设常采用这种方法。

（3）预制装配式保温结构

预制块保温是将预制成半圆形管壳、弧形瓦或板块保温材料拼装覆盖于管道上，用钢丝捆扎。它适用于水泥珍珠岩、超细玻璃棉、玻璃棉、水泥细石等能预制成型的保温材料。由于它是由工厂预制而成，施工方便、保证质量、机械强度好而广泛采用。但因拼装时有纵横接缝，易导致热损失；预制件在搬运和施工过程中易损耗，异形表面的保温施工难度大等。

为了使保温材料与管壁紧密结合，保温材料与保温面之间应涂抹一层 3 ～ 5mm 厚的石棉粉或石棉硅藻土胶泥，然后将保温材料拼装，绑扎在保温面上。对弯头的保温应将保温制品切割成虾米弯进行小块拼装。保温材料拼装时应将接缝错开，对多层拼装时应交错盖缝。接缝间应严密或在接缝处用胶泥填塞，胶泥应用与保温材料性能接近的材料配制。绑扎保温材料一般采用 18 ～ 20 号钢丝，绑扎间距不应超过 300mm，并且每块保温制成品至少应绑扎两处，每处绑扎的钢丝不应少于两道，其接头应放在保温制品的接缝处，以便将接头嵌入接缝内。

（4）缠包式保温结构

缠包式保温是将卷状的软质保温材料包扎一层或几层缠包于管道上。缠包式保温用矿渣棉毡或玻璃棉毡作为保温材料。这种保温方法施工简单、修补方便、耐振动。但棉毡等弹性大，很难做成坚固的保护层，因而易产生裂缝，使棉毡受潮，增大热损失。施工可以采用螺旋状包缠或对缝平包把保温材料包扎在管道上。施工时，先按管子的外圆周长加上搭接宽度，把矿渣棉毡或玻璃棉毡剪成适当的条块，再把这种条块缠包在已涂刷过两道防锈漆的管子上。包裹时应将棉毡压紧，使矿渣棉毡的密度不小于 150 ～ 200kg/m^3、玻璃棉毡的密度不小于 130 ～ 160kg/m^3，以减少它们在运行期间的压缩变形。如果一层棉毡的厚度达不到规定的保温厚度时，可以使用两层或三层棉毡分层缠包。

棉毡的横向接缝必须紧密结合，如有缝隙应用矿渣棉或玻璃棉填塞。棉毡的纵向接缝应放在管子的顶部。搭接宽度为 50 ～ 300mm，可根据保温层外径的大小确定。保温层外径如小于 500mm 时，棉毡外面用直径 1 ～ 1. 4mm 的镀锌钢丝捆扎，间隔为 150 ～ 200mm。保温层外径大于 500mm 时，除用镀锌钢丝捆扎外，还应用网孔 30mm×30mm 的镀锌钢丝网包扎。

（5）充填式保温结构

充填法保温是将不定型的松散状保温材料充填于四周由支承环和镀锌钢丝网等

组成的网笼空间内。它适用于矿渣棉、玻璃棉、超细玻璃棉等保温材料。这种保温方法所用散状材料重量轻、导热系数小、保温效果好，支承环和外包钢丝网笼不易开裂。但施工麻烦，消耗金属且增加了额外热损失，同时结构要用大量支承环，制作耗费时间。施工时，保温材料的粉末四处飞扬，影响操作人员的身体健康，因此在热力管道保温中较少采用，常用于制冷管道的保温。此外，铝管道多采用充填式保温结构，支承环焊接到支承角钢上。

（6）浇灌式保温结构

浇灌式保温结构用于不通行地沟内或无沟地下敷设的热力管道，分为有模浇灌和无模浇灌两种。浇灌用的保温材料大多用泡沫混凝土。浇灌前，须先在管子的防锈漆面上涂抹一层机油，以保证管子的自由伸缩。

（7）阀门的保温结构

阀门的保温结构有涂抹式和捆扎式两种形式。

涂抹式保温是将湿保温材料直接涂抹在阀体上。所用的保温材料及涂抹方法与管道保温相同。在保温层的外面，用网孔为 50mm×50mm 的镀锌钢丝网覆盖，钢丝网外面涂抹石棉水泥保护壳，做法与管道保温相同。

捆扎式保温是用玻璃丝布或石棉布缝制成软垫，内填装玻璃棉或矿渣棉，填装保温材料后的软垫厚度等于所需保温层的厚度。施工时将这种软垫包在阀体上，外面用 1 ～ 1. 6mm 的镀锌钢丝或直径为 3 ～ 10mm 的玻璃纤维绳捆扎。

除了上述保温方法外还有套筒式保温、粘贴法保温、贴钉法保温等。不管采用什么保温，在施工时应符合下述要求：

管道保温材料应粘贴紧密、表面平整、圆弧均匀、无环形断裂、绑扎牢固。保温层厚度应符合设计要求，厚度应均匀，允许偏差为 –10% ～ +5%。

垂直管道作保温时，应根据保温材料的密度和抗压强度，设置支撑托板。一般按 3 ～ 5m 设置 1 个，支撑托板应焊在管壁上，其位置应在立管支架的上部 200mm。

保温管道的支架处应留膨胀伸缩缝。用保温瓦或保温后呈硬质的材料保温时，在直线段上每隔 5 ～ 7m 应留 1 条间隙为 5mm 的膨胀缝，在弯管处管径小于或等于 300mm 应留 1 条 20 ～ 30mm 的膨胀缝。膨胀伸缩缝和膨胀缝须用柔性保温材料（石棉绳或玻璃棉）填充。

3. 防潮层施工

对于保冷结构和敷设于室外的保温管道，需设置防潮层。作防潮层的材料主要有两种：一种是以沥青为主的防潮材料，另一种是以聚乙烯薄膜作防潮材料。施工时应将防潮材料用胶黏剂粘贴在保温层面上。

以沥青为主体材料的防潮层有两种结构和施工方法。一种是用沥青或沥青玛蹄脂黏沥青油毡；一种是以玻璃丝布做胎料，两面涂刷沥青或沥青玛蹄脂。沥青油毡因其过分卷折会断裂，只能用于平面或较大直径管道的防潮。而玻璃丝布能用于任意形状的粘贴，故应用广泛。

以聚乙烯薄膜作防潮层是直接将薄膜用胶黏剂粘贴在保温层的表面，施工方便。但由于胶黏剂价格较贵，此法应用尚不广泛。

以沥青为主体材料的防潮层施工是先将材料剪裁下来，对于油毡，多采用单块包裹法施工，因此油毡剪裁的长度为保温层外圆周长加搭接宽度（搭接宽度一般为30～50mm）。对于玻璃丝布，一般采用包缠法施工，即以螺旋状包缠于管道或设备的保温层外面，因此需将玻璃丝布剪成条带状，其宽度视保温层直径的大小而定。包缠防潮层时，应自下而上进行，先在保温层上涂刷一层1. 5～2mm厚的沥青或沥青玛蹄脂（如果采用的保温材料不易涂上沥青或沥青玛蹄脂可先在保温层上包缠一层玻璃丝布，然后再进行涂刷），再将油毡或玻璃丝布包缠到保温层的外面。纵向接缝应设在管道的侧面，并且接口向下，接缝用沥青或沥青玛蹄脂封口，外面再用镀锌钢丝捆扎，间距为250～300mm，钢丝接头应接平，不得刺破防潮层。缠包玻璃丝布时，搭接宽度为10～20mm，缠包时应边缠边拉紧边整平，缠至布头时用镀锌钢丝扎紧。油毡或玻璃丝布包缠好后，最后在上面刷一层2～3mm厚的沥青或沥青玛蹄脂。

4. 保护层施工

用作保护层的材料很多，使用时应随使用的地点和所处的条件，经技术经济比较后决定。材料不同，其结构和施工方法亦不同。保护层常用的材料和形式有沥青油毡加玻璃丝布构成的保护层；用玻璃丝布缠包的保护层；石棉石膏或石棉水泥保护层；金属薄板加工的保护壳等。

（1）沥青油毡加玻璃丝布构成的保护层

先将沥青油毡按保温层或加上防潮层厚度加搭接长度（搭接长度一般为50mm）剪裁成块状，然后将油毡包裹到管道上，外面用镀锌钢丝捆扎，其间距为250～300mm。包裹油毡时，应自下而上进行，油毡的纵横向搭接长度为50mm，纵向搭接应用沥青或沥青玛蹄脂封口，纵向接缝应设在管道的侧面，并且接口向下。油毡包裹在管道上后，外面将购置的或剪裁下来的带状玻璃丝布以螺旋状缠包到油毡的外面。每圈搭接的宽度为条带的1/2～1/3，开头处应缠包两圈后再以螺旋状向前缠包，起点和终点都应用镀锌钢丝捆扎，且不得少于两圈。缠包后的玻璃丝布应平整无皱纹、气泡，且松紧适当。

油毡和玻璃丝布构成的保护层一般用于室外敷设的管道，玻璃丝布表面根据需要还应涂刷一层耐气候变化的涂料或管道识别标志。

（2）用玻璃丝布缠包的保护层

用玻璃丝布缠包于保温层或防潮层外面作保护层的施工方法同前。多用于室内架空及不易碰撞的管道。对于未设防潮层而又处于潮湿空气中的管道，为防止保温材料受潮，可先在保温层上涂刷一层沥青或沥青玛蹄脂，然后再将玻璃丝布缠包在管道上。

（3）*石棉石膏及石棉水泥保护层*

一般适用于室外及有防火要求的非矿纤材料保温管道。施工方法一般为涂抹法。施工时先将石棉石膏或石棉水泥按一定的比例用水调配成胶泥，如保温层（或防潮层）的外径小于200mm时，则将调配的胶泥直接涂抹在保温层或防潮层上；如果其外径大于或等于200mm，还应在保温层或防潮层外先用镀锌钢丝网包裹加强，并用镀锌钢丝将纵向接缝处缝合拉紧，然后将胶泥涂抹在镀锌钢丝网的外面。当保温层或防潮层的外径小于或等于500mm时，保护层的厚度为10mm；大于500mm时，厚度为15mm。

涂抹保护层时，一般分两次进行。第一次粗抹，第二次精抹。粗抹的厚度为设计厚度的1/3左右，胶泥可干一些，待初抹的胶泥凝固稍干后，再进行第二次精抹。精抹的胶泥应适当稀一些，精抹必须保证厚度符合设计要求，且表面光滑平整，不得有明显的裂纹。为防止保护层在冷热应力的影响下产生裂缝，可在第二遍涂抹的胶泥未干时将玻璃丝布以螺旋状在保护层上缠包一遍，搭接的宽度可为10mm。保护层干后则玻璃丝布与胶泥结成一体。

（4）*金属薄板保护壳*

作保温结构保护壳的金属薄板一般为薄钢板和薄铝板。其厚度根据保护层直径而定。一般直径小于或等于1 000mm时，厚度为0.5mm；直径大于1 000mm时，厚度为0.8mm。金属薄板保护壳应事先根据使用对象的形状和连接方式用手工或机械加工好，然后才能安装到保温层或防潮层表面上。

金属薄板加工成保护壳后，凡用薄钢板制作的保护壳应在内外表面涂刷一层防锈漆后方可进行安装。安装保护壳时，应将其紧贴在保温层或防潮层上，纵横向接口搭接量一般为30～40mm，所有接缝必须有利于雨水排除，安装时应纵缝接口朝下，接缝一般用自攻螺栓固定，其间距为200mm左右。用自攻螺栓固定时，应先用手提式电钻用0.8倍螺栓直径的钻头钻孔，禁止用冲孔或其他方式打孔。安装有防潮层的金属保护壳时，则不能用自攻螺栓固定，可用镀锌薄钢板包扎固定，以防止自攻螺栓刺破防潮层。金属保护壳因其价格较贵，并耗用钢材，仅用于部分室外管道及室内容易碰撞的管道以及有防火、美观等特殊要求的地方。

任务二　给排水管道的维护与维修

市政管道工程施工完毕，经过一段时间的使用后，由于设计上的缺陷、工作条件和外界环境的变化、施工中存留的质量隐患、设备和材料的腐蚀老化等原因，会使管道系统的性能减退，丧失管道设施的功能，影响正常使用。因此，在使用过程中要对管道系统进行必要的维护管理，以保证其正常运行。

一、给水管道的维护与维修

（一）室外给水管网的管理与维护

1. 室外给水管网的管理

（1）供水企业必须及时详细掌握管网现状资料，应建立完整的供水管网技术档案，并应逐步建立管网信息系统。

（2）管网技术档案应包括以下内容：

1）管道的直径、材质、位置、接口形式及敷设年份；

2）阀门、消火栓、泄水阀等主要配件的位置和特征；

3）用户接水管的位置及直径，用户的主要特征；

4）检漏记录、高峰时流量、阻力系数和管网改造结果等有关资料。

（3）供水量大于 20×10^4 m^3/d 的城市供水企业，对供水管网应进行测定。

1）应实施夏季高峰全面测压并绘制水等压线图；

2）对管网中主要管段（DN ≥ 500，其中供水量大于 100×10^4 m^3/d 的供水企业为 DN ≥ 700），在每年夏季高峰时，宜测定流量。测定方法可采用插入式流量计或便携式超声波流量计；

3）对管网中主要管段，每 2 ～ 4 年宜测定一次管道阻力系数。测定方法可利用管段测定流量装置和管段水头损失进行推算。

2. 室外给水管道的维护

（1）供水企业应按计划做好管网改造工作。对 DN ≥ 75 的管道，每年应安排不小于管道总长的 1% 进行改造；对 DN ≥ 50 的支管，每年应安排不小于管道总长的 2% 进行改造。改造的重点应是漏水较频繁或造成影响较严重的管道。管网改造应因地制宜。可选用拆旧换新、刮管涂衬、管内衬软管、管内套管道等多种方式。新敷管道材质应按安全可靠性高、维修量少、管道寿命长、内壁阻力系数低、造价相对低的原则选择；除特殊管段外，接口应采用橡胶圈密封的柔性接口。

（2）供水企业必须进行漏水检测，应及时发现漏水、修复漏水。采取合理有效的检漏措施，应及时发现暗漏和明漏的位置。可自建检漏队伍进行检漏；也可采取委托专业检漏单位定期检查为主、自检为辅的方式。城市供水企业管网基本漏损率不应大于 12%。

（3）加强对管线、阀门及附件的巡检督察工作，要及时保养、维修。对阀门的连接处、密封部位及密合面等经常检查，及时维修。对管线上所有排气阀加强维护检查，建立必要的定期换阀检修制度。

（4）预防水锤产生破坏。严格执行操作规程并设置“水锤”防护装置，设置减压装置，避免超压运行。

（5）对供水进行合理调度，使给水管网的工作压力稳定在一定的范围内，从而避免因管网压力不稳而产生的爆管等现象。

（6）做好冬季管道防冻措施。在结冻并不严重的地区，主要在出水立管上缠扎稻草之类保温材料；在比较严重地区，可在立管周围用水泥或砖砌成防冻围井，井填稻糠或锯末之类的保温材料，也可用珍珠岩保温砖将出水立管包围防冻；严重时，就要采取自动回水防冻水栓。同时要注意检查修复井室的井盖。

（7）为了减少管内的沉积、锈蚀，应对管网进行经常性的冲洗。

（8）配合城市工程建设，提供准确的地下管网图，避免土方开挖时破坏管道，避免在输水干管附近进行强度大的施工，以防止大的振动使管道破裂而漏水。

3. 室外给水管道的检漏

合理利用水资源，降低城市供水成本，保证城市供水压力，必须要加强城市供水管网漏损控制。降低漏损的主要措施是及时发现漏水和修复漏水。

常见的检漏方法有以下几种。

（1）观察法属于被动检漏法，用于检查明漏，通过观察地面现象来判断漏水情况。

如管道附近的地面或路面下沉或松动、地面积雪局部先融或有清水渗出；天晴时管道附近地面潮湿不干，或天旱时某处草木茂盛；排水窨井中有清水流出，均表示有漏水的可能。

（2）音听法（听漏法）属于主动检漏法，用于检查暗漏，地下管道的检漏可用此法。

该法是采用音听仪器寻找漏水声，并确定漏水地点的方法。检漏前应掌握被检查管道的有关资料，然后先用电子音听器（或听棒）在可接触点（如消火栓、阀门）听音，以初步判断该点附近是否有管道漏水，再应选择寂静时段（一般为深夜），在沿管段的地面上，每 1m 左右，用音听器听音。检测的准确度与使用者操作的熟练程度和使用经验是分不开的，其依据是漏水产生振动的响声。当听到有嘶嘶嘘嘘的漏水声时，可在周围多找几个点细听，一般是声音大处，即是漏水点。听准后，打上记号，准备修理。当现场条件适合应用相关仪器，可用该仪器复核漏水点。

检漏工作技术流程可采用如下流程：

1）区域漏水状况评估：通常情况下根据掌握的资料对区域漏水状况进行评估，制订检漏计划；

2）区域漏水评估；

3）漏水探测：环境调查、阀栓听音、路面听音、相关分析等；

4）漏水异常探测；

5）漏水点确认及定位：以钻探设备，通过漏水声在近距离高频进行漏水点的准确定位，要求小于等于 ±1m；

6）漏水量计量及修复：利用计量设备，对漏水量进行计量，并对漏点进行修复；

7）漏水原因分析：漏点的管材、管径、埋深、形状、漏水量、漏水原因进行分析，并与图片一起存档；

8）存档（电脑化管理）。

（3）相关分析检漏法。即在漏水管道两端放置传感器，利用漏水噪声传到两端传感器的时间差，推算漏水点位置的方法。使用的设备是相关仪，它不用依赖于人的听力，只要输入现场条件（如管材、管径、两感振器之间距离），仪器会自动计算并确定漏水点位置，主要用于过河、过桥、穿越房屋的管道和绿化带、埋设较深的管道，有时也对漏水异常点进行校核、判断，两接触点距离不大于200m且DN ⩾ 400的金属管段宜采用此法。操作时要求两感振器必须直接接触管壁或阀门、消火栓等附属设备。

（4）区域检漏法即在一定条件下测定小区内最低流量，以判断小区管网漏水量，并通过关闭区内阀门以确定漏水管段的方法。适用于居民区和深夜很少用水的地区，且区内管网阀门必须均能关闭严密。检测范围宜选择2～3km管长或2 000～5 000户居民为一个检漏小区。检漏宜在深夜进行，应关闭所有进入该小区的阀门，留一条管径为DN50的旁通管使水进入该区，旁通管上安装连续测定流量计量仪表，精度应为1级表；当旁通管最低流量小于0.5～1.0m^3/（km · h）时，可认为符合要求，不再检漏。超过上述标准时，可关闭区内部分阀门，进行对比，以确定漏水管段，然后再用音听法确定漏水位置。用区域检漏法可找出稍多一些的漏水点，但该法投入较大，检测间隔周期较长。

（5）区域装表法。在检测区的进（出）水管上装置流量计，用进水总量和用水总量差，判断区内管网漏水的方法。为了减少装表和提高检测精度，测定期间该供水区域宜采用单管或两个管进水，其余与外区联系的阀门均关闭。进水管应安装水表，水表应考虑小流量时有较高精度。检测时应同时抄该用户水表和进水管水表，当二者差小于3%～5%时，可认为符合要求，不再检漏；当超过时，应采用区域检漏法或其他方法检漏以确定漏水点。

城市配水管网应主要靠主动检漏法。在漏水较频繁的城市或地区，巡检和居民报漏，能及早发现明漏，是检漏的辅助措施。城市道路下的管道检漏宜以音听法为主，其他方法为辅。非道路下埋地且附近无河道和下水道的输水管道，可以被动检漏法为主，主动检漏法为辅。

（二）室外给水管道的维修

1. 室外给水管道修理

（1）钢管的漏水修理

1）螺纹连接处修漏

若只是丝扣不严，则可加麻丝或水胶带重新上紧。若给水管道配件开裂或锈烂，应予以更换；对于连接处腐蚀较轻的管段只需重新缠些麻丝或水胶带就可堵漏；对于连接处腐蚀较重的管段或丝牙烂牙过多，则应换上新的管段。

2）活接头修漏

活接头与接头螺母漏水，一般重新紧一紧就可止漏。如不见效果就要把旧垫刮净，防止换上新垫后因接触不平仍然漏水。

3）法兰盘修漏

法兰盘一般都是由于螺栓拧得不紧产生漏水，一般拧紧螺栓即可；若法兰盘间未加垫片，应补加垫片；若法兰盘间垫片摆放不正，则应使垫片与法兰盘同心摆放；若垫片与法兰盘间有黏结物，接触不好，则应清理它们的表面；若垫片老化不起作用，则应卸开法兰盘重新换垫片。

4）管道砂眼、锈蚀

有砂眼时采用哈夫夹（螺栓管箍、管套、管卡）堵漏法，如图 6-10 所示，即用铅楔或木楔打入洞眼内，然后垫以 2 ～ 3mm 厚的橡皮布，最后用尺寸合适的哈夫夹卡于相应的管道上，并用螺栓拧紧即可堵住泄漏。对于锈蚀严重的管段则需要进行更换。地下水管的更换有时需锯断管子的一头或两头，再截取长度合适的管径与长度，用活接头予以重新连接。

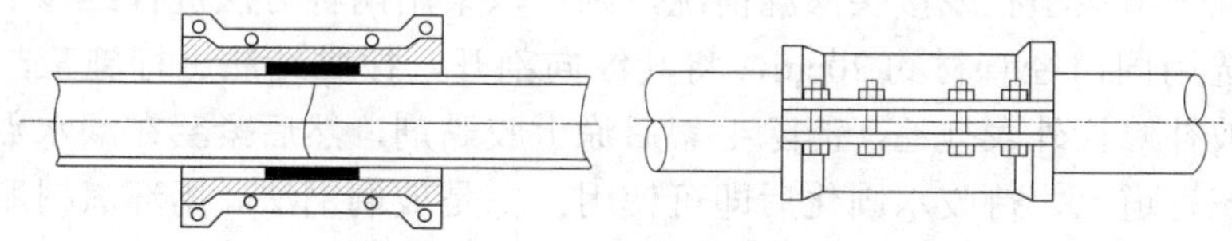

图 6-10　哈夫夹（螺栓管箍）堵漏

5）管身破裂

对于管身破裂的钢管一般采用重新换管的办法修复。小管道可采用活接头连接；大管道可两端焊上法兰盘连接或焊接连接。钢管上的较小裂缝或较大的孔洞可用电（气）焊焊补，有挖补焊和贴焊，小孔直接焊补；或用焊接钢套管浇筑接口，或采用哈夫夹卡紧裂纹处进行修复。

（2）铸铁管的漏水修理

1）铸铁管承插接口漏水

若是青铅接口，可重新敲紧接头，或补冷铅后再敲紧；若是石棉水泥接口、自应力水泥砂浆接口、石膏水泥接口等，可剔除接口材料，重新打口连接；若是橡胶圈柔性接口，因橡胶圈就位不正确或不密实等造成管道漏水的，可重新校正橡胶圈位置并连接到位，若因橡胶圈老化、破裂，则需更换橡胶圈。

2）铸铁管发现管子砂眼漏水

在砂眼处放些铅片或保险丝，用圆头锤（也称奶子榔头、钳工锤）在砂眼处敲打，不漏即可；若孔稍大，可在砂眼处钻孔形成内螺纹，用丝堵拧入修理；也可采用哈夫夹堵漏法。

3）铸铁管管子裂缝漏水

在修理管段之前，要将裂纹两端钻通孔，防止裂纹扩展。可在裂纹处包上橡皮板，外用钢板卡子卡紧修理。无法修理的大裂缝漏水时，可切去裂缝管段，加套袖，重新填料打口。套袖用内径大于待修管外径 2cm 左右的钢管从中线切成两块管瓦，在现场将两块管瓦合在待修管上焊接后，套在断裂或孔洞处，然后将套袖两端打口，外刷防腐涂料后即可。在无条件施焊时，可在距断裂处较近的接口把接口材料掏尽，将管段取下套入套袖，然后将接口和套袖两端打口即可。当离接口较远时，亦可在断裂处附近另选一点把管道断开，分别套入两个套袖后进行打口。

4）铸铁管段严重损坏就必须更换整段管道。更换时，一侧用承插式连接，另一侧用套袖连接。

（3）UPVC、PVC 管道的修理

一段管道损坏需要更换时，可采用双承活接管配件进行更换，将损坏管段切断更换新管时，应注意将插入管段削角形成坡口，而且在原有管段和替换管道的插入管端标刻插入长度标线。

若出现管道穿小孔或接头渗漏情况，则可以采用两种方法进行维修：一是套补黏结法。选用同口径管材约 20cm，将其纵向剖开，按黏结法进行施工，将剖开套管内面和被补修管外表打毛，清除毛絮后涂上胶黏剂，然后紧套在漏水点，用钢丝绑扎固定在管道上，待胶水固化后即可使用。二是玻璃钢法。用环氧树脂加一些固化剂配制成树脂溶液，以玻璃纤维布浸润树脂溶液后便缠绕管道或接头漏水点，使之固化后成为玻璃钢即可止水。

（4）混凝土管的修理

1）承插接口漏水修理

承插口密封材料为油麻时，如接口局部泄漏，应将泄漏处两侧宽 3cm、深 5cm 范围内的封口填料轻轻剔除，并注意不要振动不漏的部位，用水冲洗干净后再重新打油麻，捣实后再用青铅或水泥封口。如泄漏范围超过圆周一半以上时，则要将封口填料全部挖出，重新打油麻和用青铅或水泥封口。用胶圈密封的接口，由于胶圈不严产生的漏水，可将柔性接口改为刚性接口，重新用石棉水泥打口封堵，如图 6-11 所示；若接口缝隙太小，可采用充填环氧砂浆，然后贴玻璃钢进行封堵，如图 6-12 所示；若接口漏水严重，不易修补，可用钢套管将整个接口包住，然后在腔内填自应力水泥砂浆封堵，如图 6-13 所示；如果接口漏水的修复是带水操作，一般采用柔性材料封堵的方法，操作时，先将特制的卡具固定在管身上，然后将柔性填料置于接口处，最后上紧卡具，使填料恰好堵死接口，如图 6-14 所示。

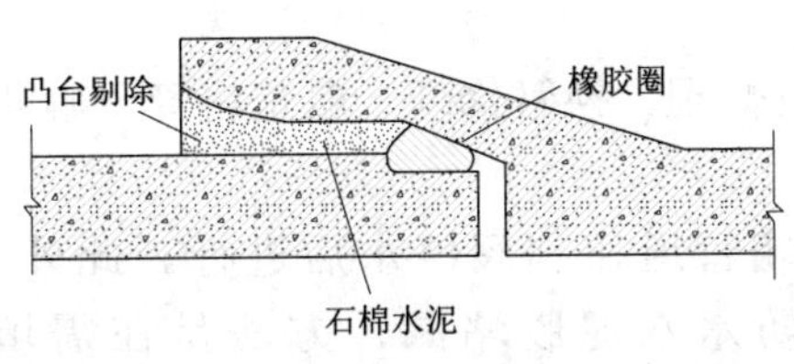

图 6-11　柔性接口改刚性接口示意

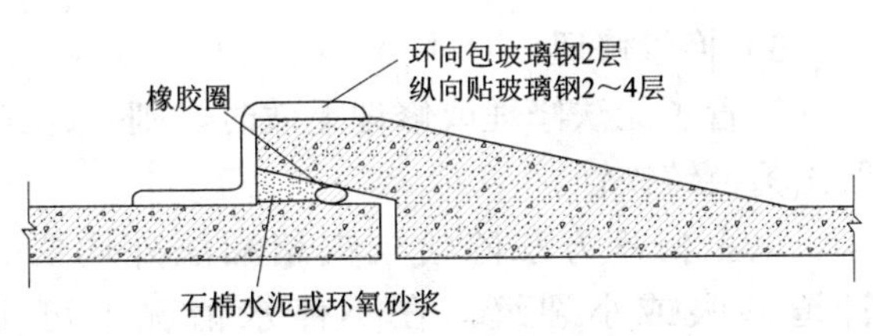

图 6-12　接口用包玻璃钢修理示意

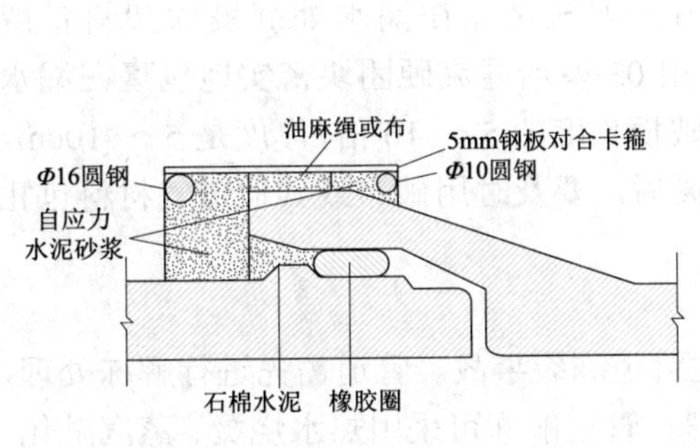

图 6-13　接口套钢管修理示意

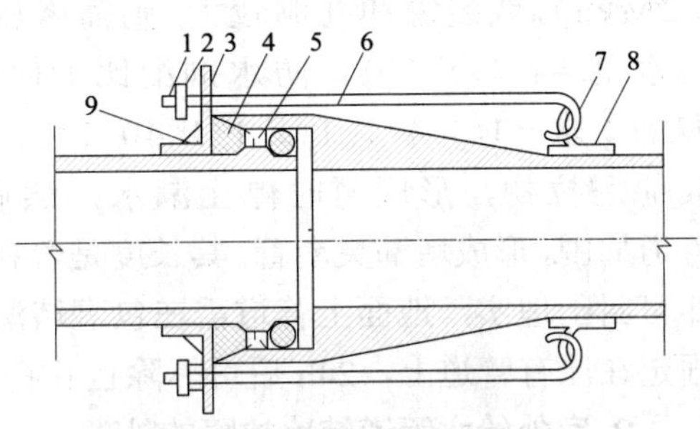

1—螺母；2—套管；3—胶圈挡板；4—胶圈；5—油麻；6—拉钩螺栓；7—固定拉钩；8—固定卡箍；9—胶圈挡筋

图 6-14　接口带水外加柔口的修理

2）管道有裂缝或砂眼

可用接套袖或防水水泥胶等堵漏剂堵漏的方法修理，但一般采用环氧砂浆修补的方法。环氧砂浆参考配比为环氧树脂 6101 号或 634 号：丁二酯：乙二胺：水泥：砂 =100 ：20 ：8 ：（100 ～ 200）：（450 ～ 650）。修补时，先沿裂缝凿成 1.5cm 深、2cm 宽的 V 形槽（如为砂眼时可先在砂眼处凿深 1.5cm 的小圆坑），使局部钢筋外露，槽长在裂缝两端各延伸 10 ～ 15cm。吹净槽内尘土，使其表面坚固、清洁、干燥、无水和油污。用毛刷在待修补处先涂一层薄而匀的环氧胶黏剂（注意：胶层下不得有气泡），在胶黏剂还发黏时，就用环氧砂浆填补缺槽。较大的裂缝，还可用包贴玻璃纤维布和贴钢板的方法堵漏，以增强环氧砂浆的抗裂能力，如图 6-15 和图 6-16 所示。玻璃纤维布的大小与层数应视裂缝大小而定，一般为 4 ～ 6 层。严重损坏的管段，可在损坏部位管外焊制一钢套管，内填油麻及石棉水泥。

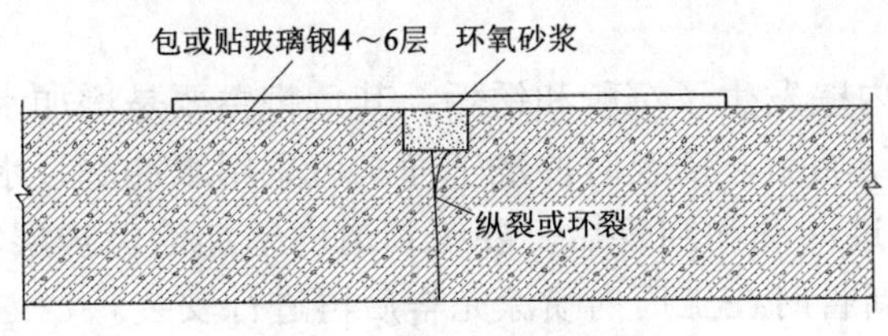

图 6-15　修理管身裂缝示意

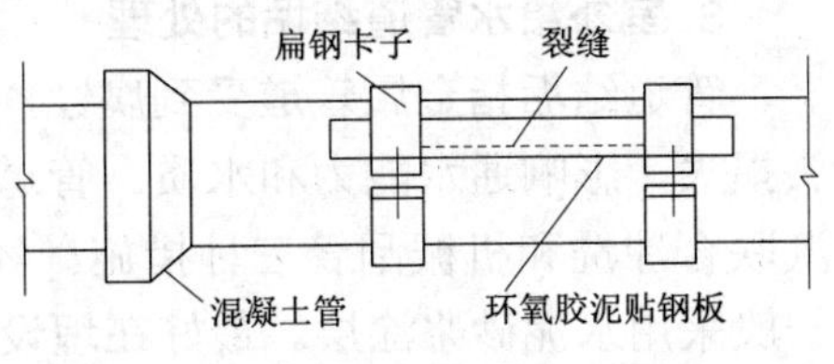

图 6-16　管身外贴钢板修补示意

3）换管修理

当管子无法修理或修理无效时，则考虑换管修理。换管修理一般是将管子砸断取出另换铸铁管。

以上修理方法除哈夫夹堵漏法外均要关闭管道控制阀停水后进行。此外，管道砂眼或小裂缝，在不停水情况下可用防水水泥胶堵漏，方法是在需填补出涂抹水泥胶后，压紧一小时左右，即可止漏。如果管内水压较大（超过0.2MPa)，或裂缝和孔洞较大，则需降压填补。防水水泥胶的配比为水泥：水：防水剂=4 ：5 ：1，防水剂配比为硫酸铜：钾铝钒：重铬酸钾：铬明矾：硅酸钠：水=1 ：1 ：1 ：1 ：40 ：6。另一方法是先在漏水处缠裹软塑料带或其他耐拉物，形成暂时停止漏水，然后用03型堵漏灵硬团块密实地包裹在漏水管道周围，形成堵漏灵套管，其长度是管材破损长度的5～10倍，厚度是5～10cm，即可封土埋实，地面上管道需在包裹堵漏灵后，要及时用破布或其他透气材料包扎固定在原有管道上，24h后可拆除包扎物。

2. 室外给水管道结冰故障的处理

管道冻结后，轻则影响输水，重则产生管道冻裂事故。管道需先进行解冻处理，若发现管道已冻裂，则按前述方法进行修理。管道解冻可采用热水烧烫、蒸汽融化、浸油火烧、烫筋插入、喷灯火烤、电动解冻器等方法。下面介绍其中三种方法。

（1）热水浇烫

先准备足够的开水（2～3壶)，从水嘴开始化开，把水嘴打开再逐步往下浇烫，应边敲管子边浇热水，直至水嘴有水流出来为止，管内的水流过一段时间后就会全部化开。

（2）烫筋插入

如果用一般方法不能解决，说明立管的地下部分也已结冻。这时应关闭水门，将水嘴的弯头拧下来，把立管内地上部分已融化的冰水抽出来，然后把钢筋烧红，插入立管，热的钢筋就会边化边下沉。待钢筋不热时，换热钢筋再烫、反复几次即可化开。这时，再上好水嘴，打开阀门。

（3）电动解冻器

电动解冻器是利用电阻发热的原理制成，是一个很为实用的解冻装置。但使用电动解冻器必须有专职电工操作并严格执行安全用电操作要求。

3. 室外给水管道结垢的处理

管道结垢指金属管道受到腐蚀，内壁发生了沉积和锈垢。其危害主要是增加水头损失，影响通水能力和水质。管道结垢后，需及时冲洗干净。可采用水冲洗、水汽联合冲洗和机械刮管三种措施。经过冲洗和刮管后，要在管道内壁加涂保护层，一般采用水泥砂浆涂层。最好在埋设新管时在工厂内喷涂完毕后再进行安装。

二、排水管道的维护与修理

（一）室外排水管道的维护

为维持室外排水管道的水流畅通，保证排水管道的正常工作，必须做好以下日常的维护工作：

（1）经常检查排水检查井的井盖、井座是否损坏，损坏的应及时修复或更换；

（2）经常检查排水管道，发现管道破损和渗漏等现象，应及时修理；

（3）定期检查排水沟渠、检查井及雨水井，了解淤塞情况及水流流速、充满度等情况，并定期清除淤泥和杂物；

（4）雨季前后或暴雨后对排水明沟、雨水口等作一次详细检查，清理淤物、疏通管道；

（5）高寒地区检查井要作保温处理，防止冻结；

（6）加强对入网污水的监督管理，严格实行排水许可制度，禁止不达标的污水排入城市排水管网，应进行局部处理并达标后才准许排入城市排水管网；

（7）加大市政设施的监察力度，坚决打击偷盗和破坏市政设施的犯罪行为，同时搞好宣传教育工作，杜绝乱接头、乱倒垃圾的不良现象。

（二）室外排水管道的修理

1. 管道损坏漏水的修理

排水管维修方法主要分为明开挖法和非开挖法。

明开挖维修就是将排水管道损坏处的路面挖开后进行维修。此方法施工技术简单，易于操作，适用于管道埋置较浅、管道损坏较严重的情况。但工期长，且施工时需考虑导流，对环境卫生及交通影响较大，不易于管道运行管理等。修理的方法可参照前述的方法。

非开挖维修方法是指不需要开挖路面便可对管道进行检查、维修的施工方法。其特点是：施工工期短，对环境卫生、交通及邻近建筑物影响较小；对管道早期质量缺陷及时维修，能提高管道运行质量，延长使用寿命。非开挖维修方法可分为局部维修和管段维修。

局部维修方法较常用，是对节口管道错缝及渗漏点等进行维修，主要有注浆法、注浆加固法和内交套环加固法（有时几种方法可同时使用）。管段维修是对连续的一段管道或窨井至窨井之间的一段管道进行维修，主要有内衬法、缠绕法、翻转法。其技术复杂、费用高、工期长、实际操作难度大，但可用于城市管网的改造。在管道养护中应及时发现局部质量问题，采用局部法维修，尽量避免采用管段维修方法。

局部维修操作过程如下：

（1）选取需维修的连续的三座检查井，在两个端井处采用气囊进行封堵，在中间检查井用泵抽出管内余水，并采用鼓风机向管道内鼓入新鲜空气，将废气排出。

（2）对管道接口错缝采用千斤顶进行校正，接口缝用沥青麻丝、石棉水泥塞实，对于排水管来说若发生接口错缝较大者，其管口外抹带或外套环也基本上被破坏，需采用内套环进行加固，将内套环加工成C形环，待安装到指定的接口处，再用电焊机将切口焊好，由于在管道内焊接不易操作，可采用铆钉将C形环铆固到管壁上，然后再进行防腐处理。

（3）对于管外壁探测的脱空或潜蚀部位，用钻孔机或冲击钻将管壁钻穿，并用快硬水泥胶浆埋置注浆管，注浆管含有内丝，便于连接压浆管和待注浆完毕后用堵头进行封堵，把压力注浆机管与注浆管连接好压入已配制好的水泥浆体，并保持一定的压力和支荷时间，判断土体加固情况，处理管壁及接口的需观察管道接口处浆体渗出的情况，判断处理效果。

2. 管道的疏通

排水管渠必须定期进行清通，以防管内沉积物过多，影响管道的输水能力，甚至堵塞管道。排水管道疏通一般有以下几种方法：

（1）竹劈清通法

作业时，首先需要在有积水的下游方向找排水检查井，然后揭开检查井井盖，如需清通的排水管管径较大，宜采用竹劈进行清通。

用竹劈清通时，应先将竹劈较细一端插入排水井中，为增强竹劈端头的锐力，同时保护端头不致过早地磨坏，宜在竹劈较细的端头包上锐形铁尖，插入竹劈的长度应超出堵塞的范围；然后来回地进行抽拉，直到将被堵塞管道清通为止，当一节竹劈长度不够时，可将几节竹劈连接起来使用。

（2）钢丝清通法

当被堵塞的排水管道直径较小时，宜采用钢丝清通法。用钢丝清通管道时，一般选用直径为1.5 mm的钢丝，既能钩出管道中诸如棉丝、布条之类的堵塞物，又不至于在管道接口处被卡住，宜在插入管道的一端弯成小钩。为转动钢丝方便，应将露在管道外的钢丝盘成圈，清通时，既要不断地转动钢丝，又要经常改变转动的方向。当感觉到钢丝碰到堵塞物时，应将钢丝向一个方向转动几下后，再将钢丝拖出，钩出堵塞物。照此方法，将钢丝插入、转动、拉出，反复进行多次，直至将堵塞的管道清通好为止。

对清通小管径、长度小且有电源的地方，用排水疏通机既快又省力，有条件时应优先选用。

（3）水力清通法

水力清通法是用水对管道进行冲洗。可以利用管道内的污水自冲，也可利用自来水或河水。用管道内污水自冲时，管道本身必须具有一定的流量，同时管内的淤泥不宜过多（20% 左右）。用自来水冲洗时，通常从消防龙头或街道集中给水栓取水，或用水车将水送到冲洗现场，一般街坊内的污水支管每冲洗一次需水 2 000 ～ 3 000 m^3。

水力清通的操作方法是：首先用一个一端由钢丝绳系在绞车上的橡皮气塞或木桶橡皮刷堵住管道井下游管道的进口，使上游管道充水。待上游管道充满并在检查井中水位抬高至 1 m 左右以后，突然放掉气塞中部分空气，使气塞缩小，气塞便在水流的推力作用下往下游浮动而刮走污泥，同时水流在上游较大的水压的作用下，以较大的流速从气塞底部冲向下游管道。这样沉积在管底的淤泥便在气塞和水流的冲刷下排向下游的检查井，而管道本身则得到清洗。污泥排入下游的检查井后，可用吸泥车抽吸运走。

近年来，有些城市采用水力冲洗车进行管道的清通。目前生产中使用的水力冲洗车的水罐容量为 1.2 ～ 8.0 m^3，高压胶管直径为 25 ～ 32 mm，喷头喷嘴为 1.5 ～ 8.0 mm 等多种规格，射水方向与喷头前进方向相反，喷射角为 15°、30° 或 35°，消耗的喷水量为 200 ～ 500 L/min。

水力清通法操作简便、工效较高、工作人员操作条件较好，目前已得到广泛采用。根据我国一些城市的经验，水力清通不仅能清除下游管道 250 m 以内的淤泥，而且在 150 m 左右的上游管道中的淤泥也能得到相当程度的清刷。当检查井中水位升高到 1.20 m 时，突然松塞放水，不仅可以清除污泥，而且可冲刷出管道中的碎砖石等。而在管渠系统脉脉相通的地方，当一处用上了气塞后，虽然此处的管渠堵塞了，但由于上游的污水可以流向别的管段，无法在该管渠中积存，气塞也就无法向下游移动，此时只能采用水力冲洗车或从别的地方运水来冲洗，消耗的水量较大。

（4）机械清通法

当管渠淤塞严重、淤泥黏结比较密实和水力清通效果不好时，需要采用机械清通的方法。机械清通时，首先用竹片穿过需要清通的管渠段，竹片一端系上钢丝绳，绳上系住清通工具的一端。在清通管渠段的两端检查井上各设一架绞车，当竹片穿过管渠段后将钢丝绳系在一架绞车上，清通工具的另一端通过钢丝绳系在另一绞车上。然后利用绞车往复绞动钢丝绳，带动清通工具将淤泥刮至下游检查井内，使管渠得以清通。如图 6-17 所示，绞车可以是手动，也可以是机动，如以汽车引擎作为动力。清通工具的大小应与管道管径相适应，当管壁较厚时，可先用小号清通工具，待淤泥清除到一定程度后再用与管径相适应的清通工具。清通大管径时，由于检查井的井口尺寸的限制，清通工具可分成数块，在检查井内拼合后再使用。

近年来，国外开始采用气动式通沟机清通管渠。气动式通沟机借压缩空气把清泥器从一个检查井送到另一个检查井，然后用绞车通过该机尾部钢丝绳向后拉，清泥器的翼片即行张开，把管内淤泥刮到检查井底部。钻杆通沟机是通过汽油机或汽车引擎带动钻头向前钻进，同时将管内的淤积物清除到另一检查井中。淤泥被刮到下游检查井后，通常用吸泥车吸出，如果淤泥含水量少，也可采用抓泥车挖出，然后用汽车运走。

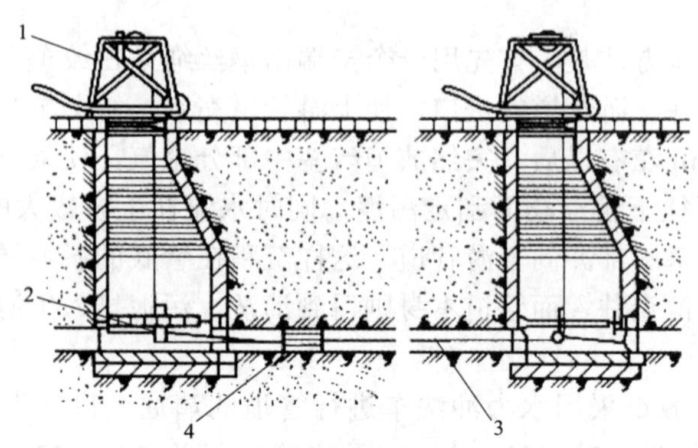

1—手动绞车；2—滑轮；3—钢丝绳；4—清通工具

图 6-17　手动绞车疏通装置

排水管渠的维护工作必须注意安全。管渠中的污水常常会析出硫化氢、甲烷、二氧化碳等气体，某些生产污水还能析出石油、汽油或苯等气体，这些气体与空气中的氮混合能形成爆炸性气体。煤气管道的失修、渗漏也能导致煤气逸入排水管渠中造成危险。如果维护人员要下井，除应有必要的劳动保护措施外，下井前必须先将安全灯放入井内，如有有害气体，由于缺氧，灯将熄灭；如有爆炸性气体，灯在熄灭前会发出闪光。在发现管渠中存在有害气体时，必须采取有效措施排除，例如将相邻两检查井的井盖打开一段时间，或者用引风机吸出有害气体。排气后要进行复查。即使确认有害气体已被排除，维护人员下井时仍应有适当的预防措施，例如在井内不得携带有明火的灯；不得点火或吸烟；必要时可戴上附有气带的防毒面具，穿上系有绳子的防护腰带；井外留人，以备随时给予井下人员以必要的援助。

思考题与习题

1. 试述埋地金属管道腐蚀机理。
2. 管道及金属设备表面易发生哪几种腐蚀现象，它们的危害有哪些？
3. 防止金属管道电化学腐蚀的对策有哪些？
4. 管道及设备在防腐处理之前，为什么需要进行表面处理？
5. 试述人工除锈、机械除锈、化学除锈及旧涂料表面处理的操作要点。
6. 手工涂刷油漆涂料时如何施工？

7. 管径为 DN125 的热力网送出水管管道的底色应涂什么颜色，色环什么颜色，其色环宽度是多少？

8. 室外给水系统维护项目有哪些？

9. 室外给水管道常见的修理方法有哪些？

10. 室外排水系统维护项目有哪些？

11. 室外排水管道常见的修理方法有哪些？

12. 室外给水管道如何检漏？